21世纪师范院校计算机实用技术规划教材

多媒体技术实用教程(第二版)

姜彬彬　夏文栋　主　编
李倩伟　副主编

清华大学出版社
北京

内 容 简 介

本书在介绍多媒体技术基本理论的基础上，以实例带动教学，详细介绍了多媒体技术在各种领域应用的方法与技巧。每章配有习题和上机练习，既可以帮助教师合理安排教学内容，又可以帮助读者举一反三，快速掌握所学知识。

本书内容包括多媒体技术基础知识、图像处理技术、数字音频处理技术、动画制作技术、视频处理技术、基于图标的多媒体开发工具 Authorware、多媒体产品开发技术、Flash 多媒体课件开发技术、多媒体软件开发综合案例、多媒体光盘制作技术等。

本书配套光盘除了提供了全书用到的所有素材和源文件外，还精心制作了配套视频多媒体教学光盘，全程语音讲解，真实操作演示，让读者一学就会。

本书可作为各类院校的多媒体技术应用教材，各层次职业培训教材，同时也是广大多媒体技术爱好者的参考用书。

图书在版编目(CIP)数据

多媒体技术实用教程/姜彬彬，夏文栋主编. --2 版. --北京：清华大学出版社，2014（2015.6 重印）
21 世纪师范院校计算机实用技术规划教材
ISBN 978-7-302-35970-8

Ⅰ. ①多…　Ⅱ. ①姜…　②夏…　Ⅲ. ①多媒体技术—师范大学—教材　Ⅳ. ①TP37

中国版本图书馆 CIP 数据核字(2014)第 066043 号

责任编辑：魏江江　薛　阳
封面设计：杨　兮
责任校对：焦丽丽
责任印制：何　芊

出版发行：清华大学出版社
　　网　　址：http://www.tup.com.cn，http://www.wqbook.com
　　地　　址：北京清华大学学研大厦 A 座　　**邮　　编**：100084
　　社 总 机：010-62770175　　**邮　　购**：010-62786544
　　投稿与读者服务：010-62776969，c-service@tup.tsinghua.edu.cn
　　质 量 反 馈：010-62772015，zhiliang@tup.tsinghua.edu.cn
　　课 件 下 载：http://www.tup.com.cn,010-62795954
印 装 者：三河市少明印务有限公司
经　　销：全国新华书店
开　　本：185mm×260mm　　**印　　张**：23.25　　**字　　数**：565 千字
（附光盘 1 张）
版　　次：2009 年 5 月第 1 版　　2014 年 11 月第 2 版　　**印　　次**：2015 年 6 月第 2 次印刷
印　　数：2001～3500
定　　价：39.50 元

产品编号：057196-01

序　　言

时代需要终生教育，一线的教育工作者有着强烈的接受继续教育的要求，许多学校也为教师的长远发展制订了继续教育的计划，以人为本，活到老学到老的思想更加深入人心。

随着知识经济和信息社会的到来，对教师进行计算机培训已提到国家的议事日程上来，让每位教师具有应用信息技术能力，已是刻不容缓的一件大事，将影响到国家的发展和人才的培养。目前，很多人已经意识到：有还是没有信息技术能力将影响到一个人在信息社会的生存能力，成为常说的新“功能性文盲”。作为教师如果是“功能性文盲”，有可能出现如下的尴尬局面：面对计算机手足无措；不会使用计算机备课、上课，不会使用多媒体手段进行教学，不会编制和应用课件，不会上网获取信息、更新知识、与同行交流，无法与掌握现代技术的学生很好地交流，无法开展网络教学等。作为培养人才的教师，如果是一个现代的“功能性文盲”，如何适应现代化的要求？如何能培养出有现代意识和能力的下一代？

一本好书就是一所学校，对于教师更是如此。信息技术已经成为现代人必备的基本素质之一，好的教材可以帮助教师们迅速而又熟练地掌握信息技术，从最初的 Windows 操作系统到 Office 办公系统软件，还有各种课件制作软件的教材在日常教学中发挥着巨大的作用。

作为师范院校计算机实用技术教材，本套丛书主要的读者对象是师范院校的在校师生、教育工作者以及中小学教师，是初、中级读者的首选。涉及的软件主要有课件制作软件(Flash、Authorware、PowerPoint、几何画板等)、办公系列软件、多媒体技术、网络技术、计算机应用基础和图形图像处理技术等。考虑到一线教师的实际情况，我们尽可能地使用软件最新的中文版本，以便于读者上手。

本丛书的作者大多是一线优秀教师，经验丰富、有一定的知识积累。他们在平时对于各种软件的使用都有自己的心得体会，能够结合教学实际，整理出一线教师最想掌握的知识。本丛书的编写绝不是教条式的“用户手册”，而是与教学实践紧紧相扣，根据计算机教材时效性强的特点，以“实例＋知识点”的结构建构内容，采用“任务驱动教学法”让读者边做边学，并配以相应的光盘，生动直观，能够让读者在短时间内迅速掌握所学知识。本丛书除了正文使用简捷明快、图文并茂的形式讲解图书内容外，还使用了“说明”、“提示”、“技巧”、“试一试”等特殊段落，为读者指点迷津。通过浅显易懂的文字，深入浅出的道理，好学实用的知识，图文并茂的编排，引导教师们自己动手，在学习中获得乐趣，获得知识，获得成就感。

在学习本套丛书时，我们强调动手实践，手脑并重。光看书而不动手，是绝对学不会的。化难为易的金钥匙就是上机实践。好书还要有好的学习方法，二者缺一不可。相信读者学完本套丛书后，在日常生活和教学工作中会有如虎添翼的感觉，在计算机的帮助下学习和工作效率会有极大的提高，这也是我们所期待的。祝你成功！

吴文虎

前　言

多媒体技术是一门应用前景十分广阔的计算机应用技术，随着网络技术的发展，多媒体技术的应用也越来越广泛。如何掌握多媒体技术，独立进行多媒体产品的设计和开发，是人们比较关心的问题。

本书按照教学规律精心设计内容和结构。根据各类院校教学实际的课时安排，结合多位任课教师多年的教学经验进行教材内容的设计，力争教材结构合理、难易适中，突出实现多媒体技术应用教材的理论结合实际、系统全面、实用性等特点。

本书可作为各类院校的多媒体技术应用教材及各层次职业培训教材，同时也是广大多媒体技术爱好者的参考用书。

主要内容

本书涉及多媒体技术基础知识、图像处理技术、数字音频处理技术、动画制作技术、视频处理技术、基于图标的多媒体开发工具 Authorware、多媒体产品开发技术、Flash 多媒体课件开发技术、多媒体软件开发综合案例、多媒体光盘制作技术。全书共分为 10 章，各章节内容介绍如下。

第 1 章学习多媒体技术的基础知识，包括多媒体技术的概念、发展历程、流媒体技术、多媒体技术的研究内容和应用领域、多媒体产品的开发模式、开发工具以及开发流程、多媒体产品的版权问题等。

第 2 章学习图像处理技术的知识，包括图像和图形的基本原理、图像数字化技术、图像的获取方式、使用 Photoshop 处理图像的方法等。

第 3 章学习数字音频处理技术的知识，包括声音的基本知识、声音信号数字化技术、数字音频文件格式、语音识别技术、基于 Adobe Audition 的数字音频处理技术等。

第 4 章学习动画制作技术的知识，包括动画的基础知识、动画制作软件介绍、动画文件格式、用 Flash 制作动画等。

第 5 章学习视频处理技术的知识，包括视频基础知识、数字视频技术、视频格式转换工具 Format Factory（格式工厂）、屏幕录像工具 Camtasia Studio、用 Premiere 进行视频编辑处理等。

第 6 章学习基于图标的多媒体开发工具 Authorware 的知识，包括 Authorware 基础知识、文字的设计、图形和图像的设计、声音的设计、视频和动画的设计、运动方式设计、交互设计、变量和函数的基础知识等。

第 7 章学习多媒体产品开发技术的知识，包括多媒体创意设计、多媒体产品开发的美学基础、多媒体软件工程基础等。

第 8 章学习 Flash 多媒体课件开发技术的知识，包括用 Flash 制作多媒体课件、Flash 多媒体课件导航系统的实现方法、Flash 多媒体课件综合案例赏析等。

第 9 章通过一个多媒体教学光盘综合开发案例，学习多媒体软件的制作方法和技巧，包括多媒体软件制作思路和开发流程、利用 Cool 3D 和 Premiere Pro 制作片头视频、利用 Photoshop 制作多媒体软件界面、用 Authorware 进行多媒体整合设计等。

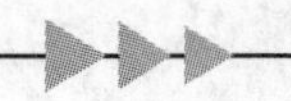

第10章学习多媒体光盘制作技术的知识,包括多媒体数据处理、图标的设计和制作技术、光盘自动运行技术、刻录多媒体光盘等。

本书特点

1. 紧扣教学规律,合理设计图书结构

本书作者是长期从事多媒体技术应用教学工作的一线教师,具有丰富的教学经验。他们紧扣教师的教学规律和学生的学习规律,全力打造难易适中、结构合理、实用性强的教材。

本书采取"知识要点—相关知识讲解—典型应用讲解—习题—上机练习"的内容结构。在每章的开始处给出了本章的主要内容简介,读者可以了解本章所要学习的知识点。在具体的教学内容中既注重基本知识点的系统讲解,又注重学习目标的实用性。每章都设计了习题和上机练习两个模块,既可以让教师合理安排教学内容,又可以让读者加强实践,快速掌握本章知识。

2. 注重教学实验,加强上机练习内容的设计

多媒体技术应用是一门实践性很强的课程,读者只有亲自动手上机练习,才能更好地掌握教材内容。本书根据教学内容统筹规划上机练习的内容,上机练习以实际应用为主线,以任务目标为驱动,增强读者的实践动手能力。

每个上机练习都给出了操作要点提示,既方便读者进行上机练习,也方便任课教师合理安排练习指导。

3. 配套多媒体教学光盘,让教学更加轻松

为了让读者更轻松地掌握多媒体技术的应用,作者精心制作了配套视频多媒体教学光盘。视频教程精选图书的精华内容,共十多小时超大容量的教学内容,全程语音讲解,真实操作演示,让读者一学就会!

为了方便任课教师进行教学,视频教程开发成可随意分拆、组合的swf文件。任课教师可以在课堂上播放视频教程或者在上机练习时指导学生自学视频教程的内容。

4. 专设图书服务网站,打造知名图书品牌

立体出版计划,为读者建构全方位的学习环境!

最先进的建构主义学习理论告诉我们,建构一个真正意义上的学习环境是学习成功的关键所在。学习环境中有真情实境、有协商和对话、有共享资源的支持,才能高效率地学习,并且学有所成。因此,为了帮助读者建构真正意义上的学习环境,我们以图书为基础,为读者专设一个图书服务网站。

此网站提供相关图书资讯,以及相关资料下载和读者俱乐部。在这里读者可以得到更多、更新的共享资源。还可以交到志同道合的朋友,相互交流,共同进步。

该网站地址为:http://www.cai8.net。

本书作者

参加本书编写的作者为多年从事多媒体技术应用教学工作的资深教师,具有丰富的教学经验和实际应用经验。

本书主编为姜彬彬(负责编写第1～3章)、夏文栋(负责编写第9章、第10章),副主编为李倩伟(负责编写第4章、第5章),编委为陶颖(负责编写第8章)、程彬(负责编写第6

章、第7章)。缪亮负责主审和视频教程制作。

郭刚、许美玲、赵崇慧、李泽如、李敏、丁文珂、董亚卓、何红玉、董春波等参与了创作和编写工作,在此表示感谢。另外,感谢南阳理工学院、嘉应学院、辽宁工程技术大学对本书的创作给予的支持和帮助。

由于编写时间有限,加之作者水平有限,书中难免会有疏漏和不足之处,恳请广大读者批评指正。

编　者

2014年2月

目　录

第1章 多媒体技术基础知识

21 世纪是信息化社会，以信息技术为主要标志的高新技术产业在整个经济中的比重不断增长，多媒体技术及其产品是当今世界计算机产业发展的新领域。多媒体技术使计算机具有综合处理声音、文字、图像和视频的能力，它以形象丰富的声、文、图信息和方便的交互性，极大地改善了人机界面，改变了使用计算机的方式，从而为计算机进入人类生活和生产的各个领域打开了方便之门，给人们的工作、生活、学习和娱乐带来深刻的变化。

本章主要内容：

- 多媒体技术的概念、发展历程；
- 流媒体技术；
- 多媒体技术的研究内容和应用领域；
- 多媒体产品的开发模式、开发工具以及开发流程；
- 多媒体产品的版权问题。

1.1 概 述

在当今数字化时代，多媒体已经从一个时髦的概念变成一种实用的技术。计算机是人们应掌握的基本技能之一，而使用计算机必然用到多媒体。多媒体技术不仅应用到教育、通信、工业、军事等领域，也应用到动漫、虚拟现实、音乐、绘画、建筑、考古等艺术领域，为这些领域的研究和发展带来勃勃生机。多媒体技术影响着科学研究、工程制造、商业管理、广播电视、通信网络和人们的生活。

多媒体技术是 20 世纪后期发展起来的一门新型技术，它极大地改变了人们处理信息的方式。早期的信息传播和表达信息的方式，往往是单一的和单向的。后来随着计算机技术、通信和网络技术、信息处理技术和人机交互技术的发展，拓展了信息的表示和传播方式，形成了将文字、图形图像、声音、动画和超文本等各种媒体进行综合、交互处理的多媒体技术。

1.1.1 多媒体技术的基本概念

1. 媒体的概念及类型

媒体(medium)是信息表示和传播的载体。媒体在计算机领域有两种含义：一种是指媒质，即存储信息的实体，如磁盘、光盘、磁带、半导体存储器等；二是指传递信息的载体，如数字、文字、声音、图形和图像等。

国际电话与电报咨询委员会(CCITT)将媒体做如下分类。

1) 感觉媒体

感觉媒体(perception media)指能直接作用于人的感官,使人直接产生感觉的媒体。如人类的语言、音乐、声音、图形、图像,计算机系统中的文字、数据和文件等都是感觉媒体。

在多媒体技术中所说的媒体一般指感觉媒体。感觉媒体通常又分为以下三种。

(1) 视觉类媒体。

视觉类媒体(vision media)包括图像、图形、符号、视频、动画等。

图像(image)即位图图像(bitmap),将所观察的景物按行列方式进行数字化,对图像的每一点都用一个数值表示,所有这些值就组成了位图图像。显示设备可以根据这些数字在不同的位置表示不同颜色来显示一幅图像。位图图像是所有视觉表示方法的基础。

图形(graphics)是图像的抽象,它反映图像上的关键特征,如点、线、面等。图形的表示不直接描述图像的每一点,而是描述产生这些点的过程和方法。如用两个点表示直线,只要记录这两点的位置,就能画出这条直线。

符号(symbol)包括文字和文本,主要是人类的各种语言。符号在计算机中用特定的数值表示,如ASCII码、中文国标码等。

视频(video)又称动态图像,是一组图像按时间顺序的连续表现。视频的表示与图像序列、时间关系有关。

动画(animation)是动态图像的一种,与视频的不同之处在于,动画中的图像采用的是计算机产生出来或人工绘制的图像或图形,而视频中的图像采用的是真实的图像。动画包括二维动画、三维动画等多种形式。

(2) 听觉类媒体。

听觉类媒体包括话音、音乐和音响。

话音(speech)也叫语音,是人类为表达思想通过发音器官发出的声音,是人类语言的物理形式。音乐是符号化了的声音,比语音更规范。音响则指自然界除语音和音乐以外的声音,包括天空的惊雷、山林的狂风、大海的涛声等,也包括各种噪声。

(3) 触觉类媒体。

触觉类媒体通过直接或间接与人体接触,使人能感觉到对象位置、大小、方向、方位、质地等性质。计算机可以通过某种装置记录参与者(人或物)的动作及其他性质,也可以将模拟的自然界的物质通过一些事实上的电子、机械的装置表现出来。

2) 表示媒体

表示媒体(representation media)是为加工、处理和传输感觉媒体而人为研究、构造出来的一种媒体。其目的是更有效地加工、处理和传送感觉媒体。表示媒体包括各种编码方式,如语言编码、文本编码、图像编码等。

3) 表现媒体

表现媒体(presentation media)是指感受媒体和用于通信的电信号之间转换的一类媒体。它又分为两种:一种是输入表现媒体,如键盘、摄像机、光笔、话筒等;另一种是输出表现媒体,如显示器、音箱、打印机等。

4) 存储媒体

存储媒体(storage medium)用来存放表示媒体,以方便计算机处理、加工和调用,这类媒体主要是指与计算机相关的外部存储设备。

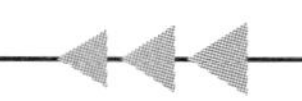

5）传输媒体

传输媒体是用来将媒体从一处传送到另一处的物理载体。传输媒体是通信中的信息载体，如双绞线、同轴电缆、光纤等。

2. 多媒体技术的概念

多媒体（multimedia）是指信息表示媒体的多样化，它是能够同时获取、处理、编辑、存储和展示两种以上不同类型信息媒体的技术。这些信息媒体包括文字、声音、图形、图像、动画与视频等。多媒体不仅是指多种媒体本身，而且包含处理和应用它的一整套技术，因此，“多媒体”与“多媒体技术”是同义词。

多媒体技术将所有这些媒体形式集成起来，使人们能以更加自然的方式使用信息和与计算机进行交流，且使表现的信息图、文、声并茂。因此，多媒体技术是计算机集成、音频视频处理集成、图像压缩技术、文字处理、网络及通信等多种技术的完美结合。

多媒体技术就是计算机交互式综合处理多种媒体信息——文本、图形、图像和声音，使多种信息建立逻辑连接，集成为一个系统并具有交互性。简言之，多媒体技术就是计算机综合处理声、文、图信息的技术，具有集成性、实时性和交互性。

3. 多媒体技术的主要特征

根据多媒体技术的定义，它有4个显著的特征，即集成性、实时性、数字化和交互性，这也是它区别于传统计算机系统的特征。

1）集成性

一方面是媒体信息的集成，即文字、声音、图形、图像、视频等的集成。在众多信息中，每一种信息都有自己的特殊性，同时又具有共性，多媒体信息的集成处理把信息看成一个有机的整体，采用多种途径获取信息、统一格式存储信息、组织与合成信息，对信息进行集成化处理。另一方面是显示或表现媒体设备的集成，即多媒体系统不仅包括计算机本身，而且包括像电视、音响、摄像机、DVD播放机等设备，把不同功能、不同种类的设备集成在一起使其共同完成信息处理工作。

2）实时性

实时性指在多媒体系统中声音及活动的视频图像是强实时的（hard realtime），多媒体系统需提供对这些与时间密切相关的媒体实时处理的能力。

3）数字化

数字化指多媒体系统中的各种媒体信息都以数字形式存储在计算机中。

4）交互性

人可以通过多媒体计算机系统对多媒体信息进行加工、处理并控制多媒体信息的输入、输出和播放。简单的交互对象是数据流，较复杂的交互对象是多样化的信息，如文字、图像、动画以及语言等。

多媒体技术是一种基于计算机的综合技术，包括数字信号处理技术、音频和视频压缩技术、计算机硬件和软件技术、人工智能和模式识别技术、网络通信技术等。它包含计算机领域内较新的硬件技术和软件技术，并将不同性质的设备和媒体处理软件集成为一体，以计算机为中心综合处理各种信息。

1.1.2 多媒体技术的发展历程

多媒体计算机是一个不断发展、不断完善的系统。多媒体技术最早起源于20世纪80

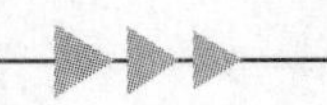

年代中期。

1984年,美国Apple公司首先在Macintosh计算机上引入位图(bitmap)等技术,并提出了视窗和图标的用户界面形式,从而使人们告别了计算机枯燥无味的黑白显示风格,开始走向色彩斑斓的新征程。

在1985年,美国Commodore公司推出了世界上第一台真正的多媒体系统Amige,这套系统以其功能完备的视听处理能力、大量丰富的实用工具以及性能优良的硬件,使全世界看到了多媒体技术的美好未来。

1986年,荷兰Philips公司和日本Sony公司联合推出了交互式紧凑光盘系统CD-I,它将高质量的声音、文字、计算机程序、图形、动画及静止图像等都以数字的形式存储在650MB的只读光盘上。用户可以通过读取光盘上的数字化内容来进行播放。大容量光盘的出现为存储表示文字、声音、图形、视频等高质量的数字化媒体提供了有效的手段。

1987年,RCA公司首次公布了交互式数字视频系统(Digital Video Interactive,DVI)技术的科研成果。它以计算机技术为基础,用标准光盘片来存储和检索静止图像、动态图像、音频和其他数据。1988年,Intel公司将其技术购买,并于1989年与IBM公司合作,在国际市场上推出第一代DVI技术产品,随后在1991年推出了第二代DVI技术产品。

随着多媒体技术的迅速发展,特别是多媒体技术向产业化发展,为了规范市场,使多媒体计算机进入标准化的发展时代。1990年,由Microsoft公司会同多家厂商成立了“多媒体计算机市场协会”,并制定了多媒体个人计算机(MPC-1)的第一个标准。在这个标准中,制定了多媒体计算机系统应具备的最低标准。

1991年,在第六届国际多媒体和CD-ROM大会上宣布了扩展结构系统标准CD-ROM/XA,从而填补了原有标准在音频方面的缺陷,经过几年的发展,CD-ROM技术日趋完善和成熟。而计算机价格的下降,为多媒体技术的实用化提供了可靠的保证。

1992年,正式公布MPEG-1数字电视标准,它是由运动图像专家组(moving picture expert group)开发制定的。MPEG系列的其他标准还有MPEG-2、MPEG-4、MPEG-7和现正在制定的MPEG-21。

1993年,“多媒体计算机市场协会”又推出了MPC的第二个标准,其中包括全动态的视频图像,并将音频信号数字化的采集量化位数提高到16位。

1995年6月,多媒体个人计算机市场协会又宣布了新的多媒体计算机技术规范MPC3.0。事实上,随着应用要求的提高,多媒体技术的不断改进,多媒体功能已成为新型个人计算机的基本功能,MPC的新标准也没有了继续发布的必要性。

多媒体技术已经从一个乳婴成长为一个青年,随着技术的不断发展和创新,多媒体技术将更多地融入人们的日常学习、工作和生活之中。

多媒体技术不仅是多学科交汇的技术,也是顺应信息时代的需要,它能促进和带动新产业的形成和发展,能在多领域应用。多媒体技术的发展方向是高分辨率化,提高显示质量;高速度化,缩短处理时间;简单化,便于操作;高维化,三维、四维或更高维;智能化,提高信息识别能力;标准化,便于信息交换和资源共享;多媒体技术的发展趋势是计算机支持的协同工作环境(Computer Supported Collaborative Work,CSCW);增加计算机的智能,如文字和语音的识别和输入、自然语言理解和机器翻译、图形的识别和理解、机器人视觉和计算机视觉、知识工程以及人工智能等;把多媒体和通信技术融合到CPU芯片中等。

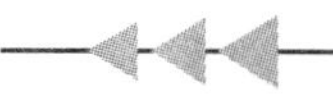

1.1.3　流媒体技术

流媒体是从英语 Streaming Media 翻译过来的，它是一种可以使音频、视频和其他多媒体信息能够在 Internet 及 Intranet 上以实时的、无须下载等待的方式进行播放的技术，流式传播方式是将动画、视频、音频等多媒体文件经过特殊的压缩方式分成一个个压缩包，由视频服务器向用户计算机连续、实时地传递。

1. 流式传输的概念和分类

在网络上传输音频、视频等要求较高带宽的多媒体信息，目前主要有下载和流式传输两种方案。下载方式的主要缺点是用户必须等待所有的文件都传送到位，才能够利用软件播放。随着互联网的普及和多媒体技术在互联网上的应用，迫切要求能解决实时传送视频、音频、计算机动画等媒体文件的技术。因此流式传输就应运而生了。

1）流式传输

通俗地讲，流式传输就是在互联网上的音视频服务器将声音、图像或动画等媒体文件从服务器向客户端实时连续传输，用户不必等待全部媒体文件下载完毕，而只需延迟几秒或十几秒，就可以在用户的计算机上播放，而文件的其余部分则由用户计算机在后台继续接收，直至播放完毕或用户中止。这种技术使用户在播放音视频或动画等媒体的等待时间减少，而且不需要太多的缓存。

2）流媒体

就是在网络中使用流式传输技术的连续时基媒体(如视频和音频数据)。这种技术的出现，使得在窄带互联网中传播多媒体信息成为可能。这主要是归功于 1995 年 Progressive Network 公司(即后来的 RealNetwork 公司)推出的 RealPlay 系列产品。

实际上，流媒体技术是网络音频、视频技术发展到一定阶段的产物，是一种解决多媒体播放时带宽问题的"软技术"。这是融合了很多网络技术之后所产生的技术，涉及流媒体数据的采集、压缩、存储、传输和通信等领域。

实现流式传输有两种：实时流式传输(realtime streaming)和顺序流式传输(progressive streaming)。

3）顺序流式传输

顺序流式传输是指顺序下载，在下载文件的同时用户可观看在线媒体。在给定时刻，用户只能观看已下载的那部分，而不能跳到还未下载的部分，顺序流式传输不像实时流式传输在传输期间根据用户连接的速度做调整。由于标准的 HTTP 服务器可发送这种形式的文件，也不需要其他特殊协议，它经常被称作 HTTP 流式传输。顺序流式传输比较适合高质量的短片段，如片头、片尾和广告，由于该文件在播放前观看的部分是无损下载的，这种方法可保证电影播放的最终质量。这意味着用户在观看前必须延迟，对较慢的连接尤其如此。

顺序流式文件放在标准 HTTP 或 FTP 服务器上，易于管理，基本上与防火墙无关。顺序流式传输不适合长片段和有随机访问要求的视频，如讲座、演说与演示。它也不支持现场广播，严格说来，它是一种点播技术。

4）实时流式传输

实时流式传播指保证媒体信号带宽与网络连接匹配，使媒体可被实时观看。实时流与 HTTP 流式传输不同，它需要专用的流媒体服务器与传输协议。由于实时流式传输总是实时传送，因此特别适合现场事件，也支持随机访问，用户可快进或后退以观看前面或后面的内容。理论上,实时流一经播放就可以不停止,但实际上可能发生周期暂停。

实时流式传输必须匹配连接带宽,这意味着在以调制解调器速度连接时图像质量较差,而且,由于出错丢失的信息被忽略掉,网络拥挤或出现问题时,视频质量很差。如欲保证视频质量,顺序流式传输更好。实时流式传输需要特定服务器,如 QuickTime Streaming Server、RealServer 与 Windows Media Server,它们分别对应了流媒体三巨头,即苹果、RealNetwork 和微软。这些服务器允许对媒体发送进行更多级别的控制,因而系统设置、管理比标准 HTTP 服务器更复杂。实时流式传输还需要特殊网络协议,如 RSTP(Realtime Streaming Protocol)或 MMS(Microsoft Media Server)。这些协议在有防火墙时可能会出现问题,导致用户不能看到一些地点的实时内容。但现在随着各种浏览器与操作系统的升级已经很少发生了。

2. 流媒体技术原理

缓冲存储是流式传输实现的基本技术,而流式传输的实现需要合适的传输协议。下面介绍一种典型的流媒体技术实现,如图 1-1 所示。

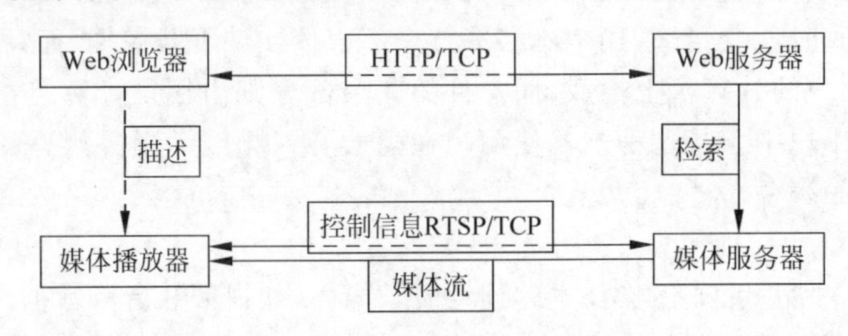

图 1-1 流媒体工作原理

这是一种简单和常用的流媒体应用形式,实际上是顺序流式传输的过程。

(1) Web 浏览器与 Web 服务器首先建立 TCP 连接,然后提交 HTTP 请求消息,要求其传送某个多媒体文件。

(2) Web 服务器收到请求后,检索媒体服务器(独立的多媒体服务器,专门用于存储多媒体文件,例如视频节目服务器)的文件系统。

(3) 检索成功,服务器向浏览器发送响应消息,把关于该多媒体文件的详细信息返回。

(4) Web 浏览器接收到 HTTP 响应消息之后,检查其中的类型和内容,如果请求被 Web 服务器批准,则把响应的详细信息传给相应的媒体播放器。

(5) 该媒体播放器直接与媒体服务器建立 TCP 连接,然后向媒体服务器发送 HTTP 请求消息,请求文件的发送。

(6) 在某种传输协议(如实时流协议 RTSP)的控制下,媒体服务器把目标多媒体文件以媒体流形式传送到媒体播放器的缓冲池中,双方协调工作,完成流式传播。

3. 流媒体播放

为了让多媒体数据在网络中更好地传播,并且可以在客户端精确地回放,人们在传输线路、网络带宽、传输协议、服务器、客户端,甚至是节目本身等各个方面做出了不懈的努力,提出了很多新技术及其应用。

1) 单播

单播(unicast)指在客户端与服务器之间建立一个单独的数据通道,从一台服务器送出的每个数据包只能传送给一个客户机。每个用户必须对媒体服务器发送单独的请求,媒体服务器也必须向每个用户发送巨大的多媒体数据包备份，还要保证双方的协调。这使得服务器负担十分沉重，响应很慢，难以保证服务质量。

2）点播与广播

点播连接是客户端与服务器之间的主动连接。此时用户通过选择内容项目来初始化客户端的连接。用户可以开始、停止、后退、快进或暂停多媒体数据流。

广播(broadcast)指的是用户被动接收流。在广播过程中，客户端接收流，但不能像上面那样控制流。这时，任何数据包的一个单独备份将发送给网络上的所有用户，根本不管用户是否需要。这将造成网络带宽的巨大浪费。

3）多播

多播(multicast)技术对应于组通信技术(group communication)，构建一种具有多播能力的网络，允许路由器一次将数据包复制到多个通道上。这样，单台服务器可以对几十万台客户机同时发送连接数据流而无延时。媒体服务器只需要发送一个消息包，而不是多个；所有发出请求的客户端共享一个信息包；信息可以发送到任意地址的客户机，减少网络上传输的信息包的总量。因此网络利用效率大大提高，成本大为下降。总的说来，组播较上面几种播放方式来说，可以保证网络上多媒体应用占用网络的带宽最小。

4）泛播

泛播(anycast)是一种一对多(one-to-one-of-many)发送，但只要其中一个成员收到即可的网络层术语。

5）智能流技术

当前互联网接入方式多种多样，如 ISDN、ADSL、Cable Modem 专线等，每个用户的接入速率会有很大差别。因此流媒体广播必须提供不同速率下的优化图像，十分困难。然而智能流技术可以建立在不同类型的编码方式上，对于不同的带宽，提供相应的影音质量，例如微软的 Multiple Bit Rate(多位率编码)和 RealNetwork 的 surestream 技术。

4. 流媒体的文件格式

无论是流式的还是非流式的多媒体文件格式，在传输与播放时都需要压缩，以期得到品质和数据量的基本平衡。流媒体文件格式的重要特征是：经过特殊编码，可以适合在网络上边下载边观看。为此，必须向流媒体文件中加入一些其他的附加信息，例如版权、计时等。

当前三大巨头都制定了自己的流媒体文件格式，表 1-1 列出了其中最基本的一些格式。

表 1-1　流媒体文件格式

公　　司	文 件 格 式
微软	ASF(Advanced Stream Format) WMV(Windows Media Video) WMA(Windows Media Audio)
RealNetworks	RM(Real Video) RA(Real Audio) RP(Real Pix) RT(Real Text)
苹果	MOV(QuickTime Movie) QT(QuickTime Movie)

5. 流媒体技术协议

IETF(互联网工程任务组)中的 Integrated Services(综合服务)工作组开发了一个同名的 Internet 增强服务模型,包括 best-effort(尽力传送)服务和 real-time(实时传送)服务。后者就是为了在复杂而且异构的 IP 网络中传输多媒体数据而提供质量保证,下面 4 种协议就是它的基础:实时传输协议 RTP、实时传输控制协议 RTCP、实时流协议 RTSP,以及资源预订协议 RSVP。

1.2 多媒体技术的研究内容和应用领域

多媒体技术涉及的范围很广,应用的领域也非常广泛,几乎遍布各行各业以及人们生活的各个角落。本节介绍多媒体技术的研究内容和应用领域。

1.2.1 多媒体技术的研究内容

多媒体技术的研究内容主要包括感觉媒体的表示技术、数据压缩技术、多媒体数据存储技术、多媒体数据的传输技术、多媒体计算机及外围设备、多媒体系统软件平台等。尽管多媒体技术涉及的范围很广,但它研究的主要内容可归纳如下。

1. 多媒体数据压缩/解压缩算法与标准

在多媒体计算机系统中要表示、传输和处理声音、图像等信息,特别是数字化图像和视频要占用大量的存储空间,因此为了解决存储和传输问题,高效的压缩和解压缩算法是多媒体系统运行的关键。

2. 多媒体数据存储技术

高效快速的存储设备是多媒体系统的基本部件之一,光盘系统是目前较好的多媒体数据存储设备,它又分为只读光盘(CD-ROM)、一次写多次读光盘(WORM)、可擦写光盘(writable)。目前流行的移动设备有优盘和移动硬盘,主要用于多媒体数据文件的转移存储。

3. 多媒体计算机硬件平台和软件平台

多媒体计算机系统硬件平台一般要有较大的内存和外存(硬盘),并配有光驱、音频卡、视频卡、音像输入输出设备等。软件平台主要指支持多媒体功能的操作系统,如微软公司的 Windows 视窗操作系统。

4. 多媒体开发和编辑工具

为了便于用户编程开发多媒体应用系统,一般在多媒体操作系统之上提供了丰富的多媒体开发工具,有些是对图形、视频、声音等文件进行转换和编辑的工具。另外,为了方便多媒体节目的开发,多媒体计算机系统还提供了一些直观、可视化的交互式编著工具,如动画制作软件 Flash、Director、3d Max 等,多媒体节目编辑工具 Authorware、ToolBook 等。

5. 网络多媒体与 Web 技术

网络多媒体是多媒体技术的一个重要分支,多媒体信息要在网络上存储与传输,需要一些特殊的条件和支持。此外,超文本和超媒体是一种有效的多媒体信息管理技术,它本质上是采用一种非线性的网状结构组织块状信息。目前最流行的是运行于 Internet 的对等式共享文件系统即 P2P 技术。

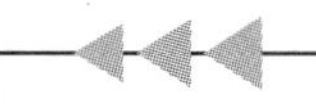

6. 多媒体数据库与基于内容的检索技术

和传统的数据库相比，多媒体数据库包含着多种数据类型，数据关系更为复杂，需要一种更为有效的管理系统来对多媒体数据库进行管理。多媒体数据库也是多媒体技术研究的内容之一。

7. 多媒体应用和多媒体系统开发

多媒体技术理论研究的最终结果要体现在多媒体应用和多媒体系统开发上，如何选择编程语言，依据什么样的数据模型，都需要研究。主要包括多媒体 CD-ROM 节目(title)制作、多媒体数据库、环球超媒体信息系统(Web)、多目标广播技术(multicasting)、影视点播(Video On Demand，VOD)、电视会议(Video Conferencing)、虚拟现实(Visual Reality)、远程教育系统、教育游戏、动漫、多媒体信息的检索等。

1.2.2 多媒体技术的应用领域

随着多媒体技术的不断发展，多媒体技术的应用也越来越广泛。多媒体技术涉及文字、图形、图像、声音、视频、网络通信等多个领域，多媒体应用系统可以处理的信息种类和数量越来越多，极大地缩短了人与人之间、人与计算机之间的距离，多媒体技术的标准化、集成化以及多媒体软件技术的发展，使信息的接收、处理和传输更加方便快捷。

多媒体技术的应用领域主要有以下 5 个方面。

1. 教育培训领域

教育培训是目前多媒体技术应用最为广泛的领域之一，如计算机辅助教学(Computer Assisted Instruction，CAI)、光盘制作、公司和地区的多媒体演示、导游及介绍系统等皆是成熟的范例。现在多媒体制作工具的相关技术已经比较成熟，这方面的发展，主要在实现技术和创意两个方面。

多媒体计算机辅助教学已经在教育教学中得到了广泛的应用，多媒体教材通过图、文、声、像的有机组合，能多角度、多侧面地展示教学内容。多媒体技术通过视觉和听觉或视听并用等多种方式同时刺激学生的感觉器官，能够激发学生的学习兴趣，提高学习效率，帮助教师将抽象的不易用语言和文字表达的教学内容，表达得更清晰、直观。计算机多媒体技术能够以多种方式向学生提供学习材料，包括抽象的教学内容，动态的变化过程，多次的重复等。利用计算机存储容量大、显示速度快的特点，能快速展现和处理教学信息，拓展教学信息的来源，扩大教学容量，并且能够在有限的时间内检索到所需要的内容。

多媒体教学网络系统在教育培训领域中得到广泛应用，教学网络系统可以提供丰富的教学资源，优化教师的教学，更有利于个别化学习。多媒体教学网络系统在教学管理、教育培训、远程教育等方面发挥着重要的作用。

多媒体教学网络系统应用于教学中，突破了传统的教学模式，使学生在学习时间、学习地点上有了更多的自由选择的空间，越来越多地应用于各种培训教学、学习教学、个别化学习等教学和学习过程中。

2. 电子出版领域

电子出版是多媒体技术应用的一个重要方面。我国国家新闻出版署对电子出版物曾有过如下定义：电子出版物是指以数字代码方式将图、文、声、像等信息存储在磁、光、电介质上，通过计算机或类似设备阅读使用，并可复制发行的大众传播媒体。

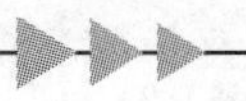

电子出版物的内容可以是多种多样的,当CD-ROM光盘出现以后,由于CD-ROM存储量大,能将文字、图形、图像、声音等信息进行存储和播放,出现了多种电子出版物,如电子杂志、百科全书、地图集、信息咨询、剪报等。电子出版物可以将文字、声音、图像、动画、影像等种类繁多的信息集成为一体,存储密度非常高,这是纸质印刷品所不能比的。

电子出版物中信息的录入、编辑、制作和复制都借助计算机完成,人们在获取信息的过程中需要对信息进行检索、选择,因此电子出版物的使用方式灵活、方便、交互性强。

电子出版物的出版形式主要有电子网络出版和电子书刊两大类。电子网络出版是以数据库和通信网络为基础的一种出版形式,通过计算机向用户提供网络联机、电子报刊、电子邮件以及影视作品等服务,信息的传播速度快、更新快。电子书刊主要以只读光盘、交互式光盘、集成卡等为载体,容量大、成本低是其突出的特点。

3. 娱乐领域

随着多媒体技术的日益成熟,多媒体系统已大量进入娱乐领域。多媒体计算机游戏和网络游戏,不仅具有很强的交互性而且人物造型逼真、情节引人入胜,使人容易进入游戏情景,如同身临其境一般。数字照相机、数字摄像机、DVD等越来越多地进入到人们的生活和娱乐活动中。

4. 咨询服务领域

多媒体技术在咨询服务领域的应用主要是使用触摸屏查询相应的多媒体信息,如宾馆饭店查询、展览信息查询、图书情报查询、导购信息查询等,查询信息的内容可以是文字、图形、图像、声音和视频等。查询系统信息存储量较大,使用非常方便。

5. 多媒体网络通信领域

20世纪90年代,随着数据通信的快速发展,局域网(Local Area Network,LAN)、综合业务数字网络(Integrated Services Digital Network,ISDN),以异步传输模式(Asynchronous Transfer Mode,ATM)技术为主的宽带综合业务数字网(Broadband Integrated Service Digital Network,B-ISDN)和以IP技术为主的宽带IP网,为实施多媒体网络通信奠定了技术基础。网络多媒体应用系统主要包括可视电话、多媒体会议系统、视频点播系统、远程教育系统、IP电话等。

多媒体网络是多媒体应用的一个重要方面,通过网络实现图像、语音、动画和视频等多媒体信息的实时传输是多媒体时代用户的极大需求。这方面的应用非常多,如视频会议、远程教学、远程医疗诊断、视频点播以及各种多媒体信息在网络上的传输。远程教学是发展较为突出的一个多媒体网络传输应用。多媒体网络的另一目标是使用户可以通过现有的电话网络、有线电视网络实现交互式宽带多媒体传输。

多媒体技术的广泛应用必将给人们的工作和生活的各个方面带来新的体验,而越来越多的应用也必将促进多媒体技术的进一步发展。

1.3 多媒体产品及其开发

计算机技术已经经过了速度与频带无限增长的时代,即将跨入以功能为主导、以品质为标准的时代。多媒体产品不仅包括硬件方面的产品,也包括软件方面的产品。正是在多媒体硬件产品的支持下,丰富、美妙、逼真的声音,色彩斑斓的图像,才能从制作到还原,让广大

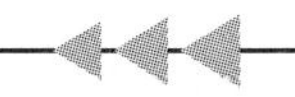

用户体验多媒体带来快乐的享受，品质更高、功能更完善的多媒体硬件产品是完美体验的物质基础。在关注多媒体硬件产品的同时，也出现了更多的多媒体软件产品，让用户更自由、更高品质地享受多媒体带来的快乐与幸福。

1.3.1　多媒体产品的特点

多媒体产品有两个显著特点。首先是它的综合性，它将计算机、声像、通信技术合为一体，是计算机、电视机、录像机、录音机、音响、游戏机、传真机的性能大综合；其次是充分的互动性，它可以形成人与机器、人与人及机器间的互动，互相交流的操作环境及身临其境的场景，人们根据需要进行控制。人机相互交流是多媒体产品最大的特点。

多媒体产品应用非常广泛，涉及广大用户的工作、学习、生活。多媒体作品具有以下特点。

1. 多媒体产品加工特点

加工工具主要是以计算机为核心，这是区别于其他媒体产品的重要标志。这里讲的计算机包括计算机硬件系统和软件系统。没有一个多媒体开发平台（软件系统）就无法生成多媒体产品。

2. 多媒体产品集成特点

信息集合媒体形式多样性，按照习惯，媒体形式至少有两种以上。

3. 多媒体产品动态特点

多媒体产品具有交互功能，如信息流的非线性展示等。

4. 多媒体产品人文特点

多媒体产品从加工到出品和生成的目的等都围绕人展开，信息由人借助工具而采集获得，然后借助人开发软件来完成多媒体创作，最终服务于人。这是以人为核心的信息集合。所以，必须符合人对物理参数要求和审美情趣、文化习俗等方面的要求，在作品引用方面还有著作权法的约束等。

1.3.2　多媒体产品的基本模式

多媒体产品的基本模式从创作形式上看，可以分类如下。

1. 幻灯模式

这是一种线性呈现模式。使用这种模式的工具假定过程可以分成一系列“幻灯片”，即顺序呈现的分离屏幕。这种工具的典型代表是 Microsoft 公司的 PowerPoint、Lotus 公司的 Freelance 等。这种方法是创作线性展示的最好方法。

2. 层次模式

这种模式假定目标程序可以按一个树状结构组织，最适合于菜单驱动的程序，如主菜单分为二级菜单序列等。设计为层次模式的集成工具，具有容易建立菜单并控制使用的特征，如方正奥思多媒体创作工具（Author Tool）是一种以层次模式为主的多媒体创作工具，其他工具如 Visual Basic 和 ToolBook 等也都含有层次模式的成分。

3. 书页模式

在书页模式中，创建应用程序就像组织一本“书”，“书”又按照称为“页”的分离屏幕来组织。页如同实际上的书一样有一个顺序。在这一点上该模式类似于幻灯呈现模式。但是，

在页之间通常还支持更多的交互,就像在一本真的书里能前后浏览一样。这种工具的典型代表是 Asymetrix 公司的 Tool Book,方正奥思多媒体创作工具也含有这种模式。

4. 窗口模式

在窗口模式中,目标程序按分离的屏幕对象组织为窗口的一个序列。每一个窗口中,制作也类似于幻灯呈现模式。这种模式的重要特征是同时可以有多个窗口呈现在屏幕上,同时都是活动的。这类工具能制作窗口、控制窗口及其内容。Visual Basic 是这种工具的典型代表。

5. 时基模式

时基模式主要是由动画、声音以及视频组成的应用程序或呈现过程,可以按时间轴的顺序来制作。整个程序中的事件按一个时间轴的顺序制作和放置,当用户有交互控制时,时间轴不起作用;但是,如果用户没有进行操作,则它仍然能完成默认的工作。Director、Flash 和 Action 是典型的时基模式创作工具。

6. 网络模式

"网络"这个词在这里是指应用程序的结构,而不是指通信网络。这种模式允许目标程序组成一个"从任何地方到其他任意地"的自由形式结构,没有已建好的顺序呈现或结构。因为集成工具在结构上没有限制,因此创作者不得不建立自己的程序结构,与其他集成工具相比,创作者需要对程序结构多一些了解。但是,在所有模式中,这是最能适应建立一个包含多种层次交互应用程序的一类工具。Netware Technology Corporation 公司的 MEDIAscript 是典型的网络模式。

7. 图标模式

在图标(Icon)模式中,创作工作由制作多媒体对象和构建基于图标的流程图组成。媒体素材和程序控制用给出内容线索的图标表示,在制作过程中,整个工作就是构建和调试这张流程图。这对结构能用两维表示的应用程序很有用。图标模式的主要特征是图标自身及流程图显示,所以又叫流程图模式。Macromedia 公司的 Authorware 是其典型代表。

8. 语言模式

一些集成工具使用一种语言来建立应用程序的结构与内容,它本身就是一种模式,根据语言的层次和功能进行多媒体创作。它的适应力很强,主要的不足是作者必须学习语言。在许多创作工具中都提供一种语言,如 Flash 使用 ActionScript 脚本语言,Director 使用 Lingo 语言,Visual Basic 使用 BASIC 语言。这些语言都具有专门处理多媒体对象的能力,一般称为多媒体创作语言。

1.3.3 多媒体产品的开发工具

目前,多媒体产品的开发工具有很多,即使在同一类中,不同工具所面向的应用也各不相同。从多媒体项目开发的角度来看,需要根据自己项目的特点,谨慎地选择多媒体创作工具。如果选择的多媒体创作工具能够和项目的需求很好地结合,那么不但可以顺利地进行创作,同时还可以大大降低项目的复杂度,缩短开发周期。

下面介绍目前常用的多媒体产品创作工具和各自的特点,以帮助读者进行多媒体创作工具的选择。

1. PowerPoint

PowerPoint 是 Microsoft Office 的组件之一，是一种用于制作演示文稿的多媒体幻灯片工具，在国外称为“多媒体简报制作工具”。它以页为单位来组织演示，由一个一个页面(幻灯片)组成一个完整的演示。PowerPoint 可以非常方便地编辑文字、绘制图形、播放图像、播放声音、展示动画和视频影像，同时可以根据需要设计各种演示效果。制作的演示文稿需要在 PowerPoint 中或用 PowerPoint 播放器进行播放(可以手控播放也可以自动播放)。这个工具操作简单、使用方便，但是流程控制能力和交互能力不强，不适合用其开发商用多媒体软件。

2. Action

Action 是美国 Macromedia 公司的产品，是一种面向对象的多媒体创作工具，适合于制作投影演示，也可用于制作简单交互的多媒体系统。Action 基于时间线，具有较强的时间控制能力，在组织链接媒体时不仅可以设置内容和顺序，还可以同步合成，如定义每个对象的起止时间、重叠区域、播放长度等。与 PowerPoint 相比，Action 的交互功能大大增强，因此可以利用它制作功能不太复杂的多媒体系统。

3. Authorware

和 Action 一样，Authorware 也是美国 Macromedia 公司的产品。该工具是一种基于流程图的可视化多媒体创作工具，以其强大的交互功能和简洁明快的流程图开发策略而受到广泛的关注。Authorware 通过各种代表功能或流程控制的图标建立流程图，每一个图标都可以激活相应的属性对话框或界面编辑器，从而方便地加入各种媒体内容，整个设计过程具有整体性和结构化的特点。Authorware 是多媒体创作工具中的主流工具，已经成为多媒体创作工具的一个事实上的标准。

4. ToolBook

ToolBook 是美国 Asymetrix 公司推出的一种面向对象的多媒体开发工具。其名称很贴切，利用 ToolBook 来开发多媒体系统时，就像在写一本“电子书”一样。首先需要定义一个书的框架，然后将页面加入书中，在页面上可以包含文字、图像、按钮等对象，最后使用 ToolBook 提供的脚本语言 OpenScript 来编写脚本，对系统的行为进行定义，最后就有了一本“电子书”。ToolBook 可以很好地支持人机交互设计，同时由于使用脚本语言，在设计上也具有很好的灵活性和弹性，可以用它制作多媒体读物或各种课件。

5. Director

Director 最初运行于苹果计算机上，1995 年由 Macromedia 公司移植到 PC 平台上。Director 通过看得见的时间线来进行创作，是一个以二维动画创作为核心的多媒体创作工具，有着非常好的二维动画创作环境，通过其脚本语言 Lingo 可以使其开发的应用程序具有令人满意的交互能力。Director 非常适合制作交互式多媒体演示产品和娱乐光盘。

6. Flash

Flash 早期是 Macromedia 公司的产品，目前被著名的 Adobe 公司收购，成为 Adobe 公司的主要产品。刚开始 Flash 只是一个单纯的矢量动画制作软件，但是随着软件版本的升级，特别是 Flash 内置的 ActionScript 脚本语言的一步步发展，Flash 逐渐演变为功能强大的多媒体程序开发工具。Flash 能开发桌面多媒体产品、网络多媒体程序以及流媒体产品。

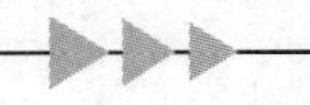

7. 方正奥思多媒体创作工具

方正奥思是北大方正公司研制的一种多媒体编辑的创作工具。它操作简便、直观，有着很好的文字、图形图像编辑功能和灵活的多媒体同步控制。其创作策略以页为单位，页中可以制作出高质量的多媒体产品。在发布时，用户可以 HTML 网页格式或 EXE 可执行文件格式发布自己创作的多媒体系统。

除了上述介绍的多媒体创作工具外，常用的多媒体创作工具还有很多，但是也无须个个都会，只要选择一个工具，用精用好就可以了。当然，除了上述工具的特点外，在选择工具时，还要考察工具的具体性能指标(支持的媒体格式、媒体编辑能力等)、可获得的参考资料或帮助文档、对中文字符集的支持程度、平台的可扩展性、性能价格比等方面的因素。

1.3.4　多媒体产品的开发流程

多媒体产品的开发就是由专家或开发人员利用计算机语言或多媒体创作工具设计制作多媒体应用软件的过程。多媒体产品具有形象、直观、交互性好等优点。目前在很多行业都有广泛应用，比如文化教育(CAI 软件)、广告宣传、电子出版、影视音像制作、通信和信息咨询服务(导游、导购、咨询)等相关行业。

根据软件工程学原理，并结合多媒体特点，多媒体产品的开发流程主要如下所述。

1. 需求分析

需求分析是多媒体产品开发的第一阶段，在这一阶段要确定系统的设计目标和设计要求。通过这一步要得到软件的需求规格说明。该文档包含软件的数据描述、功能描述、性质描述、质量保证和加工说明，整个文档应该清晰、准确、一致、无二义性。

对于多媒体而言，需求分析阶段主要是确定项目的目标和规格。也就是说，要搞清楚产品做什么、为谁做、在什么平台上做。产品的最终结果要尽可能地符合客户的要求，这是软件开发的前提。若是等到完成才发现不符合用户的需求，那将造成很大损失。

需求分析不仅要明确定义产品的目标，确定使用产品的用户群，还要确定交付平台和交付媒体。

2. 初步设计(系统结构设计)

初步设计的目的在于确定应用系统的结构。多媒体应用系统的特点之一是通过各种媒体形式来展现内容或传播知识，因此，在初步设计阶段，需要确定软件如何展现内容。同时由于多媒体系统具有很强的交互性，也需要设计软件与用户交互的方式。

初步设计要明确产品所展现信息的层次即目录主题，得到各部分的逻辑关系，画出流程图，确定浏览顺序，还要进行各部分常用任务分析，得到任务分析列表。

3. 详细设计

首先是脚本创作。脚本就像电影剧本一样，是多媒体产品创作的一个基础，在脚本创作中，软件设计者融入新方法和新创意，在原型制作时都会得到验证。

其次是界面设计。基本原则是整个产品的界面要简洁并且风格一致。在设计界面时，主要设计出界面的主要元素。界面设计要考虑的内容主要有帮助、导航和交互、主题样式、媒体控制界面等。

4. 多媒体素材的采集和整理

由于多媒体应用的特点，需要根据项目的目标进行多媒体素材的积累，包括文本、图形、

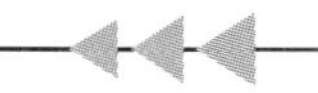

图像、音频、视频。尽可能地收集质量高的素材或内容原件。为了达到内容完全地支持产品的目标，需要分析对素材进行怎样的编辑和加工。

收集好素材并对素材所需要的加工进行了大致的分析后，就可以制作一个素材内容列表。在列表中列出媒体类型、尺寸、时间长度，所需的加工、大概成本等。注意素材最好是原创的，以避免多媒体产品的侵权问题。

5. 编码与调试(原型制作)

这个阶段将使用合适的多媒体应用系统创作工具，将媒体素材、阐述内容、脚本等结合起来，对软件进行整合、实现。制作原型可以在未完全实现软件产品的所有功能的情况下，尽可能复制和评估最终产品的功能，同时在创作之前测试产品的最关键的设计元素。这样就可以最早地发现软件的问题和设计的偏差，避免在产品质量确认时做大幅度的修改。

原型制作可以分为两个方面：素材制作和集成制作。素材制作包括对已有媒体素材的加工和对原创素材的创作，这往往需要多人分工合作来共同完成。集成制作是原型的生成过程，通过多媒体应用系统创作工具，将各种多媒体素材结合起来共同完成。

为了很好地支持后续的开发过程，一个多媒体产品可以需要组合使用多种不同的原型策略，每一种原型策略都从不同角度保证设计目标的实现。

(1) 简单概念证明。为了创作新颖和独特的多媒体软件，在设计过程中可能包含许多创意设计和以前从未尝试过的功能设计。这些设计的功能如何，是否能达到预期的目标？为此可以选择其中的一些有代表性的设计，将其实现，来检验其可行性，对于可行的将其作为原型。

(2) 内容。为了确保在最低系统配置下软件能够运行，要选择一些极端的、资源集中的部分(如视频或音频)进行实现，以检验其能否正常播放和演示。

(3) 广泛原型。可以集中开发目录主题中的某一层，而对高于或低于该层的内容不必设计完全，尽量使设计的每一个屏幕都成为原型，为软件别的部分提供借鉴。

(4) 深原型。对于目录主题中的各层，选择其中的一个屏幕予以实现，使之成为原型，作为其他部分的模板。

(5) 观感原型。将典型和有代表性的界面予以实现(如典型的视频播放界面、帮助界面、错误提示界面)，这样就得到了软件中出现的大部分的界面原型。在后续的开发过程中，可以利用这些界面原型迅速设计出每一个屏幕。

通过原型的制作，得到一个多媒体软件的雏形，这个雏形虽然没有包含最终产品的所有功能，但是却是一个可运行的软件版本。在原型制作完成后，应该对原型进行测试。

6. 系统集成与测试

已制作的原型需要进行必要的测试，验证是否达到了最初确定的目标，同时也要确保软件是正确的、可靠的。常用的测试方法有以下几种。

(1) 单元测试。即测试每一模块，一种方法是不关心其内部如何工作，只看其是否能够实现预期的行为，称为“黑盒测试”。另一种方法是设定一组参数使得程序走过其每一个分支，看其是否正确，称为“白盒测试”。

(2) 集成测试。在各模块集成为系统后，要对系统进行测试，看是否可以协同工作。

(3) 环境测试。将软件在不同软硬件配置的目标系统上运行，看其是否达到了最初的设计目标。

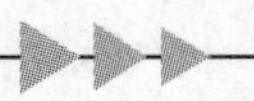

(4) 用户测试。有目的地选择一些典型用户,让他们对原型进行测试,得到反馈,改进系统。

(5) 专家评估。对于多媒体系统的内容部分,请内容方面的专家进行评估。同时也请软件开发方面的专家对整个系统进行评估。通过专家的评估报告,可以得到非常宝贵的改进意见和建议。

通过上述这些测试,可以很好地发现原型的错误、缺点和偏差,如此可以决定是抛弃现有原型还是改进现有原型,从而回到前面的某个步骤,进行下一个原型的生成。在经过3～5次原型进化后,就得到了最终的软件产品。

在软件产品发布后,还可以通过用户的主动反馈或问卷访谈来了解软件的潜在问题,对于软件产品中的错误,可以制作修正的补丁,通过各种形式(如提供下载、办理邮购等)提供给用户使用。同时通过用户的反馈,也会进一步了解产品客户群的特点,从而为软件升级版的制作提供依据。

1.3.5 多媒体产品的版权问题

版权是对权利人所创作的具有原创性作品的法律保护。版权包括两种主要的权利:经济权利和精神权利。经济权利是指进行复制、广播、公开表演、改编、翻译、公开朗诵、公开陈列、发行等方面的权利。精神权利包括作者反对对其作品进行歪曲、篡改或其他有可能损害其荣誉或声誉的修改的权利。

这两类权利均属于可以行使这些权利的创作者。行使权利就意味着他能够自己使用该部作品,也能够允许他人使用该作品或可以禁止他人使用该作品。总的原则就是受版权保护的作品在未经权利人许可的情况下不得使用。

1. 如何避免侵权

根据著作权法和《计算机软件保护条例》的规定,以下行为是侵犯软件权利。

(1) 未经软件著作权人许可,发表或者登记其软件的。

(2) 将他人软件作为自己的软件发表或者登记的。

(3) 未经合作者许可,将与他人合作开发的软件作为自己单独完成的软件发表或者登记的。

(4) 在他人软件上署名或者更改他人软件上的署名的。

(5) 未经软件著作权人许可,修改、翻译其软件的。

(6) 其他侵犯软件著作权的行为。

(7) 复制或者部分复制著作权人的软件的。

(8) 向公众发行、出租、通过信息网络传播著作权人的软件的。

(9) 故意避开或者破坏著作权人为保护其软件著作权而采取的技术措施的。

(10) 故意删除或者改变软件权利管理电子信息的。

(11) 转让或者许可他人行使著作权人的软件著作权的。

对计算机软件侵权行为的认定,实际是指对发生争议的某一计算机程序与比照物(权利明确的正版计算机程序)的对比和鉴别。

2. 如何保护自己开发的多媒体产品

首先,软件开发者要增强软件保护意识。尽可能早地办理软件著作权登记手续,以便在发生纠纷时举证证明自身的权利；其次，采用技术措施，增强软件的抗破解和用户认证机制；再有，一旦有侵权发生，尽快打击，最大限度地维护软件权利。

习　　题

1. 选择题

(1) 键盘、显示器属于(　　)媒体；图形、图像属于(　　)媒体。

A. 表示　表现　　B. 表现　感觉　　C. 感觉　表现　　D. 表示　感觉

(2) 多媒体技术不具有的特性是(　　)。

A. 集成性　　B. 实时性　　C. 交互性　　D. 智能性

(3) 下列不是流媒体三巨头的是(　　)。

A. Philips　　B. 苹果 QuickTime

C. RealNetwork　　D. 微软 Windows Media Server

(4) 多媒体产品的特点是(　　)。

A. 交互、多元、集成、实时　　B. 丰富、多样、动态、交互

C. 加工、静态、动态、人文　　D. 集成、交互、实时、智能

(5) Macromedia 公司的 Authorware 软件工具开发的产品是基于(　　)模式的。

A. 时基　　B. 网络　　C. 窗口　　D. 图标

(6) 详细设计中的(　　)是多媒体产品创作的一个基础。

A. 素材集成　　B. 脚本创作　　C. 界面设计　　D. 导航设计

2. 填空题

(1) 媒体在计算机领域有两种含义：一种是指________，即________的实体，如磁盘、光盘、磁带、半导体存储器等；二是指________，如数字、文字、声音、图形和图像等。

(2) 多媒体技术就是计算机________综合处理________信息——文本、图形、图像和声音，使多种信息建立逻辑连接，________为一个系统并具有________。

(3) 根据多媒体技术的定义，它有 4 个显著的特征：________、________、________和________，这也是它区别于传统计算机系统的特征。

(4) 流媒体技术是网络________、________技术发展到一定阶段的产物，是一种解决播放时________问题的“软技术”。

(5) 多媒体产品的基本模式从创作形式上看，可以分类为________、________、________、________、________、________、________、________。

(6) 根据软件工程学原理，并结合多媒体特点，多媒体产品的开发流程主要为________、________、________、________、________、________。

(7) ________是对权利人所创作的具有________作品的法律保护。版权包括两种主要的权利：________和________。

(8) 多媒体产品有两个显著特点：首先是它的________；其次是充分的________。________是多媒体产品最大的特点。

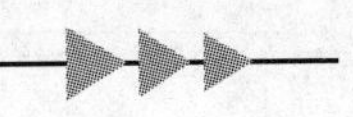

上机练习

练习 搜索多媒体技术知识

上网搜索多媒体技术、流媒体、多媒体课件的相关知识进行学习。

上机要点提示:

(1) 打开IE浏览器,在地址栏输入“http://www.baidu.com”打开百度搜索。

(2) 在文本框中输入“多媒体技术”、“流媒体”、“多媒体课件”等关键字,搜索到相关的网页进行浏览。

第2章

图像处理技术

图像是多媒体作品中常见的构成元素，图像在多媒体作品中常用于作品背景、各种控制元素（如控制按钮）以及其他的界面美化元素（如边框和分割线等）。同时，图像也是多媒体中的一种媒体形式，是将抽象概念直观化的一种手段。本章将介绍多媒体作品中的图像处理技术。

本章主要内容：

- 图像和图形的基本原理；
- 图像数字化技术；
- 图像的获取方式；
- 使用 Photoshop 处理图像的方法。

2.1 图形图像的基本原理

要灵活使用图形和图像，首先需要掌握计算机图像处理的技术原理和技术特点。本节将介绍矢量图形和位图图像的区别、图像分辨率和颜色深度等基础知识。

2.1.1 图形和图像

计算机中的图形和图像包括位图图像和矢量图图像，认识它们的特色和差异，有助于创建、编辑和应用数字图像。这两种图像在具体的应用中存在着一些差异，下面分别介绍它们的特点。

1. 矢量图形

矢量图由矢量定义的直线和曲线组成。矢量图形是根据轮廓的几何特性，用数学表达式指令来进行描述，图形的轮廓画出后，被放在特定位置并填充颜色。移动、缩放或更改颜色不会降低图形的品质。例如，用矢量图形描述一个圆，只要有圆心、半径及颜色等的描述就可以，不需要给出每一个点的颜色值。因此，它不能像位图图像那样表现出丰富的图像颜色，只适合于以线条为主的图案和文字标志设计、工艺美术设计和计算机辅助设计等领域。矢量图形与分辨率无关，无论放大或缩小多少倍，图形都有同样平滑的边缘和清晰的视觉效果。放大前后的矢量图形效果如图 2-1 所示。

矢量图形的大小取决于图形的复杂程度，存储矢量图形文件要比存储位图图像文件占用空间少。因此，矢量图形是文字和线条图形的最佳选择。Adobe Illustrator、CorelDraw、CAD 等软件是以矢量图形为基础进行创作的。

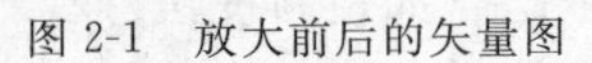

图 2-1 放大前后的矢量图

2. 位图图像

把一幅图像按水平和垂直方向划分成若干个小方格,每个小方格称为一个像素点,由这些像素点排列组成的栅格称为“光栅”,计算机通过表示这些像素点的位置、颜色、亮度等信息,从而表示出整幅图像,这种图像通常被称为位图或像素图。位图图像也称栅格图像,Photoshop 以及常用的图像处理软件一般都使用位图图像。

位图图像由像素组成,每个像素都被分配一个特定位置和颜色值。在处理位图图像时,通常编辑的是像素而不是对象或形状,也就是说,编辑的是每一个点。位图的特点是能够制作出色彩和色调变化层次丰富的图像,能逼真地表现出自然界的真实景象。位图图像与分辨率有关,即在一定面积的图像上包含固定数量的像素。因此,如果在屏幕上以较大的倍数放大显示图像,或以过低的分辨率打印,位图图像会出现锯齿边缘,显示类似马赛克的效果。将位图放大,放大前后的效果对比如图 2-2 所示。

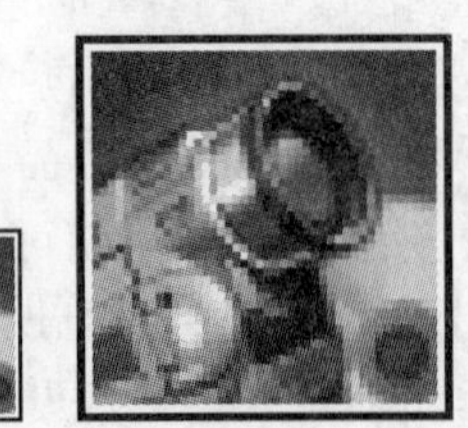

图 2-2 放大前后的位图

2.1.2 图像的分辨率

图像分辨率是用来衡量图像清晰度的一个概念,其表示图像中单位长度包含的像素数,通常用像素/英寸(Display Pixels/Inch)表示。图像分辨率的单位为 dpi,即每英寸显示的像点数。例如，某图像的分辨率为 200dpi，则该图像的像点密度为每英寸 200 个。dpi 的数值越大，像点密度越高，图像对细节的变现力越强，清晰度也越高。

图 2-3 中有两幅图像，图 2-3(a)的图像分辨率为 300dpi，细节部分很清晰；图 2-3(b)的图像分辨率为 96dpi，几乎看不清楚细节部分。

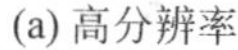

(a) 高分辨率

(b) 低分辨率

图 2-3　分辨率不同的图像

根据应用场合的不同，图像分辨率一般有两种类型：显示分辨率和打印分辨率。

1. 显示分辨率

显示分辨率是一系列标准显示模式的总称，其单位不用 dpi，而采用像素。显示分辨率由水平方向的像素总数和垂直方向的像素总数构成。例如，显示器分辨率(屏幕分辨率)为 1280×800 像素，表示显示器在宽度上是 1280 个像素，高度上是 800 个像素，如图 2-4 所示。

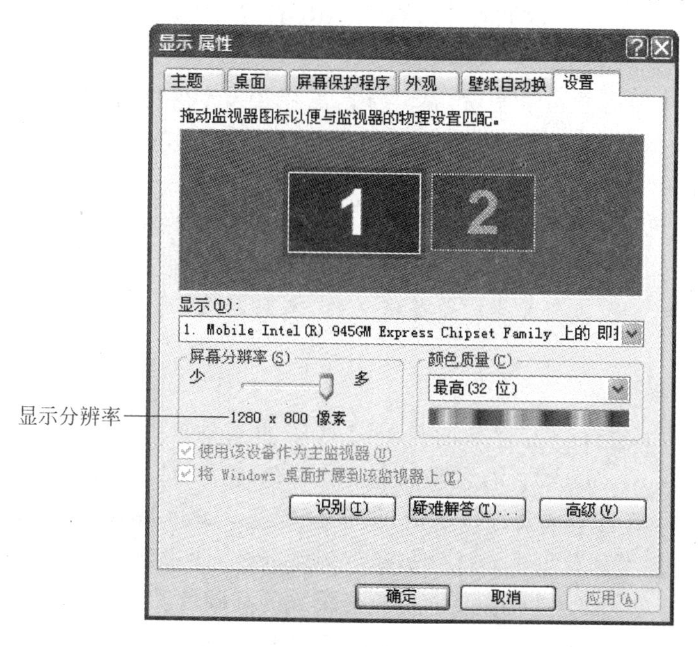

图 2-4　显示器的显示分辨率

图像大小是指图像像素的高度和宽度的数目，也就是它的长宽尺寸。屏幕上图像的显示尺寸是由图像的像素尺寸与显示器的显示分辨率的设置共同确定的。

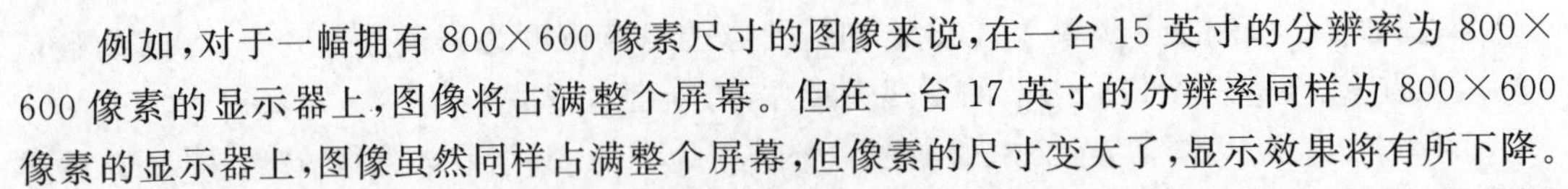

例如,对于一幅拥有800×600像素尺寸的图像来说,在一台15英寸的分辨率为800×600像素的显示器上,图像将占满整个屏幕。但在一台17英寸的分辨率同样为800×600像素的显示器上,图像虽然同样占满整个屏幕,但像素的尺寸变大了,显示效果将有所下降。

又如,在同一台显示器上,显示器分辨率为800×600像素时,一幅图显示较大,但将分辨率定义为1024×768像素甚至更高时,图像显示就会明显变小。

2. 打印分辨率

打印分辨率是打印机输出图像时采用的分辨率,不同打印机的最高打印分辨率不同,而同一台打印机可以使用不同的打印分辨率。当打印分辨率与图像本身的分辨率相同时,图像输出质量最佳。

打印分辨率又称为输出分辨率,以像素/英寸来表示,其代表了每英寸可以打印的油墨的点数。一般说来,打印分辨率越高,即每英寸的油墨越多,打印效果将越好。

2.2 图像的数字化技术

图像数字化主要包括图像的色彩模式和图像文件的保存格式的问题。本节将对这两个问题分别进行介绍。

2.2.1 图像的色彩模式

图像的色彩模式,是指用来提供将图像中的颜色转换成数据的方法,这种方法使颜色能够在不同的媒体中得到连续的描述,能够实现跨平台显示。不同的色彩模式对颜色的表现能力可能会有很大的差异。常见的色彩模式有RGB、CMYK、HSB、Lab和索引色。

1. RGB色彩模式

该模式是一种加光模式。它是基于与自然界中光线相同的基本特性,颜色可由红(red)、绿(green)、蓝(blue)三种波长产生,其中红、绿和蓝三色称为光的基色。显示器上的颜色系统便是RGB色彩模式的。这三种基色中每一种都有一个0~255的范围值,通过对红、绿、蓝的各种值进行组合来改变像素的颜色。所有基色的相加便形成白色。反之,当所有的基色的值都为0时,便得到了黑色。

专家点拨: RGB色彩模式是与设备有关的,不同的RGB设备再现的颜色不可能完全相同。

2. CMYK色彩模式

该模式是一种减光模式,它是四色处理打印的基础。这四色是青、洋红、黄、黑(即cyan、magenta、yellow、black)。青色是红色的互补色,将R、G、B的值都设置为255,然后将R设置为0,通过从基色中减去红色的值,就得到青色。黄色是蓝色的互补色,通过从基色中减去蓝色的值,就得到黄色。洋红色是绿色的互补色,通过从基色中减去绿色的值,就得到洋红色。这个减色的概念就是CMYK色彩模式的基础。

在CMYK色彩模式下,每一种颜色都是以这4色的百分比来表示的。理论上,青、洋红、黄三原色的混合可产生黑色,但在实际印刷中只能产生深灰色,为了保证印刷质量,所以加入了黑色。CMYK色彩模式被应用于印刷技术,印刷品通过吸收与反射光线的原理再现色彩。

3. HSB 色彩模式

这种色彩模式是基于人对颜色的感觉，将颜色看作由色泽、饱和度、明亮度组成的，其为将自然颜色转换为计算机创建的色彩提供了一种直觉方法。在进行图像色彩校正时，经常会用到“色泽/饱和度”命令，它非常直观。

4. Lab 色彩模式

该模式是一种不依赖设备的颜色模式，它是 Photoshop 用来从一种颜色模式向另一种颜色模式转变时所用的内部颜色模式。这种颜色模式用户很少用到。

5. 索引颜色模式

由于 RGB 或 CMYK 的色彩模式占用内存空间较多，因此应用 256 色的颜色表为索引色，每个颜色都不能再改变它的亮度。如果图像文件中的颜色亮度与索引色中的颜色亮度不符合，则它会自动地将图像文件的色彩以相近的色彩取代，使图像文件只显示 256 色。由于索引颜色所支持的色彩比 RGB 或 CMYK 都要少得多，所以对于连续的色调处理，索引色无法像 RGB 或 CMYK 那样平顺，因此索引色大多用在网络或者动画这种对于颜色信息要求不是太高的领域。

2.2.2 图像的颜色深度

图像的颜色深度也称为位分辨率，是用来衡量每个像素储存信息的位数。颜色深度决定可以标记为多少种色彩等级的可能性，一般常见的有 8 位、16 位、24 位或 32 位色彩。所谓“位”，实际上是指 2 的平方次数，8 位即是 2 的 8 次方，也就是 8 个 2 相乘，等于 256。所以，一幅 8 位色彩深度的图像(如 GIF 格式)，所能表现的色彩等级是 256 级。

BMP 格式的图像最多可以支持红、绿、蓝各 256 种，不同的红绿蓝组合可以构成 256 的 3 次方种颜色，就需要 3 个 8 位的二进制数，总共 24 位。所以颜色深度是 24 位。还有 PNG 格式，这种格式除了支持 24 位的颜色外，还支持 Alpha 通道(用于控制透明度)，总共是 32 位。颜色深度越大，图片占的空间越大。

2.2.3 图像压缩

图像压缩是指减少表示数字图像时需要的数据量，以尽可能少的比特数代表图像或图像中所包含信息的技术。目的是减少图像数据中的冗余信息，从而用更加高效的格式存储和传输数据。

图像压缩可以是有损数据压缩，也可以是无损数据压缩。

1. 有损数据压缩

不完全保持图像原信息，即允许与原图像有某种合理程度的失真，将次要的信息数据压缩掉，牺牲一些质量来减少数据量，使压缩比提高。有损方法非常适合于自然的图像，例如，一些应用中图像的微小损失是可以接受的(有时是无法感知的)，这样就可以大幅度地减小位速。

2. 无损数据压缩

保持图像原信息，即可从压缩图像中没有误差地重建原图像。对于如绘制的技术图、图表或者漫画应优先使用无损压缩，这是因为有损压缩方法，尤其是在低的位速条件下将会带来压缩失真。如医疗图像或者用于存档的扫描图像等这些有价值的内容的压缩也应尽量选

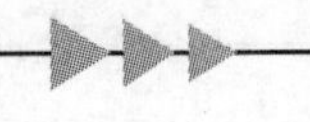

择无损压缩方法。

2.2.4 图像文件格式

图像文件的保存格式决定了图像数据的存储内容和存储方式,以及文件是否与某些应用程序兼容,决定了数据交换是否能够方便地实现。图像文件的格式有很多种,它们的不同主要在于图像的数据方式和使用的压缩技术。下面介绍常见的图像文件格式。

1. PSD 格式

这是 Photoshop 图像处理软件的专用文件格式,可以支持图层、通道、蒙版和不同色彩模式的各种图像特征,是一种非压缩的原始文件保存格式。扫描仪不能直接生成该种格式的文件。PSD 文件有时容量会很大,但由于可以保留所有原始信息,对于图像处理中尚未制作完成的图像,选用 PSD 格式保存是最佳的选择。

2. BMP 格式

BMP 是一种与硬件设备无关的图像文件格式,使用非常广。它采用位映射存储格式,除了图像深度(记录每个像素点所占的位素)可选以外,不采用其他任何压缩,因此,BMP 文件所占用的空间很大。BMP 文件的图像深度可选 1b、4b、8b 及 24b。BMP 文件存储数据时,图像的扫描方式是按从左到右、从下到上的顺序。由于 BMP 格式是 Windows 中图形图像数据的一种标准,因此在 Windows 环境中运行的图形图像软件都支持 BMP 格式。

3. GIF 格式

GIF(Graphics Interchange Format)即"图像互换格式",是 CompuServe 公司在 1987 年开发的图像文件格式。GIF 文件的数据,是一种基于 LZW 算法的连续色调的无损压缩格式。其压缩率一般在 50%左右,它不属于任何应用程序。目前几乎所有相关软件都支持它,公共领域有大量的软件在使用 GIF 文件。由于 GIF 文件的数据采用了可变长度编码的压缩算法,所以 GIF 的图像深度范围为 1~8b,即 GIF 最多支持 256 种色彩的图像。GIF 格式的另一个特点是其在一个 GIF 文件中可以存多幅彩色图像,如果把存于一个文件中的多幅图像数据逐幅读出并显示到屏幕上,就可构成一种最简单的动画。

4. JPEG 格式

联合图像专家组(Joint Photographic Experts Group,JPEG)文件的扩展名为 jpg 或 jpeg,是最常用的图像文件格式,它是一种有损压缩格式,能够将图像压缩在很小的储存空间,图像中重复或不重要的资料会丢失,如果追求高品质图像,不宜采用过高压缩比例。但是 JPEG 压缩技术十分先进,可以用最少的硬盘空间得到较好的图像品质,而且 JPEG 是一种很灵活的格式,具有调节图像质量的功能,允许用不同的压缩比例对文件进行压缩,可以支持 24b 真彩色,广泛应用于需要连续色调的图像。特别是在网络和多媒体光盘上,都能找到它的身影。由于 JPEG 格式的文件具有尺寸较小、下载速度快的特点,目前已经得到了广泛的应用。

5. TIFF 格式

TIFF 格式是一种灵活的位图图像格式,文件扩展名为 tif 或 tiff,它是 Aldus 公司为苹果计算机设计的图像文件格式,可跨平台(Mac 和 PC)操作,受到几乎所有的绘画、图像编辑和页面排版应用程序的支持。TIFF 格式应用相当广泛,该格式除了支持 RGB、CMYK、Lab、位图和灰度等多种色彩模式外,还支持 Alpha 通道的使用。

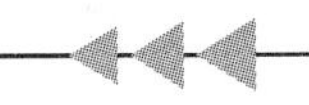

6. PDF 格式

该格式是 Adobe 公司开发的一种便携文本格式，是一种基于 PostScript 语言、跨平台的电子出版物格式。PDF 格式可以精确地显示字体、页面格式、位图与矢量图以及插入超级链接，它是目前电子出版物最常用的格式。在 Photoshop 中可以将图像存储为 PDF 格式。

7. EPS 格式

这种格式可以包含矢量图形和位图图像，并且几乎所有的图形图像处理软件、图表处理软件和页面排版软件都支持这种格式的文件。EPS 格式支持 Lab、CMYK、RGB 和索引色等颜色模式，同时其可以保存剪贴路径，在页面排版程序中打开时可以产生镂空或蒙版效果，但其不支持 Alpha 通道。

2.2.5　图像文件的体积

图像文件的体积是指图像文件的数据量，其计算单位是字节(B)。影响图像文件体积的主要因素有图像尺寸、颜色深度和文件格式(数据压缩方法)。

图像文件的体积由下式进行计算：

$$S = (h \cdot w \cdot c)/8$$

其中，S 是图像的数据量；h 是图像水平方向的像素数；w 是垂直方向的像素数；c 是颜色深度；8 是将二进制位(b)转换成以字节(B)为单位。

例如，某图像采用 24b 的颜色深度(真彩色图像)，其图像尺寸为 800×600 像素，则图像文件的体积为：

$$S = (800 \times 600 \times 24)/8 = 1\,440\,000\text{B(约 1.37MB)}$$

从以上计算可以看出，图像文件体积大是图像文件的显著特点，要减少图像文件的体积，除了采用适当的数据压缩算法以外，在保证图像质量的前提下，可以采用颜色深度低的图像格式，或者适当缩小图像的尺寸。

2.3　图像的获取

图形图像是多媒体作品的重要组成元素，在进行多媒体作品的制作过程中，往往要获取大量的图像素材。这些素材的获取一般可以通过三种途径，那就是从网络、使用数码相机摄取或从扫描仪扫入。

2.3.1　从网络获取图像素材

网络的出现方便了人们之间的联系，同样也提供了丰富的资源，这当然也包括图形图像资源。网上能够提供图片的专业素材网站很多，可以通过百度或 Google 等著名的搜索引擎来搜索这些站点。

百度提供了对图片的专门搜索方法，用户可以通过这个功能来获取需要的图片。下面介绍具体的操作方法。

(1) 打开百度搜索页面，单击其中的“图片”超链接打开图片搜索页面。在搜索框中输入关键字，单击其下的单选按钮选择搜索范围，如图 2-5 所示，单击“百度一下”按钮即可打开搜索结果页面。

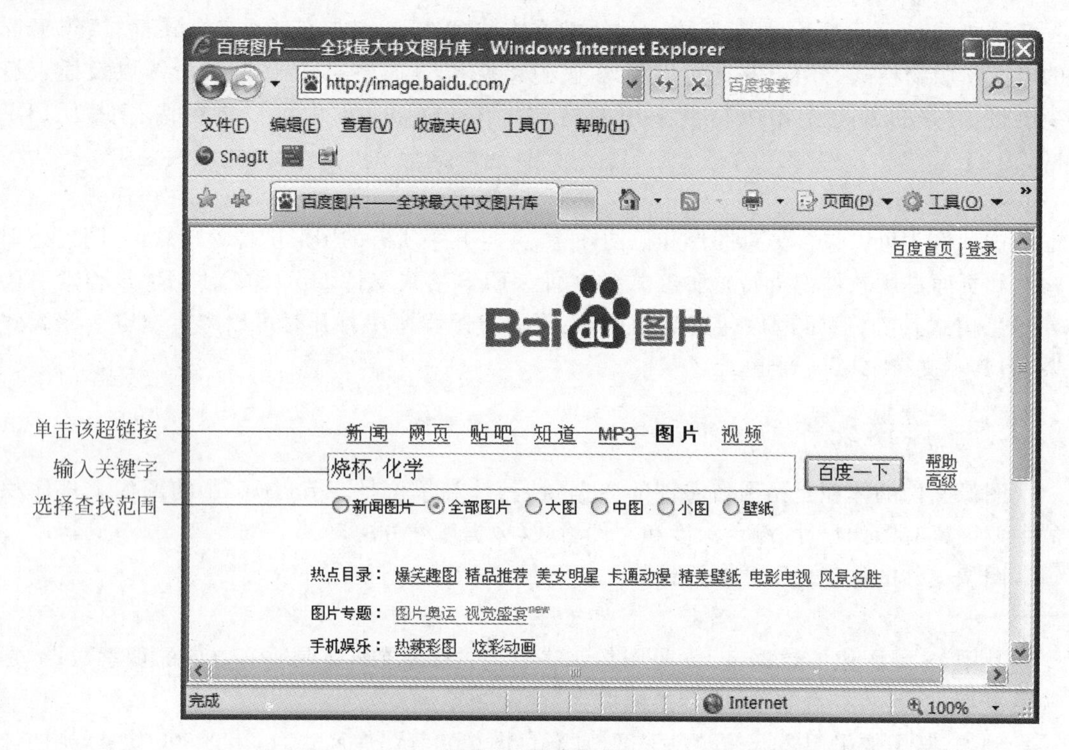

图 2-5 搜索图片

(2) 在结果页面中单击需要图片的链接可以打开包含该图片的页面。在页面中右击图片，在弹出的快捷菜单中选择“图片另存为”命令，可以打开“保存图片”对话框，选择图片保存的位置，单击“确定”按钮即可获得需要的图片。

2.3.2 使用数码相机

随着计算机的普及，人们生活水平的提高，数码相机已经走入了人们的日常生活。与传统的相机相比，数码相机使用更为方便，拍摄的照片能够输入计算机并直接使用。这些特点决定了它是获取图像素材的一个有效的方法之一。

当前数码相机的种类繁多，品牌多样，但根据其性能及成本，可分为三种类型：经济型数码相机、中档数码相机、专业数码相机，如图 2-6 所示。

图 2-6 数码相机

为了达到理想的效果，拍摄照片时应该注意以下几点。

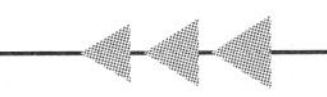

(1) 由于数码相机 CCD 的像素有限，要使所拍图像在后期制作时能高倍率放大，就必须在拍摄取景时精心构图，注意突出主体，避免后期处理时再对画面进行剪裁。因为剪裁处理是以舍弃许多珍贵的像素为前提的，其最终结果相当于使用了低像素的数码相机拍摄，导致画面清晰度降低，达不到所用数码照相机应有的画质。

(2) 数码相机在使用高感光度设置时，CCD 会产生噪点，使所拍图像像质粗糙、劣化，所以，在低照度时最好使用闪光灯补光，不要随意提高数码相机的感光度，避免使用过高的感光度拍摄。

(3) 数码相机 CCD 的感光特性与传统胶片有一个明显区别，图像曝光不足的影调部分可以通过后期软件调整显现出来，而曝光过度部位丢失的影调层次则无法在后期处理时找回。因此，在拍摄亮度反差较大的景物时，最好使用曝光补偿功能进行曝光负补偿，以使高光部位尽量记录更多的光影信息，便于后期调整。

(4) 大多数数码相机都有内藏闪光灯，内藏闪光灯的共同特点是随机配置，使用非常方便，但是闪光指数不高，有效照明范围小。因此，一般数码相机的内藏闪光灯只适合在近距离使用，主体距离闪光灯不能超过 2～3m，更大范围的闪光照明应选择外接大指数闪光灯。

2.3.3 图像扫描

使用扫描仪是将图像素材数字化的一种常用方法。常用的扫描仪依据其构造可以分为手持扫描仪、立式扫描仪、平板扫描仪、台式扫描仪和滚筒扫描仪。衡量扫描仪的质量，主要有下面三个技术指标。

1. 扫描分辨率

其单位为 dpi，即每英寸的像素个数。dpi 的值越大所得到的数字图像的质量就越高。普通图片素材一般采用 300dpi，较高的场合或尺寸较小的图片常采用 600dpi 的分辨率。

2. 色彩精度

色彩精度对于图像的色彩表现力是十分重要的。一般来说，扫描时采用较高的色彩精度能够获得高质量的图片，高色彩精度扫描会造成扫描得到的图像数据量较大，需要占用较大的存储空间。

3. 内置图像处理能力

内置的图像处理能力强的扫描仪，在扫描时，能够自动对图像进行某些处理，可以快速而方便地获取高质量的图像。

常见的扫描设备如图 2-7 所示。

图 2-7　常见的扫描设备

2.3.4　截图软件

SnagIt 是一款专业的屏幕捕获软件。就图像截取工具而言,SnagIt 凭借着截图功能的完备和众多近似专业的图像后期编辑工具,成为很多用户的首选工具。

SnagIt 可以捕获 Windows 屏幕、DOS 屏幕;RM 电影、游戏画面;菜单、窗口、客户区窗口、最后一个激活的窗口或用鼠标定义的区域。图像可被另存为 BMP、PCX、TIF、GIF 或 JPEG 格式。保存屏幕捕获的图像前,还可以用其自带的编辑器进行编辑。

1. SnagIt 9.0 工作界面

启动 SnagIt 9.0 软件,界面采用了 Windows XP 经典的窗口布局式样,如图 2-8 所示。在界面左侧分别提供了“快速启动”和“相关任务”的功能快捷切换列表,界面主区域中提供了一些常用的捕获配置文件,供用户直接使用。下方的“配置文件设置”中各个按钮也都分别提供了按钮式下拉菜单,可对捕获配置进行修改。

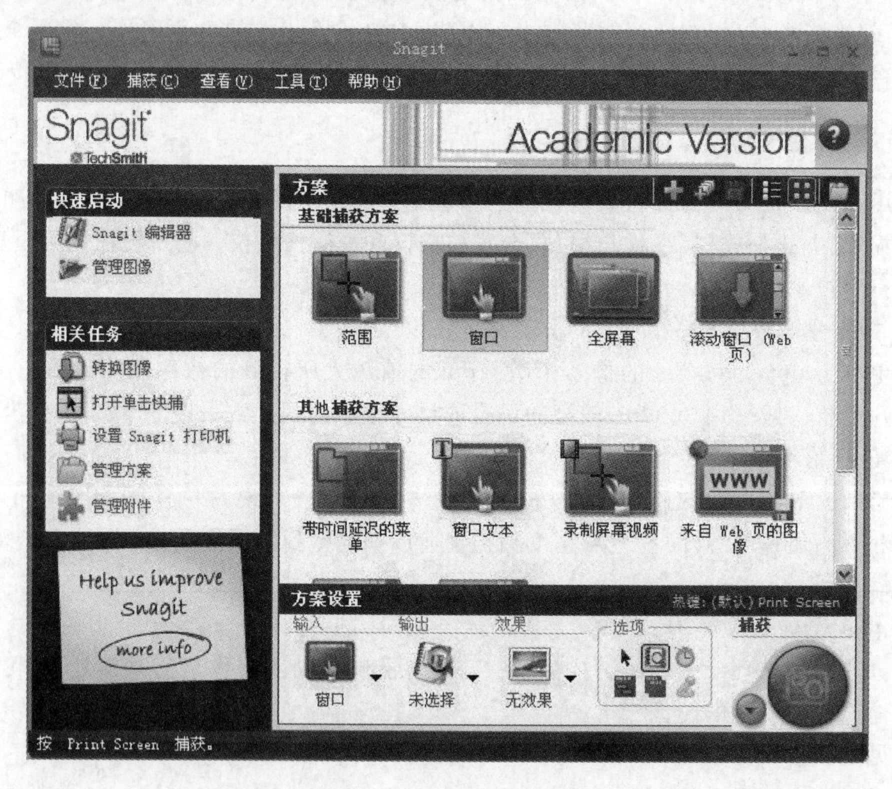

图 2-8　SnagIt 9.0 启动界面

SnagIt 9.0 软件提供了“图像捕获”、“文字捕获”、“视频捕获”和“Web 捕获”4 个捕获模式,单击“捕获”按钮左下方的“捕获模式”按钮,在弹出的下拉菜单中可以切换当前的捕获模式。

下面简单介绍软件提供的捕获配置方案(这是进行捕获操作前必须进行的基本设置)。配置方案分为三大类:基础捕获方案、其他捕获方案、我的方案。

基础捕获方案包括如下 4 个按钮。

(1) 范围:可对自定义的矩形区域进行图像捕获。

(2) 窗口：对某个窗口的内容进行图像捕获。

(3) 全屏幕：将整个屏幕进行图像捕获。

(4) 活动窗口(Web 页)：对 Web 页中带有滚动条的页面进行图像捕获。

其他捕获方案包括如下 6 个按钮。

(1) 带时间延迟的菜单：可捕获包括光标在内的展开着的层叠菜单为图像。

(2) 窗口文本：可捕获一个窗口内的所有文字部分内容。

(3) 录制屏幕视频：可录制屏幕某个区域中包括光标和音频在内的操作视频。

(4) 来自 Web 页的图像：根据提供的网址捕获该页面中所有的图像文件。

(5) Web 页(保留链接)：对所提供的网址页面中包括滚动条中没有全部显示的所有内容进行图像捕获，并保留原有链接。

(6) 对象：可对屏幕中的对象，如图标、按钮等进行图像捕获。

可以自定义捕获方案，保存在我的方案中。

(1) 在选择软件提供的方案后，还可以对其设置进行修改，并另存到“我的方案”目录中，成为一个新的方案。

(2) 单击“方案”栏右上角的“使用向导创建方案”按钮，可根据提示一步步完成创建，并保存到“我的方案”目录中。

2. 使用 SnagIt 进行图像捕获

图像捕获是 SnagIt 软件最基本的功能，操作方法也非常简单，具体操作步骤如下所述。

(1) 在“方案”栏中选择一种合适的捕获方案，这里以选择“范围”为例来说明。

(2) 单击右下角的“捕获”按钮。此时 SnagIt 软件界面自动隐藏。鼠标形状变成形。同时屏幕的左上角会出现捕获提示框，如图 2-9 所示。

(3) 在需要捕捉图像区域的左上角按下鼠标左键，根据自己的需要拖动鼠标拉出一个矩形选区，同时矩形的右下方还会显示当前矩形框的宽度和高度，如图 2-10 所示。放开鼠标左键即跳转到 SnagIt 编辑器窗口预览。

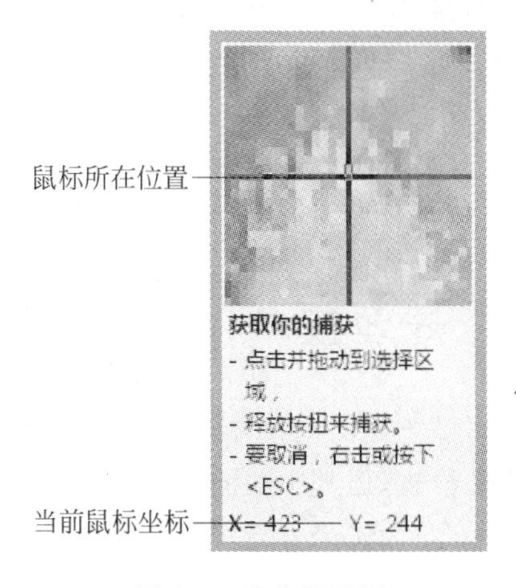

图 2-9　捕获提示框

捕获图像区域选框

捕获区域宽、高数据

图 2-10　捕获区域图像

(4) “编辑器”窗口如图 2-11 所示，在这个窗口中可以对图像进行各种编辑操作。比如可以改变图像尺寸、对图像进行裁剪、给图像添加文字标注、给图像添加特效等。

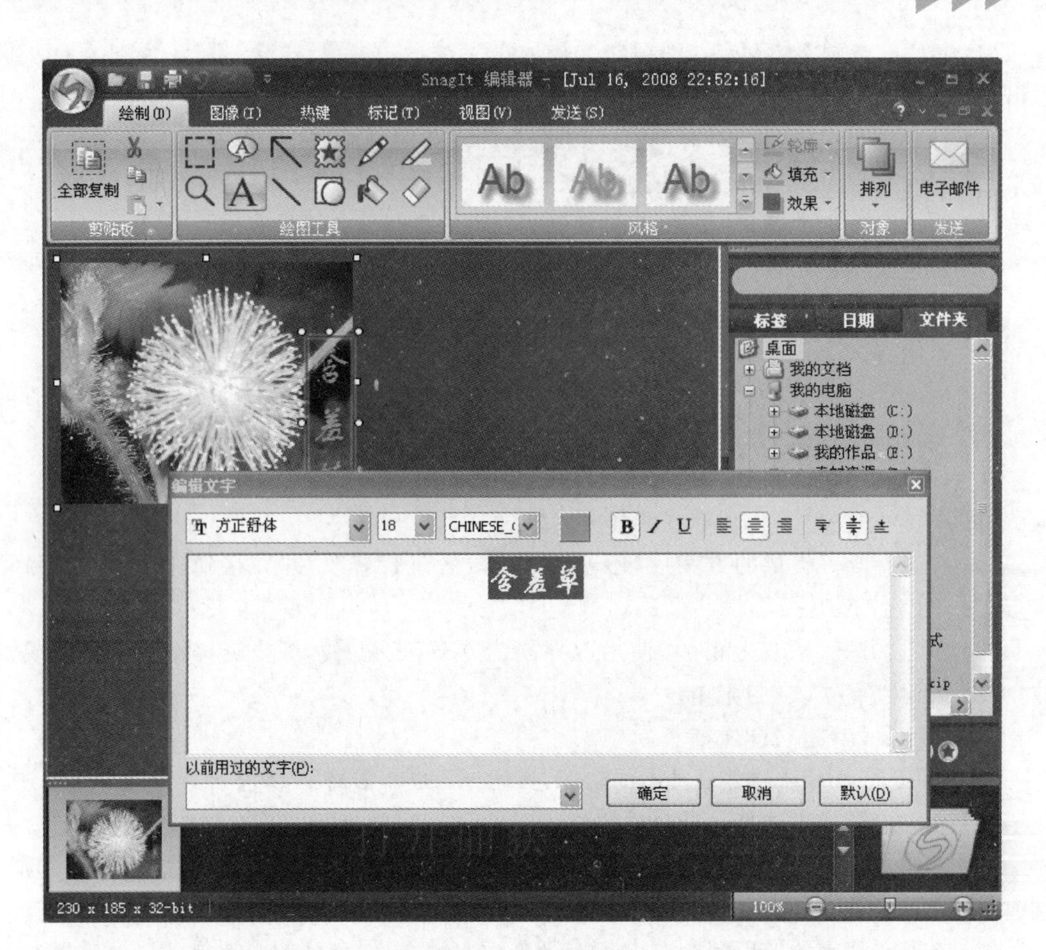

图 2-11 SnagIt 编辑器

(5) 单击“编辑器”窗口左上角的 SnagIt 图标,在弹出的下拉菜单中选择“另存为”→“标准格式”命令,选择合适的文件保存路径和类型,单击“保存”按钮完成操作。

专家指点:在捕获时,除了软件提供的方案外,还可以自己配置方案。单击“方案设置”栏中的“输入”按钮,在弹出的菜单中选择捕获的屏幕区域,可对整个屏幕或窗口、某个区域(可自定义形状)、某个对象、菜单、滚动窗口进行捕获,还可以捕获一些特殊的文件、窗口,如图形文件、程序文件、DOS 全屏幕、DirectX、扩展窗口、壁纸、扫描仪和照相机等。

2.4 基于 Photoshop 的图像处理技术

多媒体制作,离不开图像的处理,这包括图像的编辑、图像色调的调整、缺陷图像素材的修复、特效文字的创建和图像特效的添加。图像处理的软件很多,但其中功能最强大并且被广泛使用的,显然就是 Photoshop 了。下面以 Photoshop CS6 为例来介绍基于 Photoshop 的图像处理技术。

2.4.1 认识 Photoshop

Photoshop 是一款主要用于位图图像文件的处理和平面设计的软件,其具有基本的绘画功能、强大的对象选取能力，能够对图像文件进行整体或局部修整和变形。软件自带大量实用滤镜，并具有强大的图层和通道功能，提供对扫描仪和数码相机的直接支持。同时，软件能够支持当前广泛使用的各种图像文件格式，并支持多种色彩模式。当前 Photoshop 以其强大的功能在图像处理、桌面出版、网页设计和室内外装潢设计等诸多领域得到广泛的应用。

启动 Photoshop CS6，打开一张图片，此时其主界面如图 2-12 所示。

图 2-12　Photoshop 的主界面

在主界面中，文档窗口显示创建或打开的图像文件。对图像的操作，在文档窗口中进行。文档窗口下方的状态栏显示图像的大小和缩放比例。

各种调板提供了对图像进行各种操作的手段，例如，“图层”调板用于对图层的各种操作，“通道”调板实现对通道的操作等。在主界面右上方的调板井，可以收藏调板。默认情况下，调板井中放置“画笔”调板、“工具预设”调板、“图层复合”调板。调板可通过拖放操作添加到调板井中，将标签拖出调板井，可将其从调板井中删除。

2.4.2　图像的选取

在图像处理过程中，选择进行图像处理范围即制作选区是一项重要的工作，选区的优劣、准确与否，与图像编辑的成败有着密切的关系。

1. 选框工具

选框工具由“矩形选框工具”、“椭圆选框工具”、“单行选框工具”和“单列选框工具”组成，如图 2-13 所示。它们的作用和使用方法基本相同，都是用来在图像中获得规则选区。在选择工具后，在图像中拖动鼠标获得需要的选区，如图 2-14 所示。

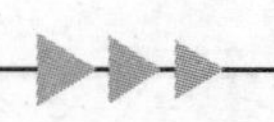

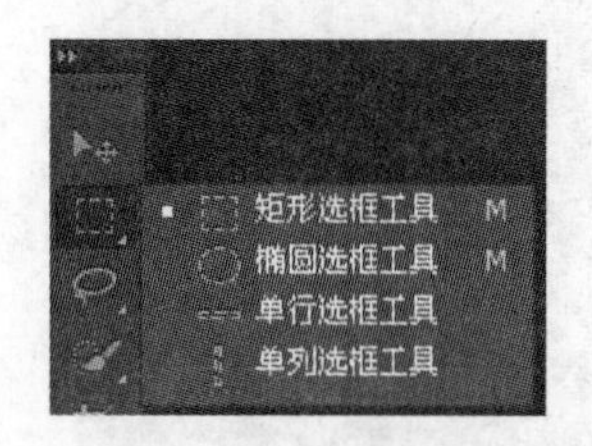

图 2-13　工具箱中的选框工具

图 2-14　获得椭圆选区

专家点拨：使用工具前，可以在选项栏中对工具进行设置。

2. 套索工具

选框工具最适用于规则的几何图形的选取和简单选区的建立。那么，对那些不规则图像的选取，就需要套索工具了。工具箱中的套索类工具如图 2-15 所示。

(1) 使用"套索工具"可在图像中绘制出任意形状的选区。在工具箱中选择"套索工具"，在选区的起始点单击，按住鼠标左键移动鼠标画出需要的选区形状，在选区终点释放鼠标，即可获得所需要的选区用于手动控制选择不规则图形。

图 2-15　工具箱中的"套索工具"

(2) 使用"多边形套索工具"可用来绘制多边形选区，通过单击鼠标添加固定点，可改变绘制的选框的走向，以获得需要的选区。

(3) "磁性套索工具"也是通过拖动鼠标来勾画选区。但与其他两种套索工具最大的不同在于，在勾画选区时，"磁性套索工具"能够根据图像边缘的像素颜色的不同自动设置选区，从而能够创建紧贴选取对象边缘的选区。

3. 魔棒工具

"魔棒工具"是根据图像颜色的差异对对象进行选择，通过对获得的选区进行添加、删除等操作能够获得更加复杂的选区。

2.4.3　图像色调的调整

要想制作出精美的图像，色彩模式的应用和色彩的调整是必不可少的。在 Photoshop 中色彩的调整是要掌握的基本技巧。Photoshop 对色彩调整的方法很多，主要包括对图像的色阶调整、曲线调整、调整色彩平衡和色相饱和度等。

1. 用色阶调整色调

使用 Photoshop 的"色阶"命令，可以通过调整图像的暗调、中间调和高光部分的强度级别，校正图像的色调范围和色彩平衡。

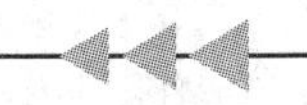

选择“图像”→“调整”→“色阶”命令打开“色阶”对话框，如图2-16所示。

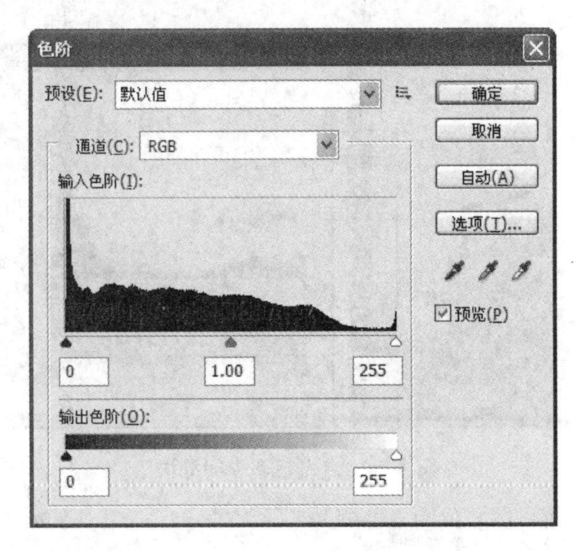

图2-16　“色阶”对话框

使用“色阶”命令对图像进行调整，主要是通过拖动“色阶”对话框中的滑块的位置，从而重新设置图像的黑白场和中间亮度值来实现的，下面介绍具体的操作方法。

(1) 在Photoshop中打开需处理的图像文件，选择“图像”→“调整”→“色阶”命令打开“色阶”对话框。从“色阶”对话框的直方图中可以看到，高光区域与暗调区域的像素数量差别较大，这就是这张图像反差较大的原因，如图2-17所示。

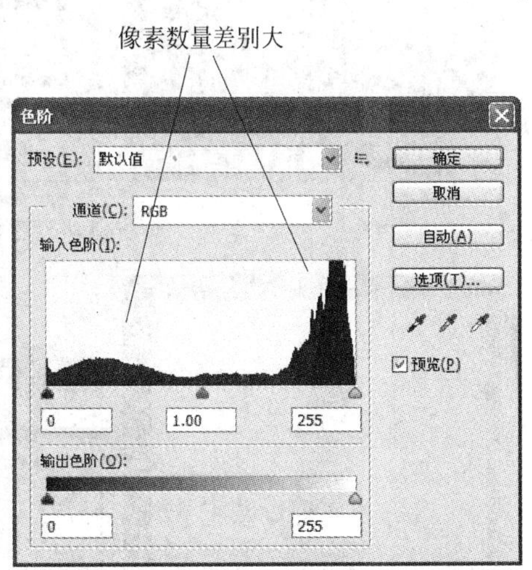

图2-17　原始图像及“色阶”对话框

(2) 使用“色阶”调整这张图像比较有效的方法，就是向左拖动中间滑块，增加左侧亮调的像素数量。此时原来较暗的图像的细节将显示出来，如图2-18所示。

(3) 如果向右拖动黑色滑块，图像中的暗调像素增多，照片将更加黑暗，如图2-19所示。

(4) 如果将白色滑块向左拖动，则照片中高光区域将增大，此时照片将损失高光区域的细节，如图2-20所示。

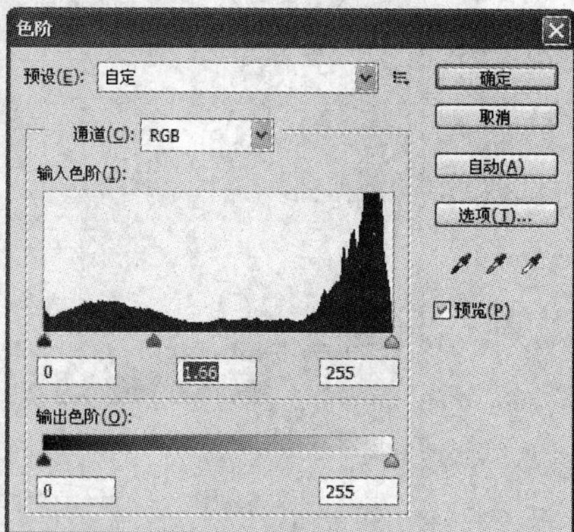

图 2-18 向左拖动中间滑块

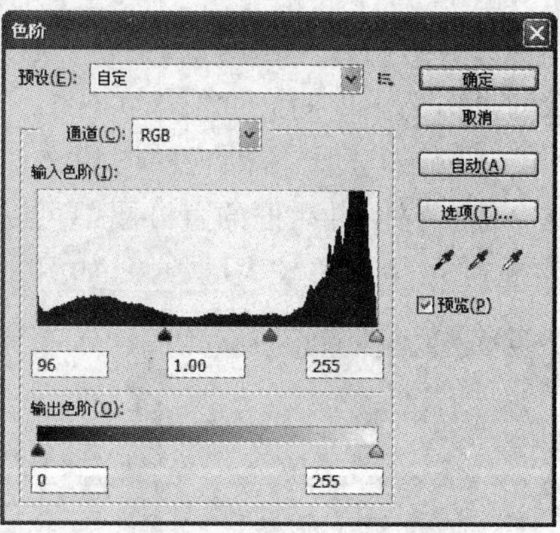

图 2-19 向右拖动黑色滑块照片变暗

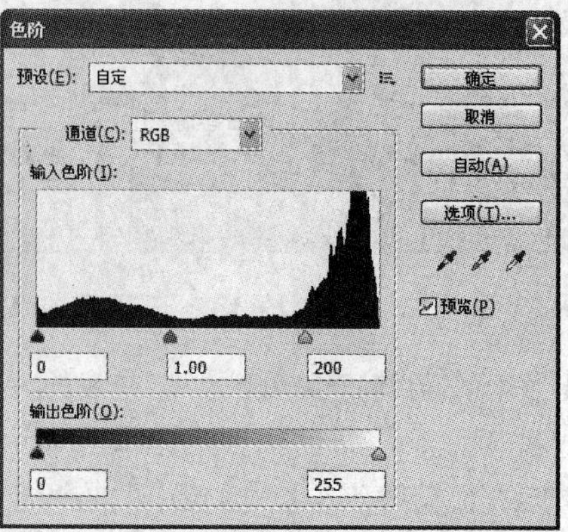

图 2-20 向左拖动白色滑块

专家点拨：如果对色阶调整的效果不满意，可以在“色阶”对话框中，按住 Alt 键，“取消”按钮变为“复位”按钮，此时单击该按钮将图像还原为初始状态。另外，“通道”下拉列表中有 RGB、“红”、“绿”和“蓝”4 个选项，选择不同的选项将能够对通道的色阶进行调整，从而可以在照片中调出新的色彩。

2. 用曲线调整色调

“曲线”命令和“色阶”命令一样，也可用于图像的颜色和色调的调整。“色阶”命令通过调整图像的高亮、暗调和中间调来对图像进行调整，而“曲线”命令则是通过调整曲线的形状来更加细致地调整图像的色调。

选择“图像”→“调整”→“曲线”命令打开“曲线”对话框，该对话框中各设置项的作用，如图 2-21 所示。

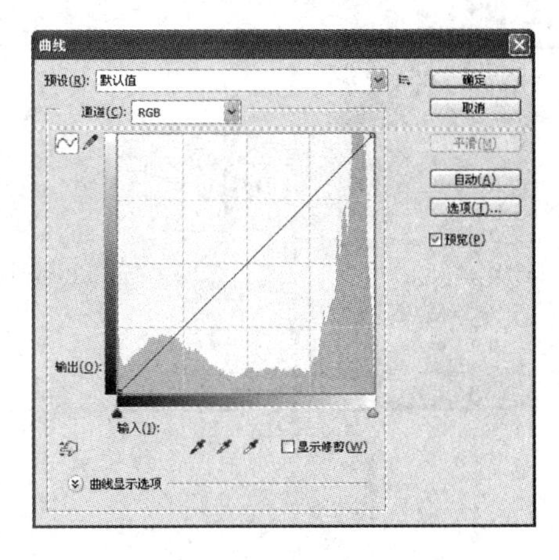

图 2-21　“曲线”对话框

调整“曲线”对话框中曲线的形状，可以调整图像的色调。例如，在“曲线”对话框中，在曲线的下方单击创建一个控制点，将控制点向上拖动，此时曲线向上凸起，照片亮度增强，如图 2-22 所示。

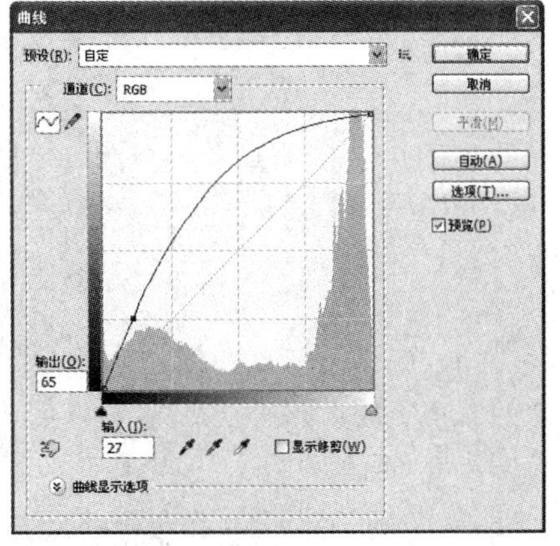

图 2-22　增强图像亮度

专家点拨:在“曲线”对话框中,纵轴由下向上亮度逐渐增大,横轴从左向右亮度逐渐增大。在没有操作时,曲线是一条直线。将控制点向上拖动,是增大该控制点的亮度,曲线向上凸起,也就意味着像素亮度较初始值都有所增大,这样图像的亮度自然增加了,色调有所改善。

通过调整曲线的形状可以对图像色调进行调整,有时可以在图像中获得光怪陆离的色彩效果。例如,将曲线调整为正弦曲线,此时的图像效果如图 2-23 所示。

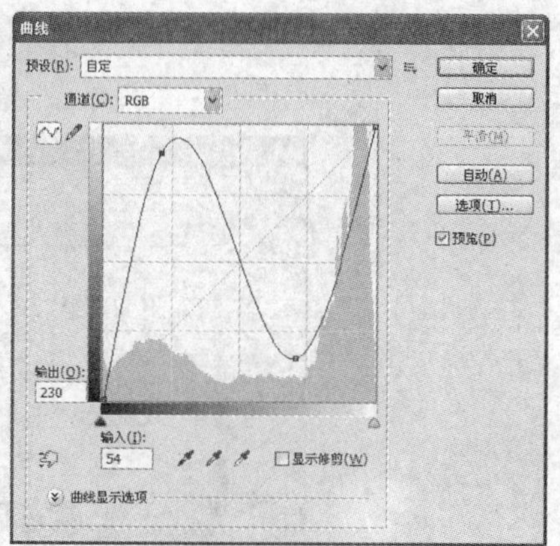

图 2-23 正弦曲线对应的图像效果

3. “色彩平衡”命令

Photoshop 能够十分准确地对图像的色彩进行调整和量化,其中最常用的方法是使用“色彩平衡”命令。使用该命令能够通过拖动滑块方便地调整图像的暗调、中间调和高光区域的色彩。

选择“图像”→“调整”→“色彩平衡”命令,打开“色彩平衡”对话框,如图 2-24 所示。

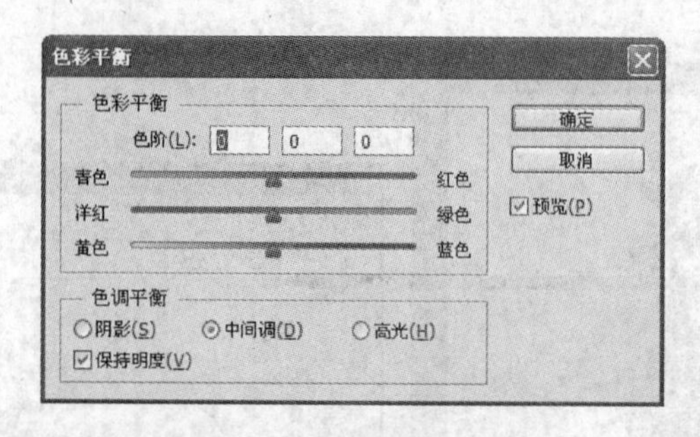

图 2-24 “色彩平衡”对话框

如图 2-25 所示,这张图像存在偏色现象,照片的色调偏红。在作为多媒体素材使用时,为了增强图像的意境,获得绿水的效果,可以使用“色彩平衡”命令来对照片色调进行调整。

具体的操作步骤如下所述。

(1) 打开“色彩平衡”对话框,首先调整照片中间调的色彩,增加照片中的绿色成分,如图 2-26 所示。

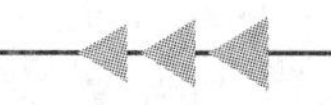

图 2-25　需要处理的照片

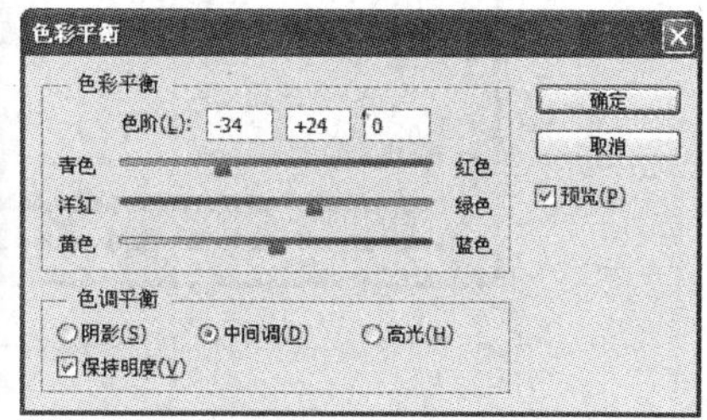

图 2-26　调整中间调的色彩

(2) 单击“高光”单选按钮，拖动滑块调整照片高光区域的色彩，如图 2-27 所示。效果满意后单击“确定”按钮关闭对话框即可。

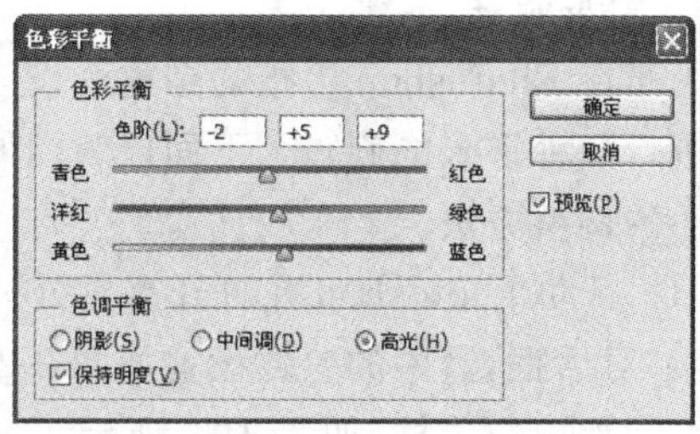

图 2-27　调整高光区域的色彩

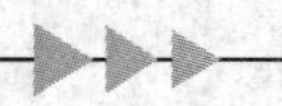

专家点拨:颜色是按照色轮关系排列的,其中红色和青色、蓝色和品红、蓝色和黄色都是互补色的关系。在补色关系中增加一种颜色就是减少另一种颜色,如增加图像中的红色,图像中的青色自然会减少。在“色彩平衡”对话框中,“保持明度”复选框被选中时可以使图像的亮度值随颜色改变而改变,从而保持图像的色调平衡。

4. “色相/饱和度”命令

色相是色彩的相貌,用以区分不同的色彩种类。色相对应色彩本身固有的波长,不论是否改变明度,色相都不会改变。饱和度又称为纯度,指的是色彩的纯净程度,是色相的明确程度。Photoshop 提供了专门的命令来实现对图像的色相和饱和度的修改。

选择“图像”→“调整”→“色相/饱和度”命令打开“色相/饱和度”对话框,如图 2-28 所示。

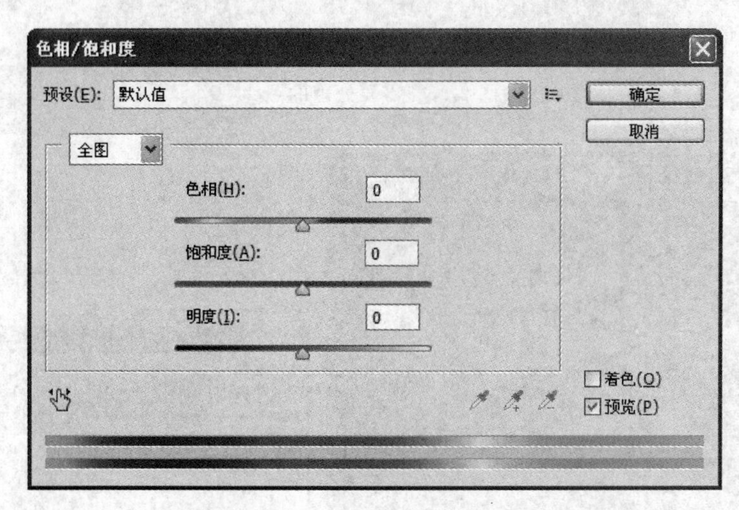

图 2-28 “色相/饱和度”对话框

专家点拨:在“色相/饱和度”对话框中,当改变“色相”滑块的位置时,色谱栏下方的色谱条会发生移动,颜色会随之改变。“色相”值在-180~180 之间,当值为 180 或-180 时,上下色谱条中的颜色正好是互补色的关系。

2.4.4 图像几何形状处理技术

在使用素材图像时,往往需要对图像进行大小、旋转等方面的调整。Photoshop 能够对画布进行调整从而实现对图像的调整,还可以对图像的尺寸进行裁剪以及对图像进行各种变换操作。

1. 画布调整

画布在 Photoshop 中指的是整个设计版面,使用 Photoshop 可对画布大小进行调整,对画布进行各种形式的旋转。下面以为图像添加一个留白边框并旋转图像画布为例来介绍画布大小的调整方法。

(1) 启动 Photoshop 并打开需要处理的图像。选择“图像”→“画布大小”命令打开“画布大小”对话框,其中的参数设置如图 2-29 所示。设置完成后单击“确定”按钮关闭对话框,图像被添加留白边框,如图 2-30 所示。

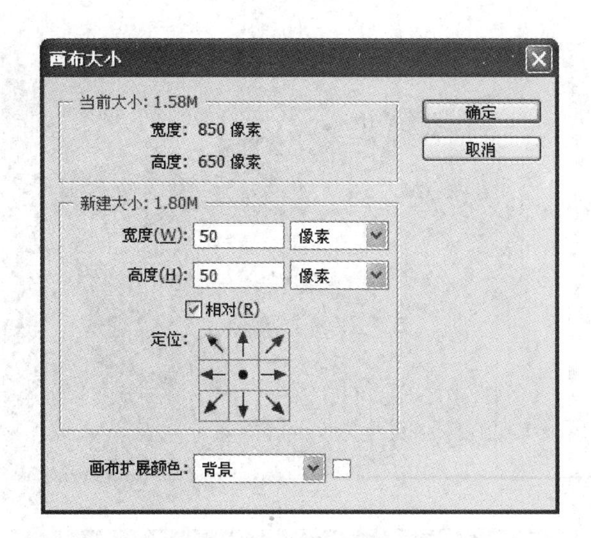

图 2-29　“画布大小”对话框

图 2-30　为照片添加留白边框

专家点拨：如果选中“画布大小”对话框中的“相对”复选框，那么“宽度”和“高度”值表示相对于原图像的增加量，否则表示画布的新的宽度和高度。画布增加部分的颜色可以自行设置，单击“画布扩展颜色”下拉列表框右侧的色块可打开“拾色器”对话框，可在对话框中选择需要的颜色。

(2) 选择“图像”→“图像旋转”→“任意角度”命令打开“旋转画布”对话框。在其中的“角度”文本框中输入旋转角度，如图 2-31 所示。单击“确定”按钮关闭对话框，图像旋转的效果如图 2-32 所示。

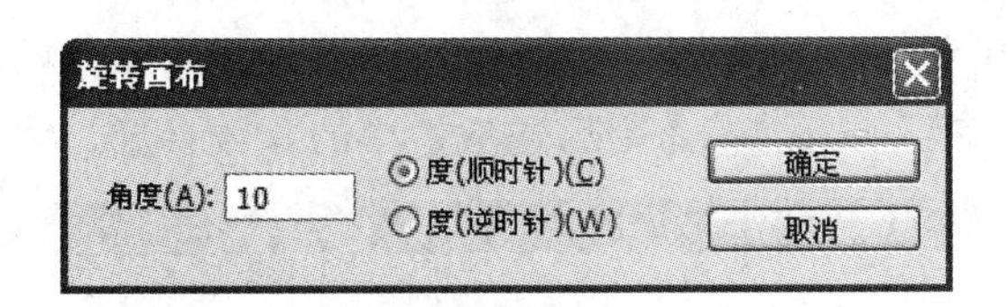

图 2-31　“旋转画布”对话框

图 2-32　图像旋转的效果

专家点拨：在“图像”→“图像旋转”的下级菜单中，还包括“180 度”和“90 度(顺时针)”等命令，这些命令可以直接将图像旋转指定的角度。

2. 对象变换

在版面布局时经常需要对图像的某一部分或某个选择的对象进行变换，这可以使用“编辑”→“变换”下的菜单命令来实现。“变换”下级菜单命令的功能介绍如下。

(1)“缩放”命令：该命令可以对图层的选区或不透明区域重新定义大小。

(2)“旋转”命令：该命令的功能与“图像”→“图像旋转”命令的功能类似，只是这里的“旋转”命令可以对一个图像选区、一个图层或多个图层进行操作。

(3)“斜切”命令：使用这一命令可以完成对图像的倾斜操作。方法是拖动图像选区的控制柄。当图像倾斜移动时，选区的所有控制柄都沿着水平或垂直平面随之移动。

(4)“扭曲”命令：该命令可以通过往不同方向上拖动图像选区的控制柄实现对图像的扩展，使用这个命令时除非对选择区域有更多的控制，否则它产生的效果与斜切和透视命令产生的效果相似。

(5)“透视”命令：使用这一命令可以使图像产生具有深度感的效果。方法是将一个控制柄向上拖动，与其相对的另一个控制柄向下拖动，或者将对角的句柄向里或向外拖动。当拖动其中一个控制柄时，与其相对的控制柄将会向相反方向移动。

(6)“变形”命令：使用该命令，对象会被带有控制点的网格包围，通过拖动控制点和网格线能够任意改变对象的形状。

除“变形”命令外，其他变换命令的选项栏基本相同。在选项栏中可以直接输入高度、宽度的变换百分比以及在水平和垂直方向的旋转角度等参数，实现精确的变换。如图 2-33 所示，为选择“编辑”→“变换”→“透视”命令后选项栏中的参数设置。

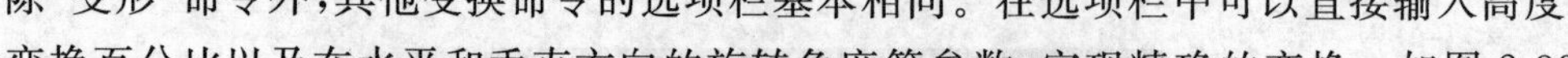

图 2-33　“透视”命令的选项栏设置

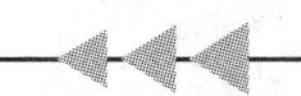

例如，需要对整个图像进行变形，并且希望能够控制变形效果并获得扭曲的变形效果，可以使用“变形”命令进行操作，如图 2-34 所示。拖动网格线可以改变对象形状，拖动控制柄可以改变网格线的弯曲度。

专家点拨：上述操作是针对对象的操作，如果对整个图像进行操作，需要按 Ctrl+A 键全选图像，然后再进行操作。

3. 图像的裁剪

图像的裁剪是移去部分图像以加强构图效果的过程。Photoshop 提供了“裁剪工具”，使用该工具可以裁剪图像，只保留图像中需要的部分。在“工具箱”中选择“裁剪工具” 裁剪工具，根据需要保留区域的大小拖出裁剪框，裁剪框包含 8 个控制柄，拖动这些控制柄能够对裁剪范围进行调整。在完成裁切框调整后，按 Enter 键或在裁切区内双击鼠标即可确认裁剪，此时裁剪框外的区域会被切去，如图 2-35 所示。

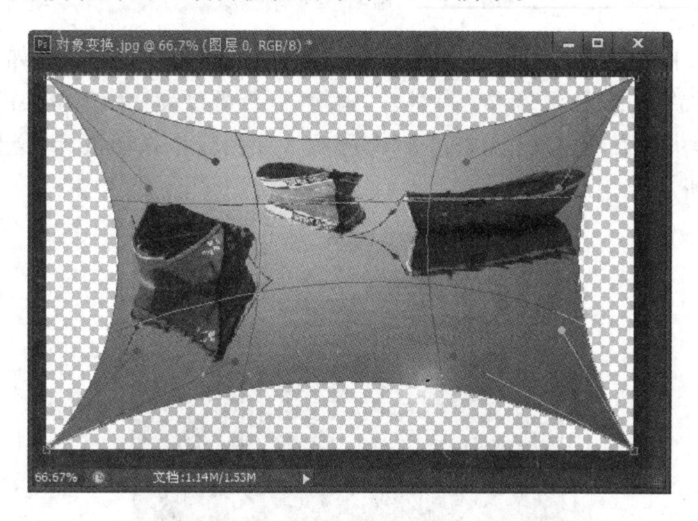

图 2-34　使用“变形”命令对图像进行变换操作

图 2-35　带有控制柄的裁切框

2.4.5 绘制图像

Photoshop 提供了众多的绘图工具,包括可绘制图案的“画笔工具”和“铅笔工具”、用于绘制矢量图形的“钢笔工具”和“自定义形状”工具以及用于图像填充的“填充工具”和“渐变工具”等。利用这些工具,可以绘制图像,增强图像的表现力。

1. “画笔工具”的使用

在“工具箱”中选择“画笔工具”,在该工具的选项栏中可以对工具进行设置,包括画笔的形态、大小、不透明度以及绘画模式等,如图 2-36 所示。

图 2-36 “画笔工具”的选项栏

使用选项栏来对画笔进行设置,操作比较方便但设置项目略显简单,如果需要对画笔进行更为详细的设置,可以使用“画笔”调板。“画笔”调板可以设置画笔笔尖的形状和大小,也能够设置画笔笔尖动态变化样式,如图 2-37 所示。在图像中拖动鼠标,绘制的飞舞的叶片效果如图 2-38 所示。

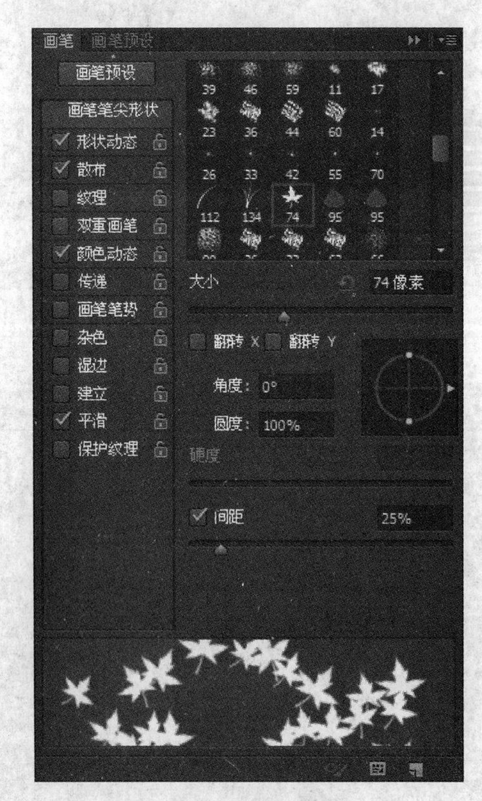

图 2-37 “画笔”调板

2. 矢量绘图工具

路径可以是点、线或曲线,通常情况下是连接锚点的线段或曲线段。在 Photoshop 中,

图 2-38　绘制的飞舞叶片效果

路径并不会锁定在屏幕上的背景像素中，能够很容易地进行重新绘制、重新选择或移动。矢量路径具有点、线和方向特征，其构成如图 2-39 所示。

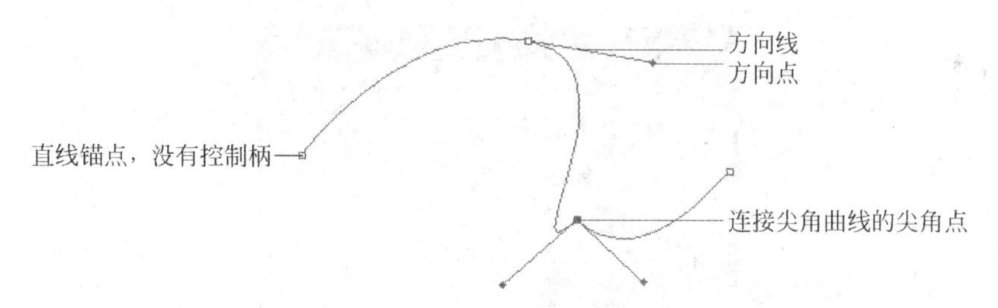

图 2-39　矢量路径的结构

为绘制和编辑矢量路径，Photoshop 提供了“钢笔工具”、“自由钢笔工具”以及“直接选择工具”和“转换点工具”等多种工具。选择“钢笔工具”后，使用选项栏对工具进行设置，如图 2-40 所示。

图 2-40　“钢笔工具”的选项栏

专家点拨：使用“直接选择工具”可选择单个锚点。按 Shift 键单击锚点可实现多个锚点的选择。按 Alt 键单击路径上的一条线段或某个锚点可以选择整个路径。使用“直接选择工具”选择路径，按住 Alt 键拖动路径，可实现选择路径的复制。

Photoshop 为了绘制矢量图形，提供了大量的图形绘制工具，包括“自定形状工具”、“矩形工具”和“椭圆工具”等，如图 2-41 所示。使用“自定形状工具”能够选择绘制各种复杂的图形,如心形、树叶和箭头等。

为了方便对路径的操作,Photoshop 提供了“路径”调板,使用调板能够实现路径的删除、填充以及将路径转换为选区等操作,如图 2-42 所示。

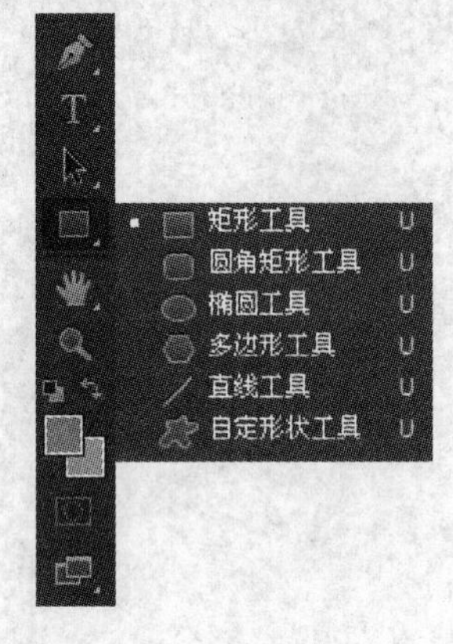

图 2-41 绘制各种图形的工具

图 2-42 “路径”调板

3. 图像的填充效果

图像的填充效果包括纯色填充、渐变填充和图案填充。选择“工具箱”中的“油漆桶工具”可用于对图像的某个区域进行纯色填充,选择“编辑”→“填充”命令可以打开“填充”对话框,使用该对话框能实现纯色填充或以图案填充图像,如图 2-43 所示。

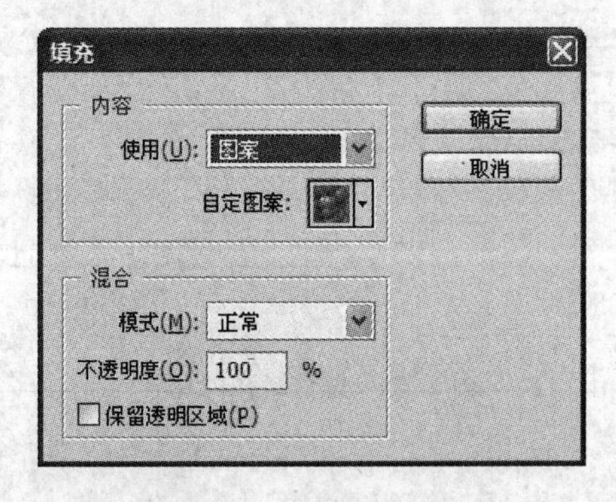

图 2-43 “填充”对话框

在“工具箱”中选择“渐变工具”,可以使用渐变色来填充图像或选区。在选择工具后,在选项栏中可对工具进行设置,如图 2-44 所示。

图 2-44 “渐变工具”的选项栏

完成渐变色的设置后,拖动鼠标为图像添加渐变效果,如图 2-45 所示。在进行多媒体作品创作时,图像的渐变效果可以增强作品的视觉效果和表现力。例如,制作渐变效果的背景图案,制作渐变效果的导航按钮等。

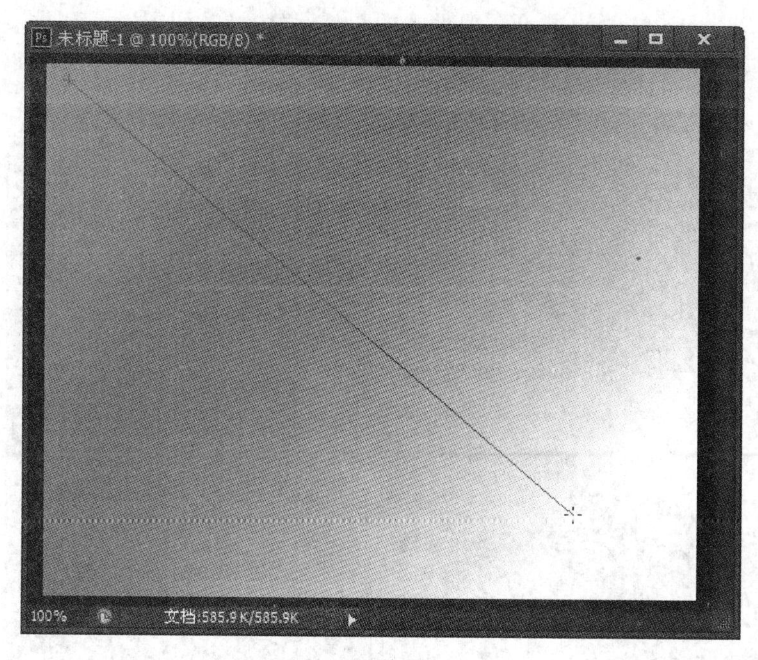

图 2-45　创建渐变效果

2.4.6　图层

在 Photoshop 中，图层中的图像绘制就好像是在一张透明纸上绘画一样，透明纸下的图像能够通过透明区域显示出来。通过采用调整图层的摆放顺序、修改图层的透明度和混合模式等方式，可以合成出不同的图像效果。在 Photoshop 中，图层的操作使用“图层”调板来实现，“图层”调板的结构如图 2-46 所示。

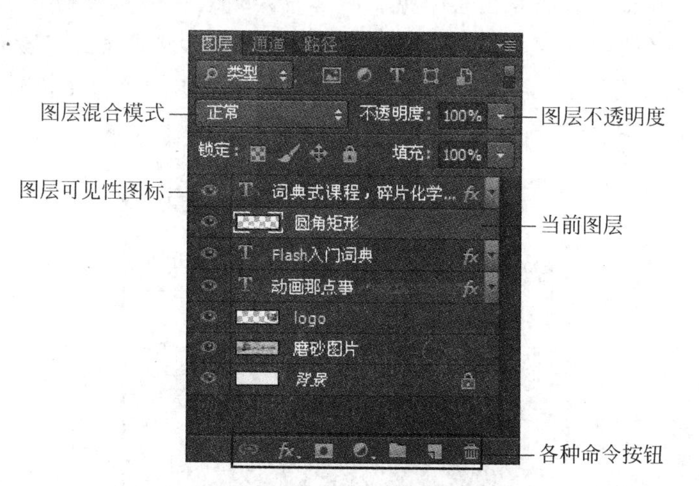

图 2-46　“图层”调板

图层混合模式，指的是当前图层的图像与其下方图层的图像的合成方式。同时，通过使用图层蒙版、填充和调整图层能够方便图层调整，创建各种不同效果。下面通过一个实例来介绍上述知识。

(1) 启动 Photoshop CS6,打开需要处理的图片素材。在“图层”调板中将“背景”图层拖放到“创建新图层”按钮 上复制该图层,如图 2-47 所示。

图 2-47　复制“背景”图层

(2) 选择“背景 副本”图层,选择“滤镜”→“模糊”→“高斯模糊”命令打开“高斯模糊”对话框,设置“半径”值,如图 2-48 所示。单击“确定”按钮关闭对话框,在“图层”调板中将图层混合模式设置为“滤色”,如图 2-49 所示。

专家点拨: 图层混合模式是图层中像素与其下层图层中的像素的混合方式。例如,这里使用的“滤色”混合模式将查看各个颜色通道的颜色信息,将当前图层颜色的互补色与下层图层的颜色相乘作为混合后的颜色值。这种颜色模式能够产生较亮的颜色。使用图层混合模式能够在图像中获得许多奇特的视觉效果,读者可以多多尝试。

图 2-48　“高斯模糊”对话框

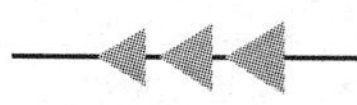

图 2-49　将图层混合模式设置为“滤色”

(3) 在“图层”调板中单击“创建新的填充或调整图层”按钮 ，在菜单中选择“色相/饱和度”命令，此时将打开“属性”调板并在其中显示“色相/饱和度”的相关参数设置，在其中调整各个参数的值，调整图层中图像的色相和饱和度，如图 2-50 所示。关闭“属性”调板，图像添加一个调整图层，如图 2-51 所示。

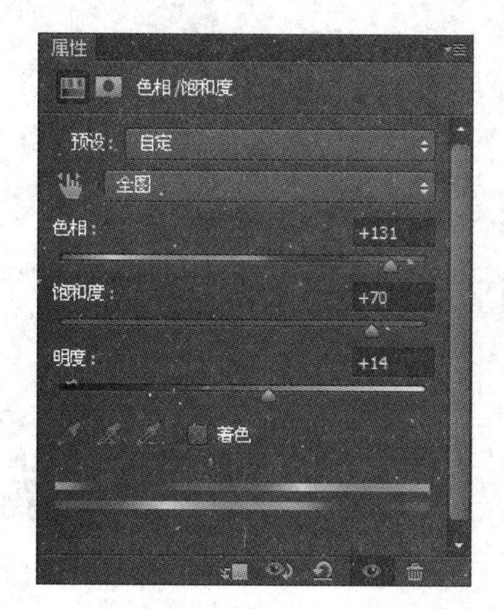

图 2-50　设置“色相/饱和度”

专家点拨：使用填充图层和调整图层是图像填充和色彩调整的高级方法，填充图层包括“纯色”、“渐变”和“图案”，调整图层包括“色阶”、“曲线”和“色相/饱和度”等。它们的作用和与之对应的命令或工具一样，但它们具有独特的优点。首先，便于修改，双击填充或调整图层能够打开“属性”调板对参数进行重新设置；其次，图层都带有图层蒙版，可以将填充或色彩调整效果只应用于图像的某个区域。

图 2-51　添加调整图层

(4) 将"色相/饱和度 1"图层的"不透明度"设置为 53%。选择该调整图层的图层蒙版,接着单击选择"画笔工具",将画笔笔尖的硬度设置为 0。以黑色作为前景色在蒙版中涂抹,修改图像效果,如图 2-52 所示。

图 2-52　在图层蒙版中涂抹

专家点拨:图层蒙版是加在图层上的一个遮罩,其实际上是一个 256 灰度级别的图像。黑色区域将遮盖当前图层的内容显示下层图层的内容,白色区域将使当前图层的内容显示而下层图层的内容被遮盖。蒙版中的灰色将根据灰度级别获得不同的透明效果。

(5) 选择"图层"→"合并可见图层"命令将所有图层合并为一个图层,本实例的最终效果如图 2-53 所示。

专家点拨:过多的图层将使文档较大,会造成打开速度较慢,占用较大的存储空间。因此,当图像处理完成定稿后,可以将图层合并为一个图层。

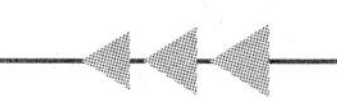

图 2-53　本实例的最终效果

2.4.7　文字效果

文字是多媒体作品的一个重要的元素，其能够传递信息、表达思想以及起到装饰作品的作用。使用 Photoshop 制作的文字是位图形式，可满足一般设计的要求。

1. 添加和编辑文字

Photoshop 的工具箱中提供了用于创建文字的“横排文字工具”、“竖排文字工具”和“横排文字蒙版工具”等工具，选择这些工具后，在图像中单击即可进行文字的输入。完成输入后，按 Ctrl+Enter 键退出文字输入状态，即可在图像中添加需要的文字，如图 2-54 所示。

图 2-54　创建文字

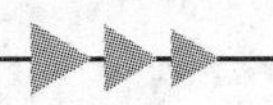

Photoshop 中创建的文字位于单独的文字图层中,在文字图层没有栅格化之前,文字可以进行修改,并可以对文字的格式进行设置。在"图层"调板中双击文字图层的缩略图后,可以直接在选项栏中对文字格式进行设置,如图 2-55 所示。

图 2-55 文字选项栏的设置

2. 变形文字

在选项栏中单击"创建文字变形"按钮 打开"变形文字"对话框,在"样式"下拉列表中选择变形样式,在对话框中对变形效果进行设置。完成设置后,文字将获得变形效果,如图 2-56 所示。

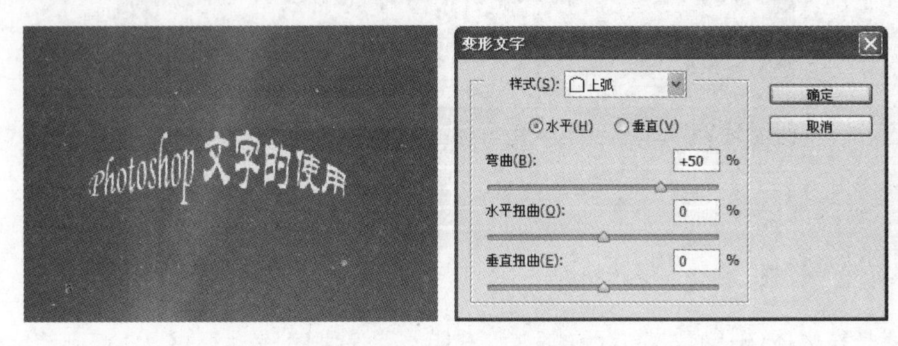

图 2-56 文字的变形效果

3. 文字特效

在多媒体作品的创作过程中,往往需要制作各种文字特效,在 Photoshop 中一般使用图层样式来创建各种文字特效,比如文字的阴影效果、发光效果、浮雕效果、描边效果等。

(1) 在"图层"调板中单击选中文字图层,选择"图层"→"图层样式"→"投影"命令打开"图层样式"对话框,可在其中对投影效果进行设置,如图 2-57 所示。

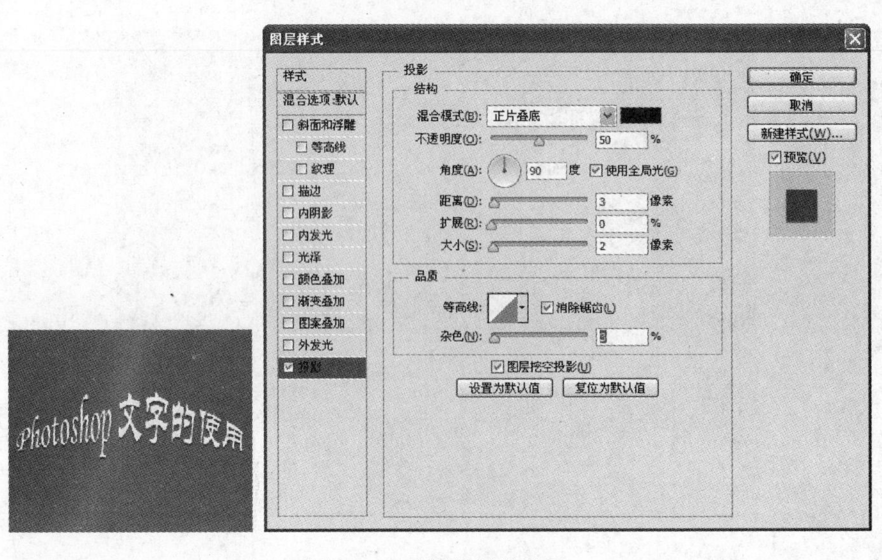

图 2-57 投影效果的设置

(2) 选中“内阴影”复选框,在对话框右侧对内阴影效果进行设置,如图 2-58 所示。

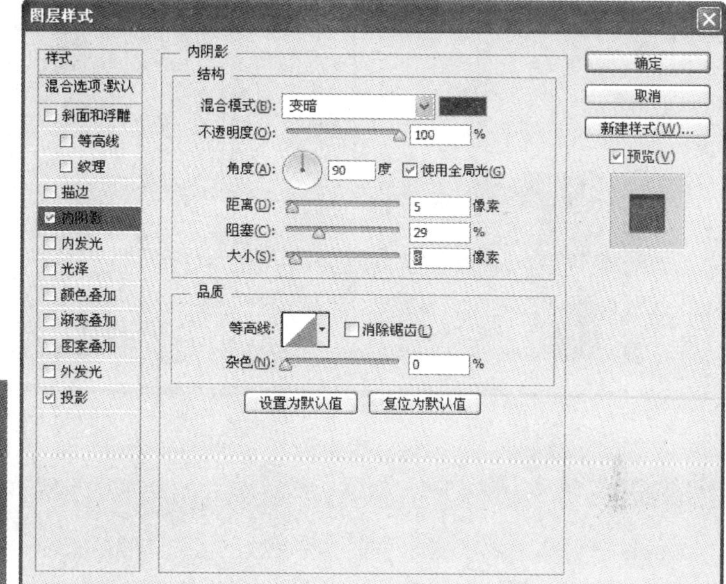

图 2-58　内阴影效果的设置

(3) 选中“外发光”选项,在对话框右侧对外发光效果进行设置,如图 2-59 所示。

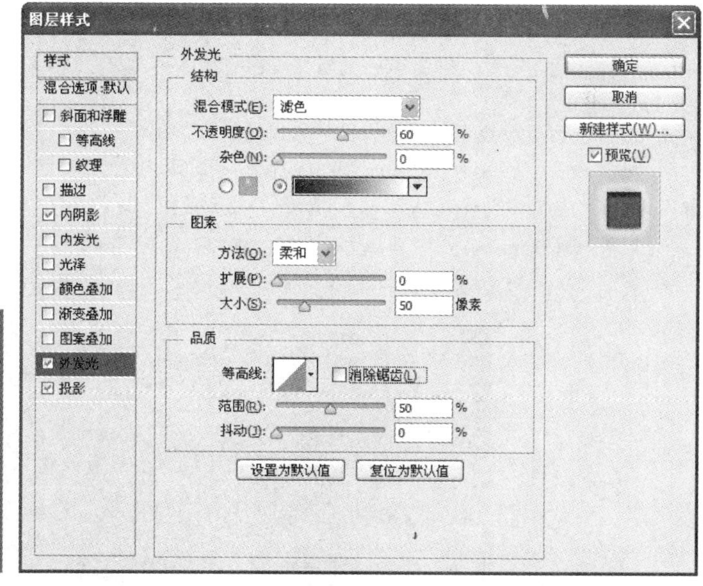

图 2-59　外发光效果的设置

(4) 选中“斜面和浮雕”复选框,在对话框右侧对斜面和浮雕效果进行设置,如图 2-60 所示。

(5) 当文字效果满意后,单击“确定”按钮即可。

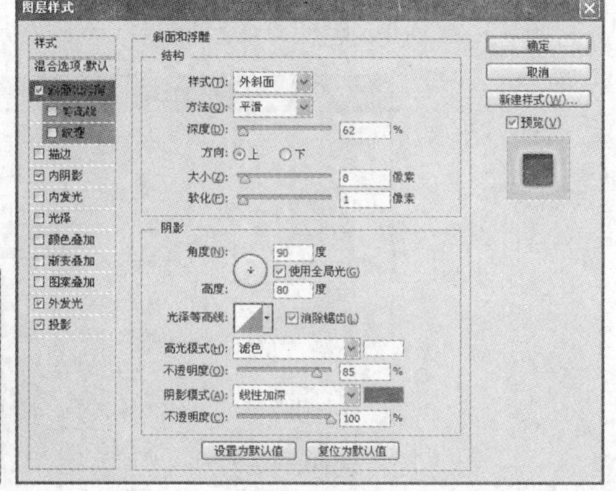

图 2-60　斜面和浮雕效果的设置

2.4.8　滤镜效果

滤镜这一名称来源于摄影中的滤光镜,在摄影中常在相机上使用滤光镜来滤除强光,增强图像效果或者产生某些特殊效果。但是摄影中使用的滤镜,在效果和多样性方面显然无法与 Photoshop 的数字滤镜相媲美。在 Photoshop 中,滤镜可以一个接一个地多次使用,直到整个图像或图像选区获得需要的最佳效果为止。

Photoshop 的滤镜可以分为两类,一类是 Photoshop 自带的滤镜,另一类是用户安装的由第三方软件商开发的外部滤镜,这种第三方的滤镜比较著名的有 Eye Candy 和 KPT 等。

使用滤镜时,可选择“滤镜”命令打开“滤镜”菜单,在菜单中选择某种滤镜打开相应的对话框,在对话框中对滤镜效果进行设置,设置完成后关闭对话框将滤镜效果应用到图像中。

下面通过一个实例来介绍 Photoshop 滤镜使用的一般常识。本实例是为图像添加边框效果,实例中用到了“碎片”滤镜、“晶格化”滤镜和“铬黄”滤镜。

(1) 启动 Photoshop,打开素材图片。在“工具箱”中选择“矩形选框工具”,在图像中绘制一个矩形选区,按 Shift+Ctrl+I 键将选区反选。此时,图像中得到的选区如图 2-61 所示。

图 2-61　创建选区

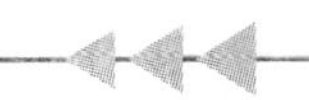

(2) 按 Q 键进入快速蒙版状态，选择“滤镜”→“像素化”→“碎片”命令应用碎片滤镜。此时获得的效果如图 2-62 所示。

(3) 选择“滤镜”→“像素化”→“晶格化”滤镜，在打开的“晶格化”滤镜对话框中将“单元格大小”设置为 39，如图 2-63 所示。单击“确定”按钮关闭滤镜对话框，图像效果如图 2-64 所示。

图 2-62　应用“碎片”滤镜

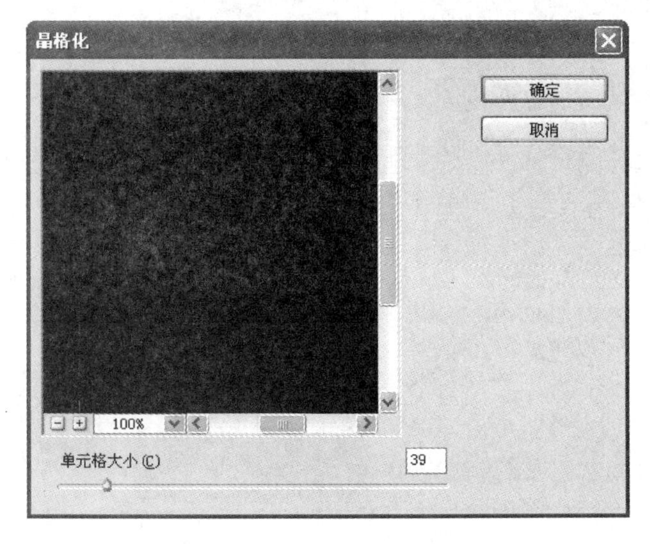

图 2-63　“晶格化”对话框

(4) 选择“滤镜”→“滤镜库”命令，在打开的对话框中选择“素描”→“铬黄渐变”命令，如图 2-65 所示。单击“确定”按钮关闭滤镜对话框，此时图像的效果如图 2-66 所示。

(5) 按 Q 键退出“快速蒙版”状态，按 Delete 键弹出“填充”对话框，在其中的“内容”栏

的

图 2-64 应用“晶格化”滤镜后的效果

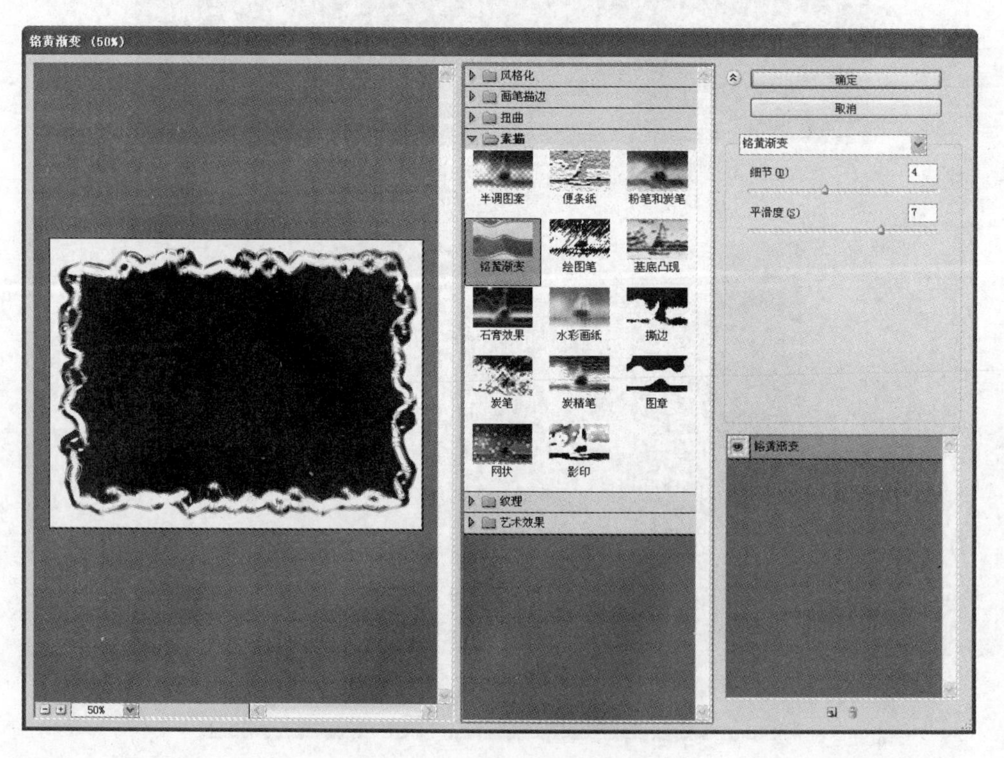

图 2-65 “铬黄渐变”滤镜的设置

的“使用”下拉列表中选择“背景色”,单击“确定”按钮用背景色填充选区。

(6) 按 Ctrl+D 键取消选区。保存文档,本实例制作完成,效果如图 2-67 所示。

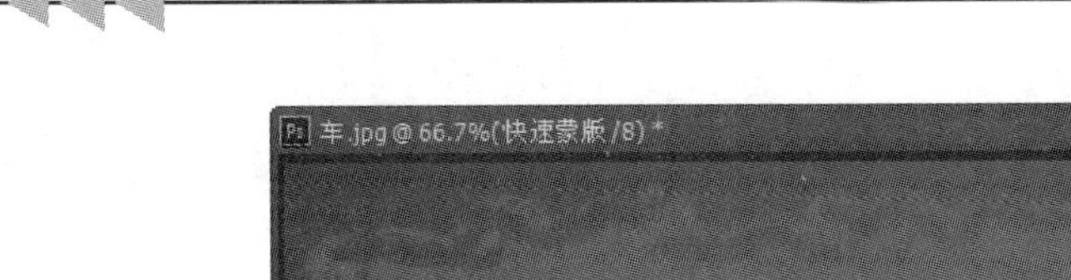

图 2-66　应用“铬黄”滤镜后的效果

图 2-67　实例的最终效果

习　　题

1. 选择题

(1) 图像分辨率是用来衡量图像清晰度的一个概念,其表示图像中单位长度中包含的像素数,图像分辨率的单位是(　　)。

A. ppi　　B. dpi　　C. 像素　　D. MB

(2) 使用鼠标绘图时,“画笔工具”选项栏中,(　　)设置项可设置绘图时画笔笔尖颜色与背景的混合模式。

A. “模式”下拉列表中的选项　　B. “不透明度”输入框中的值

C. “流量”输入框中的值　　D. 按钮

(3) 在“色阶”对话框中,欲增加图像的亮度,不能使用下面的(　　)操作。

A. 将白色滑块向左拖移　　B. 将灰色滑块向左拖移

C. 将黑色滑块向右拖移　　D. 将灰色滑块向右拖移

(4) 在创建调整层时,应单击“图层”调板下的(　　)按钮。

A.　　B.　　C.　　D.

2. 填空题

(1) 图像的色彩模式,是指用来提供将图像中的颜色转换成数据的方法,不同的色彩模式对颜色的表现能力可能会有很大的差异。常见的色彩模式有________、________、HSB、Lab 和索引色等。

(2) 图像的颜色深度也称为位分辨率,是用来衡量每个像素储存信息的________。颜色深度决定可以标记为多少种色彩等级的可能性,一般常见的有 8 位、16 位、________位或 32 位色彩。

(3) 某图像采用 24b 的颜色深度(真彩色图像),其图像尺寸为 1024×768 像素,则图像文件的体积为________。

(4) Photoshop 的滤镜一般分为两类,一类是________,另一类是________。

上 机 练 习

练习 1　使用滤镜制作特效花纹图案

使用 Photoshop 滤镜制作特效花纹图案,图案效果如图 2-68 所示。

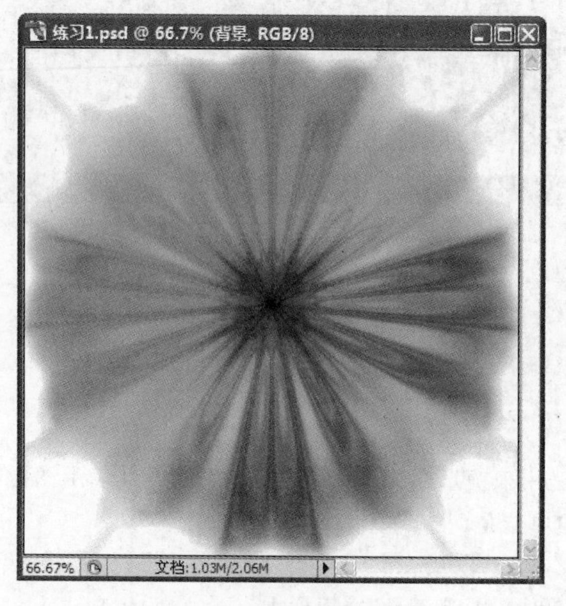

图 2-68　特效花纹图案

制作要点提示：

(1) 新建长宽相同的新文档，以黑白线性渐变从上向下填充背景。

(2) 选择"滤镜"→"扭曲"→"波浪"命令打开"波浪"滤镜对话框，"类型"选择为"三角形"，"生成器"设置为1，"波长"的最大值和最小值均设置为40，"波幅"的最大值和最小值设置为120和60。

(3) 选择"滤镜"→"扭曲"→"极坐标"命令对图像使用"极坐标"滤镜。

(4) 选择"滤镜"→"素描"→"铬黄"命令对图像使用"铬黄"滤镜，其"细节"和"平滑度"值均设置为最大。

(5) 在"图层"调板中创建一个新图层，使用"色谱"渐变，创建从左上角向右下角的线性渐变，将图层混合模式设置为"颜色"。

练习2　创建水晶辉光文字特效

使用图层样式，创建水晶辉光文字效果，如图2-69所示。

图2-69　文字标题特效

制作要点提示：

(1) 使用"投影"图层样式，其中的要点是将"混合模式"设置为"颜色减淡"。

(2) 使用"外发光"图层样式，"混合模式"设置为"滤色"，"不透明度"设置为50%，"颜色"设置为绿色。

(3) 使用"内发光"图层样式，"不透明度"设置为75%，"方法"设置为"柔和"，"阻塞"设置为47%，"大小"设置为16像素。

(4) 使用"描边"图层样式，"大小"设置为8个像素，"填充类型"设置为"渐变"，渐变使用绿黄绿的渐变样式。

练习3　绘制卡通场景

使用Photoshop的绘图工具绘制卡通场景，如图2-70所示。

制作要点提示：

(1) 在不同的图层绘制对象，这样既便于修改，又可以通过设置图层混合模式和不透明度来获得图像效果。

(2) 场景中的图形使用"钢笔工具"和"自定义图形"工具进行绘制。

(3) 使用纯色填充和渐变填充的方式给图形上色。

图 2-70 绘制卡通场景

第3章

数字音频处理技术

在开发多媒体作品时，数字音频信息是经常采用的元素。数字音频信息主要的表现形式是讲解、声效和音乐。通过这些媒介，能烘托多媒体作品的主题并营造气氛，尤其对于多媒体教学光盘、多媒体广告、多媒体课件等，数字音频信息显得更加重要。

本章主要内容：

- 声音的基本知识；
- 声音信号数字化技术；
- 数字音频文件格式；
- 语音识别技术；
- 基于 Adobe Audition 的数字音频处理技术。

3.1 基本知识

声音是人们用来传递信息、交流感情最方便、最熟悉的方式之一。本节介绍声音的概念以及声音的三要素。

3.1.1 认识声音

声音是通过物体振动产生的。声音是通过介质(空气或固体、液体)传播并能被人或动物听觉器官所感知的波动现象。

声音是一种压力波。当演奏乐器、拍打一扇门或者敲击桌面时，它们的振动会引起介质——空气分子——有节奏的振动，使周围的空气产生疏密变化，形成疏密相间的纵波，这就产生了声波，这种现象会一直延续到振动消失为止。

声音的三个重要指标如下。

(1) 振幅：声波的高低幅度，表示声音的强弱。

(2) 周期：两个相邻声波之间的时间长度。

(3) 频率：频率是每秒振动的次数，它的单位为赫(Hz)。

3.1.2 声音的三要素

从听觉角度看，声音具有音调、音色和音强三要素。声音质量的高低主要取决于这三要素。

1. 音调

声音的高低称为音调。音调与声音的频率有关，声源振动的频率越

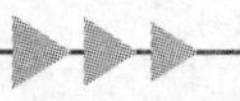

高,声音的音调就越高；声源振动的频率越低,声音的音调就越低。通常把音调高的声音叫高音,音调低的声音叫低音。

2. 音色

音色指声音的感觉特性,与声音波形相关。声音分为纯音和复音两种类型。所谓纯音,是指振幅和周期均为常数的声音；所谓复音,是指具有不同频率和不同振幅的混合声音。大自然中的声音大部分是复音。在复音中,最低频率的声音是"基音",它是声音的基调。其他频率的声音称为"谐音",也叫泛音。基音和谐音是构成声音音色的重要元素。若中、高频谐音丰富,音色就明亮,如小号；若低频谐音丰富,音色就低沉,如低音贝司。

3. 音强

音强就是声音的强度,也被称为声音的响度,常说的"音量"也是指音强。音强与声波的振幅成正比,振幅越大,音强越大。如果要改变原始声音的音强,在把声音数字化以后,可以使用音频处理软件进行编辑处理。

3.2　声音信号数字化技术

声音是自然界中一切可以听到的振动波,为了用计算机表示和处理声音,必须把声音进行数字化。数字化了的声音叫做"数字音频信号"。

3.2.1　声音信号数字化过程

把模拟信号转换成数字信号的过程称为模/数转换,它主要包括采样、量化和编码三个步骤,如图3-1所示。

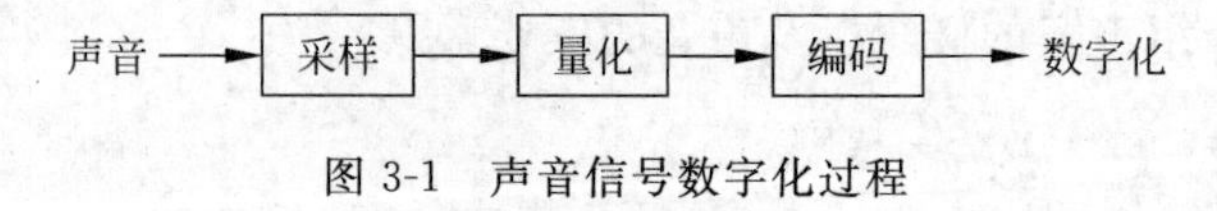

图3-1　声音信号数字化过程

采样：在时间轴上对信号数字化,即每隔相等的一段时间在声音信号波形曲线上采集一个信号样本。

量化：在幅度轴上对信号数字化。采样后的数值不一定就能在计算机内部被表示,因此必须将每一个样本值归入预先编排的最近的量化级上。如果幅度划分是等间隔的,就称为线性量化,否则就称为非线性量化。

编码：按一定格式记录采样和量化后的数字数据。

脉冲编码调制(Pulse Code Modulation,PCM)是一种模数转换的最基本编码方法,CD-DA就是采用的这种编码方式。

3.2.2　数字音频的技术指标

数字化后的声音质量各有不同,声音质量的好坏主要取决于数字化过程中的采样频率、量化位数、声道数和编码算法等技术指标。

1. 采样频率

采样频率是指一秒钟内采样的次数。采样频率的选中应该遵循奈奎斯特(Harry Nyquist)采样理论：如果对某一模拟信号进行采样,则采样后可还原的最高信号频率只有

采样频率的一半，或者说只要采样频率高于输入信号最高频率的两倍，就能从采样信号系列重构原始信号。

根据该采样理论，CD 激光唱盘采样频率为 44kHz，可记录的最高音频为 22kHz，这样的音质与原始声音相差无几，也就是常说的超级高保真音质(super High Fidelity，HiFi)。采样的三个标准频率分别为 44.1kHz，22.05kHz 和 11.025kHz。

2. 量化位数

量化位数是对模拟音频信号的幅度进行数字化，它决定了模拟信号数字化以后的动态范围。由于计算机按字节运算，一般的量化位数为 8 位和 16 位。量化位越高，信号的动态范围越大，数字化后的音频信号就越可能接近原始信号，但所需要的存储空间也越大。

3. 声道数

声道数指的是一次同时产生的声波组数。数字化音频一般有单声道和双声道之分。双声道又称为立体声，在硬件中要占两条线路，音质、音色好，但立体声数字化后所占存储空间比单声道多一倍。

专家点拨：除了单声道和双声道以外，还有环绕 4 声道、5.1 声道、7.1 声道等。

4. 编码算法

编码的作用主要有两个，一是采用一定的格式来记录数字数据，二是采用一定的算法来压缩数字数据。压缩编码的基本指标之一就是压缩比，它通常小于 1。音频数据压缩比的表达式为：

音频数据压缩比＝压缩后的音频数据/压缩前的音频数据

压缩算法包括有损压缩和无损压缩。有损压缩指解压后数据不能完全复原，要丢失一部分信息。压缩比越小，丢掉的信息越多、信号还原后失真越大。根据不同的应用，可以选用不同的压缩编码算法，如 PCM、ADPC、MP3、RA 等。

3.2.3 数字音频的音质与数据量

这里讨论的数字音频是指 WAV 格式的波形音频文件。数字音频的声音质量好坏，取决于采样频率的高低、量化位数和声道数。如表 3-1 所示，列出了声音质量与各种数字音频技术指标的对应关系。从表中可以看出，音质越好，音频文件的数据量越大。

表 3-1　音质与数字音频技术指标的关系

采样频率/kHz	量化位数	声道数	数据量/(KB/s)	音频质量
8	8	单声道	8	一般质量
	8	双声道	16	
	16	单声道	16	
	16	双声道	31	
11.025	8	单声道	11	电话质量
	8	双声道	22	
	16	单声道	22	
	16	双声道	43	

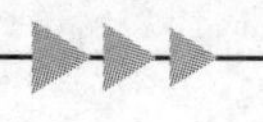

续表

采样频率/kHz	量化位数	声道数	数据量/(KB/s)	音频质量
22.05	8	单声道	22	收音质量
	8	双声道	43	
	16	单声道	43	
	16	双声道	86	
44.1	8	单声道	43	
	8	双声道	86	
	16	单声道	86	
	16	双声道	172	CD质量

表3-1中的数据量由下列算式计算出：

数据量=(采样频率×量化位数×声道数)/8

例如,CD质量的数字音频每秒钟的数据量为：

数据量=(44 100Hz×16b×2)÷8=176 400B(约为172KB)

如果以CD质量(44.1kHz的采样频率、16位的量化位数、双声道立体声)记录一首时长5min(300s)的音乐,那么数据量为：

172KB/s×300s=51 600KB(约为50.39MB)

由计算结果可以看出,音频文件的数据量问题十分重要。为了节省存储空间,通常在保证基本声音质量的前提下,可以采用稍低一些的采样频率。一般情况下,人的语音采用11.025kHz的采样频率、8b、单声道已经足够；如果是音乐,22.05kHz的采样频率、8b、双声道立体声基本可以满足需要。

3.3 数字音频文件格式

目前,随着多媒体技术的发展,数字音频格式也层出不穷,下面介绍几种常见的数字音频格式以及这些格式的相互转换方法。

3.3.1 各种音频格式介绍

1. CD格式

CD是当今世界上音质最好的音频格式。在大多数播放软件的“打开文件类型”对话框中,都可以看到cda格式,这就是CD音轨。标准CD格式是44.1kHz的采样频率,速率88KB/s,16位量化位数。

因为CD音轨可以说是近似无损的,所以它的声音基本上是忠于原声的。如果是音响发烧友,CD是首选,它能让人感受到天籁之音。CD光盘可以在CD唱机中播放,也能用计算机里的各种播放软件来播放。

一个CD音频文件是一个cda文件,但这只是一个索引信息,并不是真正包含的声音信息,因此不论CD音乐的长短,在计算机上看到的cda文件都是44B长。

专家点拨：不能直接复制CD格式的cda文件到硬盘上播放,需要使用像EAC这样的抓音轨软件把CD格式的文件转换成WAV格式的文件,这个转换过程如果光盘驱动器质量过关而且EAC的参数设置得当，可以说基本上是无损抓音频。

2. WAV格式

WAV是微软公司开发的一种声音文件格式，它符合PIFFResource Interchange File Format文件规范，用于保存Windows平台的音频信息资源，被Windows平台及其应用程序所支持。这种音频格式文件的扩展名为WAV。

WAV格式支持MSADPCM、CCITT A LAW等多种压缩算法，支持多种音频位数、采样频率和声道，标准格式的WAV文件和CD格式一样，也是44.1kHz的采样频率，速率88K/s，16位量化位数。WAV格式的声音文件质量和CD相差无几，也是目前PC上广为流行的声音文件格式，几乎所有的音频编辑软件都"认识"WAV格式。

专家点拨：由苹果公司开发的AIFF(Audio Interchange File Format)和为UNIX系统开发的AU格式，它们都和WAV非常相像，在大多数的音频编辑软件中也都支持这几种常见的音频格式。

3. MP3格式

MP3格式诞生于20世纪80年代的德国，所谓的MP3也就是指MPEG标准中的音频部分，即MPEG音频层。根据压缩质量和编码处理的不同分为三层，分别对应MP1、MP2、MP3这三种声音文件。

需要提醒读者注意的是，MPEG音频文件的压缩是一种有损压缩，MPEG3音频编码具有(10∶1)～(12∶1)的高压缩率，同时基本保持低音频部分不失真，但是牺牲了声音文件中12～16kHz高音频这部分的质量来换取文件的尺寸，相同长度的音乐文件，用MP3格式来储存，一般只有WAV文件的1/10，而音质要次于CD格式或WAV格式的声音文件。由于其文件尺寸小，音质好，所以在它问世之初还没有什么别的音频格式可以与之匹敌，因而为MP3格式的发展提供了良好的条件。直到现在，这种格式还是很受欢迎在被广泛采用，作为主流音频格式的地位难以被撼动。

专家点拨：MP3格式压缩音乐的采样频率有很多种，可以用64Kb/s或更低的采样频率节省空间，也可以用320Kb/s的标准达到极高的音质。

4. MIDI格式

MIDI(Musical Instrument Digital Interface)允许数字合成器和其他设备交换数据。MID文件格式由MIDI继承而来。它是一种计算机数字音乐接口生产的数字描述音频文件，扩展名为mid。

MID文件并不是一段录制好的声音，而是记录声音的信息，然后告诉声卡如何再现音乐的一组指令。这样一个MIDI文件每存1min的音乐只用大约5～10KB。目前，MID文件主要用于原始乐器作品、流行歌曲的业余表演、游戏音轨以及电子贺卡等。

专家点拨：MID文件播放的效果完全取决于声卡的档次。MID格式的最大用处是在计算机作曲领域。MID文件可以用作曲软件写出，也可以通过声卡的MIDI口把外接音序器演奏的乐曲输入计算机里，制成MID文件。

5. WMA格式

WMA(Windows Media Audio)格式是来自于微软的重量级选手，后台强硬，音质要强于MP3格式，更远胜于RA格式，它和日本YAMAHA公司开发的VQF格式一样，是以减少数据流量但保持音质的方法来达到比MP3压缩率更高的目的，WMA的压缩率一般都可以达到1.18左右,WMA的另一个优点是内容提供商可以通过DRM(Digital Rights Management)方案如Windows Media Rights Manager 7加入防复制保护。这种内置的版权保护技术可以限制播放时间和播放次数甚至于播放的机器等,这对被盗版搅得焦头烂额的音乐公司来说可算是一个福音。

另外,WMA还支持音频流(stream)技术,适合在网络上在线播放,作为微软抢占网络音乐的开路先锋可以说是技术领先、风头强劲。更方便的是,播放WMA格式的音乐不用像MP3那样需要安装额外的播放器,而Windows操作系统和Windows Media Player的无缝捆绑让用户只要安装了Windows操作系统就可以直接播放WMA音乐,新版本的Windows Media Player更是增加了直接把CD光盘转换为WMA声音格式的功能。在Windows XP中,WMA是默认的编码格式。

WMA格式在录制时可以对音质进行调节。同一格式,音质好的可与CD媲美,压缩率较高的可用于网络广播。目前,WMA格式在微软的大规模推广下已经得到了越来越多站点的承认和大力支持,在网络音乐领域中直逼MP3,在网络广播方面也正在瓜分Real打下的天下。因此,几乎所有的音频格式都感受到了WMA格式的压力。

6. RealAudio格式

RealAudio主要适用于在网络上的在线音乐欣赏。Real文件格式主要有RA(RealAudio)、RM(RealMedia,RealAudio G2)、RMX(RealAudio Secured)等几种。这些格式的特点是可以随网络带宽的不同而改变声音的质量,在保证大多数人听到流畅声音的前提下,令带宽较富余的听众获得较好的音质。

近来随着网络带宽的普遍改善,Real公司正推出用于网络广播的、达到CD音质的格式。如果用户的RealPlayer软件不能处理这种格式,它就会提醒用户下载一个免费的升级包。

3.3.2 音频文件格式的转换

前面介绍了常见的音频文件格式,那么,如果已经有了一张CD光盘或是一个WAV文件,怎样才能转换成其他的文件格式呢?下面介绍音频文件格式之间的转换问题。

1. CDA格式转换成WAV格式

把CDA格式的文件转换成WAV格式的声音文件需要使用抓音轨软件,所谓的抓音轨过程就是CDA转换成WAV格式文件的过程。有些转换软件质量不是很好,在进行抓音轨和声音文件格式转换的时候,声音文件的高频损失很厉害,声音会变得尖锐难听,可以说抓音轨直接影响着最后的声音文件质量。

目前抓音轨软件效果最好的当属EAC,它可以基本上做到无损抓音轨,这是个免费的自由软件,可以到软件下载网站下载使用。

2. WAV格式转换成MP3格式

在WAV格式转换成MP3格式的过程中,声音文件的质量关键在于MP3的编码器,MP3编码器之中音质最好的当属MP3规范制定者Fraunhofer IIS小组开发的Fraunhofer IIS MPEG Layer3编码器,这个编码器在CBR(静态流量编码)上,特别是128Kb/s采样频率上的表现是无与伦比的,现在装有Fraunhofer IIS MPEG Layer3编码器的音频编辑软件有Adobe Audition(早期版本软件名称叫Cool Edit)、Sound Forge以及功能更加强大的

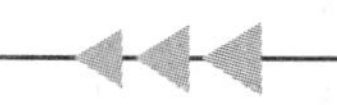

SAM(Samplitude)等。

3. WAV、MP3 格式转换成 RA 格式

利用 Adobe Audition 软件就可以将 WAV、MP3 格式转换成 RA 格式。操作也十分简便，在 Adobe Audition 软件工作区中选中要转换的文件，利用“另存为”命令即可将文件保存为 RA 格式。

4. WAV、MP3 格式转换成 WMA 格式

要将 WAV、MP3 格式转换成 WMA 格式可以利用 Macromedia 公司功能强大的音频编辑和处理软件 Sound Forge。在 Sound Forge 软件的“另存为”对话框中可以看到 Realmedia 的 RA 格式，另外还有 WMA 选项。操作方法是一样的，也是先在工作区里选择要转换的声音文件，然后另存为 WMA 流媒体格式文件即可。

5. MIDI 格式转换成 WAV、MP3 格式

MIDI 格式的转换有点儿麻烦，大多数的音频编辑软件都不支持 MIDI 格式，这就需要使用著名的多音轨编辑软件 Samplitude(SAM)。

Samplitude 可以打开并编辑 MIDI 文件，而且在 Samplitude 的音乐输出选项里支持多种多样的音频格式，可以很方便地把 MIDI 文件转换成需要的格式。

专家点拨：Samplitude 的系统资源占用率比较高，请低配置的计算机用户小心使用。

3.4　语音识别技术

语音识别技术是实现人机语音通信所必需的一种关键技术，它的目的是使计算机具有听懂人说话的能力。这也是多媒体技术发展的一个重要方向。

3.4.1　语音识别技术的发展历史

语音识别的研究工作大约开始于 20 世纪 50 年代，当时 AT&T Bell 实验室实现了第一个可识别 10 个英文数字的语音识别系统——Audry 系统。

20 世纪 60 年代，计算机的应用推动了语音识别的发展。这时期的重要成果是提出了动态规划(Dynamic Programming，DP)和线性预测分析技术(Linear Programming，LP)，其中后者较好地解决了语音信号产生模型的问题，对语音识别的发展产生了深远影响。

20 世纪 70 年代，语音识别领域取得了突破。在理论上，LP 技术得到进一步发展，动态时间归正技术(Dynamic Time Warping，DTW)基本成熟，特别是提出了矢量量化(Vector Quantization，VQ)和隐马尔可夫模型(Hide Markov Model，HMM)理论。在实践上，实现了基于线性预测倒谱和 DTW 技术的特定人孤立语音识别系统。

20 世纪 80 年代，语音识别研究进一步走向深入，其显著特征是 HMM 和人工神经元网络(Artificial Neural Network，ANN)在语音识别中的成功应用。HMM 的广泛应用应归功于 AT&T Bell 实验室 Rabiner 等科学家的努力，他们把原本艰涩的 HMM 纯数学模型工程化，从而为更多研究者了解和认识。ANN 和 HMM 建立的语音识别系统，性能相当。

进入 20 世纪 90 年代，随着多媒体时代的来临，迫切要求语音识别系统从实验室走向实用。许多发达国家如美国、日本、韩国以及 IBM、Apple、AT&T、NTT 等著名公司都为语音识别系统的实用化开发研究投以巨资。

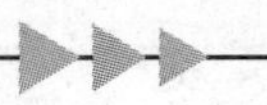

我国语音识别研究工作一直紧跟国际水平,国家也很重视,并把大词汇量语音识别的研究列入 863 计划,由中国科学院声学所、自动化所及北京大学等单位研究开发。我国语音识别技术的研究水平已经基本上与国外同步,在汉语语音识别技术上还有自己的特点与优势,并达到国际先进水平。

3.4.2 语音识别技术的基本原理

首先介绍一下语音识别系统的分类方式及依据。

(1) 根据对说话人说话方式的要求,可以分为孤立字(词)语音识别系统,连接字语音识别系统以及连续语音识别系统。

(2) 根据对说话人的依赖程度可以分为特定人和非特定人语音识别系统。

(3) 根据词汇量多少,可以分为小词汇量、中等词汇量、大词汇量以及无限词汇量语音识别系统。

不同的语音识别系统,虽然具体实现细节有所不同,但所采用的基本技术相似,一个典型语音识别系统的实现过程如图 3-2 所示。

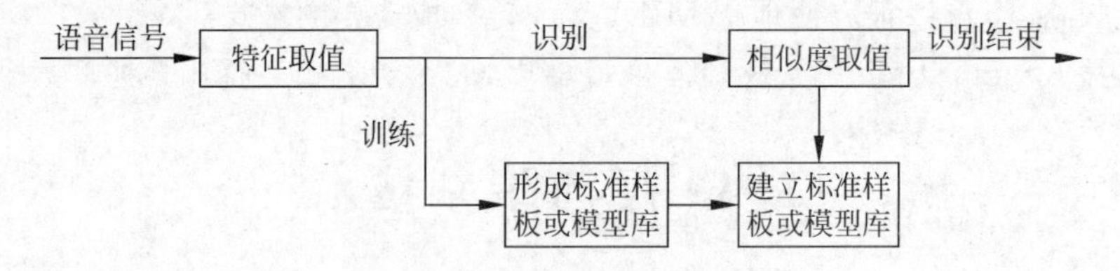

图 3-2 语音识别的基本原理

语音识别分为训练和识别两个阶段。训练阶段是在机器中建立被识别语音的样板或模型库,或者对已经存在的机器中的样板或模型库做特定发音人的适用性休整;在识别阶段,将被识别的语音特征参量提取出来进行模式匹配,相似度最大者即为被识别语音。在大词汇、连续语音识别和口语理解的情况下,使用语言模型对提高识别速度和正确率会起到很大作用。

另外,在语音识别技术中还涉及语音识别单元的选取这一重要环节。选择识别单元是语音识别研究的第一步。语音识别单元有单词(句)、音节和音素三种,具体选择哪一种,由具体的研究任务决定。

单词(句)单元广泛应用于中、小词汇语音识别系统,但不适合大词汇系统,原因在于模型库太庞大,训练模型任务繁重,模型匹配算法复杂,难以满足实时性要求。

音节单元多见于汉语语音识别,主要因为汉语是单音节结构的语言,而英语是多音节,并且汉语虽然有大约一千三百个音节,但若不考虑声调,约有 408 个无调音节,数量相对较少。因此,对于中、大词汇量汉语语音识别系统来说,以音节为识别单元基本是可行的。

音素单元以前多见于英语语音识别的研究中,但目前中、大词汇量汉语语音识别系统也在越来越多地被采用。原因在于汉语音节仅由声母(包括零声母 22 个)和韵母(共有 28 个)构成,且声韵母声学特性相差很大。实际应用中常把声母依后续韵母的不同而构成细化声母,这样虽然增加了模型数目,但提高了易混淆音节的区分能力。由于协同发音的影响,音素单元不稳定,所以如何获得稳定的音素单元,还有待研究。

目前,世界各国都加快了语音识别应用系统的研究开发,并已有一些实用的语音识别系

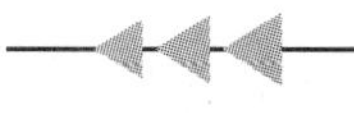

统投入商业运营。在信息处理、教育与商务应用、消费电子应用方面，语音识别技术都已经展现出了它的巨大优势。

就教育领域来讲，语音识别技术最直接的应用就是帮助用户更好地练习语言技巧。以前，用户只是通过简单的模仿来进行语言学习，而无法精确地比较自己发音的差异，应用语音识别技术后，就可以改变这种状况。比如一个美国公司开发的一套 Talk to Me 多媒体教育软件，当用户跟着计算机说完一句话后，计算机会同时显示标准发音和用户发音的波形比照图，并给出分数。用户通过比较波形图就可以发现自己在某个发音细节方面的差异，并且可以反复对比倾听来体会这种差异。

专家点拨：实现人机语音通信，建立一个具有听、说能力的多媒体系统所必需的关键技术除了语音识别技术外，还包括语音合成技术。

3.4.3 语音识别软件介绍

1. ViaVoice

ViaVoice 是 IBM 在 20 世纪 90 年代率先推出的语音识别软件。该系统可用于声控打字和语音导航。只要对着计算机讲话，不用敲键盘即可输入汉字，每分钟可输入 150 个汉字，是键盘输入的两倍，是普通手写输入的 6 倍。该系统识别率可达 95%以上。并配备了高性能的麦克风，使用便利，特别适合于起草文稿、撰写文章和准备教案，是文职人员、作家和教育工作者的良好助手。

ViaVoice 中文语音识别系统是在 Windows 上使用的中文普通话语音识别听写系统以及相应的开发工具。由于采用连续语音识别技术，汉字输入速度快而且识别率高。可以说，ViaVoice 中文版代表了当前汉语语音识别的最高水平。

2. Dragon NaturallySpeaking

Dragon NaturallySpeaking 是 Scansoft 公司的语音识别软件，它主要应用于英文识别。比其他的语音识别软件更快、更好用，听写、改错和语音控制功能都相当出色。

Dragon NaturallySpeaking 提供的 Vocabulary Optimizer（词汇优化器）可以适应用户的书写风格，而 Performance Assistant（性能助手）则可以根据用户的口述习惯最大程度地提高识别速度。有了这些工具之后，Dragon NaturallySpeaking 能让用户得到很高的识别准确度。

在短短的 5 分钟训练之后，Dragon NaturallySpeaking 的听写准确度就可以达到 90%～95%（根据文档的不同会有所差别）。令人惊异的是，用户可以轻松地用语音来操纵并修改自己的听写结果，而这一点在 IBM 的 ViaVoice 中就不大容易做到。经过一小时的听写、改错和重复训练之后，它的准确度可以上升到 96%～98%之间。

3.5 基于 Adobe Audition 的数字音频处理技术

Adobe Audition 是著名的音频编辑软件 Cool Edit Pro 的升级版本。本节将介绍使用 Adobe Audition 3.0 进行录制、编辑音频的基本方法。

3.5.1 Adobe Audition 简介

Adobe Audition 是 Adobc 公司发布的一款专业级音频录制、混合、编辑和控制软件。

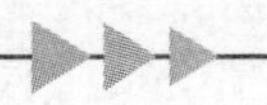

Adobe Audition 拥有集成的多音轨和编辑视图、实时特效、环绕支持、分析工具、恢复特性和视频支持等功能,为多媒体开发人员提供全面集成的音频编辑和混音解决方案。它支持工业标准音频文件格式,包括 WAV、AIFF、MP3、MP3PRO 和 WMA 等,还能够利用高达 32 位的位深度来处理文件,取样速度超过 192kHz,从而能够以最高品质的声音输出磁带、CD、DVD 或 DVD 音频。

在 Adobe Audition 3.0 版本中又新增了不少的功能,如支持 VSTi 虚拟乐器、增强的频谱编辑器、增强的多轨编辑、iZotope 授权的 Radius 时间伸缩工具、新增吉他系列效果器、可快速缩放波形头部和尾部、增强的降噪工具和声相修复工具、更强的性能、波形编辑工具等。

启动 Adobe Audition 3.0 中文版,界面默认为"多轨界面"模式(单击"窗口"→"操作界面"命令可更改界面模式),如图 3-3 所示。

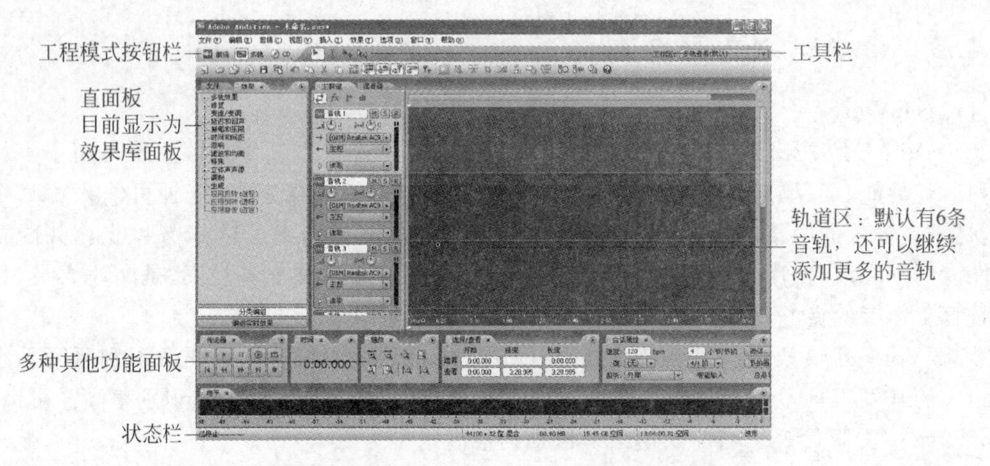

图 3-3　Adobe Audition 3.0 中文版启动界面

1. 工程模式按钮栏

工程模式按钮栏位于菜单栏下方。单击"编辑"按钮▣可以进入单轨编辑查看模式,进行音频文件的破坏性编辑处理;单击"多轨"按钮▣可以进入多轨查看模式,可进行录音和多轨混音工作;单击"光盘"按钮◎可进入光盘编排模式,适合 CD 刻录前的曲目安排。单击最右侧的"操作界面"下拉列表还可以选择更多的工程模式。

2. 工具栏

工具栏位于工程模式按钮栏右侧,在不同的模式下,工具栏中会显示相对应的工具按钮。

3. 主面板

主面板分为主群组"轨道区"和左侧的"直面板"两部分。主群组"轨道区"默认情况下会显示 6 条音轨,每一条音轨都可以独立设置。选择"插入"→"添加音频"命令可以添加更多的音轨。

在左侧的"直面板"中选择"文件"选项卡,可打开素材库面板,查看所有被导入 Audition 的文件;选择"效果"选项卡,可打开效果库面板,查看调用 Audition 效果器或 Audition 支持的第三方效果器。

4. 多种其他功能面板

默认显示"传送控制器"面板、"时间"面板、"缩放控制"面板、"选择/查看"面板、"会话属性"面板及"电平表"面板。在不同的工程模式下显示的功能面板也不同。

5. 状态栏

显示“当前音轨状态”、“采样格式”、“文件大小”、“剩余空间”、“剩余时间”、“会话属性”等信息。

3.5.2　使用 Adobe Audition 前的相关设置

为了能更好地使用 Adobe Audition 3.0 进行录音、混音及其他操作，首先要对 Adobe Audition 进行一些必要设置。

1. 硬件音频设备设置

ASIO 声卡可以摆脱 Windows 操作系统对硬件的集中控制，实现在音频处理软件与硬件之间进行多通道传输的同时，将系统对音频流的响应时间降至最短，提高声卡音质。在 Adobe Audition 中使用 ASIO 声卡驱动还可以实现录音效果监听，即以前只有专业声卡才能实现的“听湿录干”的效果——唱的时候在耳机里监听到带效果的声音，但录到计算机里的录音文件是不带效果的，方便以后的后期效果处理。如果计算机使用的是普通 AC97(集成声卡)，可以到 http://www.asio4all.com 网站下载一个 ASIO 驱动。并非所有声卡都能适用非声卡制造商提供的 ASIO 驱动。当然，使用 Adobe Audition 3.0 进行录音也不是非要使用 ASIO 声卡，使用计算机中的原有声卡同样可以进行录音工作。

下面简单介绍一下该设备的设置方法。

(1) 选择“编辑”→“设置音频设备”命令，打开“设置音频设备”对话框。

(2) 在对话框中，分别在“编辑界面”、“多轨界面”、“环绕声编码器”选项卡中选择音频驱动为 ASIO4ALL v2，如图 3-4 所示。

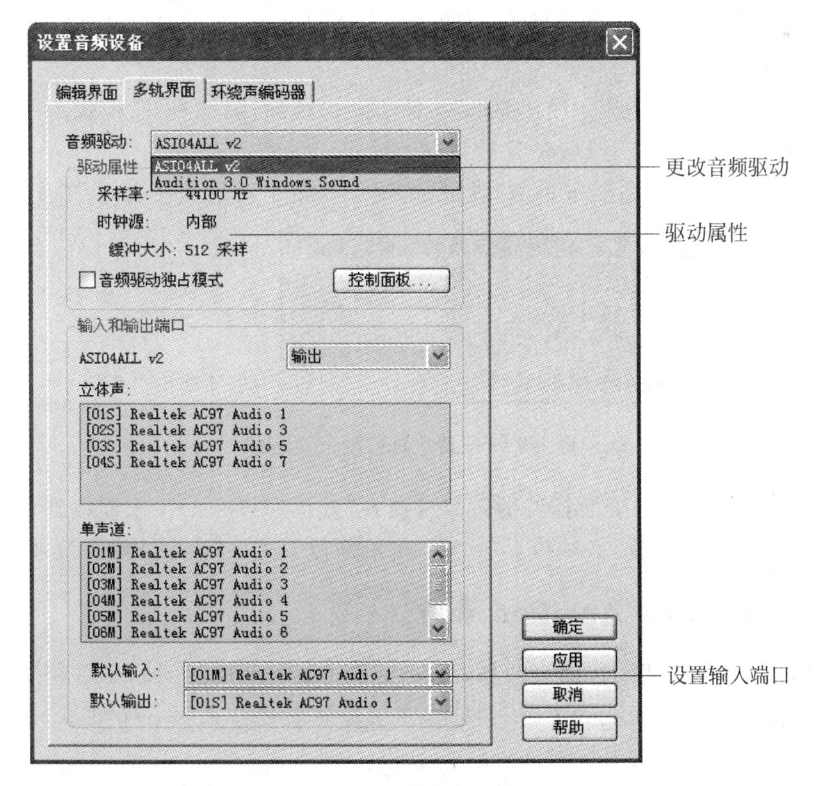

图 3-4　设置音频设备

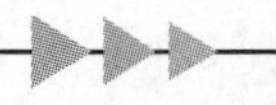

2. 设置录音设备

(1) 选择“选项”→“Windows 录音控制”命令,打开“录音控制”对话框。

(2) 在“录音控制”对话框中选择“麦克风”,并调整其音量设置。单击“高级”按钮,在“麦克风 的高级控制”对话框中选中 1 Mic Boost 复选框,以增强麦克风音量,如图 3-5 所示。

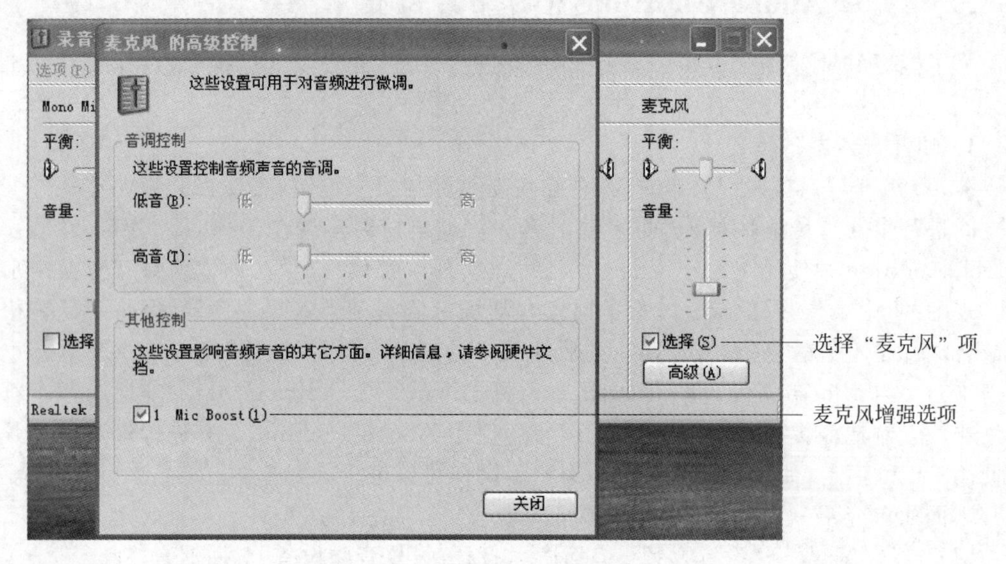

图 3-5 “麦克风 的高级控制”对话框

3. 启用 DirectX 效果

在安装 Adobe Audition 3.0 软件支持的第三方效果插件后,必须先启用 DirectX 效果才能够正常使用。

(1) 单击工程模式按钮栏中的“编辑”按钮,切换到“编辑查看”模式。

(2) 选择“效果”→“启用 DirectX 效果”命令。

(3) 在弹出的警示对话框中单击“确定”按钮。开始刷新效果列表,如图 3-6 所示。

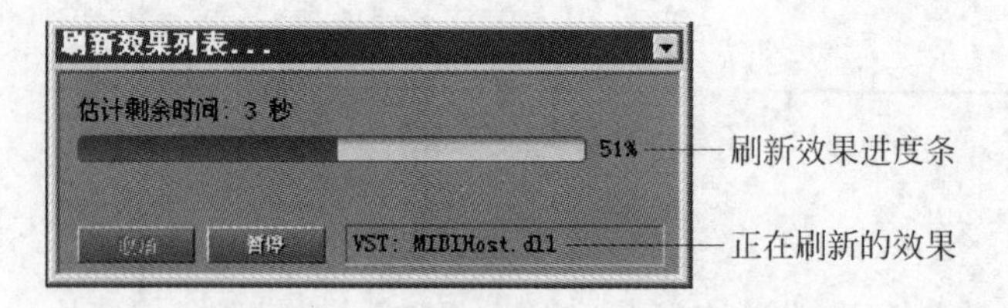

图 3-6 “刷新效果列表…”对话框

(4) 效果刷新完成后,安装插件的效果可以在“效果”→DirectX 里面找到。

(5) 以后再安装的插件,必须执行“效果”→“刷新效果列表”命令才能在效果列表中找到。

3.5.3 使用 Adobe Audition 录音

录音是音频所有后期制作加工的基础,在录音过程中出现的问题靠后期加工是无法完美地弥补的,有时甚至是无能为力的。因此,在录音时就要注重每一个细节,如果原始的录音有较大问题,还是重录为好。

在单轨模式下的录音方法相对简单,只需单击“传送带”面板中的“录音”按钮,在弹出的

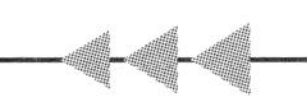

“新建波形”对话框中设定声音的采样率、声道和分辨率(即采样精度或称为量化级)就可以开始录音了。

在本节中以在多轨模式下根据伴奏录制自唱的歌曲为例介绍录音的整个过程。

专家点拨：录音时要关闭音箱，通过耳机来听伴奏。录制前，一定要调节好总音量及麦克风音量，如果麦克风音量过大，会导致录出的波形成了方波，这种波形的声音是失真的，无论编辑水平多么高超，也不可能处理出令人满意的结果。

(1) 开启 Adobe Audition 3.0 多轨模式，在默认情况下，软件自动创建了一个采样率为 44 100 的会话工程，如果要创建其他采样率的会话工程，可以选择“文件”→“新建会话”命令，在弹出的“新建会话”对话框中选择合适的采样率，如图 3-7 所示。

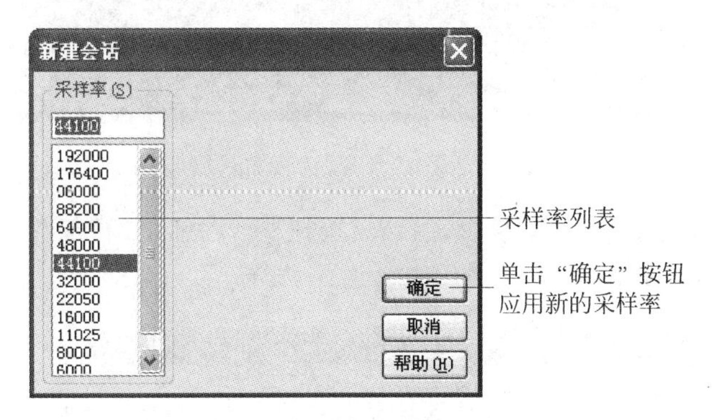

图 3-7　“新建会话”对话框

专家点拨：如果录制的是歌曲，以 44 100 采样率为好，如果录制的只是一般的语音，可选择相对低一些的采样率。

(2) 在“音轨 1”的音轨区右击，选择“插入”→“音频”命令，在弹出的“插入音频”对话框中选择伴奏音乐，单击对话框右下角的“播放”按钮还可以试听音乐，如图 3-8 所示。

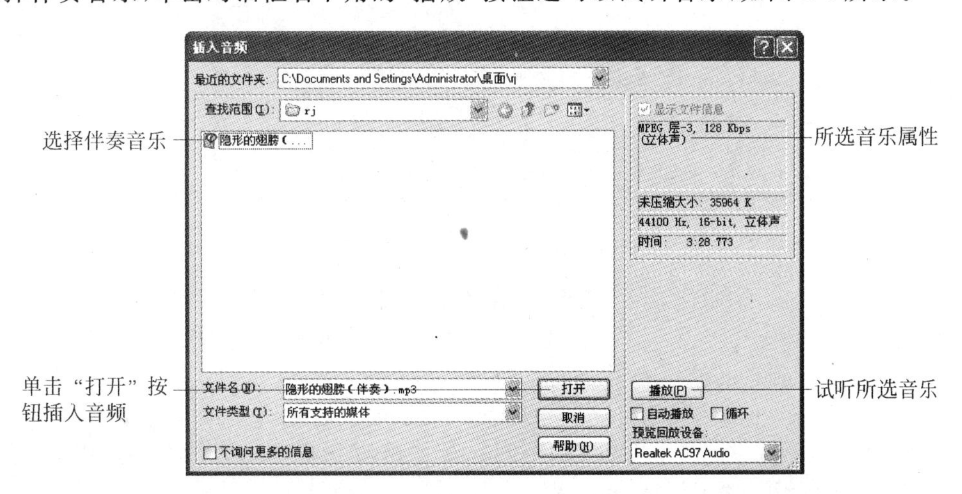

图 3-8　“插入音频”对话框

专家点拨：如果以后需要将此伴奏音乐和自录的歌曲进行混音，要留意此时导入的伴奏音乐是否和创建的新工程采样率一致，以免在后期的混音过程中出现麻烦。

(3) 单击“打开”按钮，在几秒钟的读取音频数据过程后，文件被插入到“音轨 1”中，单击“音轨 1”标题框，更改音轨名称为“伴奏音”。

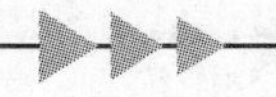

(4) 更改“音轨 2”名称为“录音”,单击此音轨中的“输入”项,在弹出的选项中选择“立体声”→[01S]Realtek AC97 Audio 1 端口,如图 3-9 所示。

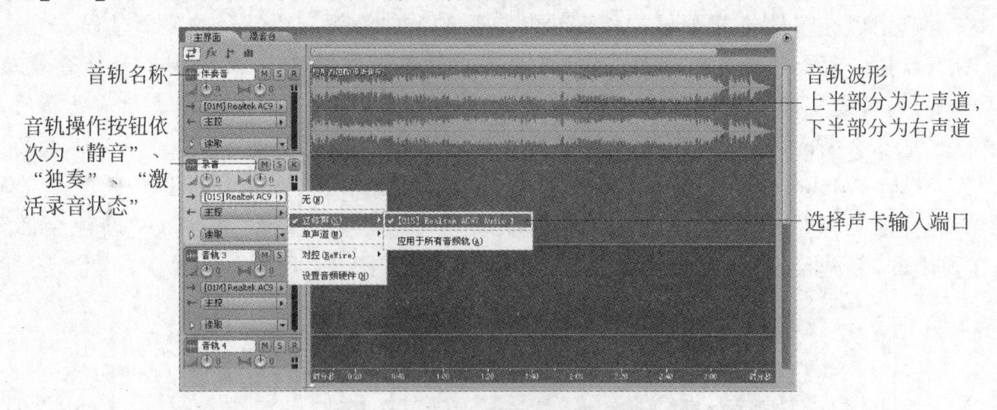

图 3-9　设置“录音”音轨输入端口

(5) 在“录音”音轨上单击“激活录音状态”按钮 R ,在弹出的“保存会话为”对话框中设定保存的路径和名称,单击“确定”按钮,如图 3-10 所示。

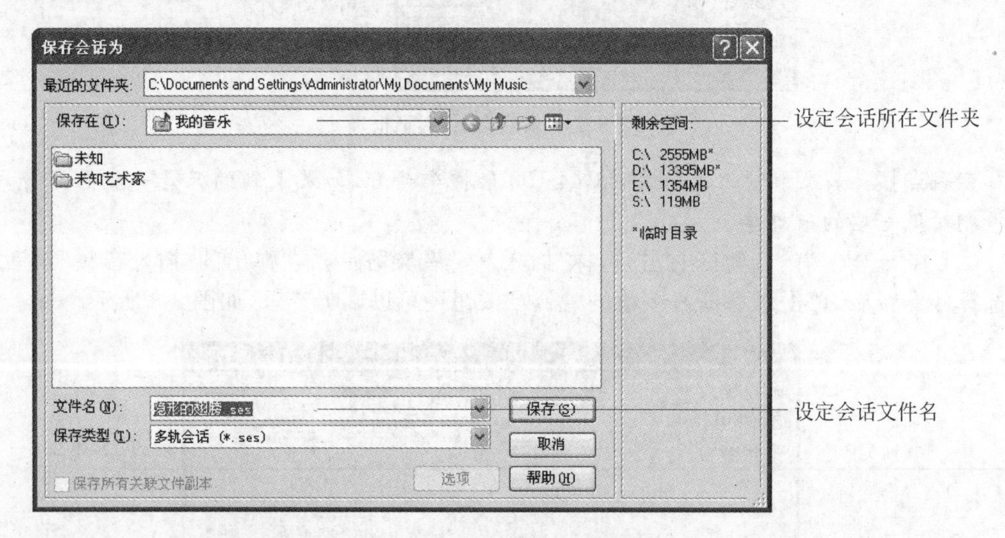

图 3-10　“保存会话为”对话框

接下来将设置启用“听湿录干”效果,如果不想用此效果,可以直接跳至第(8)步。

(6) 选择“选项”→“监听”→“内部混合”→“智能化监视”命令,如图 3-11 所示。此时就已经能从耳机中听到自己的声音了。

(7) 选择“窗口”→“效果格架”命令,在弹出的对话框中选择相应的效果,如添加“修复”→“适应性降噪”效果,调整各项指标至最佳效果,单击降噪指标项上方的“保存”按钮保存设置,如图 3-12 所示。关闭对话框。

(8) 保持激活“录音”轨道,将呈黄色虚线的播放指针移至音轨最左侧,单击底部“传送器”面板中的“录音”按钮,开始跟着伴奏边唱边录。

专家点拨:尽量要保持室内环境的安静,以免出现其他噪声。

(9) 录制结束后可单击“停止”按钮或按空格键停止录音。声音文件被自动保存成 WAV 格式的文件。单击“传送器”面板中的“播放”按钮进行试听,如图 3-13 所示。

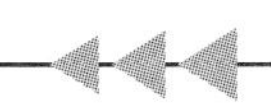

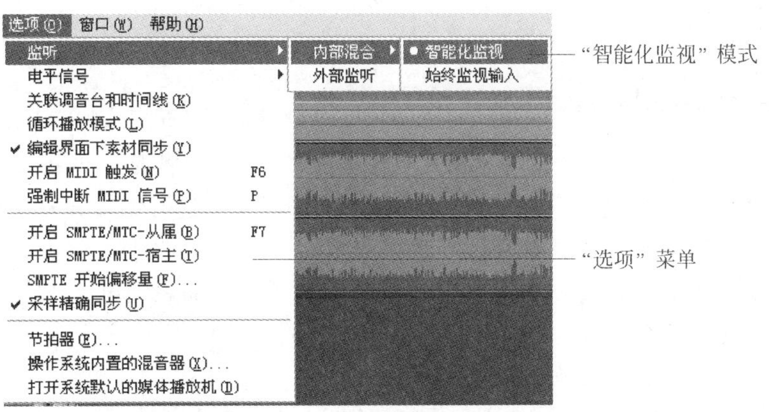

图 3-11　设置“智能化监视”

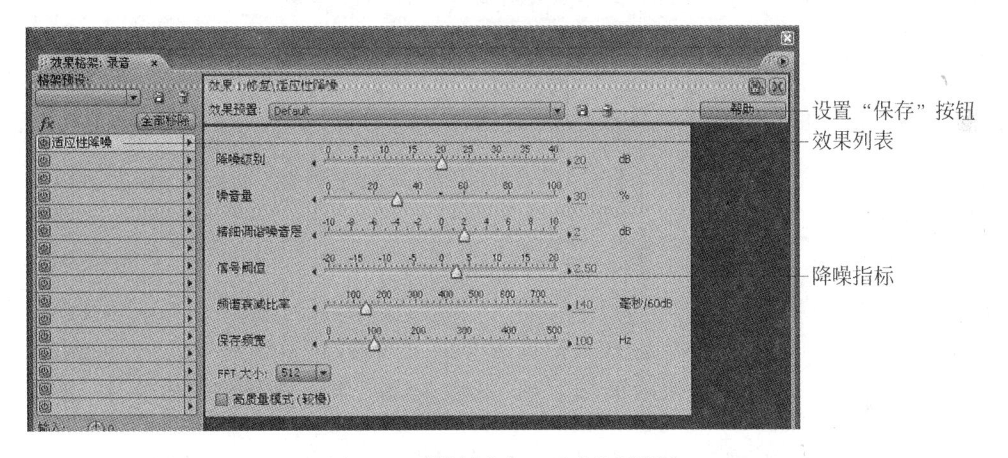

图 3-12　“效果格架：录音”对话框

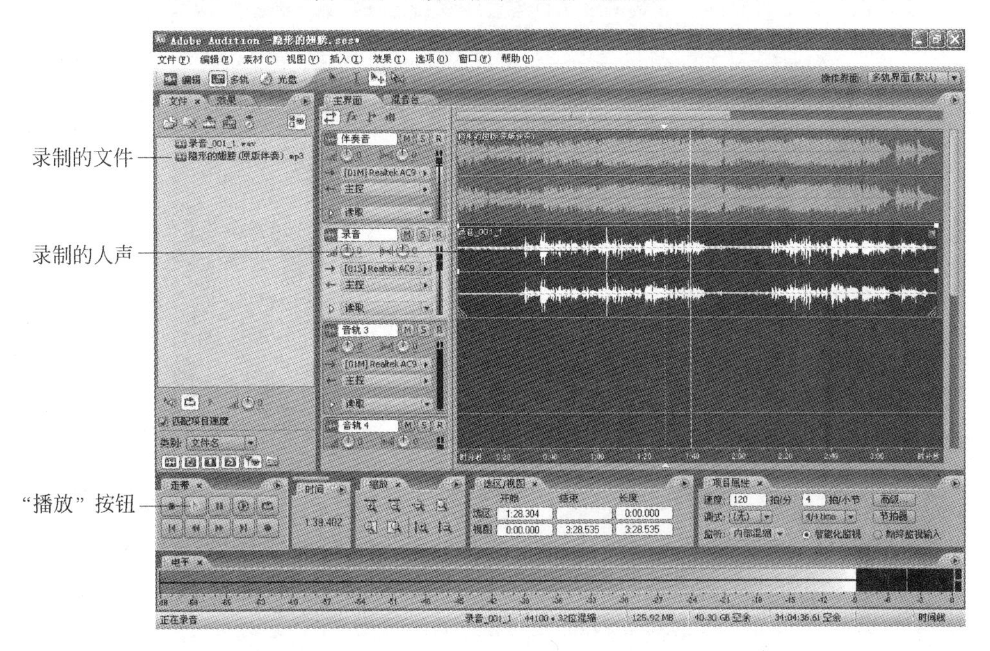

图 3-13　试听录制的声音

(10) 最后保存会话即可。

3.5.4　使用 Adobe Audition 编辑音频

在 Adobe Audition 3.0 中有两种编辑处理音频的方式,一种是在单轨编辑界面下进行编辑处理,这种处理一般是破坏性编辑,即直接对音频源文件进行编辑。另一种方式是在多轨界面中编辑处理,这种编辑只体现在多轨模式下的变化,并不改变音频源文件内容。

下面介绍使用 Adobe Audition 在单轨编辑模式下对声音的基本编辑处理方法,如剪切、复制、粘贴、混合音频等。

1. 准确选择需要编辑的波形

音频文件的编辑工作相比其他文件更加精细,特别是有节奏的音频,差半拍就会让人觉得不舒服,因此在编辑声音文件时更需要精确地选择音频的波形。

(1) 在"编辑查看"模式下打开要编辑处理的音频。

(2) 单击"传送器"面板中的"播放"按钮或按空格键开始监听音频的播放,当播放到关键的波形时可单击"快捷栏"中的"添加标记"按钮,或按 F8 键在波形上添加一个标记。如果波形选区要求非常精确,可以先单击"缩放控制"面板中的"水平放大"按钮,放大波形视图再反复调整。

专家点拨:默认界面中是不显示"快捷栏"的,选择"视图"→"快捷栏"→"显示"命令,可将常用工具的快捷栏显示出来。

(3) 选择波形除了可以用鼠标直接拖选两个标记间的波形,也可以先记下每个标记的时间,然后将选区的开始和结束时间输入到"选择/查看"面板的相应文本框中,如图 3-14 所示。

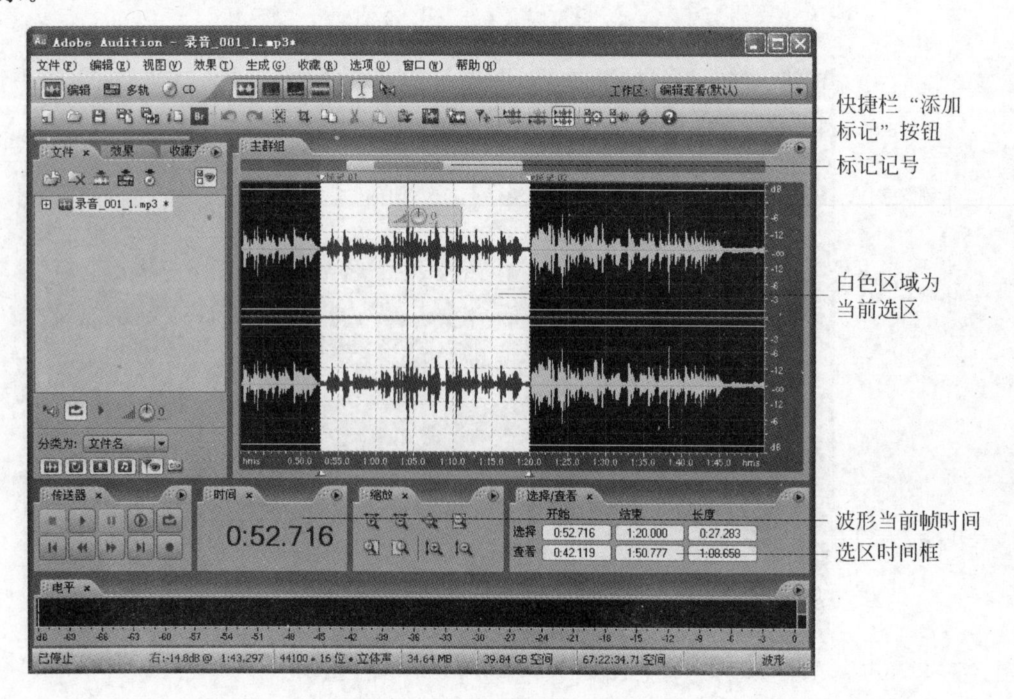

图 3-14　选择需要编辑的波形

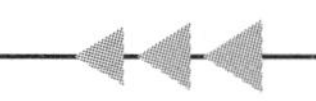

(4) 如果要选中右声道中的波形,则可以将光标移到波形窗口下方边界时,光标显示R的时候拖动鼠标。同样地,如果要选中左声道中的波形,则可以将光标移到波形窗口上方边界时,光标显示L的时候拖动鼠标。

2. 编辑波形

选择好波形选区后,可对选区进行剪切、删除、复制、粘贴等操作。

(1) 选择"编辑"→"剪贴板设置"菜单中的一个空剪贴板,如图3-15所示。

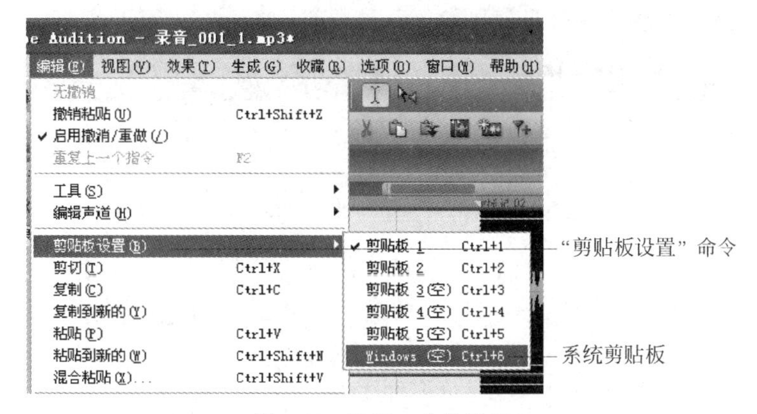

图3-15　选择一个剪贴板

专家点拨:Adobe Audition 3.0共提供了5个剪贴板,即用户在剪贴板中最多可以同时保存5段波形,其中最后一项Windows是系统剪贴板,在这个剪贴板中保存的波形可以在其他音频编辑软件中使用。

(2) 单击"快捷栏"中的"剪切"按钮,剪切被选中的一段波形。

(3) 将播放指针移到合适位置,单击"快捷栏"中的"粘贴"按钮就可以完成波形的移动操作。如果要粘贴的内容不在当前选择的剪贴板中,必须先在"剪贴板设置"中更改剪贴板的位置,再进行粘贴。

选择"编辑"→"混合粘贴"命令,还可以将剪贴板中的波形与当前帧处的波形进行混合,如图3-16所示。

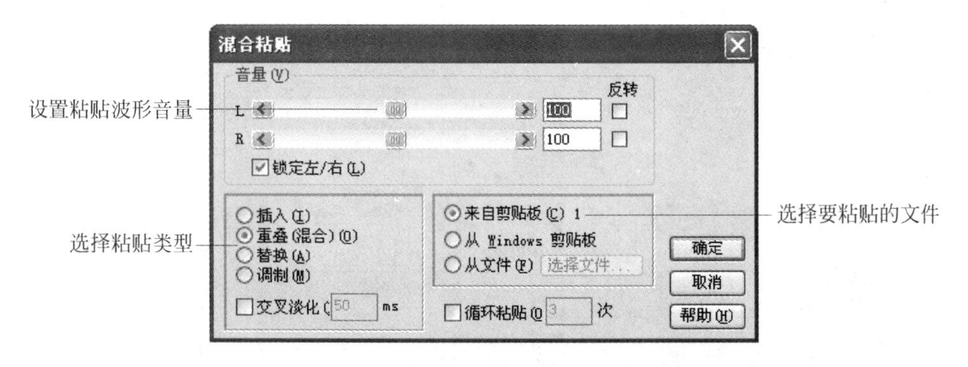

图3-16　"混合粘贴"对话框

3.5.5　使用Adobe Audition优化声音效果

Adobe Audition 3.0在声音效果的优化方面功能强大,除了可以使用软件自带的很多

专业的声音效果编辑优化之外，还可以安装软件所支持的第三方效果进行优化处理。下面以录制的“隐形的翅膀”为例简单介绍 Adobe Audition 3.0 部分声音效果的使用。

1. 音量调整

(1) 打开“隐形的翅膀”会话工程，双击“录音”音轨波形进入单轨编辑界面。

(2) 选择需要调整的波形，选择“效果”→“振幅与压限”→“振幅/淡化(进程)”命令。

(3) 在弹出的对话框的“预设”列表框中选择要处理的分贝数，也可以直接拖动左侧“常量”选项卡中声道的滑块或在分贝框中填入分贝数字，如图 3-17 所示。

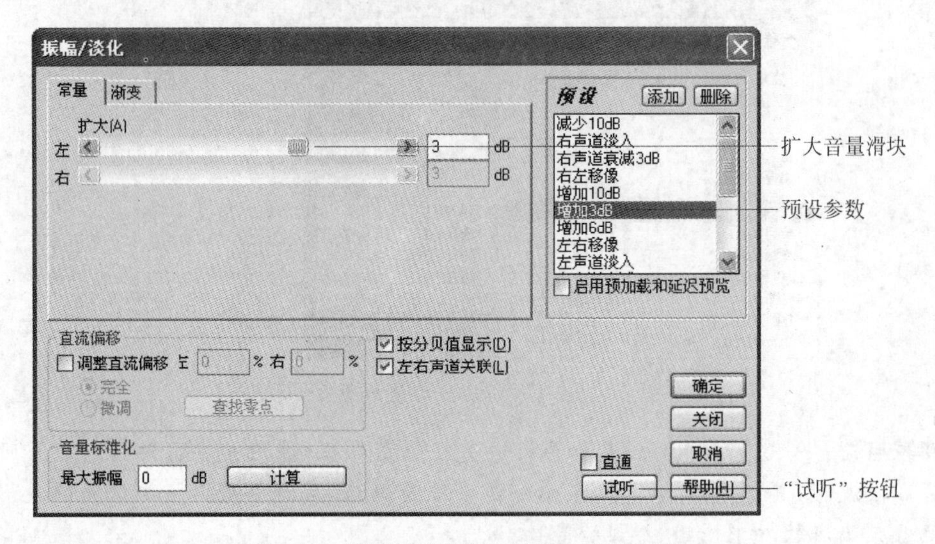

图 3-17　“振幅/淡化”对话框“常量”选项卡

(4) 单击“试听”按钮进行试听，如不满意可重新调整，完成后单击“确定”按钮开始处理。

2. 淡入淡出效果

(1) 选择需要调整的波形，选择“效果”→“振幅与压限”→“振幅/淡化(进程)”命令。

(2) 在弹出的“振幅/淡化”对话框中选择淡入淡出的“预设”选项，也可以选择对话框中的“渐变”选项卡，自由设置淡入淡出参数，如图 3-18 所示。

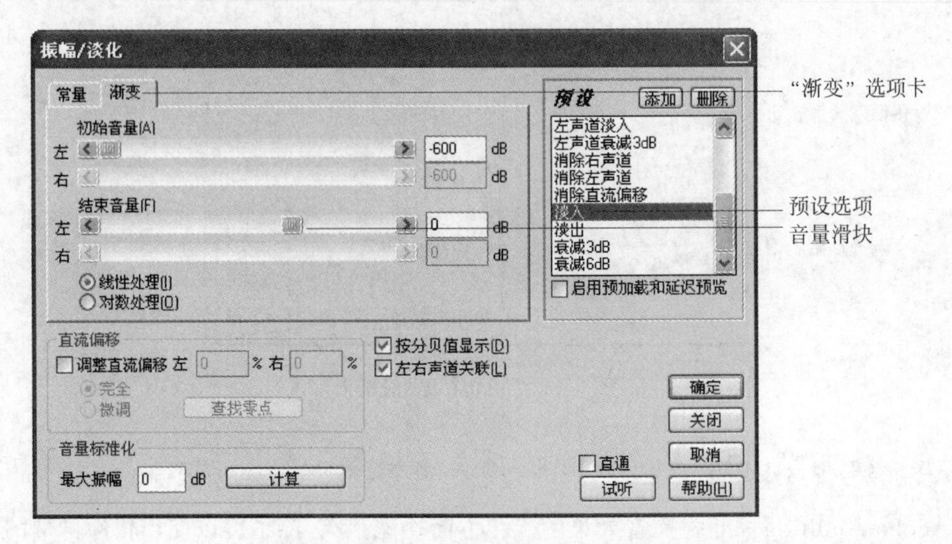

图 3-18　“振幅/淡化”对话框“渐变”选项卡

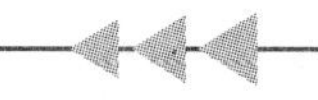

3. “降噪”处理

（1）选取一段没有人声的波形，右击，在弹出的快捷菜单中选择“采集降噪预置噪声”命令，如图 3-19 所示。

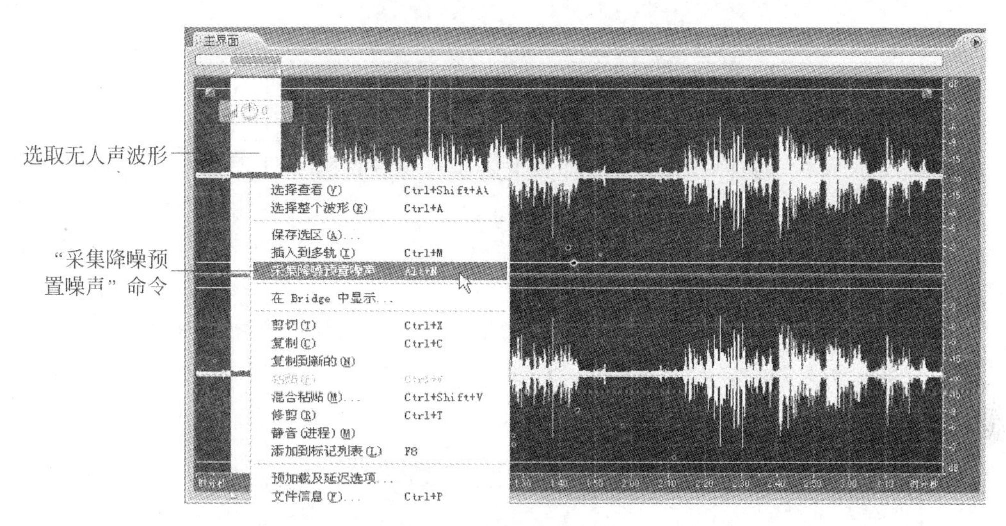

图 3-19　获取噪声特征

（2）在关闭“获取噪声特性”提示对话框及几秒钟的数据读取后，完成噪声的采样工程。

（3）单击左侧直面板中的“效果”标签，在树状菜单中双击“修复”→“降噪器(进程)”命令，弹出“降噪器”对话框，如图 3-20 所示。

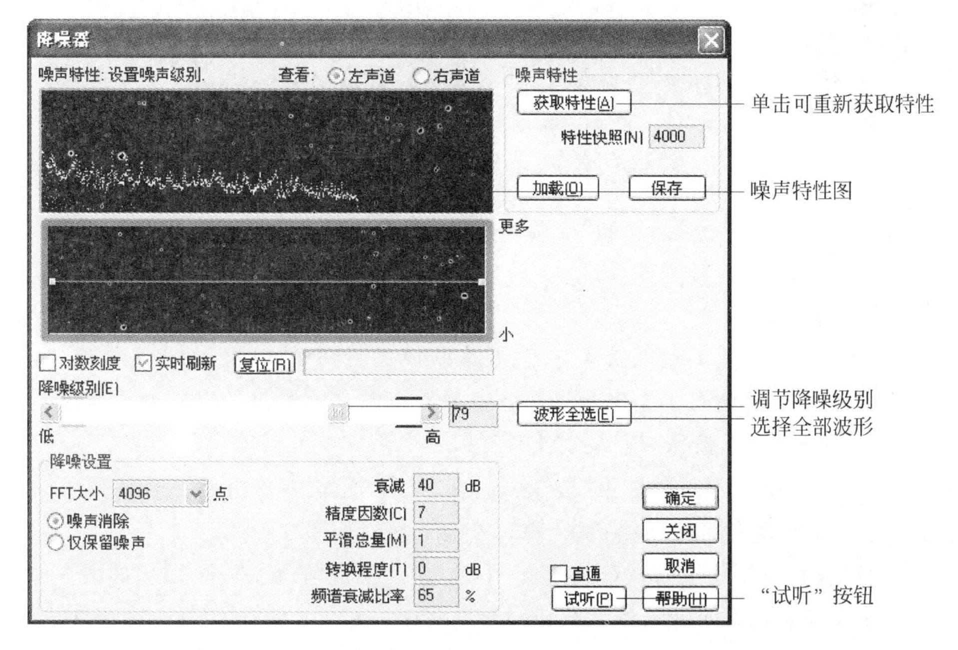

图 3-20　“降噪器”对话框

（4）单击“波形全选”按钮选择全部波形，调节降噪级别，注意不要调得太高，以免声音失真，单击“试听”按钮试听后再调整到最佳状态，单击“确定”按钮开始降噪，如图 3-21 所示。

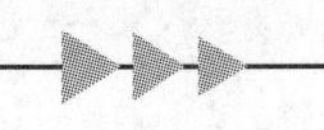

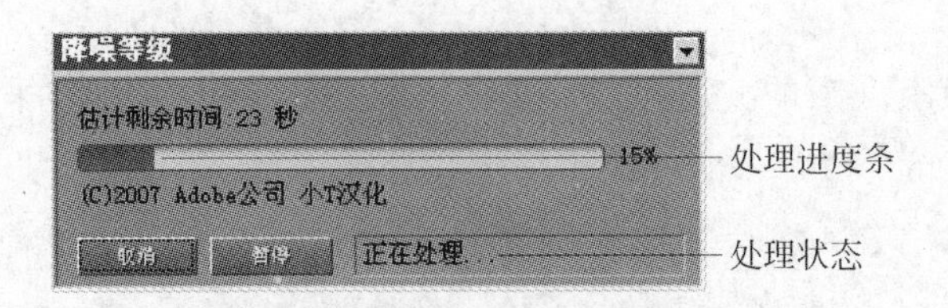

图 3-21 降噪处理

如果降噪完成后感觉降噪太过,可以撤销操作重新进行降噪处理。

4. 变速效果

(1) 在效果选项卡的树状菜单中双击“时间和间距”→“变速(进程)”命令。打开“变速”对话框。

(2) 在“转换”下拉列表中选择合适的升降调,“#”号为升调,“b”号为降调。前面的数字代表升降的度数,以半度为一个单位,如 1# 为升半度,2# 为升一度,以此类推,如图 3-22 所示。

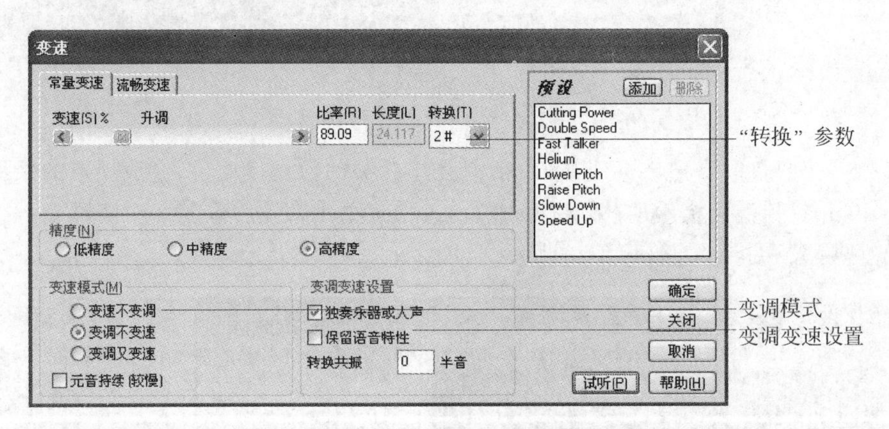

图 3-22 “变速”对话框

(3) 设置“精度”、“变速模式”和“变调变速设置”等选项。单击“试听”按钮进行试听,满意后单击“确定”按钮进行升降调处理。

5. 添加混音效果

除了在音轨编辑模式下添加效果之外,在多轨模式下同样可以添加声音效果,唯一的区别是多轨模式下添加的效果不会影响到该音轨的声音源文件。具体操作如下所述。

(1) 单击“多轨”界面按钮,返回到“多轨”模式下。

(2) 单击“主群组”顶部的“效果”按钮 *fx*,在“录音”音轨中单击效果框右侧的小三角按钮,在弹出的菜单列表中选择“混响”→“房间混响”命令,如图 3-23 所示。

(3) 在弹出的“效果格架:录音”对话框中设置“房间混响”的具体参数,如图 3-24 所示。

(4) 效果添加完以后就可以将人声和伴奏混缩在一起了。选中两条音轨,选择“编辑”→“混缩为新文件”→“所选范围的主输出—立体声”命令,开始进行“混缩”处理。

(5) “混缩”完成后自动跳转到混缩文件的单轨编辑界面,如果效果满意可选择“文件”→“另存为”命令将声音保存为其他格式的音频文件,如 mp3PRO 格式,单击下方的“选项”按钮还可以设置具体的编码选项等内容,如图 3-25 所示。单击“保存”按钮完成。

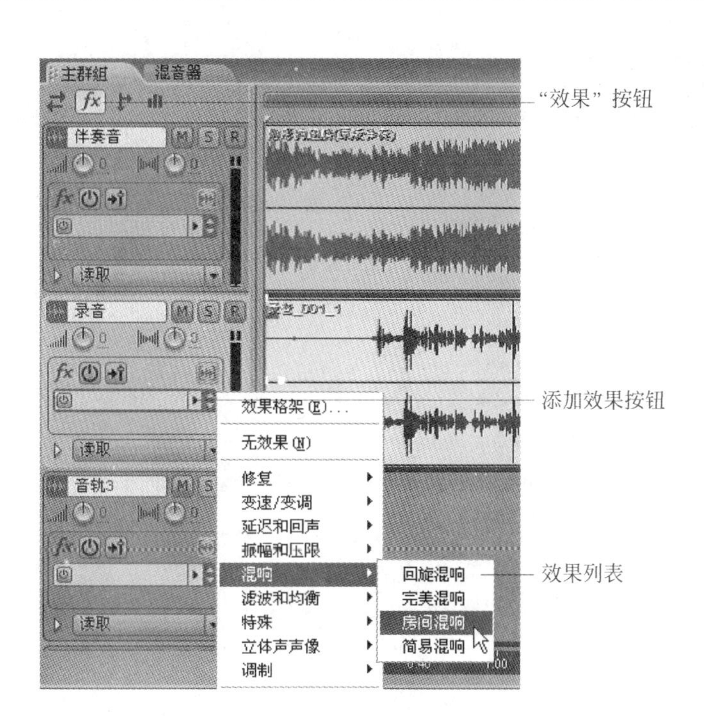

图 3-23 添加"房间混响"效果

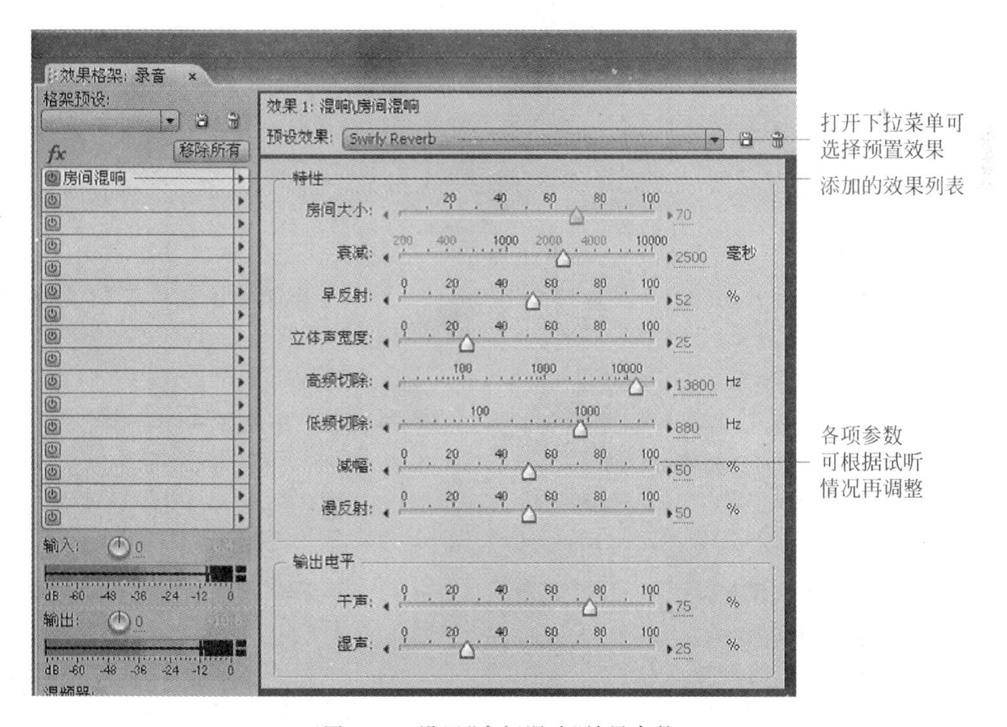

图 3-24 设置"房间混响"效果参数

专家点拨：这里添加的混响效果只在多轨模式下起作用，当两个音轨混缩成一个声音文件时，混响效果也会被混缩进最后的混缩文件中，但在单独的人声源文件中却不会有任何变化。

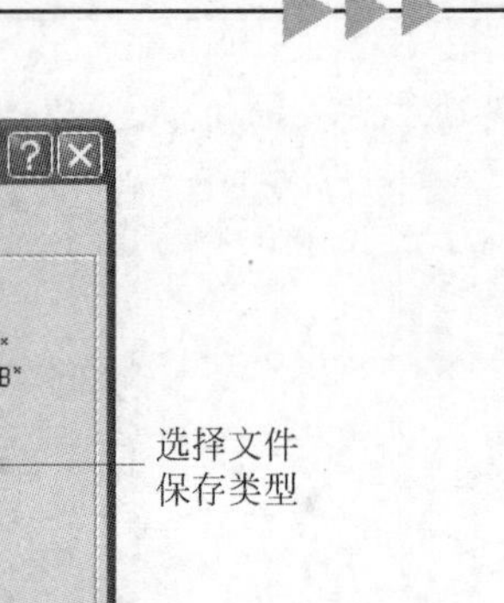

图 3-25 录制音频“另存为”对话框

习　　题

1. 选择题

(1) (　　)是每秒振动的次数,它的单位为赫兹(Hz),是以一个名叫海里奇 R. 赫兹的人命名的。

A. 振幅　　B. 周期　　C. 频率　　D. 音调

(2) (　　)是对模拟音频信号的幅度进行数字化,它决定了模拟信号数字化以后的动态范围。它越高,信号的动态范围越大,数字化后的音频信号就越可能接近原始信号,但所需要的存储空间也越大。

A. 采样频率　　B. 量化位　　C. 声道数　　D. 编码算法

(3) 它允许数字合成器和其他设备交换数据,它是一种计算机数字音乐接口生产的数字描述音频文件。这种音频格式为(　　)。

A. WAV　　B. MP3　　C. WMA　　D. MIDI

(4) ViaVioce 是一个(　　)类型的软件。

A. 音频格式转换　　B. 语音识别　　C. 音频编辑　　D. 英语翻译

2. 填空题

(1) 从听觉角度看,声音具有________、________和________三要素。声音质量的高低主要取决于这三要素。

(2) 把模拟信号转换成数字信号的过程称为模/数转换,它主要包括________、________和________三个步骤。

(3) 如果以 CD 质量(44.1kHz 的采样频率、16 位的量化位数、双声道立体声)记录一首时长 5min(300s)的音乐,那么数据量为________。

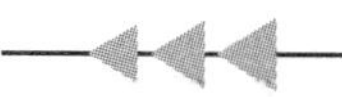

(4) 一个 CD 音频文件是一个 cda 文件，但这只是一个________，并不是真正包含的声音信息，因此不论 CD 音乐的长短，在计算机上看到的 cda 文件都是________字节长。

上机练习

练习 1　使用 Adobe Audition 处理声音素材

在 Internet 或者素材光盘上获取一段声音素材，使用 Adobe Audition 对其进行编辑和处理。

制作要点提示：

(1) 在 Adobe Audition 中打开声音素材。

(2) 裁剪声音素材。

(3) 对声音进行淡入、淡出效果的处理。

(4) 将声音保存为其他格式并进行比较。

练习 2　使用 GoldWave 软件进行录音

GoldWave 也是一个功能强大并且体积小巧的数字音频编辑软件，请使用它进行录音练习。

制作要点提示：

(1) 启动 GoldWave 软件，新建一个声音文件，设置声音的"声道"、"采样率"、"持续时间"等选项，如图 3-26 所示。

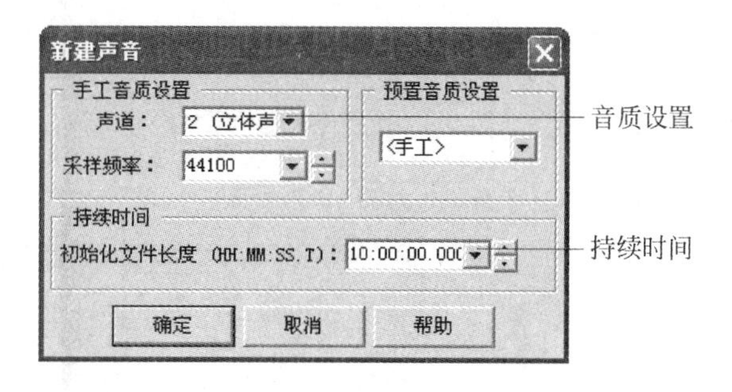

图 3-26　"新建声音"对话框

(2) 双击任务栏右下角的"声音"图标，设置好录音选项及麦克风的音量。

(3) 单击"控制器"窗口中的"录音"按钮 ● 开始录音，完成后单击"停止"按钮 ■ 结束录音。

练习 3　使用 GoldWave 制作卡拉 OK 伴奏音乐

利用 GoldWave 软件，将带有原唱的歌曲文件中的人声消除掉，得到卡拉 OK 伴奏音乐。

制作要点提示：

(1) 启动 GoldWave 软件，打开带有原唱的歌曲文件。

(2) 选择"效果"→"立体声"→"减少人声"命令，在弹出的对话框中设置，通过试听反复调整,如图 3-27 所示。

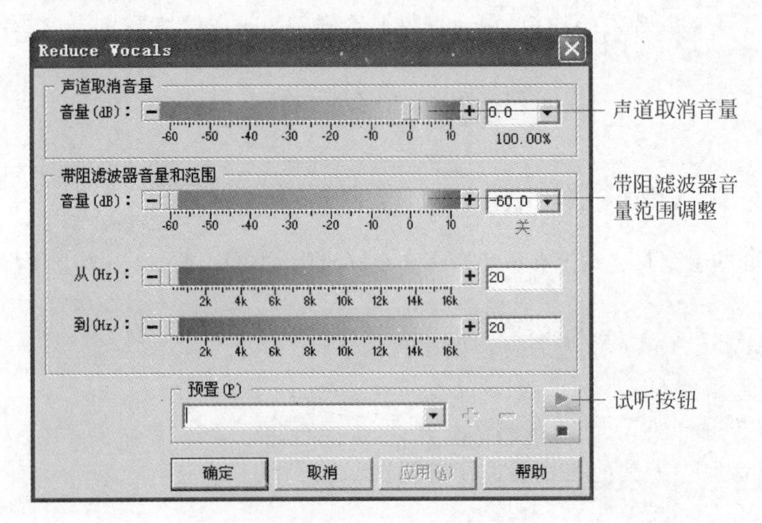

图 3-27 “减少人声”效果对话框

(3) 单击“确定”按钮应用效果。

练习 4 使用“全能音频转换通”软件进行音频格式转换

全能音频转换通是一款音频文件格式转换软件。典型的应用如 WAV 转 MP3,MP3 转 WMA,WAV 转 WMA,RM(RMVB)转 MP3,AVI 转 MP3,RM(RMVB)转 WMA 等。

在 Internet 或者素材光盘上获取一些 MP3 音乐,练习使用“全能音频转换通”软件进行音频格式的批量转换。

制作要点提示:

(1) 启动全能音频转换通 V1.2 软件,如图 3-28 所示。单击“添加文件”按钮。

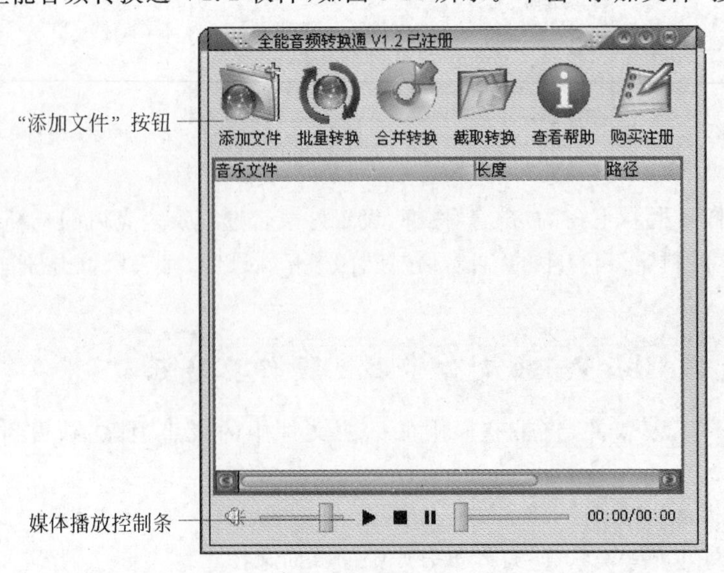

图 3-28 全能音频转换通 V1.2 界面

(2) 在弹出的“打开”对话框中选择多个需要转换的音频文件(文件格式不需要完全一样)。

(3) 选中其中的一首歌曲,单击播放控制条上的“播放”按钮进行试听。可以选择不需要转换的曲目,按 Delete 键或右击选择“删除所选”命令进行删除,如图 3-29 所示。

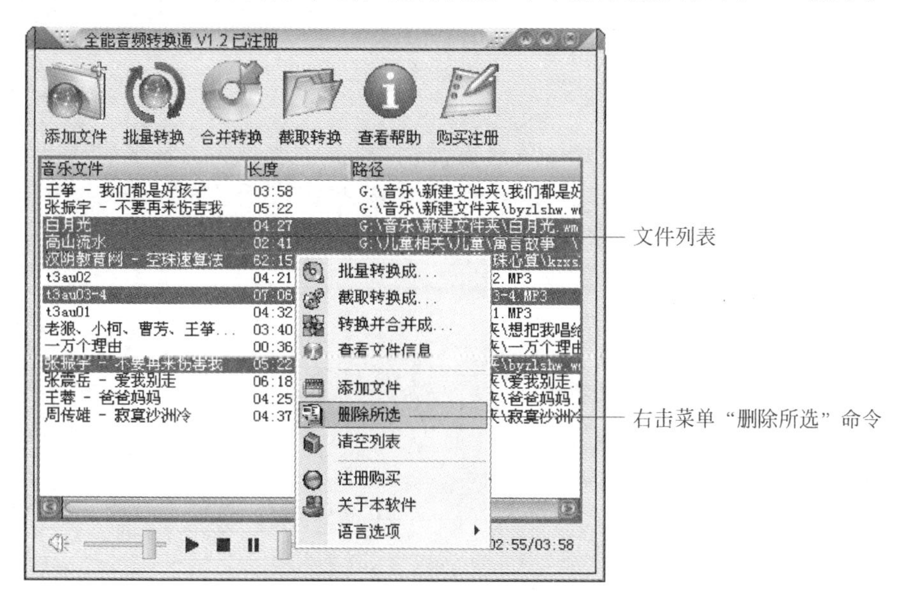

图 3-29 删除列表中多余曲目

(4) 单击“批量转换”按钮,进入“批量转换文件格式”窗口,对“输出格式”、“选择编码器”、“输出质量”等参数进行设置,并设定“对于重名文件”的操作方法及转换后的目标文件夹,如图 3-30 所示。最后单击“开始转换”按钮。

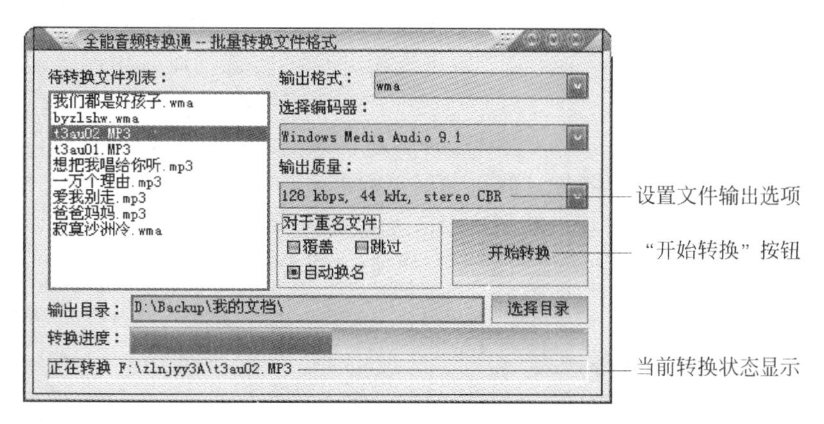

图 3-30 “批量转换文件格式”窗口

(5) 转换的速度根据文件的多少及转换的质量会有所不同,一般转换一首歌曲需要的时间不会超过歌曲长度的一半。转换完成后,单击右上角的“关闭”按钮即可回到软件主界面。

第4章 动画制作技术

动画使得多媒体信息更加生动，富于表现力。在多媒体产品的开发中，计算机动画的应用小到某个对象、物体或者字幕的运动，大到一段动画演示、多媒体光盘的片头片尾动画的设计制作等。

本章主要内容：

- 动画的基础知识；
- 动画制作软件介绍；
- 动画文件格式；
- 用 Flash 制作动画。

4.1 基础知识

世界上最原始的动画可以追溯到 1831 年，当时法国人约瑟夫·安东尼·普拉特奥 (Joseph Antoine Plateau)在一个可以转动的圆盘上按照顺序画了一些图片。当圆盘旋转时，人们看到圆盘上的图片动了起来。

1909 年，美国人 Winsor McCay 用一万张图片表现一段动画故事，这是迄今为止世界上公认的第一部真正的动画短片。

从 20 世纪 60 年代起，计算机动画技术逐渐发展起来。美国的 Bell 实验室和一些研究机构开始研究用计算机实现动画片中间画面的制作和自动上色。

20 世纪 70—80 年代，计算机图形、图像技术和软件、硬件技术都取得了显著的发展，使计算机动画技术也日趋成熟。

目前，计算机动画技术已经发展成为一个多种学科和技术交叉的综合领域。它以计算机图形学为基础，涉及图像处理技术、运动控制原理、视频技术、艺术甚至于视觉心理学、生物学、人工智能等多个领域。

4.1.1 动画的视觉原理

英国动画大师约翰·海勒斯(John Halas)对动画有一个精辟的定义："动作的变化是动画的本质"。动画由很多内容连续但各不相同的画面组成。由于每幅画面中的对象位置和形态各不相同，在连续观看时，给人以活动的感觉。例如，人物走动的动画一般利用 6 幅(或者 8 幅)各不相同的人物画面组成，如图 4-1 所示。

动画之所以成为可能，是利用了人类眼睛的"视觉残留"的生物现象。人在看物体时，物体在大脑视觉神经中的停留时间约为 1/24s。如果每秒

更替 24 个画面或更多的画面，那么，前一个画面在人脑中消失之前，下一个画面就进入人脑，从而形成连续的影像。

毫无规律和杂乱的画面不能构成真正意义上的动画，构成动画必须遵循一定的规则。主要包括以下三个规则。

(1) 由多个画面组成，并且画面必须连续。

(2) 画面之间的内容必须存在差异。比如在位置、形态、颜色、亮度等方面有所差异。

(3) 画面表现的动作必须连续，即后一幅画面是前一幅画面的继续。

图 4-1　组成人物走路动画的 6 幅画面

4.1.2　动画技术指标

计算机动画随着计算机技术的发展而不断完善，在二维动画、三维动画等方面的技术越来越成熟。本节介绍几个和计算机动画有关的技术指标。

1. 帧速度

计算机动画有一个帧的概念，一帧就是一幅静态的画面。计算机动画中包括一个帧动画类型。所谓帧动画，是指构成动画的基本单位是帧，很多帧组成一部动画。帧动画借鉴传统动画的概念，每帧的内容不同，当连续播放时，形成动画视觉效果。

所谓帧速度就是表示一秒钟的动画内包含几帧静态画面，或者说一秒钟动画播放几帧。一般情况下，动画的帧速度为每秒 30 帧或者每秒 25 帧，这样的动画效果看起来比较流畅。在利用计算机软件制作动画时，比如 Flash(一个二维的动画制作软件)，默认的帧速度是每秒 24 帧。

2. 数据量

在不计压缩的情况下，数据量是指帧速度与每幅图像的数据量的乘积。具体公式如下：

数据量＝帧速度×每幅图像的数据量

假设一个动画的帧速度为每秒 30 帧，每帧上的图像均为 1MB，那么，这个动画的数据量就为 30MB。当然，经过计算机的压缩技术后，动画的数据量可以减少几十倍甚至上百倍。尽管如此，由于动画的数据量太大也可能致使计算机硬件设备超负荷运行，因此，在制作计算机动画时，一定要注意平衡动画数据量和动画效果的关系。在必要的情况下，可以通过降低帧速度和图像的尺寸等技术指标来达到降低数据量的目的。

3. 图像质量

图像质量的好坏直接影响动画效果,也对动画数据量有较大影响。图像质量和压缩比有很大关系,一般情况下,压缩比较小时对图像质量影响不大,但当压缩比超过一定的数值后,将会明显看到图像质量下降。因此,在制作动画时,要对图像质量和数据量进行适当折中的选择。

4.2 动画制作软件

根据动画反映的空间范围,动画分为二维动画和三维动画。制作二维动画和三维动画的软件各不相同。本节对常用的动画制作软件进行简单介绍,并介绍相应的动画文件格式。

4.2.1 二维动画制作软件

二维动画是平面上的活动画面,是对手工传统动画的一个改进。利用计算机技术,通过输入和编辑关键帧、计算和生产中间帧、给对象上色、控制运动序列等进行二维动画的制作。

在进行多媒体作品开发时,常用的二维动画制作软件有 Flash、Animator Pro、Swish 等。

1. Flash

Flash 是目前最流行的二维动画制作软件,它早期是美国 Macromedia 的产品,现在已经被 Adobe 公司收购。Flash 以设计和制作矢量动画见长,它制作的动画体积小、交互性强,并且能够制作出和声音同步的流媒体动画效果,声情并茂,表现力强。现在,Flash 已广泛应用于广告、影视、动漫、游戏、网页、课件、演示产品宣传等领域。

目前,Flash 不仅是一个二维动画制作软件,还开拓了多媒体制作的新领域。它具有功能强大的动作脚本 ActionScript,再结合动画制作技术以及对丰富的多媒体支持,可以制作复杂的交互式多媒体作品。

2. Animator Pro

Animator Pro 是一个老牌的二维动画制作软件,由 Autodesk 公司开发。它具有与传统动画相似的制作平台,将动画中的画面,像拉开的胶卷底片一样,一格一格地呈现在计算机屏幕上,以方便用户的设计和制作。Animator Pro 具备一个特点,可以自动识别当前显示器和显示卡能够达到的最高分辨率,可以在 320×200 到最高分辨率之间选取合适的画面分辨率。

3. Swish

Swish 是非常方便的二维文字动画特效制作工具,提供了超过 150 种可选择的预设动画效果,诸如爆炸、旋涡、3D 旋转以及波浪等。特效支持中文,能直接预览,并可导出为 SWF 文档格式,而且其中许多特效可以相互结合,以获得更加丰富的效果。总之,只要简单操作鼠标,就可以创建令人注目的酷炫文字动画效果。

4.2.2 三维动画制作软件

三维动画又称 3D 动画,是近年来随着计算机软硬件技术的发展而产生的一种新兴技术。三维动画软件在计算机中首先建立一个虚拟的世界,设计师在这个虚拟的三维世界中

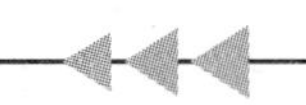

按照要表现的对象的形状尺寸建立模型以及场景，再根据要求设定模型的运动轨迹、虚拟摄影机的运动和其他动画参数，最后按要求为模型赋上特定的材质，并打上灯光。当这一切完成后就可以让计算机自动运算，生成最后的画面。

在进行多媒体作品开发时，常用的三维动画制作软件有 3d Max、Maya、Cool 3D 等。

1. 3d Max

3d Max 是著名的三维动画制作软件，由 Autodesk 公司开发。它广泛应用于广告、影视、工业设计、建筑设计、多媒体制作、游戏、辅助教学以及工程可视化等领域。

3d Max 以一体化、智能化界面著称。一体化是指所有工作，如二维造型、三维放样、帧编辑、材质编辑、动画设置等都在统一的界面中完成，这样就避免了屏幕切换带来的麻烦。所谓的智能化是指软件会根据用户当前的操作情况做出判断，哪些命令可用，哪些命令不可用，这样为用户的操作带来方便。

按照动画制作流程，3d Max 的基本功能模块包括 2D Shaper（二维造型模块）、3D Lofter（三维放样模块）、3D Editor（三维编辑器）、Keyframer（关键帧发生器）、Material Editor（材质编辑器）。

2. Maya

Maya 是美国 Alias/Wavefront 公司出品的世界顶级的三维动画软件，应用对象是专业的影视广告、角色动画、电影特技等。Maya 功能完善，工作灵活，易学易用，制作效率极高，渲染真实感极强，是电影级别的高端制作软件。掌握了 Maya，会极大地提高制作三维动画的效率和品质，调节出仿真的角色动画，渲染出电影一般的真实效果，向世界顶级动画师迈进。

Maya 集成了 Alias/Wavefront 最先进的动画及数字效果技术。它不仅包括一般三维和视觉效果制作的功能，而且还与最先进的建模、数字化布料模拟、毛发渲染、运动匹配技术相结合。Maya 适合制作大型三维动画作品。

3. Cool 3D

Cool 3D 是一个三维文字动画制作软件，由友立公司开发。它的特点是功能强大和易于操作。它为使用者提供了丰富的模板和插件，直接套用就可以制作出丰富多彩而且非常专业的三维动画效果来。

在进行多媒体作品开发时，可以利用 Cool 3D 十分快捷地制作出三维文字标题、三维文字动态按钮、多媒体光盘的片头片尾三维文字动画特效等。

4.2.3　动画文件格式

动画文件有很多格式，不同的动画软件产生不同的文件格式。比较常见的动画文件格式有以下几种。

1. SWF 格式

SWF 格式是 Flash 制作的矢量动画格式，它采用曲线方程描述其内容，不是由点阵组成内容，因此这种格式的动画在缩放时不会失真。这种格式的动画文件可以添加 MP3 音乐，并能实现动画和音乐同步播放的效果，因此被广泛地应用在 MTV、动画短片、多媒体课

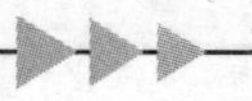

件、网络广告等领域。

2. FLC格式

FLC格式是Animator Pro制作的动画格式。它采用无损数据压缩技术,首先压缩并保存整个动画序列中的第一幅图像,然后逐帧计算前后两幅相邻图像的差异或改变部分,并对这部分数据进行压缩,由于动画序列中前后相邻图像的差别通常不大,因此可以得到相应高的数据压缩率。

3. GIF格式

GIF不仅是图像文件格式,还可以是动画文件格式。目前用来制作动画的GIF格式,一般都是以GIF89a格式居多,少数是GIF87a格式,GIF89a的前身就是GIF87a,只是GIF89a扩充了GIF87a的功能。

GIF格式文件通过存储若干幅连续的静止图像而形成动画,目前Internet上还大量采用这种格式的动画文件。

4.3 基于Flash的动画制作技术

Flash以便捷、完美、舒适的动画编辑环境,深受广大动画制作爱好者的喜爱,它是最流行的二维动画制作软件。从本节开始研究基于Flash的动画制作技术。

4.3.1 Flash工作环境

在制作Flash动画之前,先对工作环境进行介绍。这里以Flash CS6简体中文版为例进行介绍。

1. 开始页

运行Flash CS6,首先映入眼帘的是“开始页”,“开始页”将常用的任务都集中放在一个页面中,用户可以在其中选择从哪个项目开始工作,很容易地实现从模板创建文档、新建文档和打开文档的操作。同时通过选择“学习”栏中的选项,用户能够方便地打开相应的帮助文档,进入具体内容的学习,如图4-2所示。

如果要隐藏开始页,可以单击选择“不再显示”复选框,然后在弹出的对话框中单击“确定”按钮,这样下次启动Flash CS6时就不会显示“开始页”。如果要再次显示开始页,可以通过选择“编辑”→“首选参数”命令,打开“首选参数”对话框,然后在“常规”类别中设置“启动时”选项为“欢迎屏幕”即可。

2. 工作窗口

在“开始页”中选择“新建”下的ActionScript 3.0选项,这样就启动了Flash CS6的工作窗口并新建一个影片文档。Flash CS6“传统”工作区界面窗口构成如图4-3所示。

Flash CS6的工作窗口主要包括应用程序栏、菜单栏、绘图工具箱、时间轴、舞台和面板等。

窗口最上方的是“应用程序栏”,用于显示软件图标,设置工作区的布局。同时还包括传统的Windows应用程序窗口的“最大化”、“关闭”和“最小化”按钮。

“应用程序栏”下方是“菜单栏”,在其下拉菜单中提供了几乎所有的Flash CS6命令项。

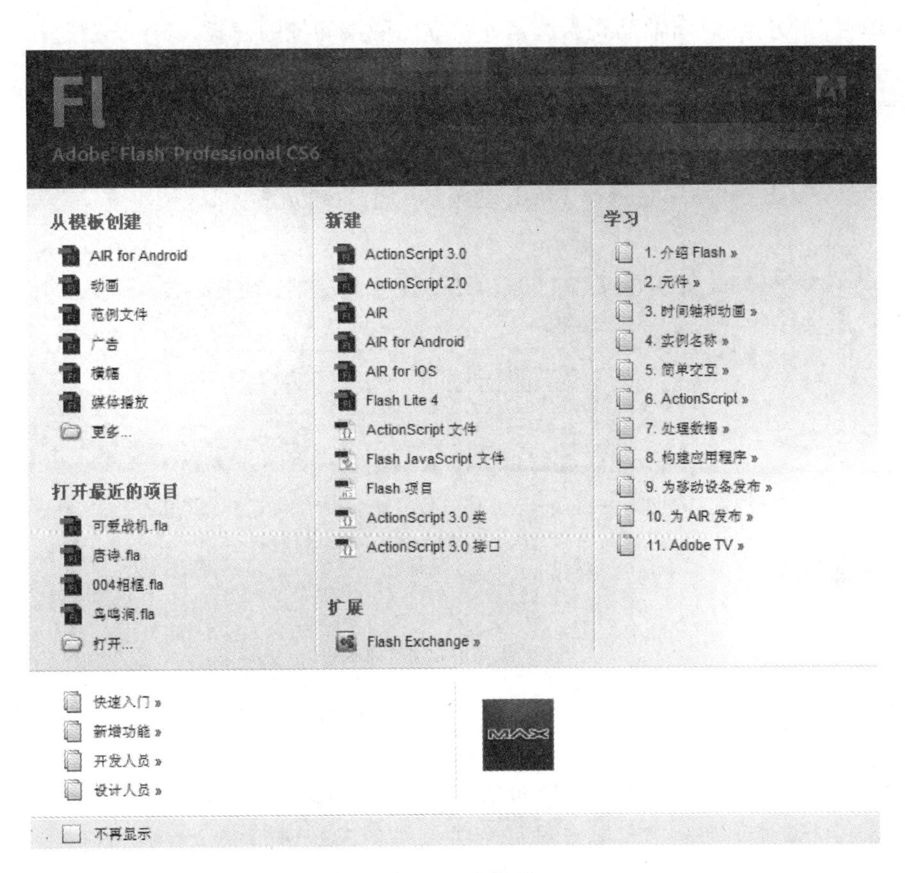

图 4-2　开始页

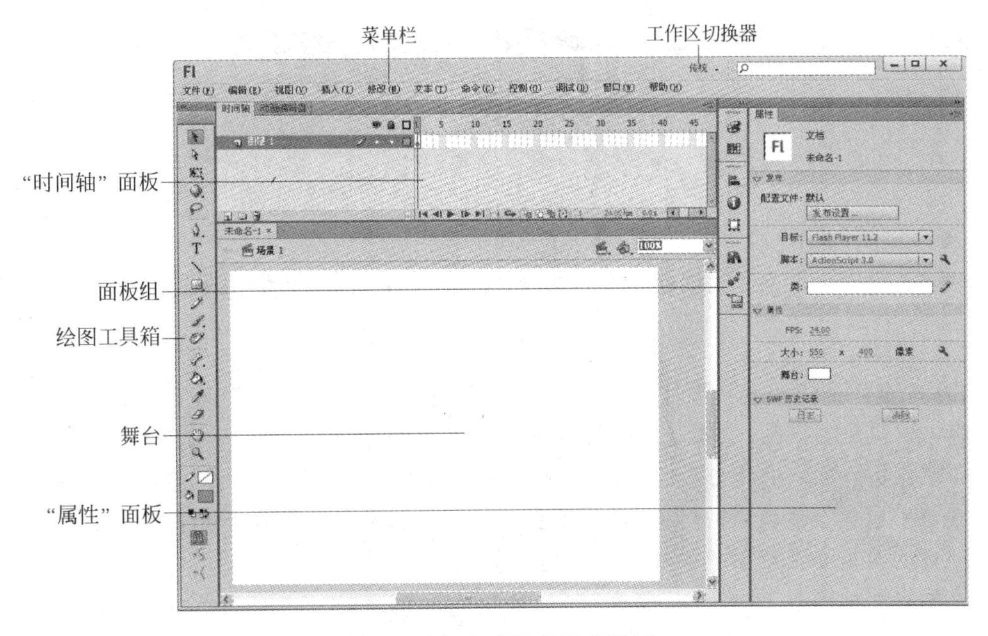

图 4-3　Flash CS6 的工作窗口

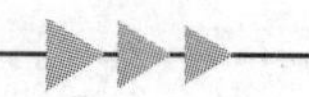

“菜单栏”下方是“时间轴”面板，这是一个显示图层和帧的面板，其用于控制和组织文档内容在一定时间内播放的帧数，同时可以控制影片的播放和停止，如图 4-4 所示。时间轴左侧是图层，图层就像堆叠在一起的多张幻灯胶片一样，在舞台上一层层地向上叠加。如果上面的一个图层上没有内容，那么就可以透过它看到下面的图层。每一个图层上包括一些小方格，它们是 Flash 的“帧”，是制作 Flash 动画的一个关键元素。

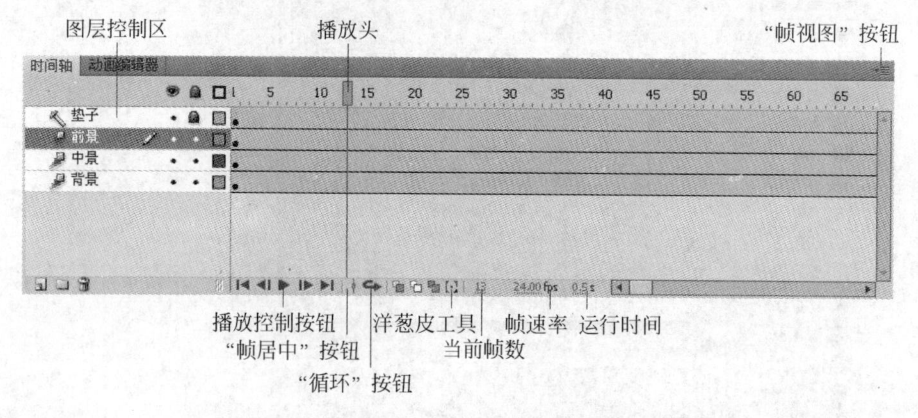

图 4-4 “时间轴”面板

专家点拨：在“时间轴”面板上双击“时间轴”标签，可以隐藏面板。隐藏后单击该标签能将面板重新显示。

单击“时间轴”标签右侧的“动画编辑器”标签可以切换到“动画编辑器”面板，如图 4-5 所示。Flash CS6 使用动画编辑器来对每个关键帧的参数进行完全控制，这些参数包括旋转角度、大小、缩放、位置和滤镜等。在“动画编辑器”面板中，操作者可以借助于曲线，以图形的方式来控制缓动。

图 4-5 “动画编辑器”面板

“时间轴”面板下方是“舞台”。舞台是放置动画内容的矩形区域(默认是白色背景)，这些内容可以是矢量图形、文本、按钮、导入的位图或视频等，如图 4-6 所示。

专家点拨：窗口中的矩形区域为“舞台”，默认情况下，它的背景是白色。将来导出的动画只显示矩形舞台区域内的对象，舞台外灰色区域内的对象不会显示出来。也就是说，动画“演员”必须在舞台上演出才能被观众看到。

工作时根据需要可以改变“舞台”显示的比例大小，可以在“时间轴”右下角的“显示比例”列表框中设置显示比例，最小比例为 8%，最大比例为 2000%。在“显示比例”列表框中还有三个选项，“符合窗口大小”选项用来自动调节到最合适的舞台比例大小；“显示

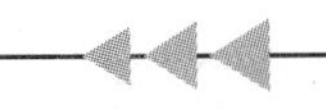

帧”选项可以显示当前帧的内容；“显示全部”选项能显示整个工作区中包括“舞台”之外的元素。

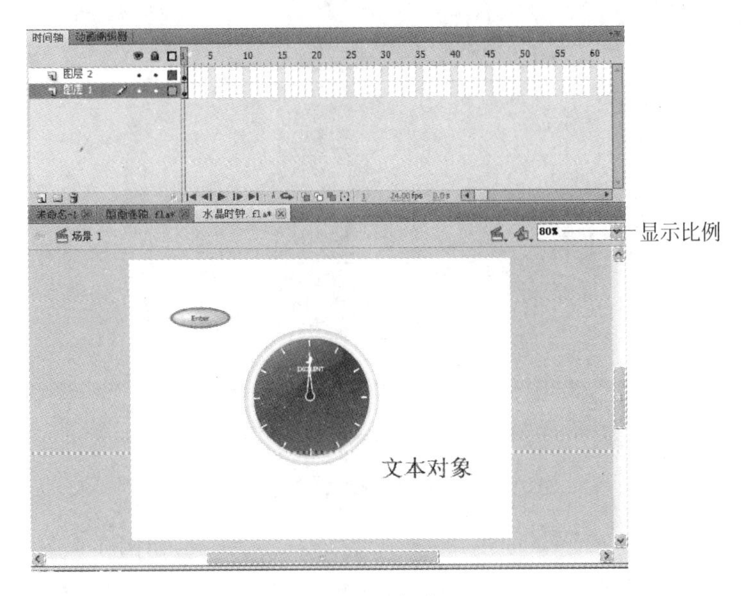

图 4-6　舞台

窗口左侧是功能强大的“绘图工具箱”，它是 Flash 中最常用到的一个面板，其中包含用于图形绘制和编辑的各种工具，利用这些工具可以绘制图形、创建文字、选择对象、填充颜色、创建 3D 动画等。单击“绘图工具箱”上的 按钮，可以将面板折叠为图标。在面板的某些工具的右下角有一个三角形符号，表示这里存在一个工作组，单击该按钮后按住鼠标，则会显示工具组的工具。将鼠标移到打开的工具组中，单击需要的工具，即可使用该工具，如图 4-7 所示。

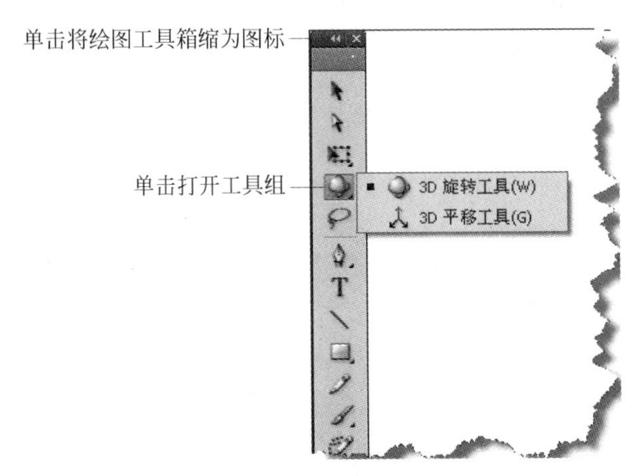

图 4-7　打开隐藏的工具组

在“绘图工具箱”中单击某个工具按钮选择该工具，此时在“属性”面板中将显示工具设置选项，可以对工具的属性参数进行设置，如图 4-8 所示。

Flash CS6 加强了对面板的管理，常用的面板可以嵌入面板组中。使用面板组，可以对面板的布局进行排列，这包括对面板进行折叠、移动和任意组合等操作。在默认情况下，Flash CS6 的面板以组的形式停放在操作界面的右侧。

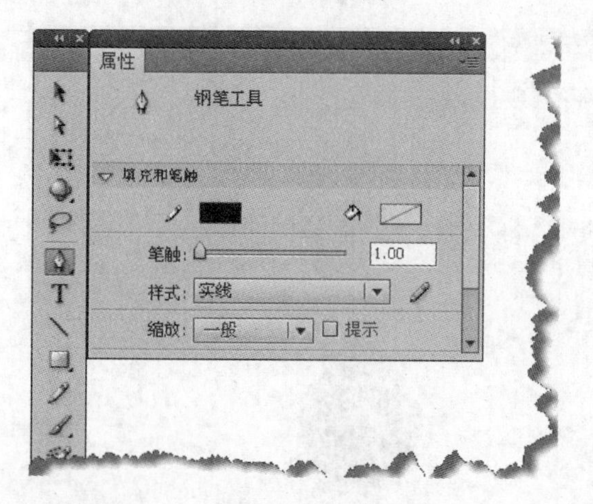

图 4-8　在“属性”面板设置工具属性

在面板组中单击图标或 按钮，将能够展开对应的面板，如图 4-9 所示。从功能面板组中将一个图标拖出，该图标可以放置在屏幕上的任何位置，如图 4-10 所示。

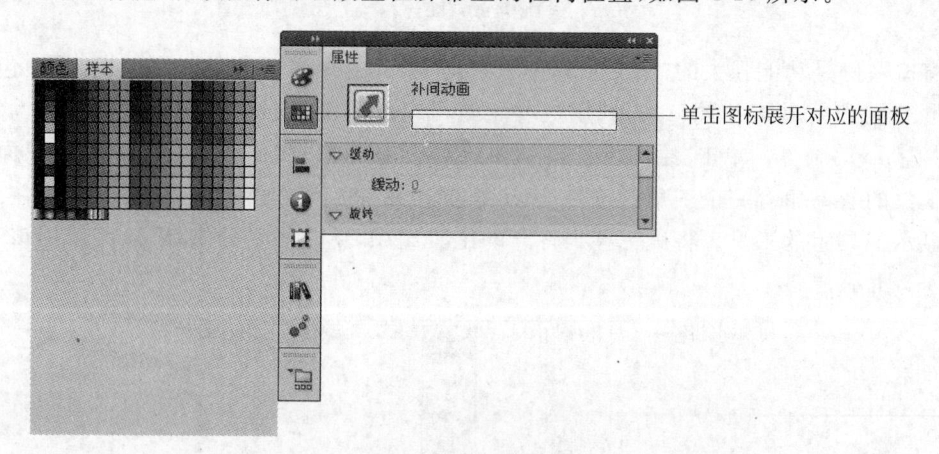

图 4-9　展开面板

图 4-10　放置面板

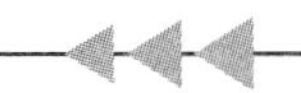

专家点拨：将面板标签拖曳到组面板的标题栏中，标题栏将由灰色变成蓝色，松开鼠标即可将该面板放置到组中。在展开的面板中，如果需要重新排列面板，只需要将面板标签移动到组的新位置即可。

4.3.2 Flash 动画的制作流程

对于初步接触 Flash 的读者来说，掌握 Flash 制作动画的工作流程，掌握 Flash 影片文档的基本操作方法是最迫切的一个要求。Flash 动画的制作流程如下所述。

1. 准备素材

根据动画内容准备一些动画素材，包括音频素材（声效、音乐等）、图像素材、视频素材等。一般情况下，需要对这些素材进行采集、编辑和整理，以满足动画制作的需求。

2. 新建 Flash 影片文档

Flash 影片文档有两种创建方法。一种是新建空白的影片文档，另一种是从模板创建影片文档。在 Flash CS6 中，新建空白影片文档有两种类型，一种是 ActionScript 3.0，另外一种是 ActionScript 2.0，这两种类型的影片文档的不同之处在于前一个的动作脚本语言版本是 ActionScript 3.0，后一个的动作脚本语言版本是 ActionScript 2.0。

3. 设置文档属性

在正式制作动画之前，要先设置好尺寸（舞台的尺寸）、背景颜色（舞台背景色）、帧频（每秒播放的帧数）等文档属性。这些操作要在“文档设置”对话框中进行，如图 4-11 所示。

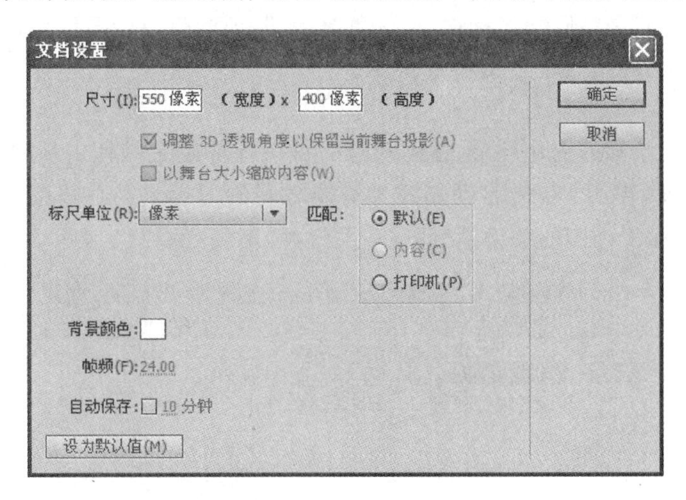

图 4-11　“文档设置”对话框

4. 制作动画

这是完成动画效果制作的最主要的步骤。一般情况下，需要先创建动画角色（可以用绘图工具绘制或者导入外部的素材），然后在时间轴上组织和编辑动画效果。

5. 测试和保存影片

动画制作完成后，可以选择“控制”→“测试影片”→“测试”命令（快捷键 Ctrl＋Enter）对影片效果进行测试，如果满意可以选择“文件”→“保存”命令（或按 Ctrl＋S 键）保存影片。为了安全，在动画制作过程中要经常保存文件。按 Ctrl＋S 键，可以快速保存文件。

专家点拨：打开“资源管理器”窗口，定位在影片文档保存的文件夹，可以观察到两个文

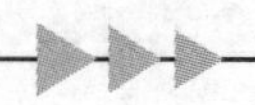

件,如图 4-12 所示。左边是影片文档源文件(扩展名是 fla),右边是影片播放文件(扩展名是 swf)。直接双击影片播放文件可以在 Flash 播放器中播放动画。

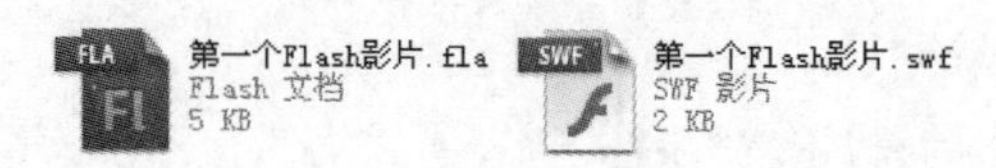

图 4-12　文档类型

6. 导出和发布影片

如果对制作的动画效果比较满意了,最后可以导出或者发布影片。选择"文件"→"导出"→"导出影片"命令,可以导出影片。选择"文件"→"发布"命令可以发布影片,通过发布影片可以得到更多类型的目标文件。

4.3.3　帧和图层

1. 帧

帧就是影像动画中最小单位的单幅影像画面,相当于电影胶片上的每一格镜头。一帧就是一幅静止的画面,连续的帧就形成动画。按照视觉暂留的原理每一帧都是静止的图像,快速连续地显示帧便形成了运动的假象。

在 Flash 文档中,帧表现在"时间轴"面板上,外在特征是一个个小方格。它是播放时间的具体化表现,也是动画播放的最小时间单位,可以用来设置动画运动的方式、播放的顺序及时间等。每 5 帧有个"帧序号"标识(呈灰色显示,其他的呈白色显示)。根据性质的不同,可以把"帧"分为"关键帧"和"普通帧"。

1) 关键帧

关键帧定义了动画的变化环节,逐帧动画的每一帧都是关键帧。补间动画在动画的重要点上创建关键帧,再由 Flash 自动创建关键帧之间的内容。实心圆点是有内容的关键帧,即实关键帧。而无内容的关键帧(即空白关键帧)则用空心圆表示,如图 4-13 所示。

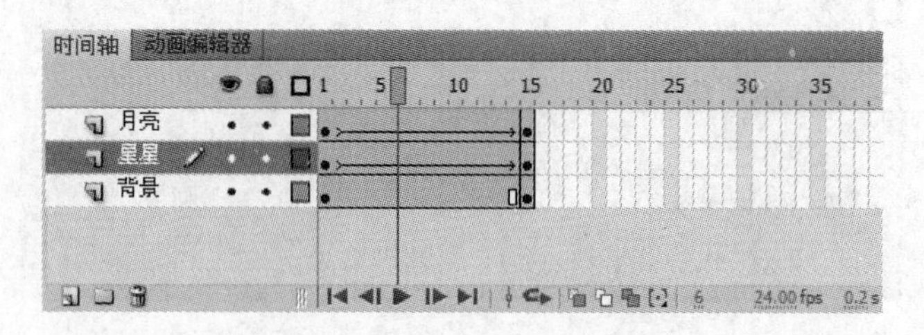

图 4-13　"时间轴"图层上的帧

2) 普通帧

普通帧显示为一个个普通的单元格。空白的单元格是无内容的帧,有内容的帧显示出一定的颜色。不同的颜色代表不同类型的动画,如动作补间动画的帧显示为浅蓝色,形状补间动画的帧显示为浅绿色。而关键帧后的普通帧显示为灰色。关键帧后面的普通帧将继承和延伸该关键帧的内容。

3) 播放头

播放头指示当前显示在舞台中的帧,将播放头沿着时间轴移动,可以轻易地定位当前帧。用红色矩形表示,红色矩形下面的红色细线所经过的帧表示该帧目前正处于"播

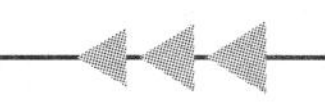

放帧”。

专家点拨：对帧进行操作时，单击就可以选择帧。也可以一次选择多个帧，对这些帧同时进行删除、移动、复制等操作。单击起点帧，按住 Shift 键单击需要选取的连续帧的最后一帧，可同时选取连续的多个帧。按住 Ctrl 键单击时间轴上的帧，可选取多个不连续的帧。

2. 图层

在绘制比较复杂的动画作品时，如果对象众多，并且这些图形大多要重叠放置，这时就出现了图形相互遮挡的问题，哪个图形在前，哪个图形在后，对最终的图形效果有很大影响。此时，就可以利用图层技术把图形分别放在不同的图层，通过改变图层顺序可以很容易调整图形的前后次序，而且编辑和修改将变得极其方便。

图层就像透明的玻璃纸一样，在舞台上一层层地向上叠加。图层可以用来组织文档中的各种对象，在特定的图层上绘制和编辑对象，绝不会影响其他图层上的对象。如果一个图层上没有内容，那么还可以透过它看到下面的图层。

Flash 中有普通层、引导层、遮罩层和被遮罩层 4 种图层类型，为了便于图层的管理，用户还可以使用图层文件夹。

4.4　Flash 基础动画

Flash 具备强大的动画设计能力，可以制作出丰富多彩的动画效果。本节首先介绍 Flash 的基础动画功能，主要包括逐帧动画、形状补间、传统补间等动画类型。

4.4.1　逐帧动画

逐帧动画(frame by frame)是一种常见的动画形式，其原理是在“连续的关键帧”中分解动画动作，也就是在时间轴的每个帧上逐帧绘制不同的内容，使其连续播放而成动画。

逐帧动画的制作方法和传统手工制作动画类似，它是通过细微差别的连续帧画面来完成动画作品。例如，一个雪莲花盛开的动画就使用了 4 幅连续变化的雪莲花图形，如图 4-14 所示。

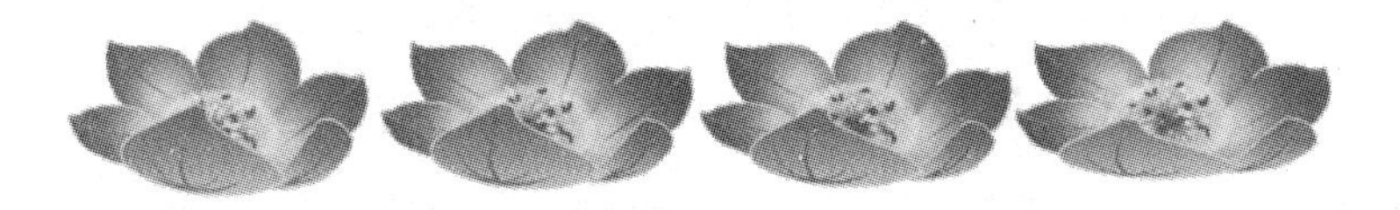

图 4-14　4 幅连续变化的雪莲花图形

专家点拨：逐帧动画更改每一帧中的舞台内容，它最适合于每一帧中的图像都在更改而不是仅简单地在舞台中移动的复杂动画。逐帧动画适合制作表演细腻的动画，比如卡通人物的行走、急剧转身等动画效果。

在 Flash 中，要完成雪莲花盛开的动画制作，必须将这 4 幅雪莲花图形放在 4 个关键帧(因为每个画面都和其他帧不一样，所以每一帧都必须设定成关键帧)中。详细的制作步骤如下所述。

(1) 打开“雪莲花.fla”。在这个文件中，笔者已预先制作好 4 个雪莲花图形元件，它们存储在“库”面板中，如图 4-15 所示。

(2) 将“图层 1”重新命名为“背景”。将“库”面板中的“背景”元件拖放到舞台上，在“属性”面板中，设置它的坐标为(0,0)。选择这个图层的第 4 帧，按 F5 键插入一个帧，以延伸背景图像。这样就得到一个渐变颜色的背景，可以烘托出雪莲花的美丽。为了不影响其他图层的操作，先将“背景”图层锁定。

(3) 新建一个图层，并将其重新命名为“花朵”。将“库”面板中的“花朵 1”元件拖放到舞台上，如图 4-16 所示。

图 4-15　“库”面板

图 4-16　拖放“花朵 1”元件

(4) 选择“花朵”图层的第 2 帧，按 F7 键插入一个空白关键帧，如图 4-17 所示。

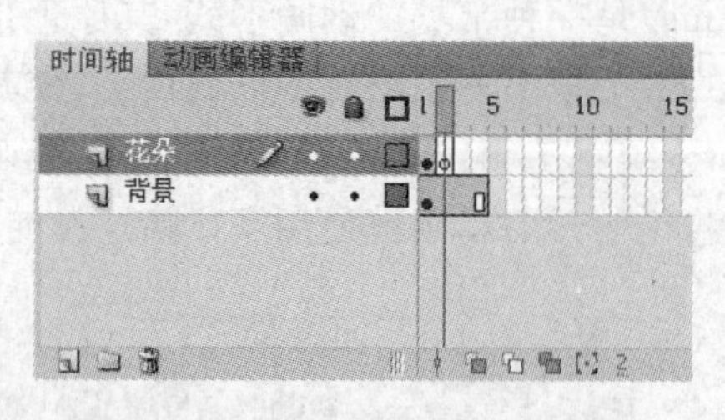

图 4-17　插入一个空白关键帧

(5) 把“花朵 2”元件从“库”面板中拖放到舞台上，注意要使花朵 2 的位置尽量和花朵 1 的位置重合。现在，前后移动播放头，看看这两帧构成的动画效果。

(6) 分别选择“花朵”图层的第 3 帧和第 4 帧，分别按 F7 键插入一个空白关键帧。把“花朵 3”元件和“花朵 4”元件分别从“库”面板中拖放到第 3 帧和第 4 帧的舞台上，如图 4-18 所示。注意尽量使后一个花朵的位置和前一个花朵的位置重合。

专家点拨：要创建逐帧动画，需要将每个帧都定义为关键帧，然后给每个帧创建不同的图像。每个新关键帧最初包含的内容和它前面的关键帧是一样的，只是有一些细微差别，因此可以递增地修改每个帧中的画面。

(7) 按 Enter 键，就能看到舞台上雪莲花开放的动画效果了。这时，虽然看到了动画效果，但是动画并不是很自然，这主要是 4 个花朵的位置并没有完全重合，有跳动的感觉。可以一帧帧来调整图片,先调整一幅图片的位置,将其坐标值记下,再把其他图片设置成符合要求的坐标值。但是这种做法非常浪费时间,其实 Flash 提供了"编辑多个帧"按钮,利用它可以进行多帧编辑,十分方便。

图 4-18　放置另外两个花朵元件

(8) 单击"时间轴"面板下方的"编辑多个帧"按钮,再单击"修改绘图纸标记"按钮,在弹出的菜单中选择"绘制全部"命令,这时 4 个关键帧上的图形都显示了出来,如图 4-19 所示。

图 4-19　选取多帧编辑

(9) 分别选中每一帧上的图形,利用键盘上的左右方向键移动图形,使4张雪莲花图形重叠在一起。

(10) 单击"编辑多个帧"按钮,取消编辑多个帧。这时,再按Enter键,舞台上的动画效果就真实多了。

(11) 一帧一个动作对于花朵开放来说速度过于太快,所以在"花朵"图层的各关键帧上分别按F5键插入一帧。最后在"背景"图层第8帧上按F5键插入帧。图层结构如图4-20所示。

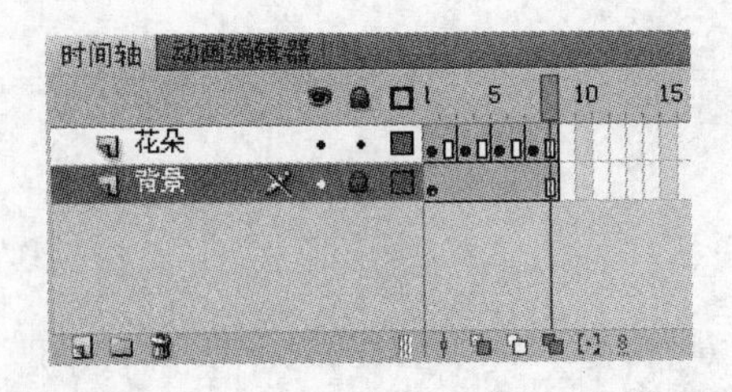

图4-20　将"花朵"层各帧延长一帧

(12) 按Ctrl+Enter快捷键测试影片,观察动画效果,如果满意,选择"文件"→"保存"命令,将文件保存。

4.4.2　形状补间动画

通过形状补间可以创建类似于形变的动画效果,使一个形状逐渐变成另一个形状。利用形状补间动画可以制作人物头发飘动、人物衣服摆动、窗帘飘动等动画效果。如图4-21所示是一个窗帘飘动的动画效果。

图4-21　窗帘飘动

1. 形状补间动画的制作方法

形状补间动画的基本制作方法是,在一个关键帧上绘制一个形状,然后在另一个关键帧更改该形状或绘制另一个形状。定义好形状补间动画后,Flash自动补上中间的形状渐变过程。

下面制作一个圆形变成矩形的动画效果。

(1) 新建一个Flash影片文档,保持文档属性默认设置。

(2) 选择“多角星形工具”，在舞台上绘制一个无边框红色填充的五边形，如图 4-22 所示。

(3) 在“图层 1”的第 20 帧，按 F7 键插入一个空白关键帧。用“多角星形工具”绘制一个无边框红色填充的五角星，如图 4-23 所示。

图 4-22　绘制一个五边形

图 4-23　绘制一个五角星

专家点拨：绘制五边形和五角星时，一定要保证“绘图”面板中的“对象绘制”按钮不被按下，这样才能绘制出需要的形状。

(4) 选择第 1 帧，右击，在弹出的快捷菜单中选择“创建补间形状”命令。这时，“图层 1”第 1 帧到第 20 帧之间出现了一条带箭头的实线，并且第 1 帧到第 20 帧之间的帧格变成绿色，如图 4-24 所示。

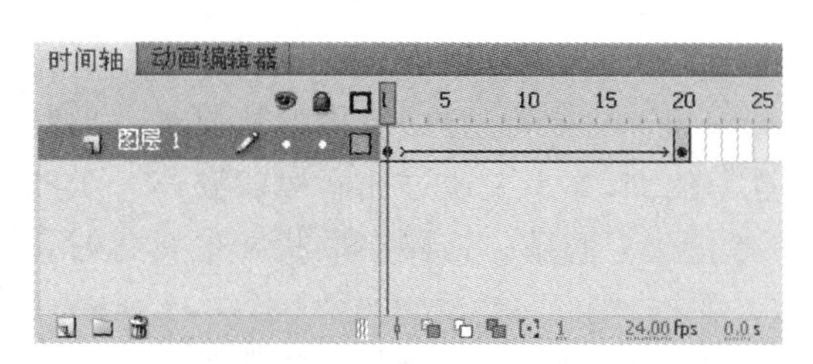

图 4-24　形状补间动画的“时间轴”面板

(5) 这样就制作完成了一个形状补间动画。按 Enter 键，可以看到一个五边形逐渐变化为五角星的动画效果。

(6) 形状补间动画除了可以制作形状的变形动画，也可以制作形状的位置、大小、颜色变化的动画效果。选择第 20 帧上的五角星，将它的填充颜色更改为黄色。

(7) 再按 Enter 键，可以看到一个五边形逐渐变化为五角星，并且同时图形颜色由红色逐渐过渡为黄色。

2. 形状补间动画的参数设置

定义了形状补间动画后，在“属性”面板的“补间”栏可以进一步设置相应的参数，以使得动画效果更丰富，如图 4-25 所示。

1) “缓动”选项

将鼠标指针指向“缓动”右边的缓动值，会出现小手标志，拖动即可设置参数值。也可以直接单击缓动值，然后在文本框中输入具体的数值，设置完后，动画效果会做出相应的变化。具体情况如下所述。

(1) 在 −1～−100 的负值之间，动画的速度从慢到快，朝动画结束的方向加速补间。

(2) 在 1～100 的正值之间，动画的速度从快到慢，朝动画结束的方向减慢补间。

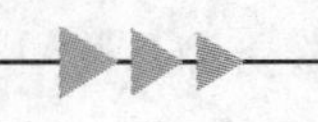

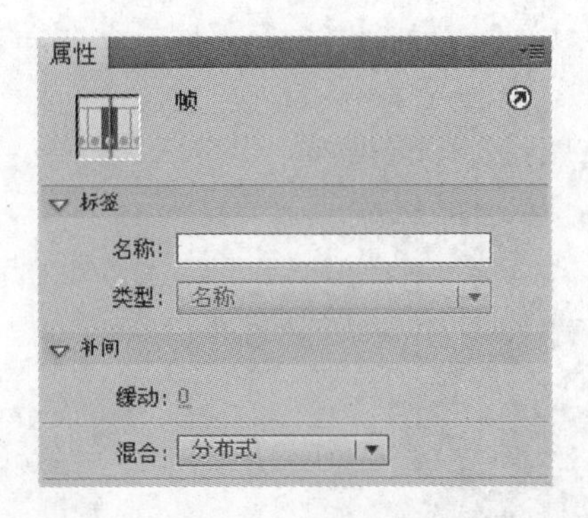

图 4-25 “属性”面板

(3) 默认情况下,补间帧之间的变化速率是不变的。

2) “混合”选项

这个选项的下拉列表中有以下两个选项。

(1) 分布式:创建的动画的中间形状更为平滑和不规则。

(2) 角形:创建的动画的中间形状会保留有明显的角和直线。

专家点拨:“角形”只适合于具有锐化转角和直线的混合形状。如果选择的形状没有角,Flash 会还原到分布式形状补间动画。

3. 添加形状提示

要控制更加复杂或特殊的形状变化,可以使用形状提示。形状提示会标识起始形状和结束形状中的相对应的点。例如,如果要通过补间形状制作一个改变人物脸部表情的动画时,可以使用形状提示来标记每只眼睛。这样在形状发生变化时,脸部就不会乱成一团,每只眼睛还都可以辨认。

下面用一个简单的数字转换效果,来说明一下形状提示的妙用。

(1) 新建一个 Flash 影片文档,保持文档属性默认设置。

(2) 选择“文本工具”。在“属性”面板中,设置字体为 Arial Black,字体大小为 150,文本颜色为黑色。

(3) 在舞台上单击,输入数字 1。执行“修改”→“分离”命令,将数字分离成形状,如图 4-26 所示。

(4) 选择“图层 1”第 20 帧,按 F7 键插入一个空白关键帧。选择“文本工具”,输入数字 2。

(5) 同样把这个数字 2 分离成形状,如图 4-27 所示。

图 4-26 将数字分离成形状

图 4-27 第 20 帧上的数字形状

(6) 选择第 1 帧,右击,在弹出的快捷菜单中选择“创建补间形状”命令定义形状补间动画。

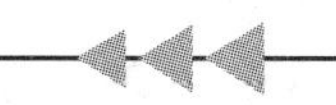

(7) 按 Enter 键，可以观察到数字 1 变形为数字 2 的动画效果。但是这个变形过程很乱，不太符合需要的效果。下面添加变形提示以改进动画效果。

(8) 选择“图层 1”的第 1 帧，执行“修改”→“形状”→“添加形状提示”命令两次。这时舞台上会连续出现两个红色的变形提示点(重叠在一起)，如图 4-28 所示。

(9) 在主工具栏中，确认“贴紧至对象”按钮 处于被按下状态，调整第 1 帧和第 20 帧处的形状提示，如图 4-29 所示。

图 4-28 添加两个变形提示点

(a) 第1帧

(b) 第20帧

图 4-29 调整提示点

(10) 调整好后在旁边空白处单击鼠标，提示点的颜色会发生变化。第 1 帧上的变为黄色，第 20 帧上的变为绿色。

(11) 再次按 Enter 键，可以观察到数字 1 变形为数字 2 的动画效果已经比较美观了。数字转换的过程是按照添加的提示点进行的。

专家点拨：在 Flash 中形状提示点的编号从 a～z 一共有 26 个。在使用形状提示时，并不是提示点越多效果越好。有时候过多的提示点反而会使补间形状动画异常。在添加提示点时，应首先预览动画效果，只在动画不太自然的位置添加提示点。

4.4.3 传统补间动画

在某一个时间点(也就是一个关键帧)可以设置实例、组或者文本等对象的位置、尺寸和旋转等属性，在另一个时间点(也就是另一个关键帧)可以改变对象的这些属性。在这两个关键帧间定义了传统补间，Flash 就会自动补上中间的动画过程。

1. 传统补间动画的创建方法

构成传统补间动画的对象包括元件(影片剪辑元件、图形元件、按钮元件)、文字、位图、组等，但不能是形状，只有把形状组合成“组”或者转换成“元件”后才可以成为传统补间动画中的“演员”。

下面制作一个飞机飞行的动画效果。

(1) 新建一个 Flash 影片文档，设置舞台背景色为蓝色，其他保持默认。

(2) 选择“文本工具”。在“属性”面板中，设置“文本引擎”为传统文本，“系列”为 Webdings，“大小”为 100 点，“颜色”为白色。

(3) 在舞台上单击，然后按 J 键，这样舞台上就出现一个飞机符号。将这个飞机符号拖放到舞台的右上角，如图 4-30 所示。

(4) 选择“图层 1”的第 35 帧，按 F6 键插入一个关键帧。

(5) 把第 35 帧上的飞机移动到舞台的左下角，如图 4-31 所示。

(6) 选择第 1 帧和第 35 帧之间的任意一帧，右击，在弹出的快捷菜单中选择“创建传统补间”命令。

图 4-30 输入飞机符号

图 4-31 第 35 帧上的飞机位置

(7) 这时,"图层 1"第 1 帧到第 35 帧之间出现了一条带箭头的实线,并且第 1 帧到第 35 帧之间的帧格变成淡紫色,如图 4-32 所示。

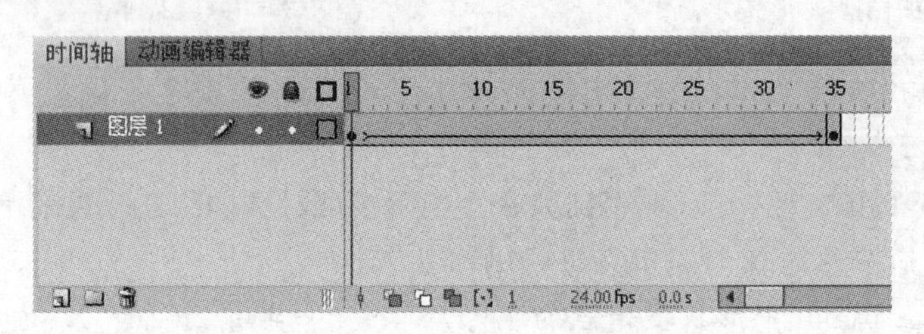

图 4-32 传统补间动画的"时间轴"面板

(8) 这样就完成了一个传统补间动画的制作。按 Enter 键,可以看到飞机从舞台右上角飞行到舞台左下角的动画效果。

专家点拨:创建传统补间动画,还可以在起始关键帧和终止关键帧间的任意一帧上单击,然后执行"插入"→"传统补间"菜单命令。当需要取消创建的传统补间动画时,可以任选一帧右击,在弹出的快捷菜单中选择"删除补间"命令。

2. 传统补间的参数设置

图 4-33 "属性"面板

定义了传统补间后,在"属性"面板的"补间"栏中可以进一步设置相应的参数,以使得动画效果更丰富,如图 4-33 所示。

1) "缓动"选项

鼠标指向缓动值直接拖动或者在缓动值上单击输入,可以设置缓动值。设置完后,传统补间会以下面的设置做出相应的变化。

(1) 在－1～－100 的负值之间,动画运动的速度从慢到快,朝运动结束的方向加速补间。

(2) 在 1～100 的正值之间,动画运动的速度从快到慢,朝运动结束的方向减慢补间。

(3) 默认情况下,补间帧之间的变化速率是不变的。

在"缓动"选项右边有一个"编辑缓动"按钮,单击它,弹出"自定义缓入/缓出"对话框,如图 4-34 所示。利用这个功能,可以制作出更加丰富的动画效果。

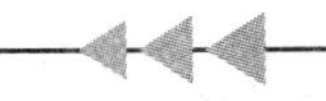

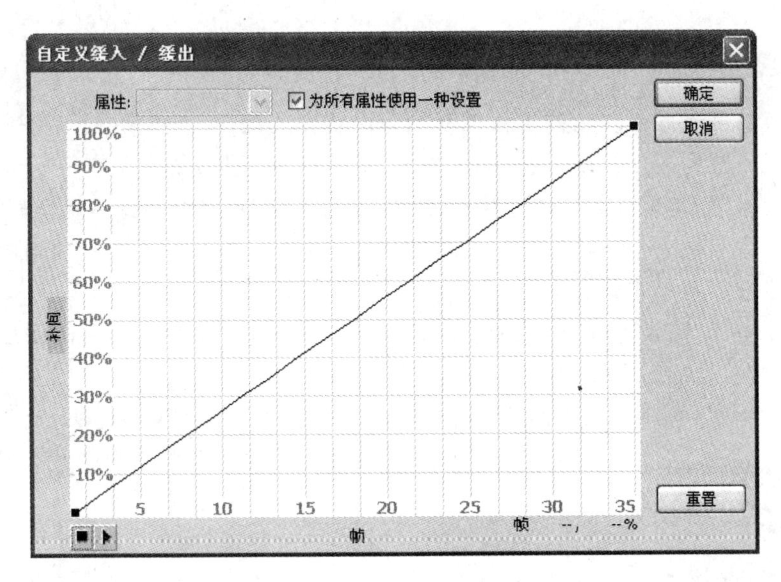

图 4-34 "自定义缓入/缓出"对话框

2) "旋转"选项

"旋转"下拉列表中包括 4 个选项。选择"无"(默认设置)可禁止元件旋转; 选择"自动"可使元件在需要最小动作的方向上旋转对象一次; 选择"顺时针"(CW)或"逆时针"(CCW),并在后面输入数字,可使元件在运动时顺时针或逆时针旋转相应的圈数。

3) "贴紧"复选框

勾选此复选框,可以根据注册点将补间对象附加到运动路径,此项功能主要用于引导路径动画。

4) "调整到路径"复选框

将补间对象的基线调整到运动路径,此项功能主要用于引导路径动画。在定义引导路径动画时,勾选了这个复选框,可以使动画对象根据路径调整身姿,使动画更逼真。

5) "同步"复选框

勾选此复选框,可以使图形元件的动画和主时间轴同步。

6) "缩放"复选框

在制作传统补间动画时,如果在终点关键帧上更改了动画对象的大小,那么这个"缩放"复选框勾选与否就影响动画的效果。

如果勾选了这个复选框,那么就可以将大小变化的动画效果补出来。也就是说,可以看到动画对象从大逐渐变小(或者从小逐渐变大)的效果。

如果没有勾选这个复选框,那么大小变化的动画效果就补不出来。默认情况下,"缩放"选项自动被勾选。

专家点拨: 传统补间动画可以将动画对象的各种属性的变化效果补间出来,这些属性包括: 位置、大小、颜色、透明度、旋转、倾斜、滤镜参数等。比较常见的 Flash 传统补间动画包括: 位置移动效果、缩放效果、颜色变化效果、旋转效果、淡入淡出效果、逐渐模糊效果等。

4.4.4　沿路径运动的传统补间动画

利用传统补间动画制作的位置移动动画是沿着直线进行的，可是在生活中，有很多运动路径是弧线或不规则的，如月亮围绕地球旋转、鱼儿在大海里遨游等，在 Flash 中利用“沿路径运动的传统补间”就可以制作出这样的效果。将一个或多个图层链接到一个引导图层，使一个或多个对象沿同一条路径运动的动画形式被称为“路径动画”。这种动画可以使一个或多个对象完成曲线或不规则运动。

一个最简单的“路径动画”由两个图层组成，上面一层是“引导层”，它的图层图标为 ，下面一层是“被引导层”，图标为 ，同普通图层一样。

下面通过制作一个飞机沿圆周飞行的动画，讲解制作路径动画的方法。

图 4-35　输入飞机符号

(1) 新建一个 Flash 影片文档，设置舞台背景色为蓝色，其他保持默认。

(2) 选择“文本工具”。在“属性”面板中，设置“文本引擎”为传统文本，“系列”为 Webdings，“大小”为 100 点，“颜色”为白色。

(3) 在舞台上单击，然后按 J 键，这样舞台上就出现一个飞机符号，如图 4-35 所示。

(4) 在“图层 1”的第 50 帧按 F6 键插入一个关键帧，将飞机移动到其他位置。

(5) 选择第 1 帧和第 50 帧之间的任意一帧，右击，在弹出的快捷菜单中选择“创建传统补间”命令。这样就定义从第 1 帧到第 50 帧的传统补间动画。这时的动画效果是飞机直线飞行。

(6) 选择“图层 1”右击，在弹出的快捷菜单中选择“添加传统运动引导层”命令，这样“图层 1”上面就出现一个引导层，并且“图层 1”自动缩进，如图 4-36 所示。

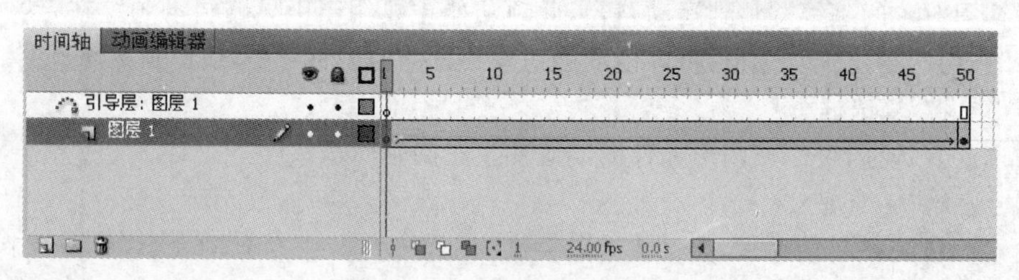

图 4-36　添加运动引导层

(7) 选择“椭圆工具”，设置“笔触颜色”为黑色，“填充颜色”为无。在舞台上绘制一个大圆。

(8) 选择“橡皮擦工具”，在选项中选择一个小一些的橡皮擦形状。将舞台上的圆擦一个小缺口，如图 4-37 所示。

专家点拨：这里之所以将圆擦一个小缺口，是因为在引导层上绘制的路径不能是封闭的曲线，路径曲线必须有两个端点，这样才能进行后续的操作。

(9) 切换到“选择工具”。确认“贴紧至对象”按钮 处于被按下状态。选择第 1 帧上的飞机，拖动它到圆缺口左端点，如图 4-38 所示。注意在拖动过程中，当飞机快接近端点时，会自动吸附到上面。

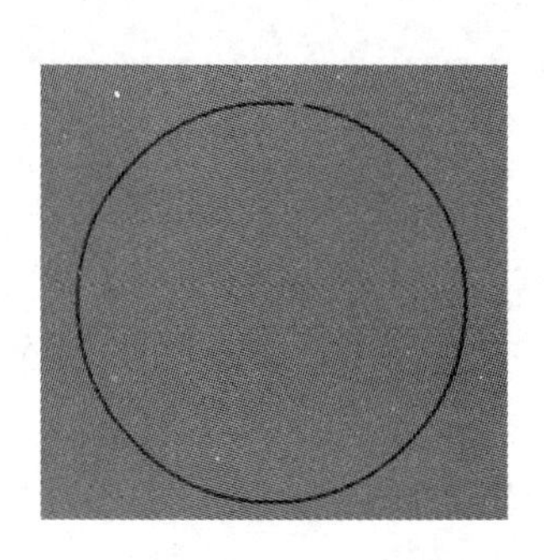

图 4-37　擦一个小缺口的圆

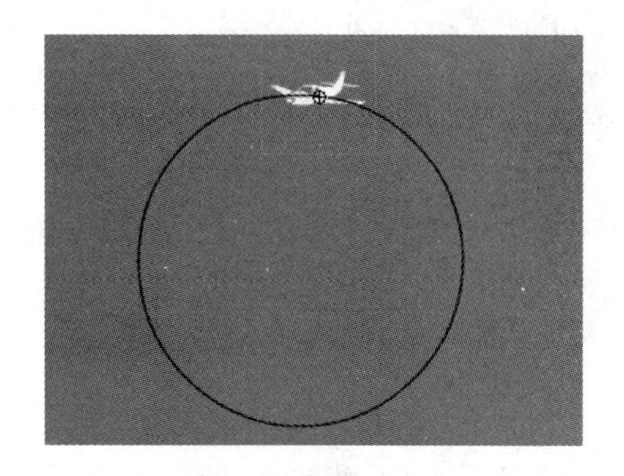

图 4-38　飞机吸附到右端点

(10) 按照同样的方法，选择第 50 帧上的飞机，拖动它到圆缺口右端点，如图 4-39 所示。

(11) 按 Enter 键，可以观察到飞机沿着圆周在飞行。但是飞机的飞行姿态不符合实际情况。通过下面的操作步骤进行改进。

(12) 选择"图层 1"第 1 帧，在"属性"面板的"补间"栏中勾选"调整到路径"复选框，如图 4-40 所示。

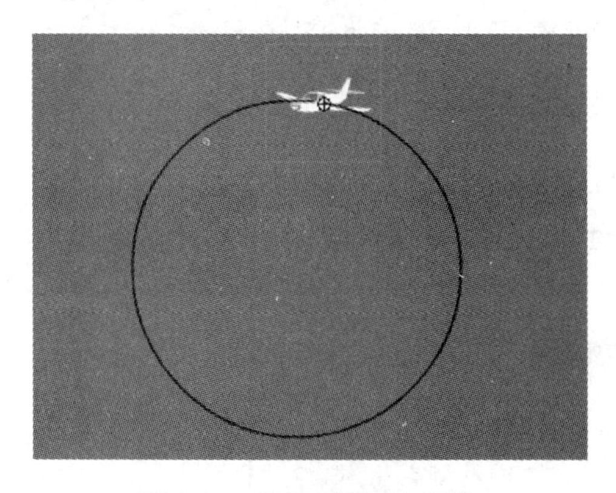

图 4-39　飞机吸附到左端点

图 4-40　调整到路径

(13) 测试影片，可以观察到飞机姿态优美地沿着圆周飞行。

4.5　元件及其应用

元件是指可以重复利用的图形、动画片段或者按钮，它们被保存在"库"面板中。在制作动画的过程中，将需要的元件从"库"面板中拖放到场景上，场景中的对象称为该元件的一个实例。如果库中的元件发生改变(比如对元件重新编辑)，则元件的实例也会随之变化。同时，实例可以具备自己的个性，它的更改不会影响库中的元件本身。

4.5.1　元件的类型和创建元件的方法

元件是 Flash 动画中的基本构成要素之一，除了可以重复利用、便于大量制作之外，它还有助于减小影片文件的大小。在应用脚本制作交互式影片时，某些元件(比如按钮和影片

剪辑元件)更是不可缺少的。

1. 元件的类型

元件存放在 Flash 影片文件的“库”面板中,“库”面板具备强大的元件管理功能,在制作动画时,可以随时调用“库”面板中的元件。

依照功能和类型的不同,元件可分成以下三种。

(1) 影片剪辑元件:是一个独立的动画片段,具备自己独立的时间轴。它可以包含交互控制、音效,甚至能包含其他的影片剪辑实例。它能创建出丰富的动画效果,能使制作者的任何灵感变为现实。

(2) 按钮元件:是对鼠标事件(如单击和滑过)做出响应的交互按钮。它无可替代的优点在于能使观众与动画更贴近,也就是利用它可以实现交互动画。

(3) 图形元件:通常用于存放静态的图像,也能用来创建动画,在动画中可以包含其他元件实例,但不能添加交互控制和声音效果。

在一个包含各种元件类型的 Flash 影片文件中,选择“窗口”→“库”命令,可以在“库”面板中找到各种类型的元件。在“库”面板中除了可以存储元件对象以外,还可以存放从影片文件外部导入的位图、声音、视频等类型的对象。

2. 元件的创建方法

元件的创建方法一般有两种,一种方法是新建元件,另一种方法是将舞台上的对象转换为元件。

1) 新建元件

选择“插入”→“新建元件”命令,弹出“创建新元件”对话框,如图 4-41 所示。“名称”文本框中可以输入元件的名称,默认名称是“元件 1”。“类型”下拉列表中包括三个选项,分别对应三种元件的类型。

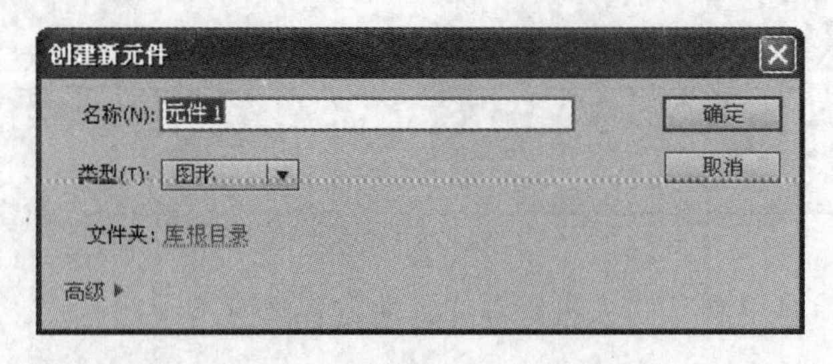

图 4-41　“创建新元件”对话框

单击“确定”按钮,就新建了一个元件。Flash 会将该元件添加到库中,并切换到元件编辑模式。在元件编辑模式下,元件的名称将出现在舞台左上角的上面,并在编辑场景中由一个十字光标表明该元件的注册点。

2) 转换为元件

除了新建元件以外,还可以直接将场景中已有的对象转换为元件。选择场景中的对象,选择“修改”→“转换为元件”命令(或者按 F8 键),则弹出“转换为元件”对话框,如图 4-42 所示。“名称”文本框中可以输入元件的名称,默认名称是“元件 1”。“类型”下拉列表中包括三个选项,分别对应三种元件的类型。“注册”选项右边是注册网格,在注册网格中单击,以便确定元件的注册点。

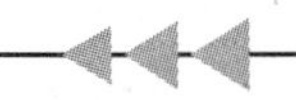

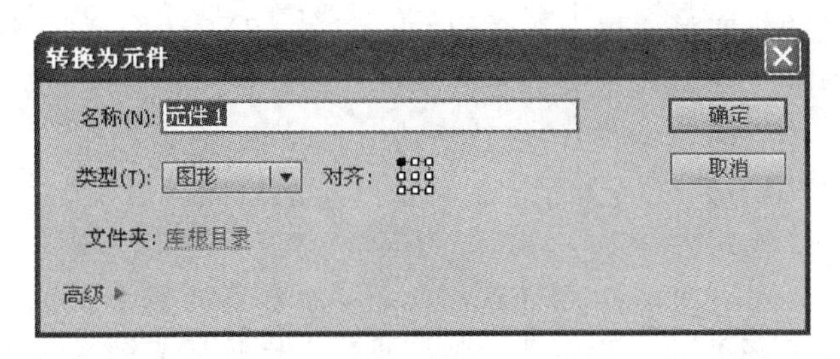

图 4-42　“转换为元件”对话框

单击“确定”按钮，就将场景中选择的对象转换为元件。Flash 会将该元件添加到库中。舞台上选定的对象此时就变成了该元件的一个实例。

专家点拨：在使用“转换为元件”对话框将对象转换为元件时，可指定对象在元件场景中的位置，这个位置以元件中心点为基准。如单击“注册”网格左上角的方块按钮，在转换为元件后，对象的左上角将与元件的中心点(十字注册点)对齐。

4.5.2　影片剪辑元件

使用影片剪辑元件可以创建可重用的动画片段。影片剪辑拥有它们自己的独立于主时间轴的多帧时间轴。可以将影片剪辑看作是主时间轴内的嵌套时间轴，它们可以包含交互式控件、声音甚至其他影片剪辑实例。

影片剪辑元件是使用最频繁的元件类型，它功能强大，利用它可以制作出效果丰富的动画效果。下面通过制作一个骏马飞奔的动画范例来理解影片剪辑元件。

(1) 新建一个 Flash 影片文档，保持文档属性默认设置。

(2) 选择“文件”→“导入”→“导入到舞台”命令，将外部的一张骏马素材图像(骏马 1.gif)导入到舞台中。

(3) 选中舞台上的骏马图像，选择“修改”→“转换为元件”命令，将其转换为名字为“骏马”的图形元件，如图 4-43 所示。

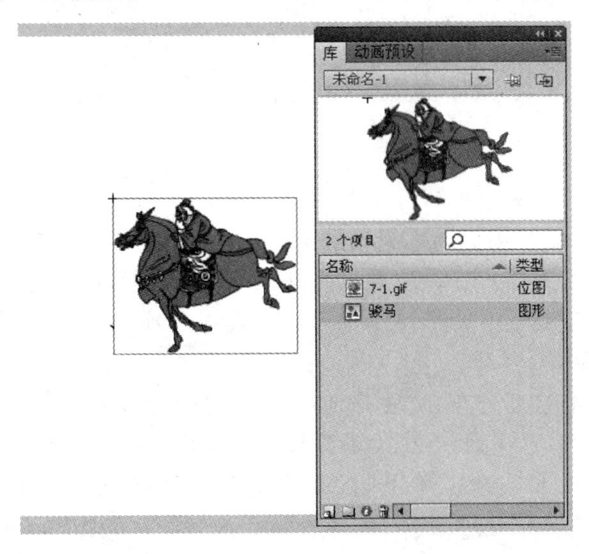

图 4-43　转换为图形元件

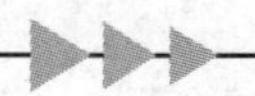

(4) 将舞台上的骏马实例放置在舞台的右边。在“图层 1”的第 20 帧插入一个关键帧，将这个帧上的骏马实例水平移动到舞台的左边。

(5) 定义从第 1 帧到第 20 帧的传统补间动画。

(6) 测试影片,可以看到骏马图片位置移动的动画效果。但是这个效果绝对不是骏马飞奔的效果。

专家点拨：由于传统补间动画的动画主角是一个静态的图形实例,所以目前制作出来的动画也仅是一张骏马图片的位置移动。要想制作出比较逼真的骏马飞奔的动画效果,需要将传统补间动画的动画主角换成一个动画片段。这可以利用影片剪辑元件来完成。接着上面的步骤进行操作。

(7) 选择“插入”→“新建元件”命令,弹出“创建新元件”对话框。在其中,定义元件名称为“骏马奔跑”,选择“类型”为“影片剪辑”,如图 4-44 所示。单击“确定”按钮后进入元件的编辑场景中。

图 4-44 “创建新元件”对话框

(8) 选择“文件”→“导入”→“导入到舞台”命令,将外部的骏马图像序列(骏马 1. gif～骏马 7. gif)全部导入到场景中。因为前面已经导入了一张图像(骏马 1. gif),所以会出现如图 4-45 所示的“解决库冲突”对话框。直接单击“确定”按钮即可。

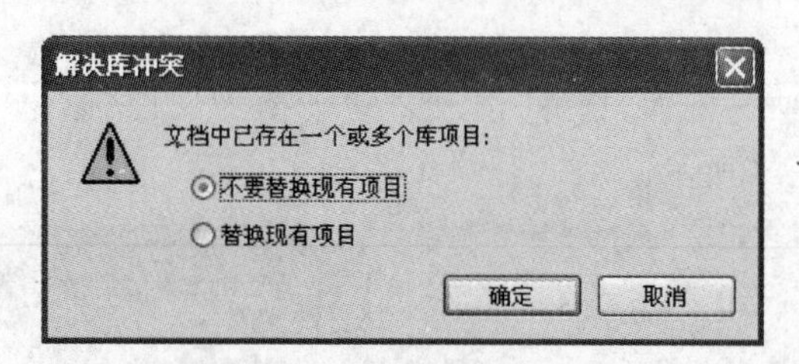

图 4-45 “解决库冲突”对话框

专家点拨：当需导入文档中的对象与“库”中存在的某个对象具有完全相同的名称时,Flash 会打开“解决库冲突”对话框。此时,如果选中“替换现有项目”单选按钮,Flash 会使用同名的新对象替换“库”中已有的对象。如果选中“不要替换现有项目”单选按钮,则 Flash 会在新对象的名称后自动增加“副本”字样并添加到“库”中。这里要注意,一旦进行了替换,替换将无法撤销。

(9) 导入的图像会自动分布在“骏马奔跑”影片剪辑元件的 7 个关键帧上,如图 4-46 所示。这是一个动画片段,按 Enter 键,会看到骏马在原地奔跑。

(10) 返回到“场景 1”。选择舞台上的骏马实例(原来的“骏马”图形元件的实例),打开“属性”面板,单击其中的“交换”按钮,弹出“交换元件”对话框,如图 4-47 所示。在其中选择“骏马奔跑”影片剪辑元件,单击“确定”按钮。

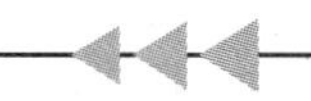

图 4-46　“骏马奔跑”影片剪辑元件

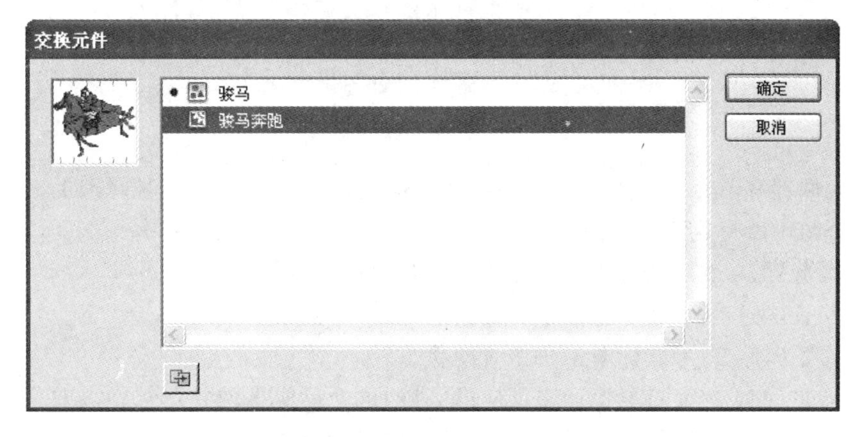

图 4-47　“交换元件”对话框

(11) 分别选择第 1 帧和第 20 帧上的实例，在“属性”面板的“实例行为”下拉列表中选择“影片剪辑”。这时，舞台上的实例就换成了“骏马奔跑”影片剪辑实例，它是一个动画片段。

(12) 测试影片，可以看到骏马飞奔的动画效果。这个动画效果实现的原理是，一个影片剪辑元件的实例作为传统补间动画的“演员”，影片剪辑元件是一个骏马原地奔跑的动画片段，传统补间动画是位置移动的效果，这样合在一起就形成骏马飞奔的动画效果了。

4.5.3　按钮元件

按钮元件是实现 Flash 动画与用户进行交互的灵魂，它能够响应鼠标事件(单击或者滑过等)，执行指定的动作。按钮元件可以拥有灵活多样的外观。可以是位图，也可以是绘制的形状；可以是一根线条，也可以是一个线框；可以是文字，甚至还可以是看不见的“透明按钮”。

1. 认识按钮元件

新建一个影片文档,选择“插入”→“新建元件”命令,弹出一个“创建新元件”对话框,在“名称”文本框中输入“按钮”,选择“类型”为“按钮”,如图 4-48 所示。

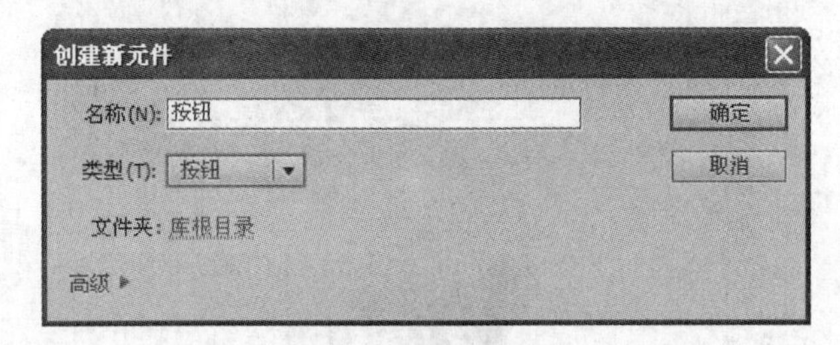

图 4-48 新建按钮元件

单击“确定”按钮,进入到按钮元件的编辑场景中,如图 4-49 所示。

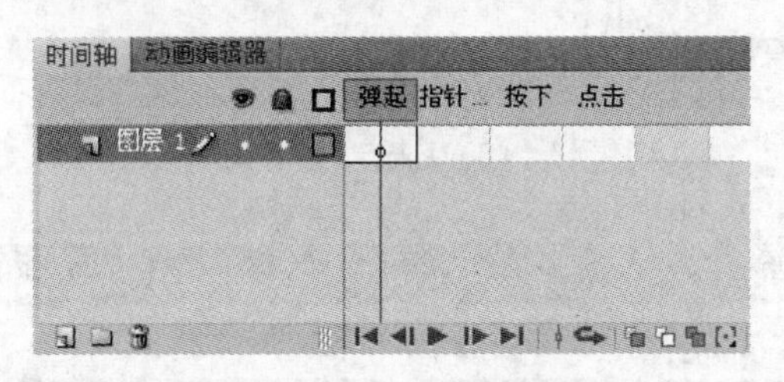

图 4-49 按钮元件的时间轴

按钮元件拥有与影片剪辑元件、图形元件不同的编辑场景,它的时间轴上只有 4 个帧,通过这 4 个帧可以指定不同的按钮状态。

(1)“弹起”帧:表示鼠标指针不在按钮上时的状态。

(2)“指针经过”帧:表示鼠标指针在按钮上时的状态。

(3)“按下”帧:表示鼠标单击按钮时的状态。

(4)“点击”帧:定义对鼠标做出反应的区域,这个反应区域在影片播放时是看不到的。这个帧上的图形必须是一个实心图形,该图形区域必须足够大,以包含前面三帧中的所有图形元素。运行时,只有在这个范围内操作鼠标才能被播放器认定为事件发生。如果该帧为空,则默认以“弹起”帧内的图形作为响应范围。

2. 按钮元件制作范例

下面是制作一个变色按钮的范例,按钮是一个蓝色到黑色的放射状渐变色的椭圆形,当鼠标指向按钮时,椭圆变为黄色到黑色的放射状渐变色,当鼠标单击按钮时,椭圆变为绿色到黑色的放射状渐变色,如图 4-50 所示。

具体的制作步骤如下所述。

(1) 新建一个影片文档,选择“插入”→“新建元件”命令,弹出“创建新元件”对话框,在“名称”文本框中输入“椭圆”,在“类型”选项区域中选中“按钮”,如图 4-51 所示。

(2) 单击“确定”按钮,进入按钮元件的编辑场景中,选择“椭圆工具”,设置“笔触颜色”为无,设置“填充色”为样本色中的“蓝色径向渐变色”,如图 4-52 所示。然后在场景中绘制一个如图 4-53 所示的椭圆。

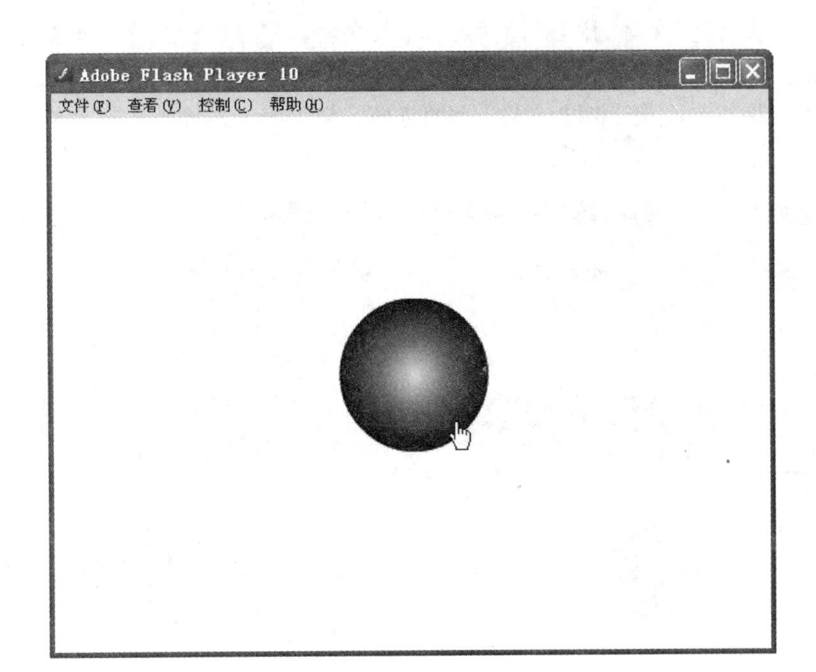

图 4-50　变色按钮

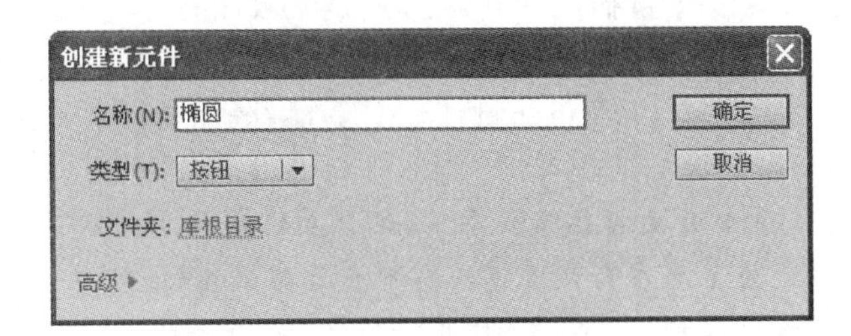

图 4-51　新建按钮元件

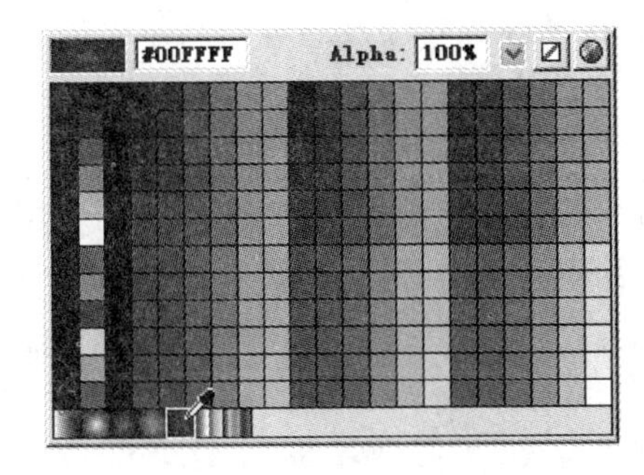

图 4-52　选择填充色

图 4-53　绘制椭圆

(3) 选择"指针经过"帧,按 F6 键插入一个关键帧。把该帧上的图形重新填充为黄色到黑色的径向渐变色,效果如图 4-54 所示。

(4) 选择"按下"帧,按 F6 键插入一个关键帧。把该帧上的图形重新填充为绿色到黑色的径向渐变色,效果如图 4-55 所示。

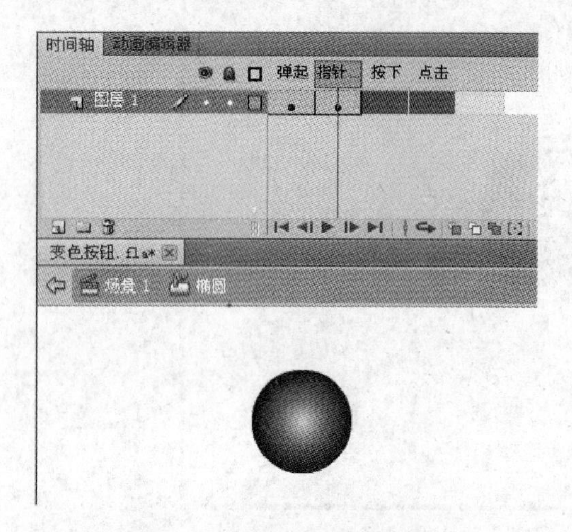

图 4-54 "指针经过"帧上的图形

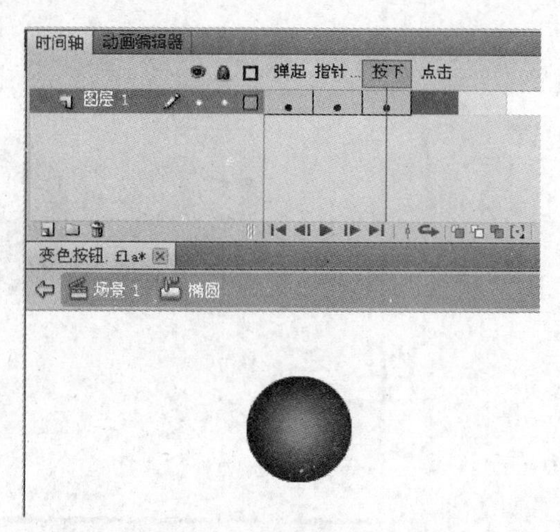

图 4-55 "按下"帧上的图形

(5) 选择"点击"帧,按 F6 键插入一个关键帧,定义鼠标的响应区为椭圆。

(6) 至此,这个按钮元件就制作好了。现在返回场景 1,并从"库"面板中将"椭圆"按钮元件拖放到舞台上,然后按 Ctrl+Enter 键测试一下,将鼠标指针移动到按钮上,按钮会变色了。

专家点拨:在 Flash 影片文档编辑状态下,舞台上的按钮实例默认的是禁用状态,无法直接测试按钮的效果。为了能在影片编辑状态下直接测试按钮,可以选择"控制"→"启用简单按钮"命令,此时鼠标滑过按钮时可看到"指针经过"帧的效果,单击按钮显示"按下"帧的效果。

4.6 Flash 高级动画

利用前面学习的知识,基本上可以完成大部分动画的设计和制作工作。本节进一步学习 Flash 动画的知识,包括对象补间动画、遮罩动画、3D 动画和骨骼动画等的制作方法。

4.6.1 对象补间动画

前面学习了传统补间动画,这是 Flash 最基础的一种补间动画类型,它是将补间应用于关键帧。从 Flash CS4 开始,引入了一种基于对象的补间动画类型,这种动画可以对舞台上的对象的某些动画属性实现全面控制,由于它将补间直接应用于对象而不是关键帧,所以这也被称为对象补间。

下面制作一个飞机由远及近的飞行动画。

(1) 新建一个 Flash 文档,设置舞台背景颜色为蓝色,其他保持默认设置。

(2) 选择"文本工具"。在"属性"面板中,设置"文本引擎"为传统文本,"系列"为

图 4-56　输入飞机符号

Webdings,“大小”为 100 点,“颜色”为白色。

(3) 在舞台上单击,然后按 J 键,这样舞台上就出现一个飞机符号。将这个飞机符号拖放到舞台的右上角,如图 4-56 所示。

(4) 选择第 40 帧,按 F5 键插入帧。选择第 1 帧到第 40 帧之间的任意一帧,右击,在弹出的快捷菜单中选择“创建补间动画”命令,这时第 1 帧到第 40 帧之间的帧颜色变成了淡蓝色,如图 4-57 所示。

专家点拨:在创建补间动画时,也可以右击文本对象,在弹出的快捷菜单中选择“创建补间动画”命令。

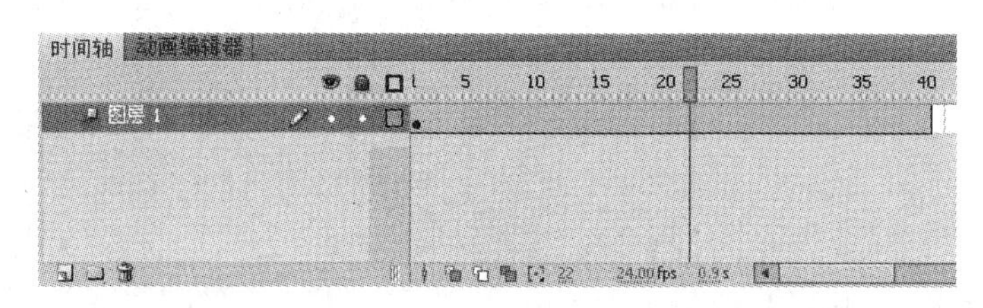

图 4-57　创建补间动画

(5) 将播放头移动到第 40 帧,然后移动舞台上的飞机到舞台的左下角。这样就在第 40 帧创建了一个属性关键帧,同时可以发现舞台上出现一个路径线条,线条上有很多节点,每个节点对应一个帧,如图 4-58 所示。

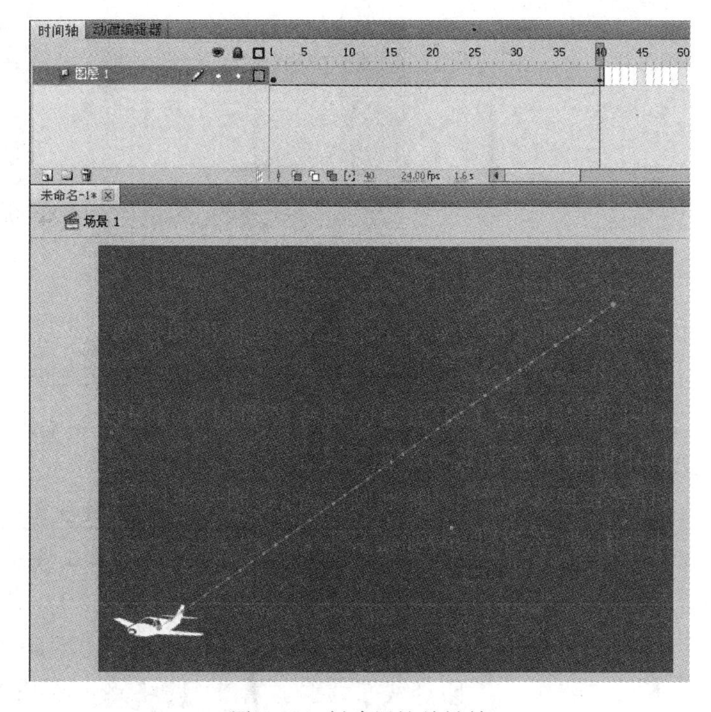

图 4-58　创建属性关键帧

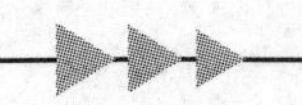

专家点拨:第 40 帧这个关键帧不是普通的关键帧,而被称为属性关键帧。注意属性关键帧和普通关键帧的不同,属性关键帧在补间范围中显示为小菱形。但对象补间的第 1 帧始终是属性关键帧,它仍显示为圆点。

(6) 按 Enter 键,可以看到飞机从舞台右上角飞行到舞台左下角的动画效果。

(7) 默认情况下,时间轴显示所有属性类型的属性关键帧。右击第 1 帧到第 40 帧之间的任意一帧,在弹出的快捷菜单中打开“查看关键帧”联级菜单,可以看到所有 6 个属性类型都被勾选,如图 4-59 所示。

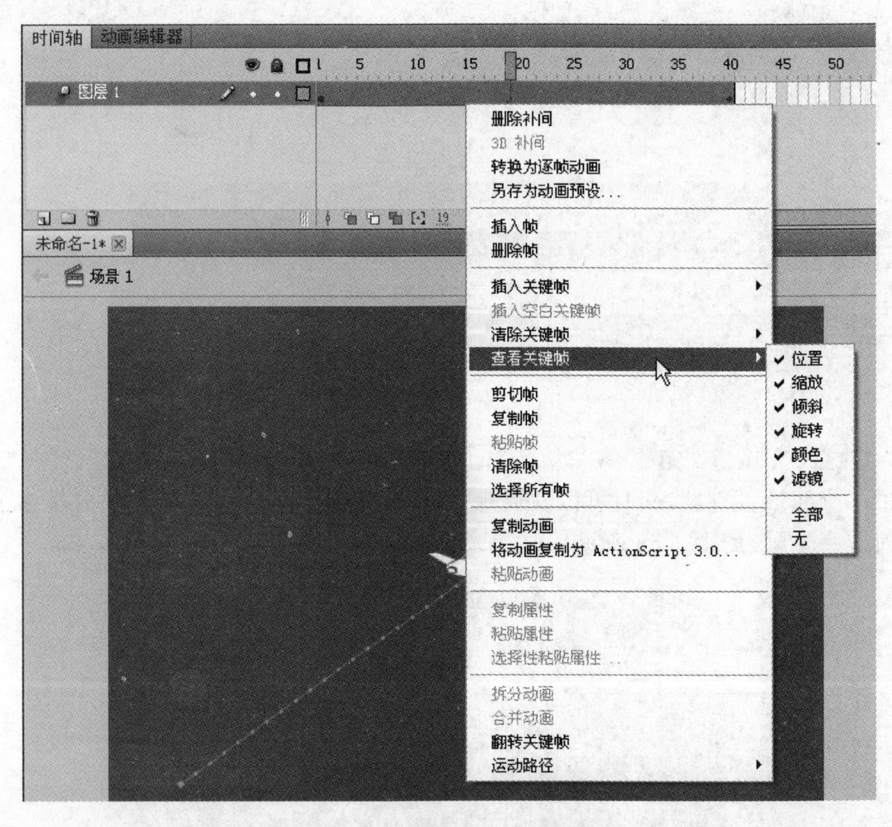

图 4-59 “查看关键帧”联级菜单

(8) 如果不想在时间轴上显示某一属性类型的属性关键帧,那么只需在“查看关键帧”级联菜单中取消对某种属性类型的勾选即可。比如这里取消对“位置”属性的勾选,就可以看到第 40 帧不再显示菱形,如图 4-60 所示。虽然这里取消了第 40 帧上的菱形显示,但是并不影响对象补间动画的效果。

专家点拨:属性关键帧上的菱形只是一个符号,它表示在该关键帧上“对象的属性”有了变化。这里第 40 帧上改变了飞机的 X 和 Y 这两个位置属性,因此在该帧中为 X 和 Y 添加了属性关键帧。

(9) 现在观察动画效果,飞机是沿着直线飞行的,这是因为舞台上的路径线条目前还是一条默认的直线。下面来编辑一下路径线条,用“选择工具”将路径线条调整为曲线,如图 4-61 所示。

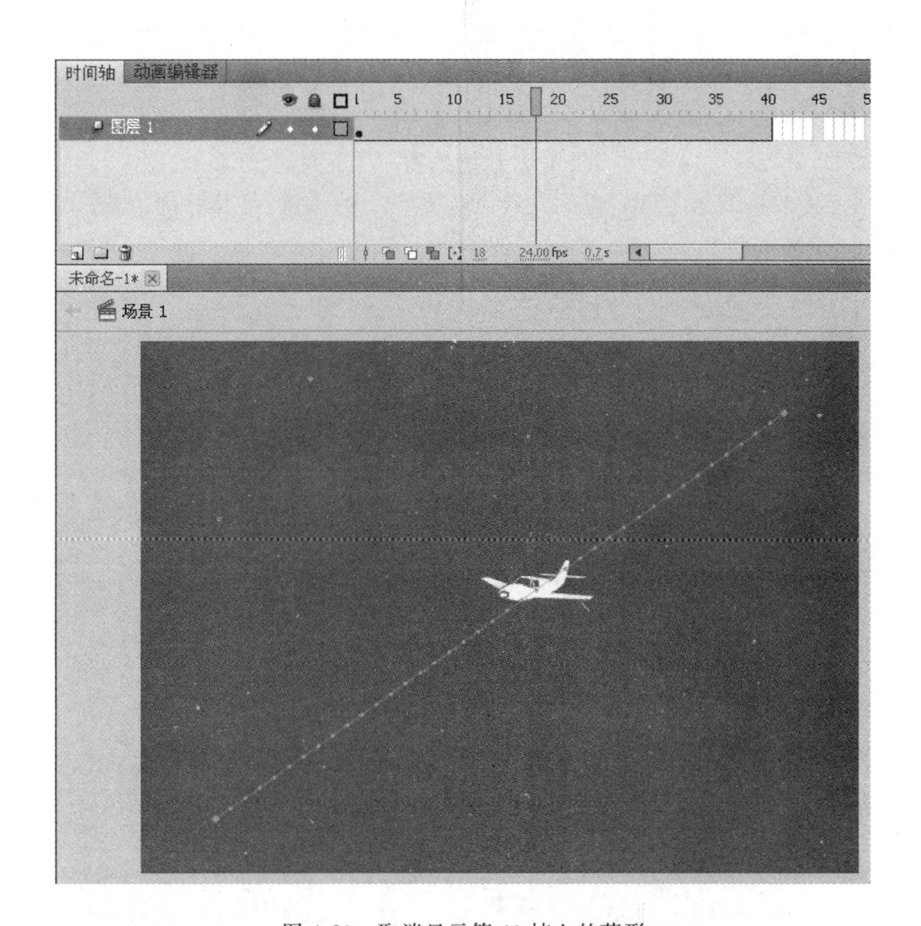

图 4-60　取消显示第 40 帧上的菱形

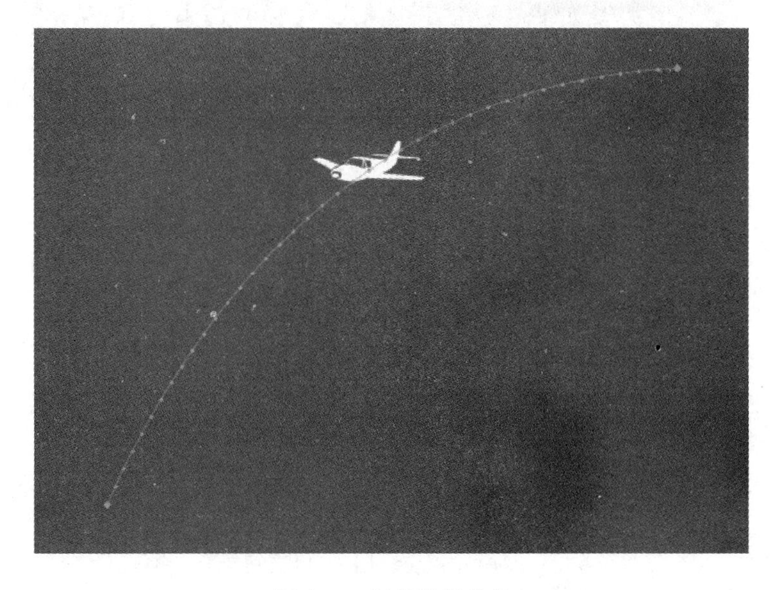

图 4-61　调整路径线条

专家点拨：除了用“选择工具”对路径线条进行调整外，还可以使用“部分选取工具”像使用贝塞尔手柄那样调整路径线条。另外，可以将路径线条复制到普通图层上，也可以将普通图层上的曲线复制到补间图层以替换原来的路径线条。

(10) 按 Enter 键，可以看到飞机沿着一条抛物线飞行的动画效果。

(11) 移动播放头到第 20 帧，然后选择对应舞台上的飞机，将其移动位置。这样在第 20 帧就创建了一个新的属性关键帧，如图 4-62 所示。

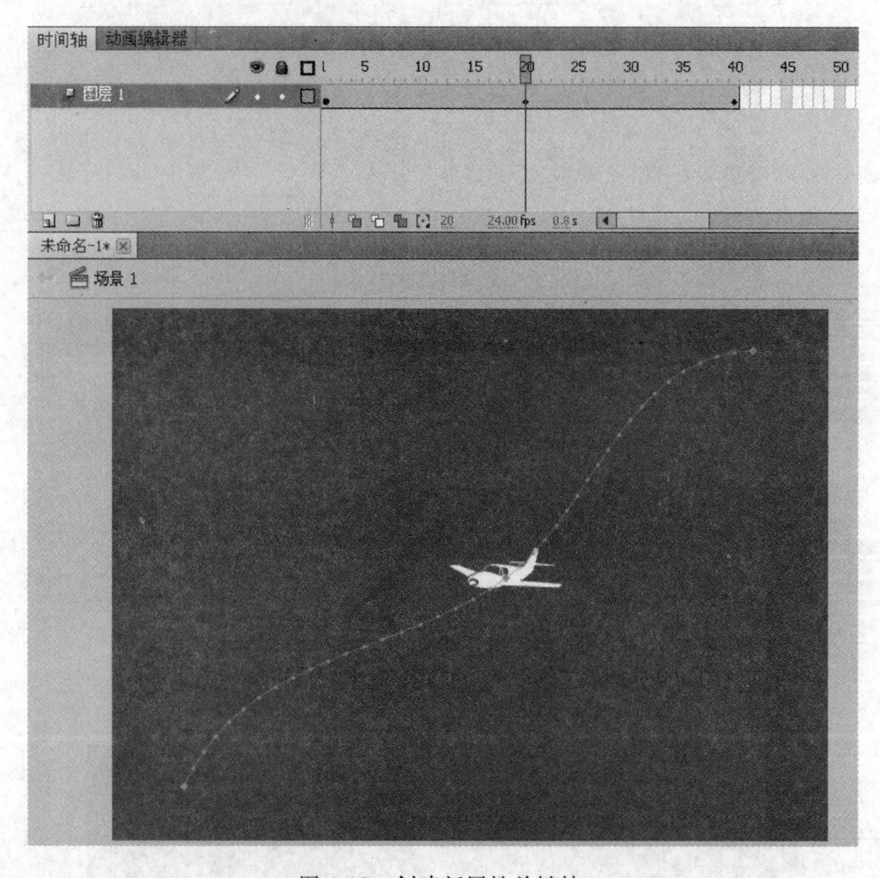

图 4-62 创建新属性关键帧

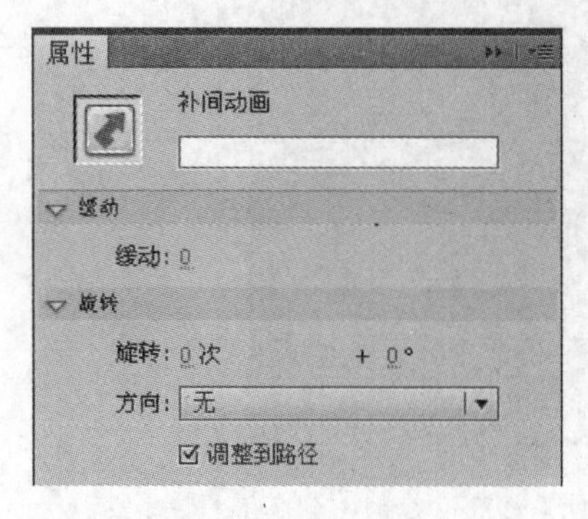

图 4-63 勾选“调整到路径”复选框

(12) 移动播放头到第 40 帧，选中舞台上对应的飞机，在“属性”面板中更改其“宽”，以放大飞机的尺寸。这样等于在第 40 帧又更改了飞机的“缩放”属性。

(13) 再次按 Enter 键，可以看到飞机由远及近逐渐放大的飞行动画。

(14) 如果想调整飞机沿路径飞行的姿势，可以单击第 1 帧到第 40 帧之间的任意一帧，打开“属性”面板，勾选“旋转”栏下面的“调整到路径”复选框，如图 4-63 所示。这时，第 1 帧到第 40 帧之间的所有帧都变成了属性关键帧。用“部分选取工具”调整一下路径线条，如图 4-64 所示。

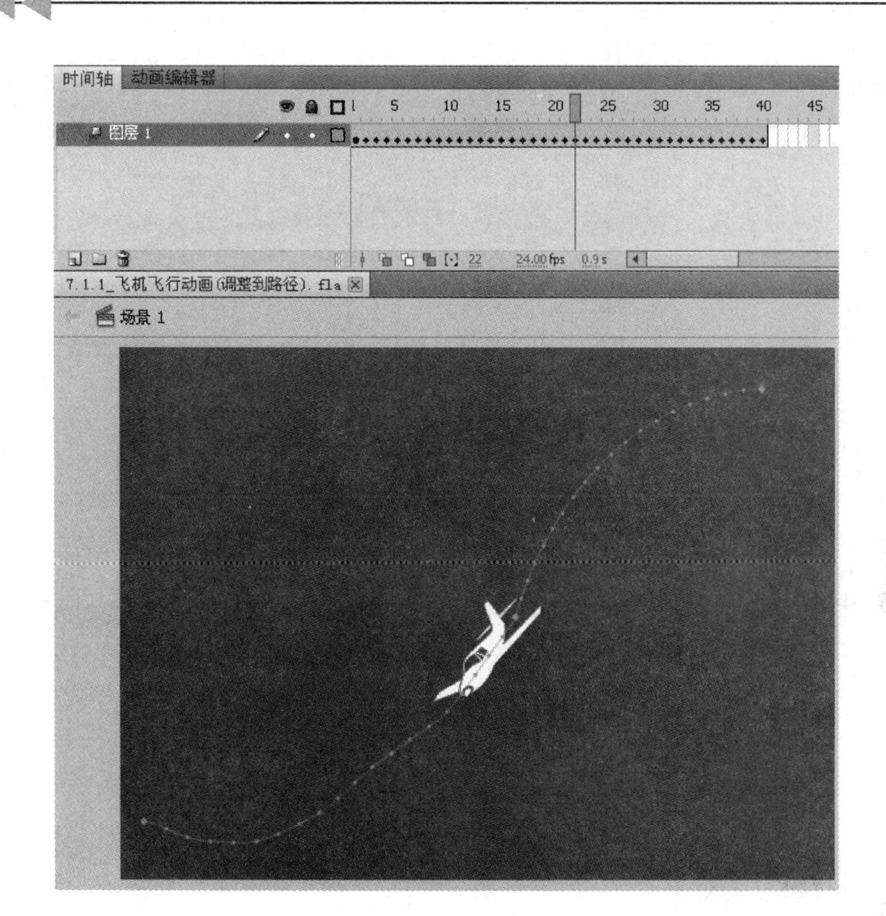

图 4-64　调整到路径

(15) 再次按 Enter 键,可以看到飞机沿着曲线路径飞行的动画效果,并且飞机的飞行姿势也是沿着路径曲线进行调整的。

4.6.2　动画编辑器和动画预设

动画编辑器和动画预设可以加强补间动画的功能。前者可以在创建了对象补间动画后以多种方式来对补间进行控制,后者可以自动生成补间动画。

1. 动画编辑器

在时间轴上创建了补间后,使用"动画编辑器"面板能够以多种方式来对补间进行控制。选择"窗口"→"动画编辑器"命令可以打开"动画编辑器"面板,如图 4-65 所示。在面板的左侧是对象属性的可扩展列表以及动画的"缓动"属性,面板右侧的时间轴上显示出直线或曲线,直观表现出不同时刻的属性值。

在"动画编辑器"面板底部的"图形大小"文本框 中输入数值,或者左右拖动文本,可以改变时间轴的垂直高度;在"扩展图形的大小"文本框 中输入数值,或者左右拖动文本,可以更改所选属性的垂直高度;在"可查看的帧"文本框 中输入数值,或者左右拖动文本,可以更改出现在时间轴中的帧的数量。"动画编辑器"面板中其他按钮的作用,如图 4-66 所示。

"动画编辑器"面板提供了针对补间动画所有属性的信息和设置项。通过"动画编辑器"

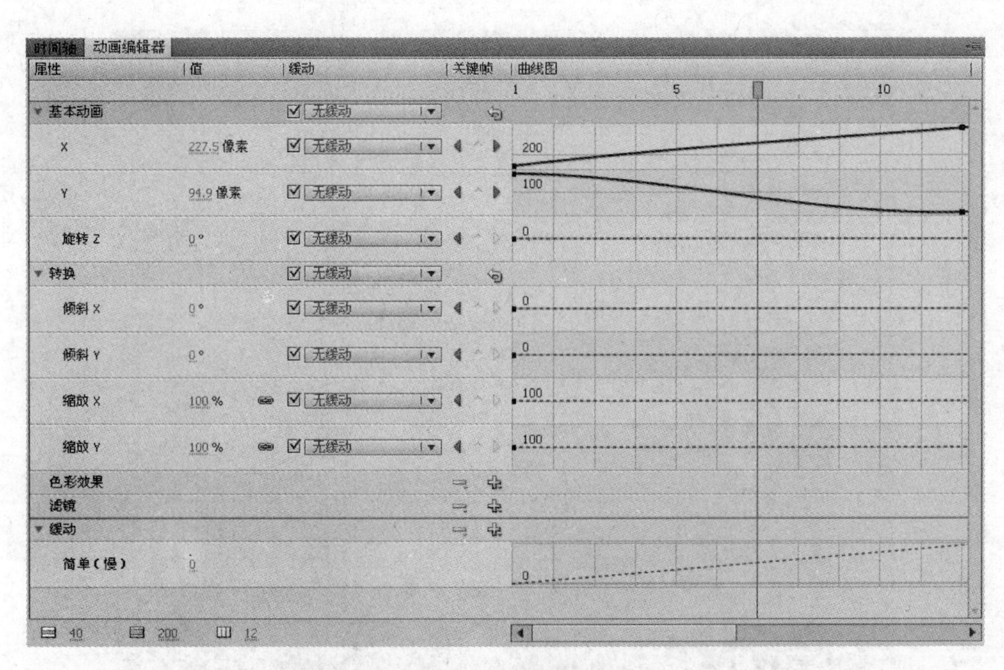

图 4-65 “动画编辑器”面板

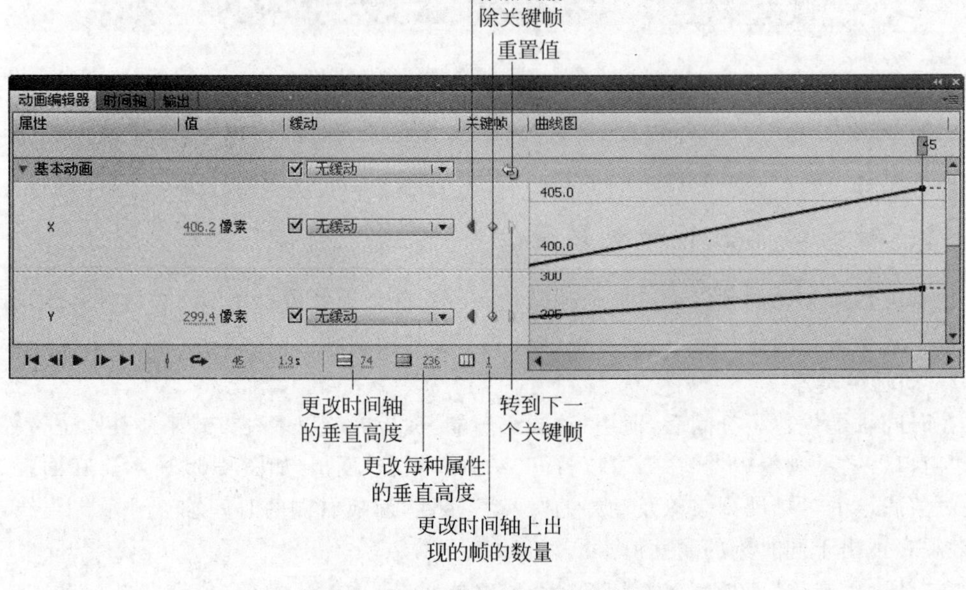

图 4-66 “动画编辑器”面板中的按钮

面板,用户可以查看所有补间属性和属性关键帧,还可以通过设置相应的设置项来实现对动画的精确控制。

2. 动画预设

动画预设是 Flash 内置的补间动画,其可以被直接应用于舞台上的实例对象。使用动

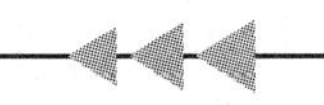

画预设，可以节约动画设计和制作的时间，极大地提高工作效率。

Flash 内置的动画预设，可以在“动画预设”面板中选择并预览其效果。选择“窗口”→“动画预设”命令打开“动画预设”面板，在面板的“默认预设”文件夹中选择一个动画预设选项，在面板中即可查看其动画效果，如图 4-67 所示。下面介绍使用动画预设的方法。

在舞台上选择可创建补间动画的对象，在“动画预设”面板中选择需要使用的预设动画，单击“应用”按钮，选择对象即被添加预设动画效果，如图 4-68 所示。

专家点拨：在应用预设动画时，每个对象只能使用一个预设动画，如果对对象应用第二个预设动画，第二个预设动画将替代第一个。另外，每个动画预设包含特定数量的帧，如果对象已经应用了不同长度的补间，补间范围将进行调整以符合动画预设的长度。

图 4-67　“动画预设”面板

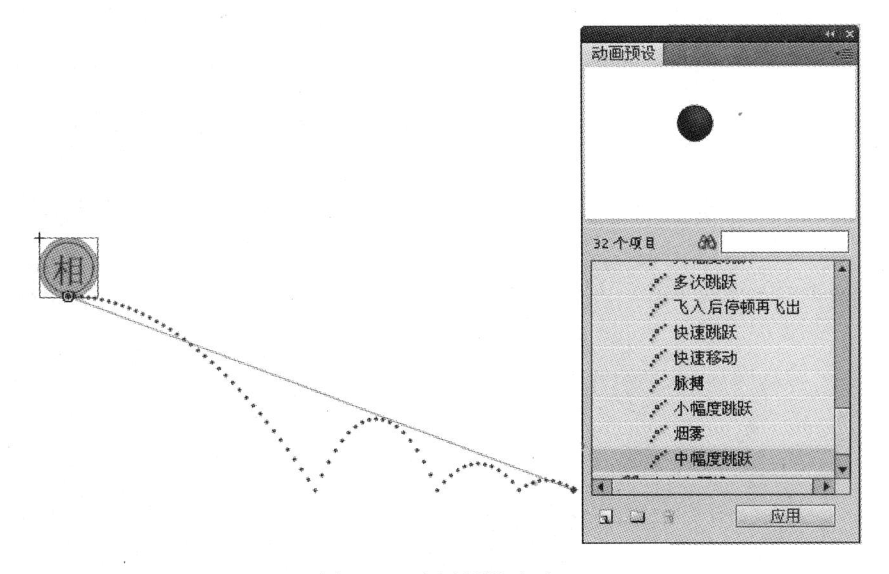

图 4-68　应用预设动画

4.6.3　遮罩动画

在 Flash 作品中，常常可以看到很多眩目神奇的效果，而其中不少就是用“遮罩”动画完成的，如水波、万花筒、百叶窗、放大镜等动画效果。

遮罩动画的原理是，在舞台前增加一个类似于电影镜头的对象。这个对象不仅局限于圆形，可以是任意形状，甚至可以是文字。将来导出的影片，只显示电影镜头“拍摄”出来的对象，其他不在电影镜头区域内的舞台对象不再显示。

下面通过具体的操作来讲解遮罩动画的制作方法。

(1) 新建一个 Flash 影片文档，保持文档属性的默认设置。

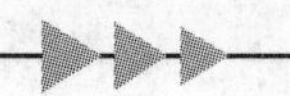

(2) 导入一个外部图像(夜景.png)到舞台上。

(3) 新建一个图层,在这个图层上用“椭圆工具”绘制一个圆(无边框,任意色)。计划将这个圆当作遮罩动画中的电影镜头对象来用。

目前,影片有两个图层,“图层 1”上放置的是导入的图像,“图层 2”上放置的是圆(计划用作电影镜头对象),如图 4-69 所示。

(4) 下面来定义遮罩动画效果。右击“图层 2”,在弹出的快捷菜单中选择“遮罩层”命令。图层结构发生了变化,如图 4-70 所示。

图 4-69　舞台效果

图 4-70　遮罩图层结构

注意观察一下图层和舞台的变化。

“图层 1”: 图层的图标改变了,从普通图层变成了被遮罩层(被拍摄图层)。并且图层缩进,图层被自动加锁。

“图层 2”: 图层的图标改变了,从普通图层变成了遮罩层(放置拍摄镜头的图层),并且图层被加锁。

舞台显示也发生了变化。只显示电影镜头“拍摄”出来的对象,其他不在电影镜头区域内的舞台对象都没有显示,如图 4-71 所示。

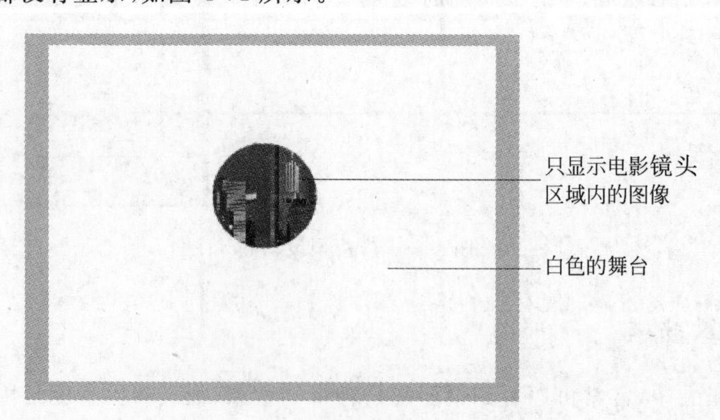

图 4-71　定义遮罩后的舞台效果

专家点拨: 遮罩动画效果的获得一般需要两个图层,这两个图层是被遮罩的图层和指定遮罩区域的遮罩图层。实际上,遮罩图层是可以同时应用于多个图层的。遮罩图层和被遮罩图层只有在锁定状态下,才能够在编辑工作区中显示出遮罩效果。解除锁定后的图层在编辑工作区中是看不到遮罩效果的。

(5) 按 Ctrl＋Enter 键测试影片，观察动画效果。可以看到只显示了电影镜头区域内的图像。

(6) 下面改变一下镜头的形状。分别在“图层 1”的第 15 帧按 F5 键添加一个普通帧。将“图层 2”解锁。在“图层 2”的第 15 帧按 F6 键添加一个关键帧，将“图层 2”的第 15 帧上的圆放大尺寸。定义从第 1 帧到第 15 帧的补间形状。图层结构如图 4-72 所示。

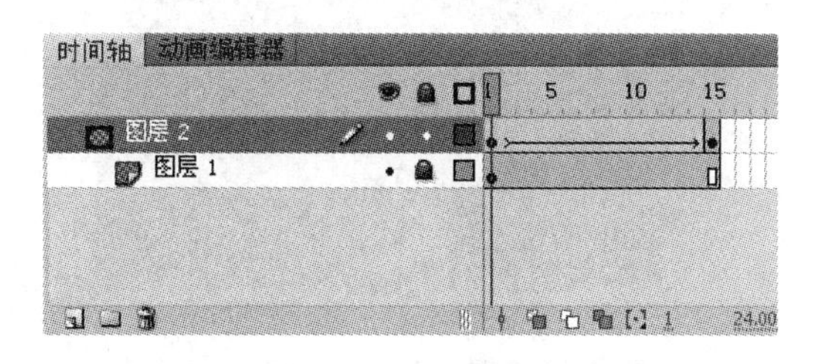

图 4-72　图层结构

(7) 按 Ctrl＋Enter 键测试影片，观察动画效果。可以看到只显示了电影镜头区域内的图像，并且随着电影镜头(圆)的逐渐变大，显示出来的图像区域也越来越多。

(8) 下面改变一下镜头的位置。将“图层 1”上的圆放置在舞台左侧，将“图层 2”的第 15 帧上的圆的大小恢复到原来的尺寸，并放置在舞台的右侧。

(9) 按 Ctrl＋Enter 键测试影片，观察动画效果。可以看到随着电影镜头(圆)的位置移动，显示出来的图像内容也发生变化，好像一个探照灯的效果。

从上面的操作可以得出这样的结论，在遮罩动画中，可以定义遮罩层中电影镜头对象的变化(尺寸变化动画、位置变化动画、形状变化动画等)，最终显示的遮罩动画效果也会随着电影镜头的变化而变化。

其实除了可以设计遮罩层中的电影镜头对象变化，还可以让被遮罩层中的对象进行变化，甚至可以是遮罩层和被遮罩层同时变化。这样可以设计出更加丰富多彩的遮罩动画效果。

4.6.4　3D 动画和骨骼动画

Flash 从 CS4 开始提供了 3D 工具，能够使设计师在三维空间内对普通的二维对象进行处理，再和补间动画相结合就能制作出 3D 动画效果。骨骼动画是一种应用于计算机动画制作的技术，其依据的是反向运动学原理。这种技术应用于计算机动画制作是为了能够模拟动物或机械的复杂运动，使动画中的角色动作更加形象逼真，使设计师能够方便地模拟各种与现实一致的动作。

1. 3D 动画

Flash 允许用户通过在舞台的 3D 空间中移动和旋转影片剪辑来创建 3D 效果，Flash 为影片剪辑在 3D 空间内的移动和旋转提供了专门的工具，它们是“3D 平移工具”和“3D 旋转工具”，使用这两种工具可以获得逼真的 3D 透视效果。

在 Flash 的 3D 动画制作过程中，平移指的是在 3D 空间中移动一个对象，使用“3D 平移工具”能够在 3D 空间中移动影片剪辑的位置，使得影片剪辑获得与观察者的距离感。在工具箱中选择“3D 平移工具”，在舞台上选择影片剪辑实例。此时在实例的中间将显示出 X

轴、Y 轴和 Z 轴,其中 X 轴为红色,Y 轴为绿色,Z 轴为黑色的圆点,如图 4-73 所示。使用鼠标拖动 X 轴或 Y 轴的箭头,即可将实例在水平或垂直方向上移动。

图 4-73　使用“3D 平移工具”

使用 Flash 的“3D 旋转工具”可以在 3D 空间中对影片剪辑实例进行旋转,旋转实例可以获得其与观察者之间形成一定角度的效果。

在工具箱中选择“3D 旋转工具”,单击选择舞台上的影片剪辑实例,在实例的 X 轴上左右拖动鼠标将能够使实例沿着 Y 轴旋转,在 Y 轴上上下拖动鼠标将能够使实例沿着 X 轴旋转,如图 4-74 所示。

图 4-74　使用“3D 旋转工具”

3D 补间实际上就是在补间动画中运用 3D 变换来创建关键帧,Flash 会自动补间两个关键帧之间的 3D 效果。在创建 3D 补间动画时,首先创建补间动画,然后将播放头放置到需要创建关键帧的位置,使用“3D 平移工具”或“3D 旋转工具”对舞台上的实例进行 3D 变换。在创建关键帧后,Flash 将自动创建两个关键帧间的 3D 补间动画。

2. 骨骼动画

在 Flash CS4 之前,要对元件创建规律性运动动画,一般使用补间动画来完成,但是补间动画有其局限性,如只能控制一个元件。在 Flash CS4 之后,Flash 引入了骨骼动画,允许用户用骨骼工具将多个元件绑定以实现复杂的多元件的反向运动,这无疑大大提高了复杂动画的制作效率。

在 Flash CS6 中,如果需要制作具有多个关节的对象的复杂动画效果(如制作人物走动动画),使用骨骼动画将能够十分快速地完成。

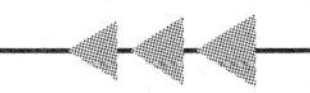

创建骨骼动画首先需要定义骨骼。Flash CS6 提供了一个“骨骼工具”，使用该工具可以向影片剪辑元件实例、图形元件实例或按钮元件实例添加 IK 骨骼。在工具箱中选择“骨骼工具”，在一个对象中单击，向另一个对象拖动鼠标，释放鼠标后就可以创建这两个对象间的连接。此时，两个元件实例间将显示出创建的骨骼。在创建骨骼时，第一个骨骼是父级骨骼，骨骼的头部为圆形端点，有一个圆圈围绕着头部。骨骼的尾部为尖形，有一个实心点，如图 4-75 所示。

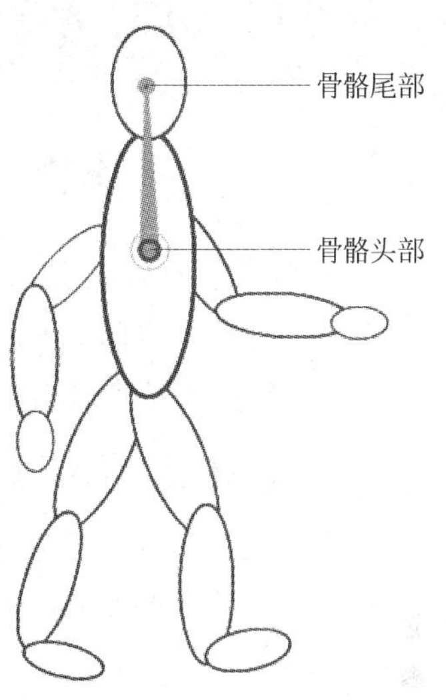

图 4-75　创建骨骼

选择“骨骼工具”，单击骨骼的头部，向第二个对象拖曳鼠标，释放鼠标后即可创建一个分支骨骼。根据需要创建骨骼的父子关系，依次将各个对象连接起来，这样骨架就创建完成了。

在为对象添加了骨架后，即可以创建骨骼动画了。在制作骨骼动画时，可以在开始关键帧中制作对象的初始姿势，在后面的关键帧中制作对象不同的姿态，Flash 会根据反向运动学的原理计算出连接点间的位置和角度，创建从初始姿态到下一个姿态转变的动画效果。

在完成对象的初始姿势的制作后，在“时间轴”面板中右击动画需要延伸到的帧，选择关联菜单中的“插入姿势”命令。在该帧中选择骨骼，调整骨骼的位置或旋转角度，如图 4-76 所示。此时 Flash 将在该帧创建关键帧，按 Enter 键测试动画即可看到创建的骨骼动画效果了。

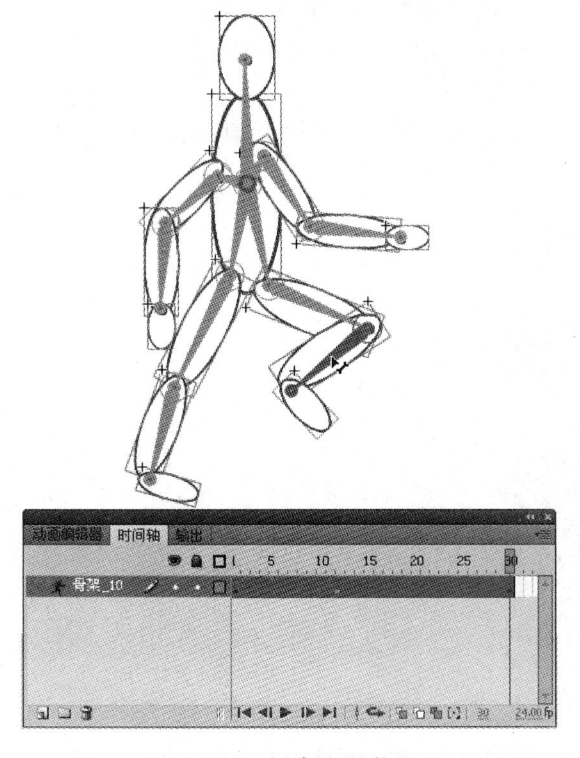

图 4-76　创建骨骼动画

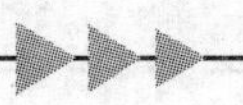

专家提醒：在“时间轴”面板中将姿势图层最后一帧向左或向右拖动将能够改变动画的长度，此时 Flash 将按照动画的持续时间重新定位姿势帧，并再添加或删除帧。如果需要清除已有的姿势，可以右击姿势帧，选择“清除姿势”命令即可。

4.7 在 Flash 动画中应用声音

Flash 提供了许多使用声音的方式。可以使声音独立于时间轴连续播放，或使动画与一个声音同步播放。还可以向按钮添加声音，使按钮具有更强的感染力。另外，通过设置淡入淡出效果还可以使声音更加优美。

4.7.1 将声音导入 Flash

只有将外部的声音文件导入到 Flash 中以后，才能在 Flash 作品中加入声音效果。能直接导入 Flash 的声音文件，主要有 WAV 和 MP3 两种格式。下面介绍如何将声音导入 Flash 动画中。

(1) 新建一个 Flash 影片文档或者打开一个已有的 Flash 影片文档。

(2) 选择“文件”→“导入”→“导入到库”命令，弹出“导入到库”对话框，在该对话框中，选择要导入的声音文件，单击“打开”按钮，将声音导入。

(3) 等声音导入后，就可以在“库”面板中看到刚导入的声音文件，今后可以像使用元件一样使用声音对象了，如图 4-77 所示。

4.7.2 引用声音

将声音从外部导入 Flash 中以后，时间轴并没有发生任何变化。必须引用声音文件，声音对象才能出现在时间轴上，才能进一步应用声音。

下面接着 4.7.1 节继续操作。

(1) 将“图层 1”重新命名为“声音”，选择第 1 帧，然后将“库”面板中的声音对象拖放到场景中，如图 4-78 所示。

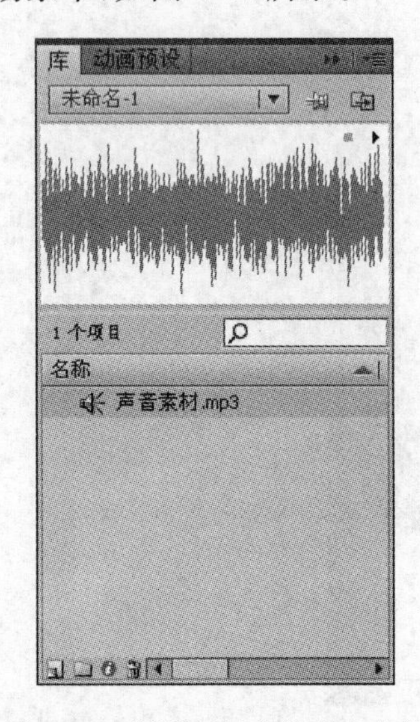

图 4-77 “库”面板中的声音文件

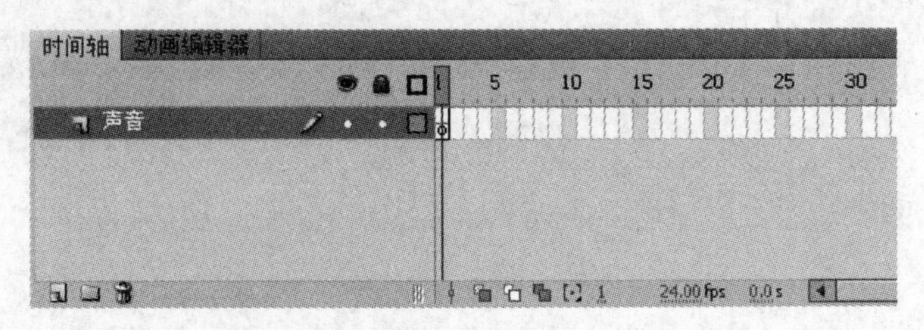

图 4-78 将声音引用到时间轴上

(2) 这时会发现“声音”图层第 1 帧出现一条短线，这其实就是声音对象的波形起始，任意选择后面的某一帧，比如第 30 帧，按 F5 键，就可以看到声音对象的波形。这说明已经将声音引用到“声音”图层了。这时按 Enter 键，可以听到声音，如果想听到效果更为完整的声音，可以按 Ctrl+Enter 键。

4.7.3　声音属性设置

选择“音效”图层的第 1 帧，打开“属性”面板，可以发现，“属性”面板中有很多设置和编辑声音对象的参数，如图 4-79 所示。

面板中各参数的意义如下。

(1) “名称”下拉列表：从中可以选择要引用的声音对象，这也是另一个引用库中声音的方法。

(2) “效果”下拉列表：从中可以选择一些内置的声音效果，比如声音的淡入、淡出等效果。

(3) “编辑声音封套”按钮：单击这个按钮可以打开“编辑封套”对话框，在其中可以对声音进行进一步的编辑。

(4) “同步”下拉列表：这里可以选择声音和动画同步的类型，默认的类型是“事件”类型。另外，还可以设置声音重复播放的次数。

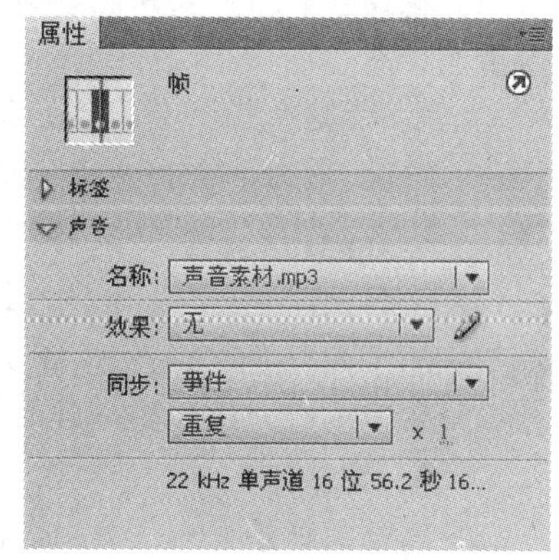

图 4-79　“属性面板”中的“声音”栏

专家点拨：引用到时间轴上的声音，往往还需要在声音的“属性”面板中对它进行适当的属性设置，才能更好地发挥声音的效果。

4.7.4　给按钮加上声效

Flash 动画最大的一个特点是交互性，按钮是实现 Flash 动画交互的灵魂，如果给按钮加上合适的声效，一定能让多媒体作品增色不少。给按钮加上声效的步骤如下所述。

(1) 按照前面讲解的方法导入一个合适的声音文件，这里不再赘述。

(2) 打开“库”面板，双击需要加上声效的按钮元件，这样就进入到这个按钮元件的编辑场景中，下面要将导入的声音加入到这个按钮元件中。

(3) 新插入一个图层，重新命名为“声效”。选择这个图层的第 2 帧，按 F7 键插入一个空白关键帧，然后将“库”面板中的声音拖放到场景中，这样，“声效”图层从第 2 帧开始出现了声音的声波线，如图 4-80 所示。

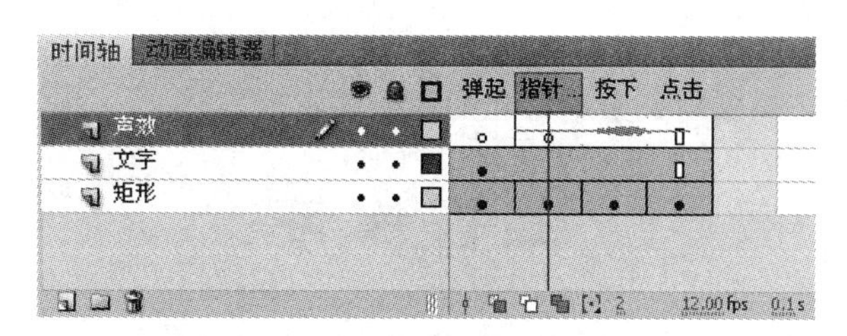

图 4-80　给按钮添加声音

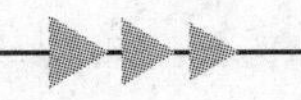

(4) 打开“属性”面板,将“同步”选项设置为“事件”,并且重复一次。此时测试一下影片,当鼠标移动到按钮上时,声效就出现了。

专家点拨: 给按钮元件加声效时一定要使用“事件”同步类型,否则将听不到声效。

习 题

1. 选择题

(1) 假设一个动画的帧速度为每秒 25 帧,每帧上的图像均为 1MB,那么,这个动画的数据量就为(　　)。

A. 30MB　　B. 25MB　　C. 25KB　　D. 28MB

(2) Flash 制作的影片源文件扩展名和导出后的播放文件扩展名分别为(　　)。

A. swf fla　　B. png swf　　C. fla swf　　D. fla png

(3) 按钮元件中,下面(　　)定义了按钮的响应范围。

A. “弹起”帧　　B. “指针经过”帧　　C. “按下”帧　　D. “点击”帧

(4) 在为按钮元件添加声效时,声音的“同步”选项应该设置为(　　)方式。

A. 数据流　　B. 事件　　C. 开始　　D. 停止

(5) 遮罩动画是 Flash 中一个很重要的动画类型,很多效果丰富的动画都是通过遮罩动画来完成的。关于遮罩动画,下面说法错误的一项是(　　)。

A. 在一个遮罩动画中,“遮罩层”只有一个,“被遮罩层”可以有多个

B. 遮罩层中的图形可以是任何形状,但是播放影片时遮罩层中的图形不会显示

C. 在遮罩层中不能用文字作为遮罩对象

D. 在定义遮罩图层后,遮罩层和被遮罩层将自动加锁

2. 填空题

(1) 毫无规律和杂乱的画面不能构成真正意义上的动画,构成动画必须遵循一定的规则。主要包括以下三个规则:________、________和________。

(2) 创建关键帧和普通帧是在动画制作过程中频繁进行的操作,因此一般使用快捷键进行操作。插入普通帧的快捷键是________键,插入关键帧的快捷键是________键,插入空白关键帧的快捷键是________键。

(3) 对象补间动画具有功能强大且操作简单的特点,用户可以对动画中的补间进行最大程度的控制。能够应用对象补间的元素包括影片剪辑元件实例、图形元件实例、按钮元件实例以及________。

(4) 依照功能和类型的不同,元件可分成以下三种:________、________和________。

(5) 在制作沿引导路径的传统补间动画时,一定要保证________按钮处于按下状态,这样才能保证动画对象正确吸附到引导路径的两个端点上。

上机练习

练习 1　用传统补间动画制作多媒体演示课件

用动作补间动画制作一个“化合反应的微观现象”动画模拟演示课件,它从微观角度通

过动画演示了硫和氧化合反应的实现过程，如图4-81所示。

图4-81　化合反应的微观现象

制作要点提示：

(1) 分别创建硫原子和氧原子图形元件。

(2) 将"库"面板中的氧原子图形元件分别拖放两个实例到两个图层上。

(3) 将"库"面板中的硫原子图形元件拖放一个实例到一个图层上。

(4) 分别在三个图层上创建氧原子和硫原子的传统补间动画，以实现它们的位置移动。

(5) 在最后一帧添加一个stop函数，用来实现动画播放一次后停止，避免重复播放。

练习2　用遮罩动画制作文字标题特效

制作一个文字遮罩动画，效果如图4-82所示。水波在文字上面慢慢淌过，给人一种特殊的视觉感觉。

图4-82　文字标题特效

制作要点提示：

(1) 在遮罩层创建一个黑白相间线性渐变的矩形，并定义这个矩形从右向左位置移动的传统补间动画。

(2) 在被遮罩层创建一个文本对象。

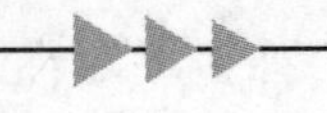

(3) 为了模拟水波效果,在遮罩层上面再创建一个前置文字层,将被遮罩层上的文本对象原样复制到这个图层上,并微调一下文字的位置。

练习 3　制作动态特效按钮

利用在按钮元件中嵌套影片剪辑实例的方法,制作一个动态特效按钮。当鼠标移动到按钮上时,按钮呈现出动态特效,如图 4-83 所示。

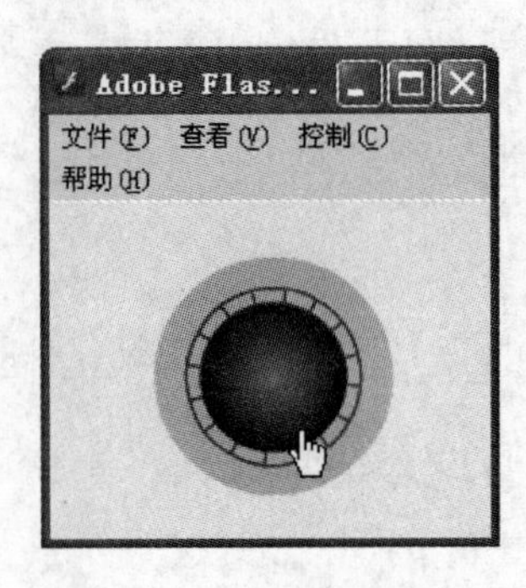

图 4-83　动态特效按钮

制作要点提示:

(1) 创建一个影片剪辑元件,在这个元件的编辑场景中,通过定义补间动画制作一个带光晕的旋转圆动画效果。

(2) 新建按钮元件,在这个元件编辑场景中,在“弹起”帧创建一个圆形(放射性渐变填充),其他帧按 F6 键插入关键帧。新建一个图层,并且在这个图层的“指针经过”帧上,将第(1)步定义的影片剪辑元件引用过来。

第5章

视频处理技术

在多媒体应用系统中，视频以其直观、生动等特点而得到广泛的应用。视频信息是连续变化的影像，是多媒体技术最复杂的处理对象。视频通常是对实际场景的动态演示，比如电影、电视、摄像资料等。

本章主要内容：

- 视频基础知识；
- 数字视频技术；
- 视频格式转换工具——格式工厂；
- 屏幕录像工具——Camtasia Studio；
- 用 Premiere 进行视频编辑处理。

5.1 视频基础知识

视频是一组连续画面信息的集合，与加载的同步声音共同呈现动态的视觉和听觉效果。本节先介绍有关视频的基本知识。

5.1.1 模拟视频和数字视频

按照处理方式的不同，视频分为模拟视频(analog video)和数字视频(digital video)。

1. 模拟视频

模拟视频就是采用电子学的方法来传送和显示活动景物或静止图像的，也就是通过在电磁信号上建立变化来支持图像和声音信息的传播和显示，大多数家用电视机和录像机显示的都是模拟视频。

在开发多媒体产品时，如果要在视频合成编辑软件中使用模拟视频，必须首先通过数字化的方式将模拟视频信号传送到计算机中。这是因为计算机不能处理模拟的信号，换句话说，就是计算机只能处理数字信号。

2. 数字视频

数字视频就是指使用计算机数字技术来处理用录像带拍摄出来的活动影像，经过这样处理的视频，无论是继续使用录像带放映，还是不使用录像带放映都可以称为数字视频。因此说数字视频不是一个格式，而是一种媒介，在该媒介内有许多文件格式存在。数字视频通常被记录在磁带上，通过光盘，尤其是 DVD 来发布。当然也有例外，一些新型的数码摄像机可以直接将采集的视频内容记录在 DVD 或者硬盘上。图 5-1 是索尼 DVD 光盘记录媒体数码摄像机。

图 5-1 索尼 DVD 光盘记录媒体数码摄像机

5.1.2 非线性编辑

所谓的非线性编辑是针对传统的线性编辑而言的。就是通过计算机的数字技术,完成在传统的视频、音频制作工艺中使用多种机器才能完成的影视后期编辑合成及特效制作。

非线性编辑将各种源素材保存在高速硬盘中,可以对其采用跳跃式的编辑方式,不受节目顺序的限制。在编辑过程中图像质量不受损失,素材可多次应用,工作完成后进行一次性输出,避免了传统的线性编辑因磁带信号的多次转录而造成的质量损失,在视频编辑技术方面是一种质的飞跃。

非线性编辑的流程一般为采集(或收集)素材→进行节目编辑→特技处理→字幕制作→输出节目产品几个过程。

非线性编辑的实现,要靠软件与硬件的支持。一个非线性编辑硬件系统包括计算机、视频卡或 IEEE 1394 卡、声卡、高速硬盘、专用板卡(如特技加卡)以及外围设备。

目前,非线性编辑广泛应用于影视后期制作中,在为广告添加特效、编辑合成,为影视剧、MTV 进行后期编辑处理中,非线性编辑不可或缺。

5.1.3 帧、场和制式

1. 帧

简单地说,视频中的每一帧就类似于一张幻灯片。一帧是扫描获得的一张完整的幻灯片的模拟信号。电视扫描其实是一种行扫描。在获得一幅完整的图像时,电子束扫描从左上角开始,在扫描到一行的右侧边缘后,快速返回到左侧的第二行进行继续扫描,这种从一行到下一行的返回过程称为水平消隐。当扫描到右下角时,就完成了一帧的扫描。然后继续返回下一帧的左上角开始下一帧的扫描。这种从右下角返回到左上角的时间间隔称为垂直消隐。PAL 制式信号采用 625 行/帧扫描,NTSC 制式信号采用 525 行/帧扫描。

2. 场

视频素材的信号分为交错式和非交错式,也就是通常所说的隔行扫描和逐行扫描。当前的广播电视信号通常是交错式的(隔行扫描),而计算机的视频信号是非交错式的(逐行扫描)。

逐行扫描为一个垂直扫描场，电子束从显示屏的左上角一行行地扫描到右下角完成一帧图像的扫描。

隔行扫描的每一帧分为两个场：奇数场(上场)和偶数场(下场)。用两个垂直扫描场来表示一帧。如使用奇数场进行扫描时，电子束先扫描第一行，然后是第三行、第五行……，奇数行扫描结束后，再扫描偶数行。偶数行扫描结束后，才算完成一帧的扫描。对于 PAL 制式的视频来讲，使用隔行扫描完成一帧要 1/50s 的时间，而 NTSC 制式则需要大约 1/60s 完成一帧的扫描。

3. 制式

目前世界上彩色电视主要有三种制式：NTSC、PAL 和 ESCAM。

NTSC 制式：1952 年美国制定的彩色电视广播标准，美国和日本采用这种制式。

PAL 制式：西德在 1962 年制定的彩色电视广播标准，一些西欧国家、新加坡、澳大利亚、新西兰和中国采用这种制式。

ESCAM：法国 1956 年提出、1966 年制定的彩色电视标准。使用的国家主要是法国、中东和东欧一些国家。

5.2　数字视频技术

在进行多媒体产品开发时，最终要采用数字视频素材，本节介绍数字视频的压缩标准、常见的视频处理功能、视频编辑软件和视频文件格式等内容。

5.2.1　MPEG 视频压缩标准

为了解决视频信号数据量大、占用存储空间多的问题，MPEG 视频压缩标准应运而生。动态图像专家组(Moving Pictures Experts Group，MPEG)创建于 1988 年，专门负责为 CD 建立视频和音频标准，其成员均为视频、音频系统领域的技术专家。

MPEG 标准主要有 MPEG-1、MPEG-2、MPEG-4、MPEG-7 共 4 个版本。下面分别介绍它们。

1. MPEG-1

MPEG-1 制定于 1992 年，是将视频数据压缩成 1～2Mb/s 的标准数据流，它对动作不激烈的视频信号可获得较好的图像质量，但当动作激烈时，图像就会产生马赛克现象。MPEG-1 没有定义用于额外数据流进行编码的格式，因此这种技术不能广泛推广。主要用于家用 VCD，它需要的存储空间比较大，下面的例子可说明这点。

对于清晰度为 352×288 的彩色画面，采用 25 帧/秒，压缩比为 50∶1 时，实时录像一个小时，经计算可知需存储空间为 600MB 左右，若是 8 路图像以每天录像 10 小时，每月 30 天算，则要求硬盘存储容量为 1440GB，这显然是不能被接受的。

2. MPEG-2

MPEG-2 制定于 1994 年，是为了力争获得更高的分辨率(720×486)，提供广播级视频和 CD 级的音频而制定的，它是高质量视频音频编码标准。传输速率在 3～10Mb/s 之间。作为 MPEG-1 的兼容性扩展，MPEG-2 支持隔行扫描视频格式和其他先进功能，可广泛应用在各种速率和各种分辨率的场合。但是 MPEG-2 标准数据量依然很大，不便存放和

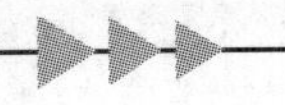

传输。

3. MPEG-4

与前两者不同,MPEG-4 于 1998 年 11 月公布,原预计 1999 年 1 月投入使用的国际标准 MPEG-4 不仅是针对一定比特率下的视频、音频编码,更加注重多媒体系统的交互性和灵活性。MPEG-4 标准主要应用于可视电话(Video Phone)、影像电子邮件(Video E-mail)和电子新闻(Electronic News)等,其传输速率要求较低,在 4800～64 000b/s 之间,分辨率为 176×144。MPEG-4 利用很窄的带宽,通过帧重建技术,压缩和传输数据,以求得最少的数据获得最佳的图像质量。

与 MPEG-1 和 MPEG-2 相比,MPEG-4 的特点是其更适于交互 AV(音频和视频的简称)服务以及远程监控。MPEG-4 是第一个使用户由被动变为主动(不再只是观看,允许用户加入其中,即有交互性)的动态图像标准。MPEG-4 的设计目标有更广的适应性和可扩展性。

4. MPEG-7

该标准于 1998 年 10 月提出。MPEG-7 标准被称为"多媒体内容描述接口",为各类多媒体信息提供一种标准化的描述,这种描述与内容本身有关,允许快速和有效地查询用户感兴趣的资料。它将扩展现有内容识别专用解决方案的有限的能力,特别是它还包括更多的数据类型。换而言之,MPEG-7 规定一个用于描述各种不同类型多媒体信息的描述符的标准集合。

专家点拨:MPEG-21 是 MPEG 最新的发展层次。它是一个支持通过异构网络和设备使用户透明而广泛地使用多媒体资源的标准,其目标是建立一个交互的多媒体框架。MPEG-21 的技术报告向人们描绘了一幅未来的多媒体环境场景,这个环境能够支持各种不同的应用领域,不同用户可以使用和传送所有类型的数字内容。也可以说,MPEG-21 是一个针对实现具有知识产权管理和保护能力的数字多媒体内容的技术标准。

5.2.2 常见的视频处理功能

在进行多媒体产品开发时,常常要对视频素材进行编辑处理,以便对其更加完美地应用。常见的视频处理功能包括视频剪辑、视频叠加、视频和音频的同步、视频特效等。

1. 视频剪辑

在进行多媒体产品开发时,有时候只需要视频素材的一部分片段,对视频进行裁剪。有时需要将多个视频素材连接在一起,在连接时,还可以添加过渡效果等。

2. 视频叠加

所谓视频叠加,就是将多个视频叠加在一起,形成特殊的视频效果,比如画中画效果等。

3. 视频和音频的同步

在制作视频素材时,比如录制屏幕操作步骤视频,往往由于现场嘈杂,或者需要添加背景音乐等其他技术因素,不同期录制声音,只录制影像信息,待后期合成时,再为其进行配音。

视频和音频的同步功能就是在单纯的视频信息上添加音频,并精确定位,保证视频和音频的同步。

4. 视频特效

给视频添加特效也是最常用的视频处理功能。视频特效使视频的视觉效果更加丰富，通常是通过滤镜来实现视频特效的添加。

5.2.3 视频编辑软件

视频信息带有同期音频，画面信息量大，表现的场景复杂，常采用专门的软件对其进行加工和处理。下面介绍几个常用的视频编辑软件。

1. Premiere

Premiere 是应用十分广泛的一个非线性视频编辑软件，它由 Adobe 公司开发。它可以运行在 Windows 98、Windows 2000 Professional、Windows NT、Windows XP、Windows 7、windows 8 等操作系统环境中，是一个非常优秀的视频编辑软件，能对视频、声音、动画、图片及文本进行编辑加工，并最终生成电影文件。

2. After Effects

After Effects 是广播级视频后期效果编辑软件，它也由 Adobe 公司开发。与 Premiere 相比，其特效更多，功能更强大。

After Effects 是制作动态影像设计不可或缺的辅助工具，是视频后期合成处理的专业非线性编辑软件。它的应用范围广泛，涵盖影片、电影、广告、多媒体以及网页等，时下最流行的一些计算机游戏，很多都使用它进行合成制作。

3. 会声会影

会声会影是一套专为个人、家庭及小型工作室设计的视频编辑软件，它由友立资讯开发。会声会影使用三模式操作界面，主要包括捕获、编辑、特效、覆叠、标题、音频、分享 7 大功能模块。它除了功能强大外，最重要的是能提供给用户快速上手的编辑能力，入门新手和高级用户都可轻松体验快速操作、专业剪辑、完美输出的视频剪辑乐趣。

5.2.4 视频文件格式

1. AVI

AVI 文件格式是 Video for Windows 的视频文件格式。它所采用的压缩算法没有统一的标准。虽然都是以.AVI 为后缀的视频文件，但由于采用的压缩算法不同，需要相应的解压软件才能识别和回放该文件。除了微软公司之外，其他公司也推出了自己的压缩算法，只要把该算法的驱动(Codec)加到 Windows 系统中，就可以播放用该算法压缩的 AVI 文件。

2. MOV

MOV 文件格式是 Apple 公司开发的专用视频格式，但只要在 PC 上安装了 QuickTime 软件，就能正常播放。它具有跨平台、存储空间小的技术特点，采用了有损压缩方式的 MOV 格式文件，画面效果较 AVI 格式要稍微好一些。它可以被 Premiere Pro 等非线编软件使用。

3. RM

随着宽带网的普及，RM 格式的文件在网络上大行其道。RM 格式文件是一种网络实时播放文件，它压缩比大，失真率小，已经成为最主流的网络视频格式。RM 格式的文件需要专门的 RealPlayer 软件来播放，现在的主流软件是 RealPlayer 10 和 Real One Player。

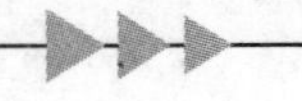

4. MPEG/MPG

MPEG文件格式是视频压缩的基本格式,在计算机和视频制作中非常流行。它采用了一种将视频信号分段取样的压缩方法,压缩比较大。时下最流行的VCD的视频文件中以.dat为后缀名的文件,其实就是一种MPEG文件,如果将它的后缀名直接改为.mpg,就可以使用Media Player直接播放。时下流行的大部分视频编辑软件,都可以直接将.dat和.mpg文件作为素材导入到项目文件中。

5. FLV

FLV是Flash Video的简称,FLV流媒体格式是一种新的视频格式。由于它形成的文件极小、加载速度极快,使得网络观看视频文件成为可能,它的出现有效地解决了视频文件导入Flash后,导出的SWF文件体积庞大,不能在网络上很好地使用等缺点。FLV文件体积小巧,清晰的FLV视频1分钟在1MB左右,一部电影在100MB左右,是普通视频文件体积的1/3。再加上CPU占有率低、视频质量良好等特点使其在网络上盛行,目前各在线视频网站均采用此视频格式。如新浪播客、56、土豆、酷6等,无一例外。FLV已经成为当前视频文件的主流格式。

5.3 视频格式转换工具——格式工厂

由于数字视频的格式、压缩编码算法和特性不同,往往需要有相应的播放软件才能播放对应格式的视频文件,因此有时必须将视频格式进行转换,使播放器能够识别并正常播放。在本节中将介绍的格式工厂(Format Factory)就是一款很好用的数字视频格式转换工具。

5.3.1 格式工厂简介

格式工厂能够读取和播放各种视频和音频文件,并且将它们转换为流行的媒体文件格式。它内置一个强大的转换引擎,能够快速地进行文件格式转换,可以把各种视频格式转换成手机、PDA、PSP、iPod等移动设备使用的便携视频(mp4、3gp、xvid、avi等);把各种视频转换成标准的视频格式(mp4、avi、3gp、rmvb、wmv、mkv、mpg、mov、flv等);还可以将视频转换为动画格式(gif、swf)。另外,格式工厂还可以从DVD中抓取视频到文件中,进行视频文件的合并等。除此之外,格式工厂还可以对图片和音频进行格式的转换。

启动格式工厂3.1.2版,软件主界面如图5-2所示。默认情况下,在窗口左侧显示"视频"列表框,在其中可以选择要转换的视频文件格式。如果想进行其他功能的操作(音频、图片、光驱设备\DVD\CD\ISO、高级),可以选择相应的选项卡,展开相应的列表框。

5.3.2 利用格式工厂转换视频文件格式

(1) 启动格式工厂3.1.2版,在窗口左侧的"视频"列表框中,单击选择一个需要转换的视频格式。例如,如果想将视频文件转换为MP4格式,可以单击"→MP4"按钮,如图5-3所示。

(2) 弹出一个"→MP4"对话框,在其中单击"添加文件"按钮,在弹出的"打开"对话框中选择需要转换的视频文件,然后单击"打开"按钮返回,如图5-4所示。

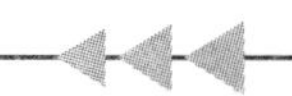

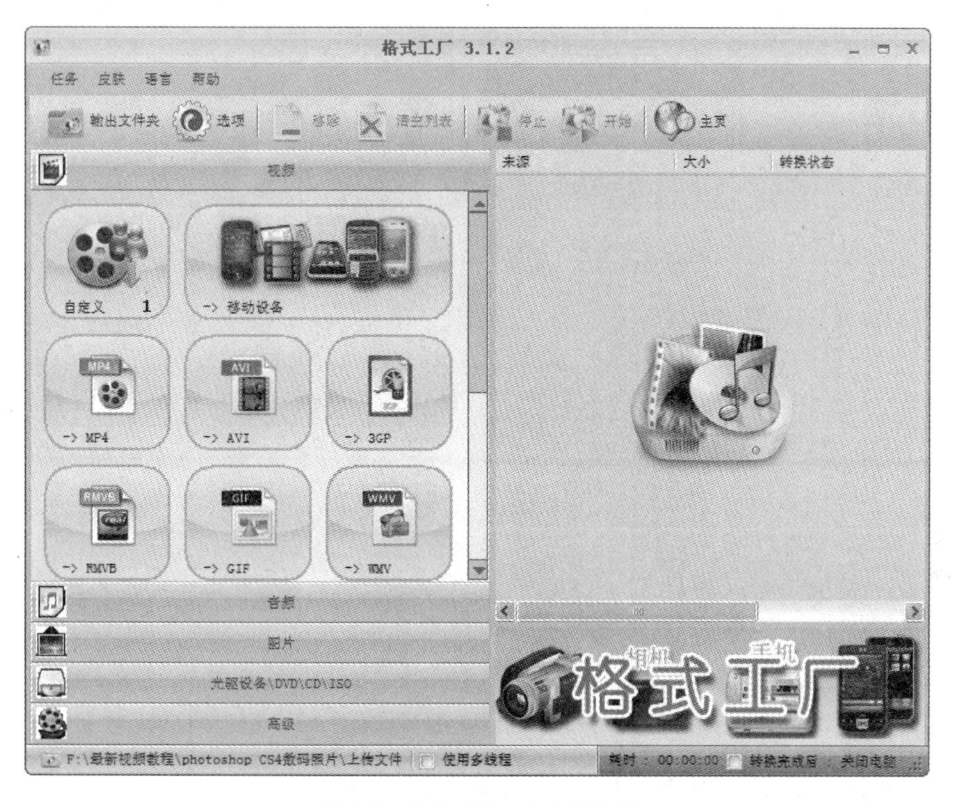

图 5-2　格式工厂 3.1.2 版界面

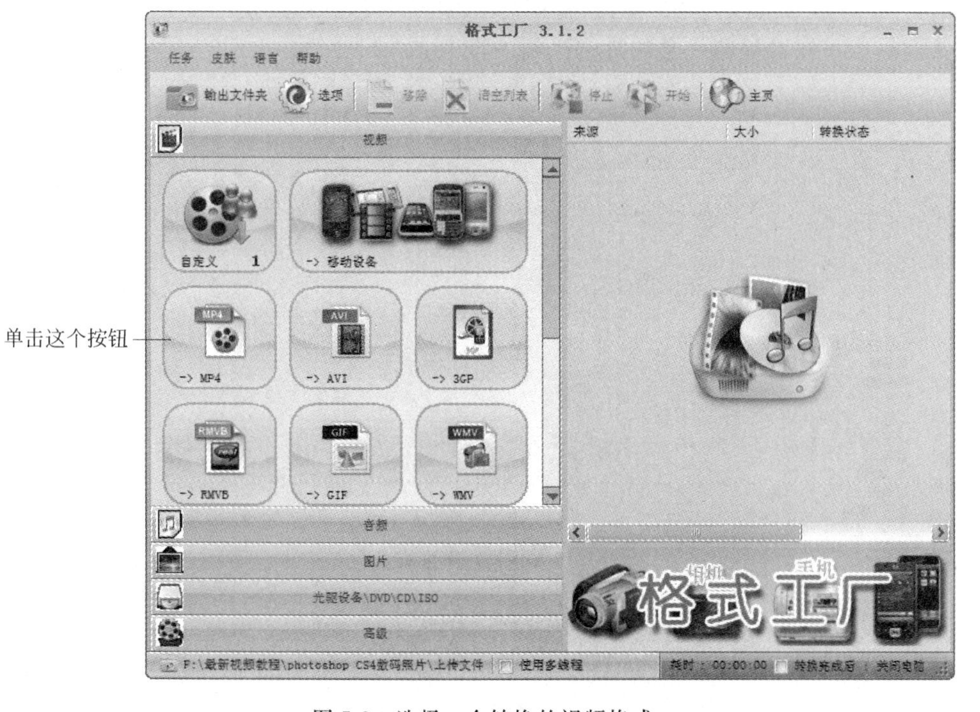

图 5-3　选择一个转换的视频格式

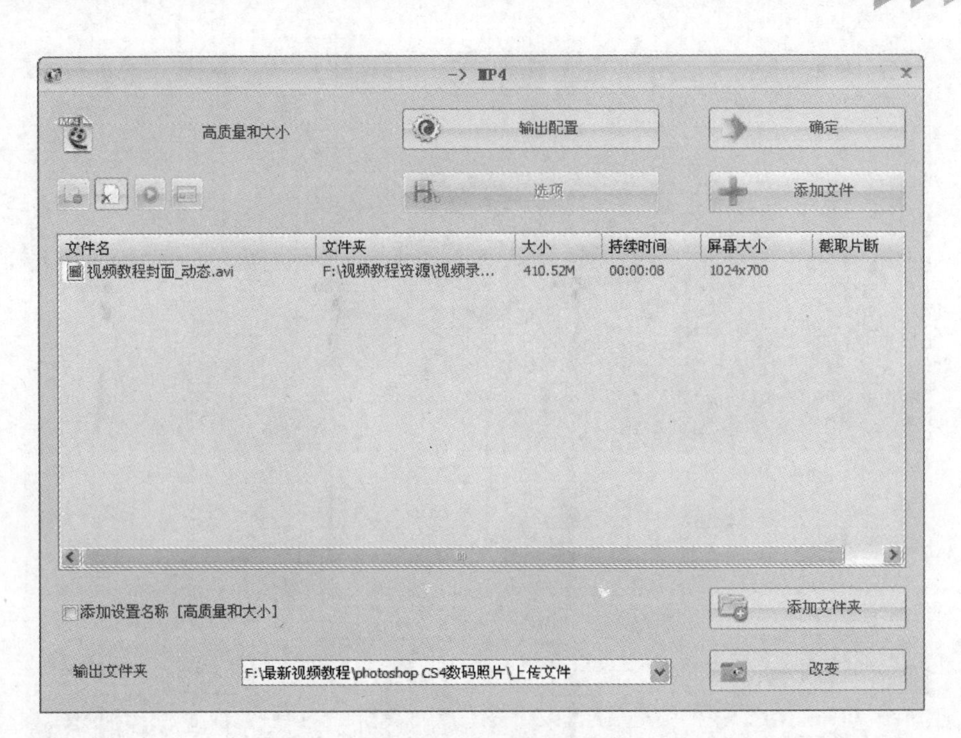

图 5-4 “→MP4”对话框

专家点拨：在“打开”对话框中可同时选择多个文件一起添加过来进行转换。也可以在“→MP4”对话框中直接单击“添加文件夹”命令将一个文件夹中的所有文件添加进来。

(3) 在“→MP4”对话框中，单击“输出配置”按钮，可以打开“视频设置”对话框，如图 5-5 所示。在其中可以对视频的参数进行详细的设置。

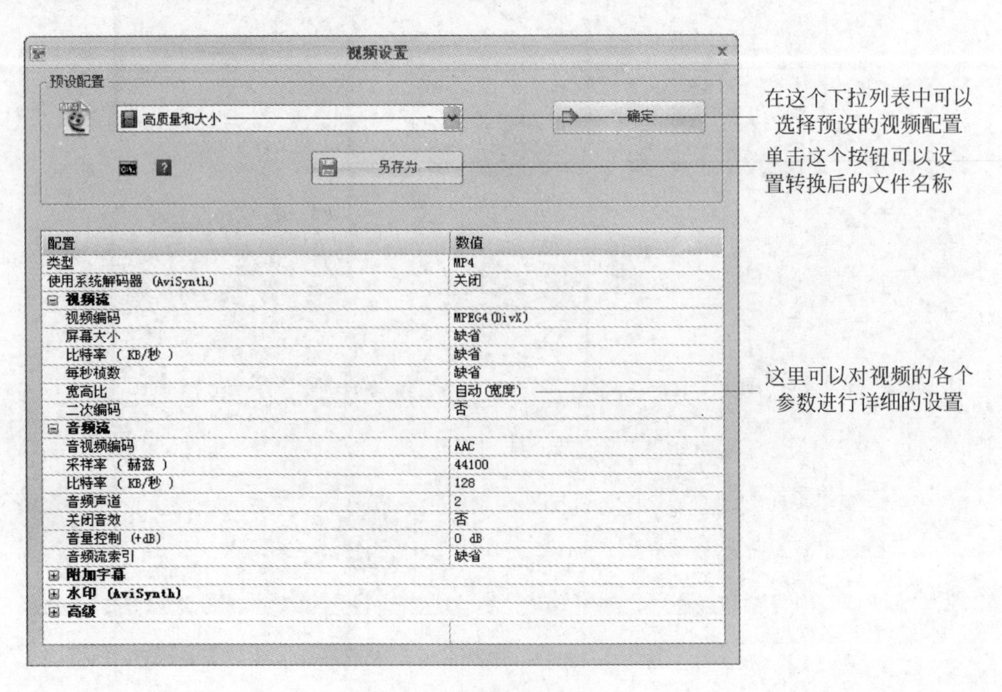

图 5-5 “视频设置”对话框

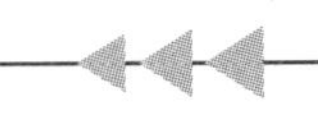

专家点拨：在“视频设置”对话框中可以给视频添加字幕或者添加水印。

(4) 在“视频设置”对话框中对视频的参数设置完成后，可以单击“确定”按钮返回到“→MP4”对话框。

(5) 在“→MP4”对话框的底部显示“输出文件夹”，如果想更改最后输出的视频文件的保存位置，可以单击“改变”按钮，在弹出的“浏览文件夹”对话框中选择一个合适的输出文件夹。

(6) 在“→MP4”对话框中设置完成后，单击“确定”按钮返回到软件窗口。单击“开始”按钮 即可进行视频格式转换工作。转换完成后系统会给出提示信息。

5.3.3　利用格式工厂抓取 DVD 视频

利用格式工厂可以直接抓取 DVD 中的视频流，还可以截取里面的部分转换成其他格式的文件保存下来。

(1) 在 DVD 光驱中插入 DVD 影碟，启动格式工厂软件，在窗口左侧的“视频”列表框中，选择“光驱设备\DVD\CD\ISO”选项卡，将相应的选项展开，如图 5-6 所示。

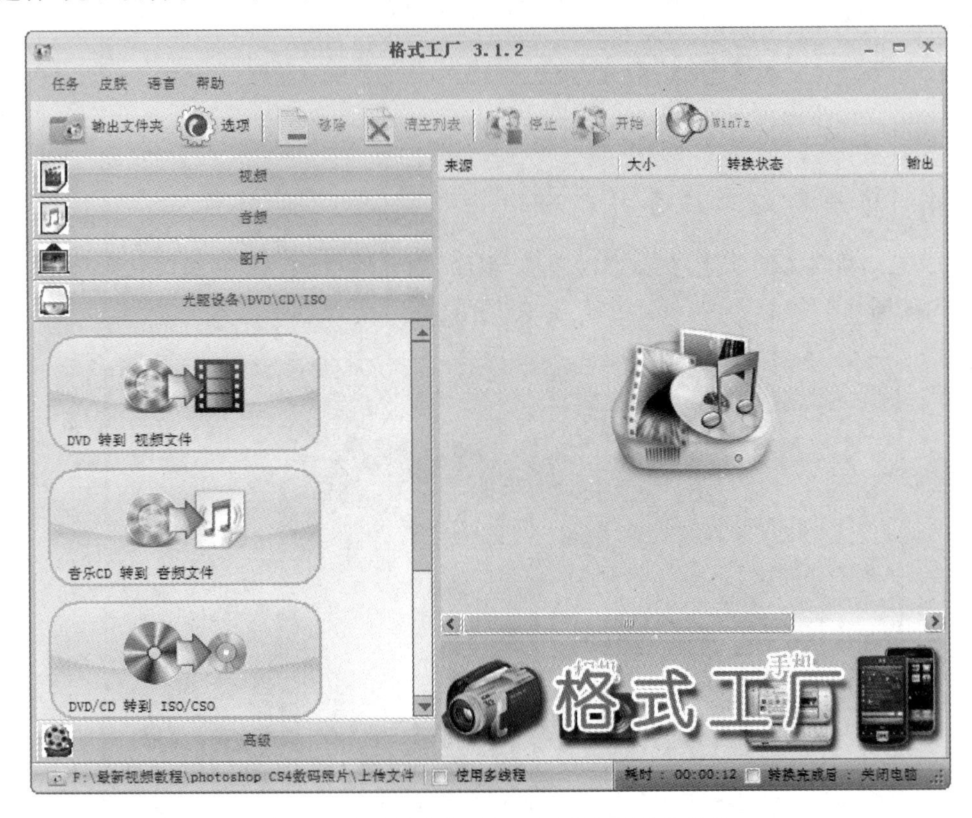

图 5-6　展开“光驱设备\DVD\CD\ISO”选项卡

(2) 单击“DVD 转到视频文件”按钮，弹出“DVD 转到视频文件”对话框，如图 5-7 所示。在其中可以截取 DVD 中的片段，可以设置要转换的视频文件的格式及参数。设置完成以后，单击“转换”按钮即可开始转换。

专家点拨：在“光驱设备\DVD\CD\ISO”选项卡中，还可以抓取 CD 中的音频，或者将 DVD 转换为 ISO/CSO。

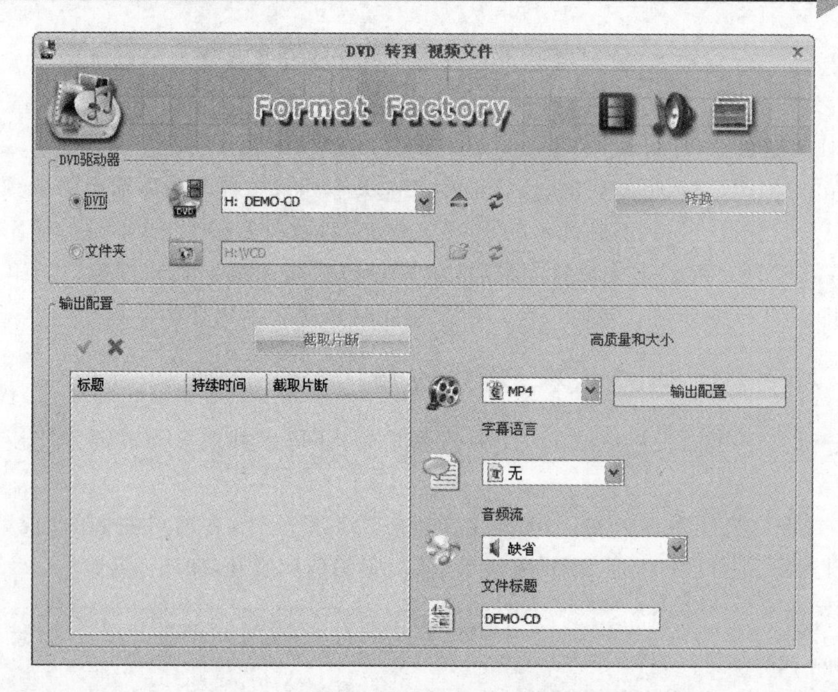

图 5-7 “DVD 转到视频文件”对话框

5.3.4 利用格式工厂合并视频

(1) 启动格式工厂软件,在窗口左侧的“视频”列表框中,单击“高级”标签,将相应的选项展开,如图 5-8 所示。

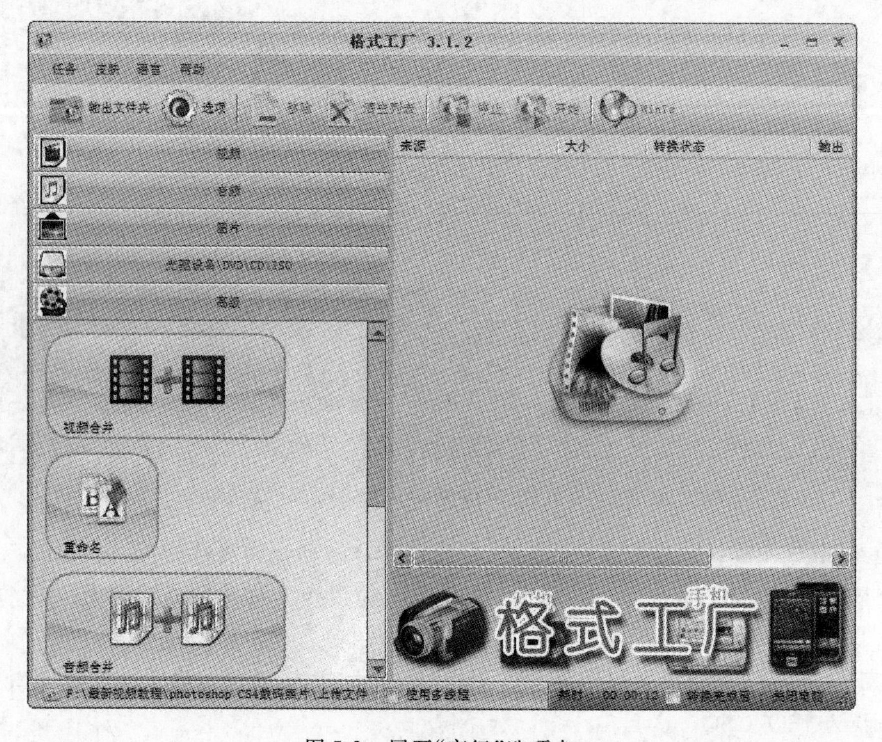

图 5-8 展开“高级”选项卡

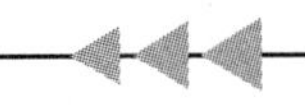

(2) 单击“视频合并”按钮,弹出“视频合并”对话框,如图 5-9 所示。

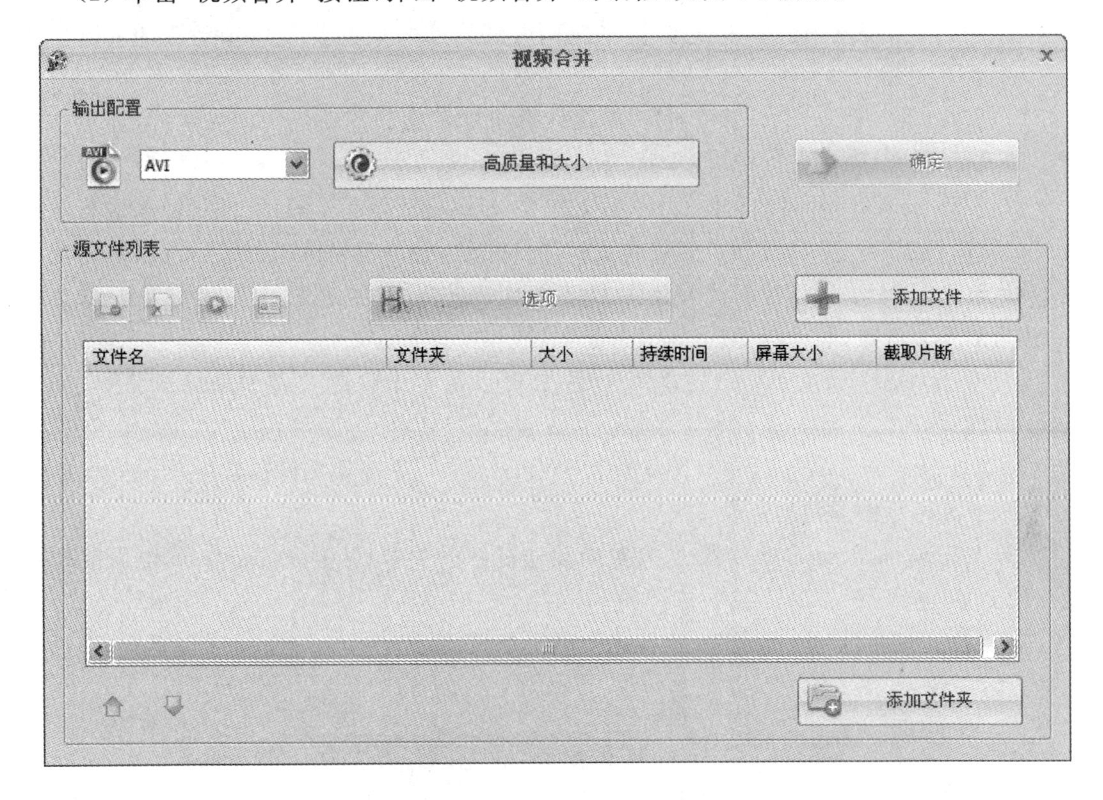

图 5-9　“视频合并”对话框

(3) 在“输出配置”栏中可以设置最后合并好的视频文件的格式。单击“添加文件”按钮可以将需要合并的视频文件添加进来。

(4) 设置完成后,单击“确定”按钮返回到软件窗口,单击“开始”按钮 即可进行视频合并工作。合并完成后系统会给出提示信息。

5.4　屏幕录像工具——Camtasia Studio

Camtasia Studio 既是一个屏幕录像工具,同时也是一款视频编辑软件。利用它可以制作出专业的视频文件,用于培训、教学、销售以及各种目的。它是展示流程、产品或想法的最佳途径。

5.4.1　Camtasia Studio 简介

Camtasia Studio 是一款享誉全球的视频制作软件,它能在任何颜色模式下轻松地记录屏幕动作,包括影像、音效、鼠标移动的轨迹,解说声音等。另外,它还具有及时播放和编辑压缩的功能,可对视频片段进行剪接、添加转场效果。它输出的文件格式很多,有常用的 MP4、AVI 及 GIF 格式,还可输出为 FLV、RM、WMV、SWF 及 MOV 格式,用起来极其顺手。通过 Camtasia Studio,可以使用灵活的屏幕录制选项,轻松地录制整个屏幕、任意窗

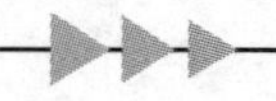

口、摄像头的视频、PowerPoint 演示文稿和更多视频。

安装完 Camtasia Studio 主程序后，系统同时还会安装如下 5 个 Camtasia Studio 应用组件。

(1) Camtasia Recorder(录像器)：捕捉计算机屏幕的动作轨迹为视频文件，还可在视频中加入标题、水印、系统标记等。

(2) Camtasia Studio(编辑器)：建立一个 Camtasia Studio 工程，可以对视频进行各种各样的编辑，包括剪切一段选区、隐藏或显示部分视频、分割视频剪辑、扩展视频帧、创建标题剪辑、自动聚焦、手动添加缩放关键帧、编辑缩放关键帧、添加标注、添加转场效果、添加字幕、快速测验和调查、画中画等。

(3) Camtasia MenuMaker(菜单制作器)：可以给多个视频文件添加导航菜单，制作 autorun 光盘。

(4) Camtasia Theater(剧场)：为多个 SWF 或 FLV 等视频文件创建可单击操作的播放列表，提高网页中视频浏览效率。

(5) Camtasia Player(播放器)：内置的独立视频播放器，可播放 Camtasia 电影制作器制作的 AVI 电影。

启动 Camtasia Studio 6 主程序，首先弹出的是“欢迎－Camtasia Studio”对话框，选择合适的方案向导，如图 5-10 所示。

图 5-10 “欢迎－Camtasia Studio”对话框

单击“屏幕录制”按钮将弹出 Camtasia Recorder(录像器)组件窗口进行屏幕捕捉。

单击“录制语音旁白”按钮将跳转到“语音旁白”页面录制声音文件。

单击“录制 PowerPoint”按钮将启动 PowerPoint 软件，将 PPT 的演示、讲解过程录制成一个视频教程。

单击“导入媒体”按钮可导入现有的媒体文件(包括视频、音频、图片等)进行编辑。

关闭此对话框，软件的主界面如图 5-11 所示。

图 5-11 Camtasia Studio 6 主程序界面

5.4.2 使用 Camtasia Studio 录制视频

Camtasia Studio 可无损地捕获计算机屏幕上的任何视频、图像、动作等，下面从应用的不同角度来介绍使用 Camtasia Studio 的屏幕录制功能。

1. 录制屏幕动作

(1) 单击主程序“任务列表”栏中的“录制屏幕”链接，弹出 Camtasia Recorder 窗口，如图 5-12 所示。

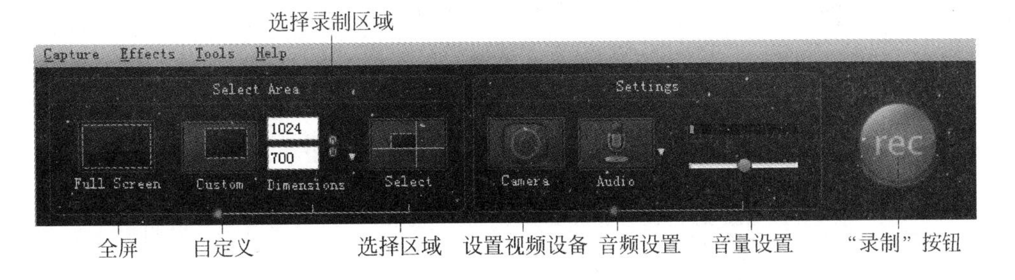

图 5-12 Camtasia Recorder 窗口

专家点拨： 也可以直接在“开始”菜单的“所有程序”中选择 Camtasia Studio 6→Applications→Camtasia Recorder 命令。

(2) 选中 Audio 项可以进行音频设置，默认“麦克风”是音频的来源，可以在录制视频时同时通过麦克风录制旁白。如果想进行其他的音频设置，可以单击 Audio 项右侧的小三角按钮，在弹出的菜单中选择 Options 命令，打开 Tools Options 对话框，在其中可以设置音频设备、来源、音量、格式等，如图 5-13 所示。完成设置后单击 OK 按钮。

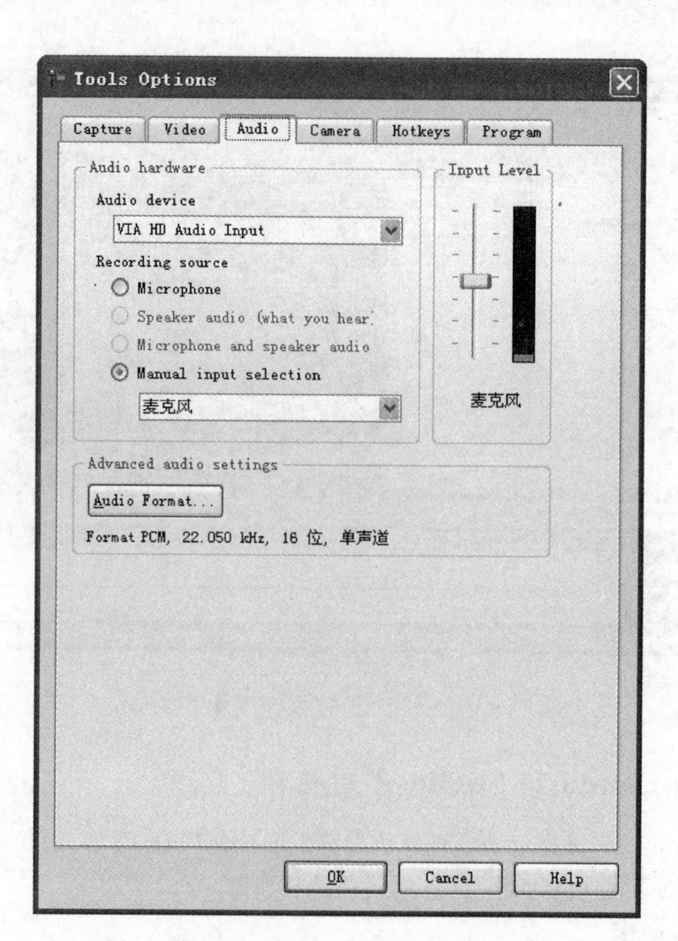

图 5-13 Tools Options 对话框

(3) 在 Camtasia Recorder 窗口中,如果选中 Camera 项,那么将录制连接到计算机的相关视频设备(如摄像头)中的内容。这里设置为不选中。

(4) 根据需要可以打开 Effects(效果)菜单,设置 Annotation(注释)、Sound(声音)、Cursor(光标)等效果。

(5) 也可以选择 Effects(效果)→Options(选项)命令,弹出 Effects Options 对话框,在其中设置 Annotation(注释)、Sound(声音)、Cursor(光标)等相应的效果,如图 5-14 所示。完成后单击 OK 按钮关闭对话框。

(6) 在 Select Area 栏中可以设置录制的目标区域,包括 Full Screen(全屏)和 Custom(自定义),其中 Custom(自定义)又可以自定义固定尺寸(Dimensions)或者自定义选择区域(Select)。

(7) 单击 Dimensions 右侧的小三角按钮,可以弹出一个列表,如图 5-15 所示。在其中可以选择一个固定尺寸的区域。如果勾选 Lock to Application 项,可以将录制区域锁定到一个应用程序窗口。

(8) 单击 Select 按钮,框选出录制区域,可以拖动区域中心的移动图标和边框控制点调整选区的位置及大小,也可以在 Dimensions 文本框中设定选区的大小。

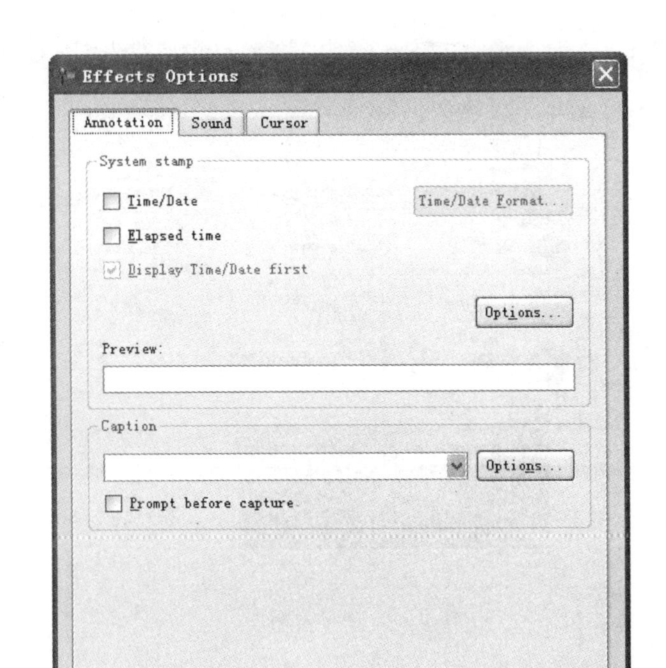

图 5-14 Effects Options 对话框

(9) 单击 amtasia Recorder 窗口中的“录制”按钮或按 F9 键开始录制视频。4 个闪烁的直角标志提示录制区域范围，录制区域下方是一个录制控制条，可随时选择暂停或停止等操作，如图 5-16 所示。

(10) 单击 Stop(停止)按钮或按 F10 键结束录制，弹出 Preview(预览)对话框，如图 5-17 所示。在其中可以播放刚才录制的视频，也可以进行保存、删除和编辑等操作。

(11) 单击 Save(保存)按钮，在弹出的 Camtasia Recorder 对话框中选择文件保存的路径及文件名。单击“保存”按钮保存录制的内容。

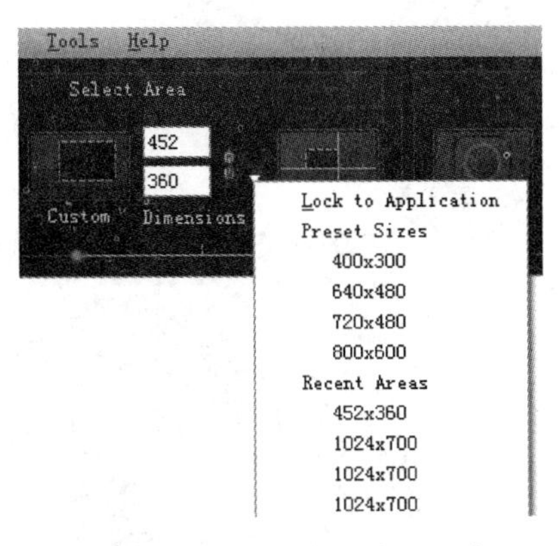

图 5-15 选择固定尺寸的区域

2. 录制 PowerPoint

(1) 在 Camtasia Studio 窗口中，选择“工具”→“选项”命令，弹出“选项”对话框，在其中单击 PowerPoint 标签，勾选“开启 PowerPoint 插件”复选框，如图 5-18 所示。

(2) 单击“确定”按钮返回 Camtasia Studio 窗口中，单击“录制 PowerPoint”命令，系统会自动启动 PowerPoint 软件。如果是第一次使用“录制 PowerPoint”功能，会弹出一个

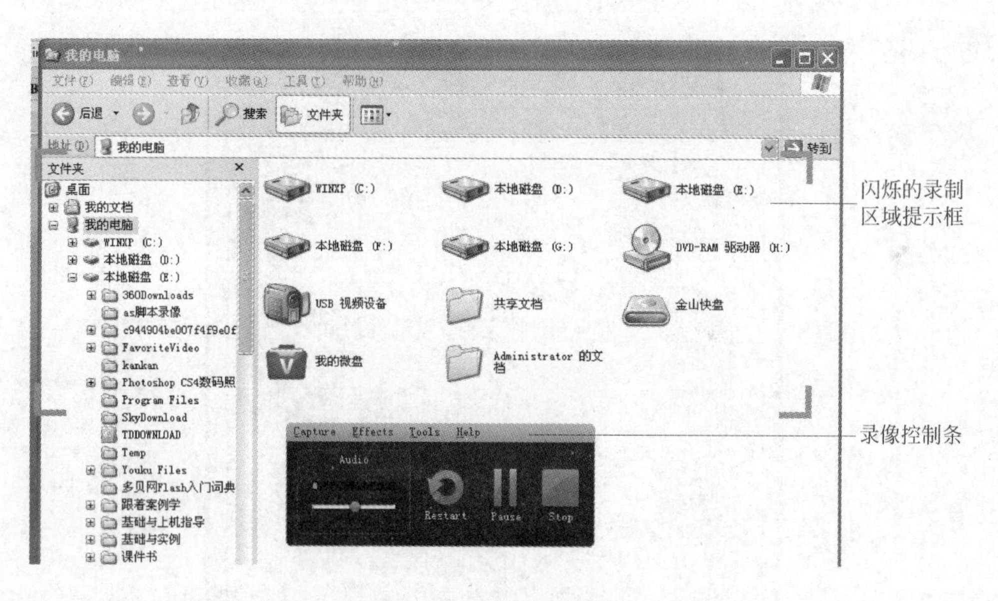

图 5-16 屏幕录制提示

图 5-17 Preview 对话框

“Camtasia Studio PowerPoint 插件”对话框，如图 5-19 所示。单击其中的链接可以学习如何录制 PowerPoint。

(3) 可以取消对“再次显示提示”复选框的勾选，下次再使用“录制 PowerPoint”功能时就不会出现这个对话框了。

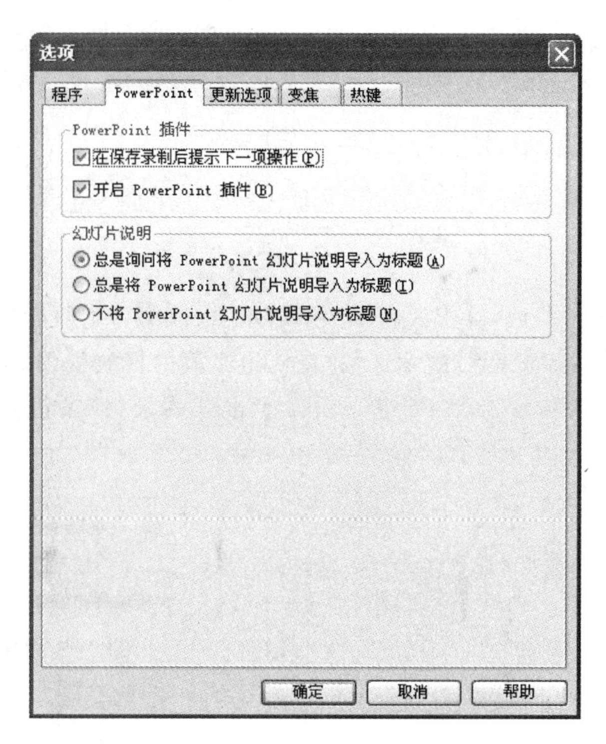

图 5-18　开启 PowerPoint 插件

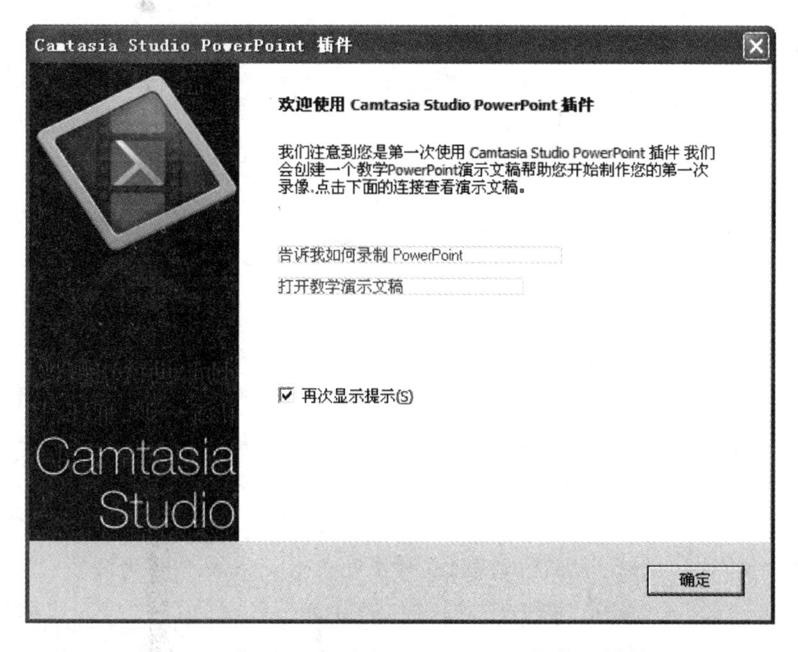

图 5-19　“Camtasia Studio PowerPoint 插件”对话框

(4) 在 PowerPoint 软件(以 PowerPoint 2007 或者 2010 版本为例)中,单击“加载项”标签,可以看到 Camtasia Add-in 插件所包含的命令,如图 5-20 所示。利用这些命令就可以录制 PPT 了,这些命令的功能如图 5-21 所示。

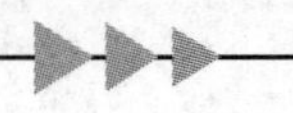

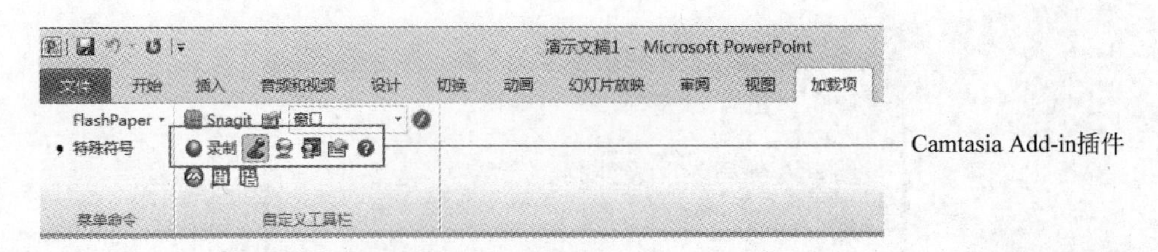

图 5-20 Camtasia Add-in 插件命令

(5) 在开始录制 PPT 前,首先要在 PowerPoint 软件窗口中打开要录制的演示文稿。然后单击"录制"按钮 录制 运行演示文稿,在演示文稿的播放视图右下角出现 Camtasia Studio 录制提示框,调整麦克风的音量,单击"点击开始录制"按钮开始录制,如图 5-22 所示。

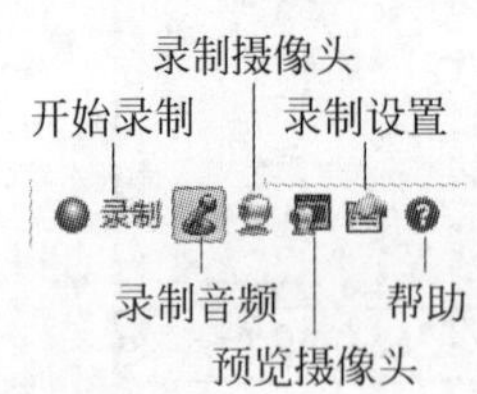

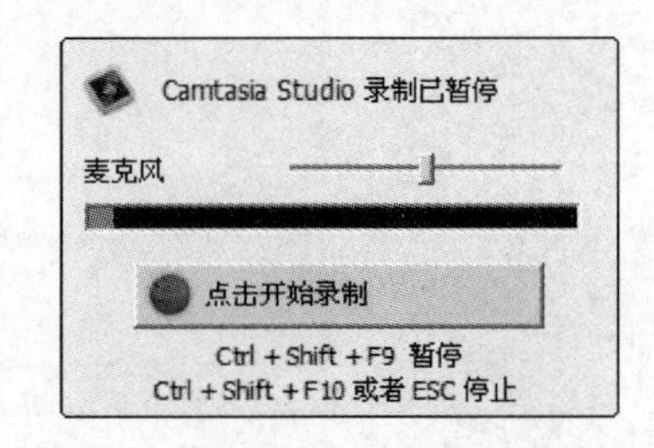

图 5-21 "Camtasia Studio PowerPoint 插件"的功能　　图 5-22 Camtasia Studio 录制提示框

(6) 当演示文稿运行到最后一张幻灯片时,弹出"Camtasia Studio PowerPoint 插件"提示框,单击"停止录制"按钮停止并保存录制文件。如果选择"继续录制"将继续录制接下来的屏幕操作,直到单击"停止录制"按钮为止。

5.4.3 使用 Camtasia Studio 编辑视频

使用 Camtasia Studio 还可以进行视频的编辑制作。基本流程是:素材的"添加"→视频的"编辑"→影片的"生成"。

1. 添加媒体素材

添加在 Camtasia Studio 项目中的素材可以是由 Camtasia 录制的屏幕录像文件,也可以是从外部导入的音视频文件及图像文件等。另外,可以利用 Camtasia Studio 软件直接制作标题剪辑,还可以直接录制语音旁白、录制摄像头等。

专家点拨:"语音旁白"和"录制摄像头"一般用在为已有的视频剪辑配旁白或视频说明,因此可以在编辑时边播放视频边录制,这样能使各种效果配合得更好。

(1) 启动 Camtasia Studio 主程序,选择"任务列表"→"添加"→"导入媒体"命令,将需要的视频、音频、图片等媒体文件导入到"剪辑箱"中。

(2) 选择"任务列表"→"添加"→"标题剪辑"命令,在"标题剪辑"页面中制作背景图、文本等信息,如图 5-23 所示。单击"确定"按钮即完成了"标题剪辑"的制作。

(3) 在"剪辑箱"中选定素材文件,右击,在弹出的快捷菜单中选择"添加到时间轴"命令。

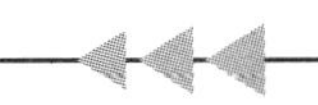

图 5-23　添加“标题剪辑”

在添加第一个可视媒体素材时，会弹出“项目设置”对话框，为当前的电影方案选择一个预设或自定义的电影尺寸，如图 5-24 所示。直接将“剪辑箱”中的媒体拖放到时间轴，同样可以添加媒体到影片方案中。

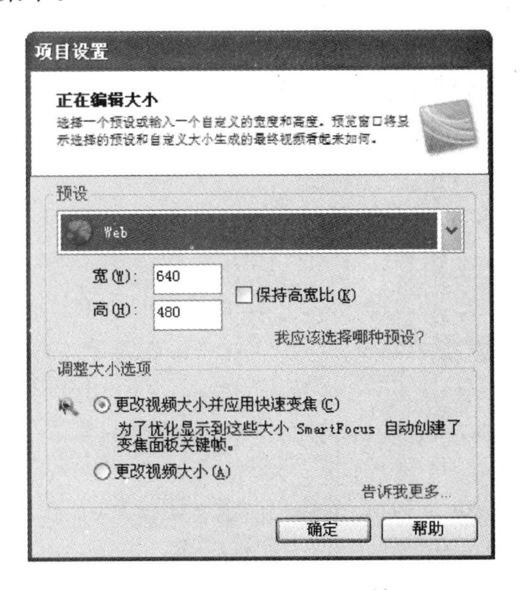

图 5-24　“项目设置”对话框

专家点拨：使用拖放的方式添加素材，时间轴上必须已经有相应的轨道才能顺利添加。单击时间轴上方的“轨道”按钮，在弹出的菜单中单击未选中的轨道名称，相应轨道就能显示在时间轴上了。

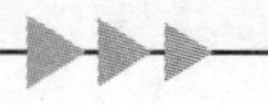

2. 视频的基本编辑

利用时间轴中的右键菜单和工具栏可以对已添加到时间轴的视频、音频剪辑进行一些基本编辑处理。

1）裁剪

裁剪是视频编辑最常见的操作,其操作步骤如下所述。

(1) 借助预览窗口,拖动鼠标在时间轴上选取一段需要裁剪的媒体剪辑。

专家点拨：如果时间轴上有多个轨道,处于该时间段的所有轨道上的剪辑均会被选中。单击轨道前的蓝色小锁可将此轨道锁定,被锁定的轨道将无法执行任何的编辑操作。

(2) 单击时间轴工具栏中的"剪切"按钮 ,或者在选区中右击,在弹出的快捷菜单中选择"剪切选区"命令,所选区域将被剪切。如果执行"裁剪选区"命令,则未选区域将被删除。选择"从时间轴移除"命令将删除整个轨道上的剪辑内容,如图 5-25 所示。

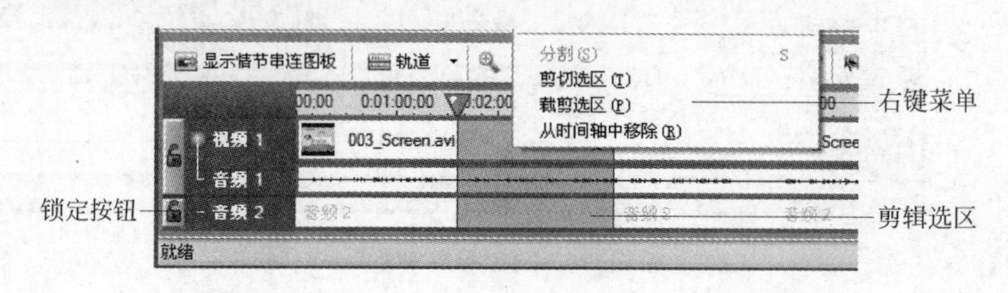

图 5-25　时间轴

2）分割

分割是将一个视频分割成两段独立的视频。分割的操作步骤如下所述。

(1) 将播放头定位在需要分割的时间位置。

(2) 单击时间轴工具栏的"分割"按钮 即可。或者在弹出的右键菜单中选择"分割"命令。

3）改变剪辑速度

改变剪辑速度的操作步骤如下所述。

(1) 在视频轨道的选区右击,在弹出的快捷菜单中选择"剪辑速度"命令。

(2) 在弹出的"剪辑速度"对话框中,输入更改速度的百分比参数,数值超过 100%为加速,即快放效果;反之为减速慢放效果。

4）伸展帧

如果需要某一个视频画面静止一段时间,可以使用伸展帧功能。伸展帧的操作步骤如下所述。

(1) 右击需要延长帧的轨道,在弹出的快捷菜单中选择"伸展帧"命令。

(2) 在弹出的对话框中输入"持续时间"的秒数,单击"确定"按钮。

5）编辑声音效果

编辑声音效果的操作步骤如下所述。

(1) 在相应的音频轨道上选取一段声音。

(2) 分别单击时间轴工具栏中的 等音频操作按钮,即可达到"淡入"、"淡出"、"增大音量"、"减小音量"、"静音"、"音频增强"等效果。

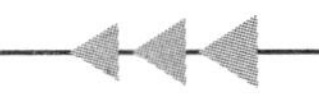

3. 缩放局部画面

Camtasia Studio 提供了自由缩放视频局部画面的功能。利用这个功能，可以随时缩放视频画面上的特定区域，更加清晰地展示画面效果。

(1) 将时间轴的播放头定位在需要缩放的画面位置。

(2) 选择“任务列表”→“编辑”→“缩放”命令。

(3) 在跳转到的“变焦面板属性”页面中，调节“比例”滑块和“持续时间”滑块，如图 5-26 所示。“持续时间”设置得越长，缩放变化得越慢，效果也越自然。

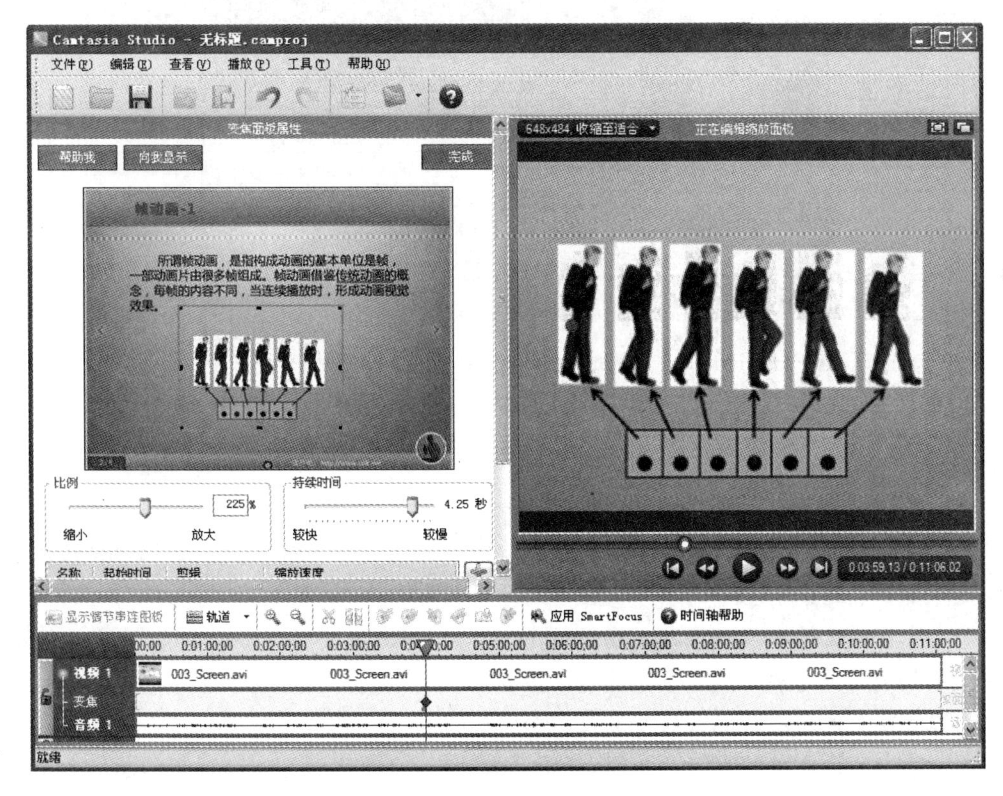

图 5-26　“变焦面板属性”页面

(4) 移动蓝色的缩放框可以调整缩放后显示的画面内容，单击“完成”按钮返回并应用。

4. 添加视频过渡效果

视频过渡效果是在视频剪辑之间创建的，也就是说视频轨道上必须有两个或两个以上的视频剪辑才可以添加视频过渡效果。

(1) 选择“任务列表”→“编辑”→“过渡效果”命令。

(2) 跳转到“过渡”页面。“时间轴”视图自动切换为“电影胶片”视图。

(3) 在过渡效果列表中双击一种过渡效果，可以在预览窗口中预览到视频过渡的效果。

(4) 选择一种过渡效果，右击，在弹出的快捷菜单中选择正确的剪辑名称以应用效果(也可以直接拖动到“电影胶片”的两个剪辑中间)，如图 5-27 所示。

(5) 单击“完成”按钮返回。

5. 添加视频字幕

利于 Camtasia Studio 的添加字幕的功能，可以给视频添加具备同步播放效果的文字说

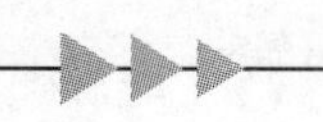

图 5-27 “过渡”页面

明,增强视频的表现力。

(1) 选择“任务列表”→“编辑”→“标题”命令。

(2) 跳转到“打开标题”页面。单击并选中工具栏“选项”中的“覆盖”和“显示”按钮。

专家点拨: 选中“覆盖”选项可以使字幕覆盖在视频上面,反之则在视频下方显示。

(3) 从其他文件中复制字幕文字。单击工具栏“同步文本和音频”中的“粘贴”按钮,将字幕粘贴到脚本文本框中,如图 5-28 所示。

专家点拨: 如果没有现成的字幕文字,可手动进行添加。

(4) 单击工具栏中的“开始”按钮,开始播放视频,以便达到文本与音频的同步效果。

(5) 当视频播放到下一句字幕时,单击脚本中的相应的文本行,即可在该脚本行前添加播放的时间。

(6) 如果字幕中有缺漏(或没有现成的字幕),播放停止后,可单击预览窗口中的“播放”按钮重新播放。在需要添加字幕的时候单击工具栏中的“添加”按钮,脚本文本框将会添加一个当前时间的字幕点,并自动暂停播放。手动添加字幕文字后单击预览窗口中的“播放”按钮继续播放,以便继续添加其他的字幕。

(7) 单击“完成”按钮结束字幕添加。

6. 添加批注

可以在视频中添加一些图文批注,以增强视频的可读性。

(1) 选择“任务列表”→“编辑”→“批注”命令,打开“批注属性”页面。

(2) 单击“添加一个批注”按钮 ,在“类型”下拉列表中可以选择一个批注类型,在“旋转”下拉列表中可以选择一个显示方向,另外,还可以根据需要设置批注图形的填充色和边框色。这时,视频预览窗格中会显示批注图形,如图 5-29 所示。

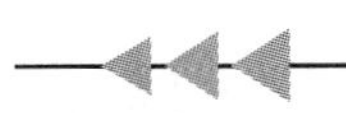

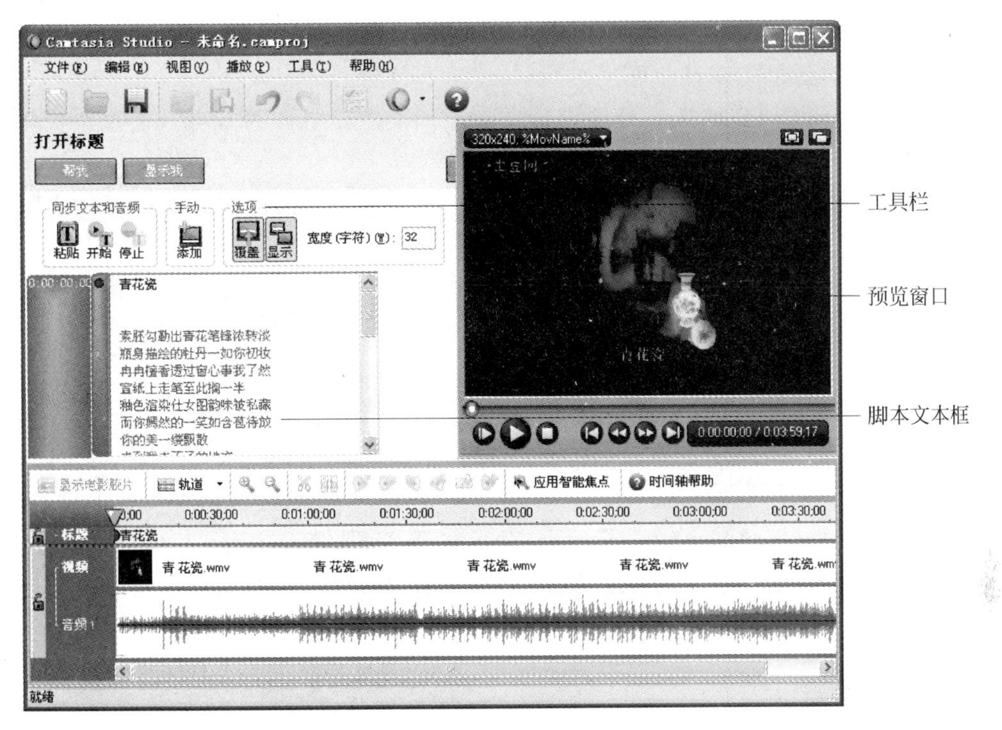

图 5-28 “打开标题”页面

图 5-29 “批注属性”页面

(3) 如果想插入自定义的图形作为批注,可以单击“自定义批注”按钮,在弹出的“自定义批注管理器”对话框中设置即可。

(4) 在文本域中可以输入在批注图形中显示的文本信息。并且可以设置这些文本的格式。

(5) 在“属性”栏中可以设置批注显示的属性,包括淡入、淡出效果、尺寸、不透明度等。

(6) 设置完成后,单击“完成”按钮。这时,时间轴中会出现一个“批注”图层,上面会显示一个批注标志,如图 5-30 所示。如果想增加批注显示的时间,可以用鼠标拖动批注标志拉长它的尺寸。

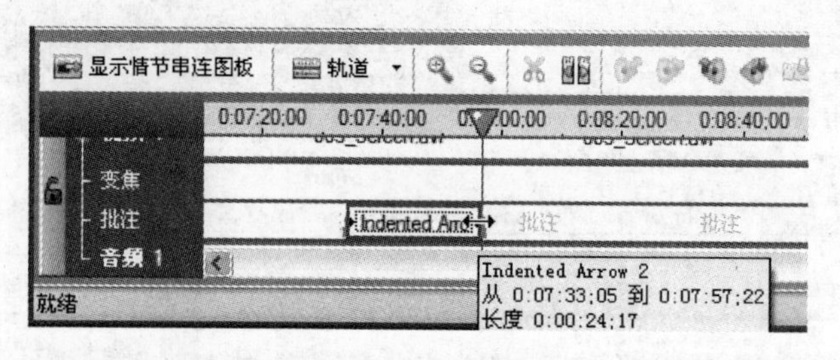

图 5-30　批注标志

7. 影片的生成

影片的生成是最后一个步骤。一般情况下,会将影片生成为 MP4、FLV、AVI、SWF、WMV 等格式的文件。

(1) 选择“任务列表”→“生成”→“生成视频为”命令。打开视频的“生成向导”。

(2) 选择一种生成视频格式的方案,一般选择和最初预设的方案相同的设置。如果要选择其他的方案设置,有可能会出现编辑预览的视频和最终生成的视频外观上有所不同。

(3) 根据屏幕提示信息,按照自己的需要进行必要的设置后,分别单击“下一步”按钮。

(4) 最后为生成的视频文件选择一个文件名及保存文件夹。

(5) 单击“完成”按钮开始渲染生成视频。

(6) 渲染完成后显示最终的生成结果,并开启视频预览窗口。

5.5　基于 Premiere 的视频处理技术

Premiere 是 Adobe 公司开发的非线性视频编辑软件,运行在 Windows 环境中,专门用于对视频信息的后期编辑,有“电影制作大师”之称。

Premiere 的重要版本如表 5-1 所示。版本选择如表 5-2 所示。

表 5-1　重要版本

版本号	意　义
Premiere Pro 2.0	历史性的版本飞跃,奠定了 Premiere 的软件构架和全部主要功能。第一次提出了 Pro(专业版)的概念。从此以后 Premiere 多了 Pro 的后缀并且一直沿用至今
Premiere Pro CS3	加入了 Creative Suite(缩写 CS)Adobe 软件套装,更换了版本号命名方式(CS×),空前整合的动态链接

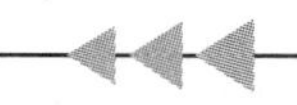

续表

版本号	意　义
Premiere Pro CS5	原生 64 位程序，大内存多核心极致发挥；水银加速引擎(仅限 Nvida 显卡)，对支持加速的特效无渲染实时播放
Premiere Pro CS6	软件界面重新规划，删掉了大量的按钮和工具栏，去繁从简，推崇简约设计，但一些老用户对此颇有微词
Premiere Pro CC	创意云 CreativeCloud，内置动态链接；继续加强界面设计，水银加速引擎新增支持 AMD 显卡；原生官方简体中文语言支持

表 5-2　版本选择

版本区间	适用系统	
2.0～CS4	Windows XP	Windows 7/8(32b)
CS5～CC	Windows 7 (64b)	Windows 8(64b)

在使用 Premiere 软件时，从版本选择上来讲，64 位软件版本是首选。Adobe 在 CS6 重新改良了软件内核，高版本带来的性能优化和提速非常明显，如果显卡支持水银加速或破解了水银加速，会获得更优秀的实时性能。从 Premiere 教学方面，为了兼容更多的低系统配置的计算机，这里选择 Premiere Pro 2.0。虽然软件版本比较低，但是并不影响实际教学内容的举一反三。

5.5.1　Premiere 制作电影的流程

Premiere 是功能强大的电影编辑软件，能将视频、图像、声音等素材整合在一起，制作出效果丰富的电影视频。

Premiere 是以 Project(项目)为基础进行电影的制作，项目中记录了用户在 Premiere 中所有的编辑信息，例如素材信息、编辑信息、特效信息等。一般情况下，利用 Premiere 制作电影按照以下流程进行。

新建项目→输入素材→装配和编辑素材→添加特效→添加声音→添加字幕→输出电影。

1. 新建项目

这是一个非常重要的步骤，初始的项目设置好坏关系到一个电影制作的成败，关系到输入素材和输出电影的播放环境。在一般情况下，完成项目的初始设置后，不可能对它进行大的修改，因此，一定要对初始项目加以足够的重视。

2. 输入素材

这个步骤将制作电影所需要的视频、图像、声音等素材输入到 Premiere 的素材库。

3. 装配和编辑素材

这个步骤是将输入的素材按照电影的需求，分别拖放到时间线窗口中进行拼接。

4. 添加特效

这个步骤是为了增强电影的表现效果，主要包括给视频添加转场特效、滤镜特效、叠加与运动特效等操作。

5. 添加声音

这个步骤是给电影添加声音效果,包括给视频添加解说词、音乐、声效等。

6. 添加字幕

这个步骤是给电影添加字幕,可以是静态字幕也可以是动态字幕效果。

7. 输出电影

这是最后一个步骤,将编辑好的电影输出为需要的视频格式。

5.5.2 新建项目

下面介绍新建项目、设置项目参数、Premiere Pro 2.0 软件工作环境等方面的内容。

(1) 运行 Premiere Pro 2.0,出现如图 5-31 所示的欢迎窗口。

在这个窗口中,共分为两个部分,一个是 Recent Projects(最近打开的项目)部分,在这里会出现最近使用的 Premiere 文件,在默认情况下,它最多可以显示最近使用的 5 个项目文件。可以从这里直接打开它们,起到节约时间、便于定位的作用。第二部分是窗口下面的三个图标按钮,分别是"新建项目"、"打开项目"和"帮助"。

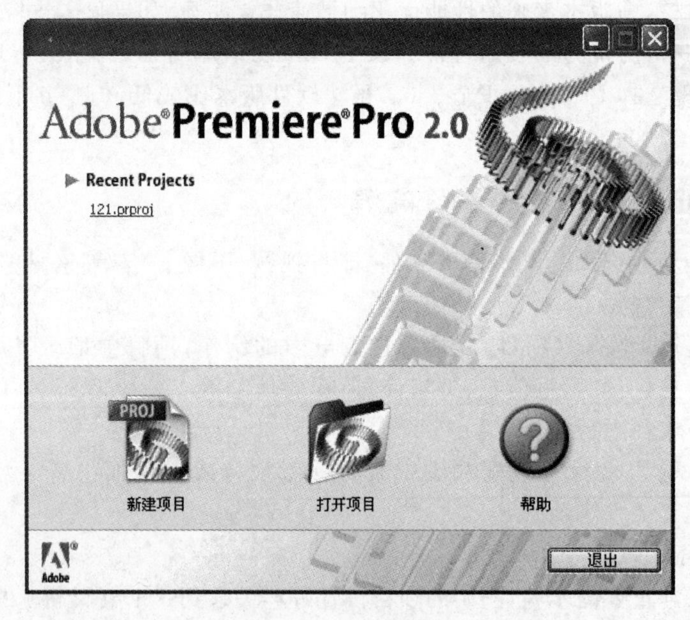

图 5-31 欢迎窗口

(2) 这里单击"新建项目"按钮,打开一个新项目,进入"新建项目"窗口。在该窗口中共有两个选项卡:"装载预置"和"自定义设置",如图 5-32 所示。

在"装载预置"选项卡中,共有 6 种类型的 21 种选择,这些选择中的设置都是在出厂时就已经设置好的。一般情况下选择 DV-PAL 类的 Standard 48kHz 或 Standard 32kHz 标准,这是中国和欧洲通用的两种最平常的 DV(数字视频)标准。当选中了一种类型的设置后,在它的右侧偏上位置的"描述"区域会出现对这种类型的设置的基本描述,在"描述"区域下方的区域会显示出这种设置的具体参数,各项参数非常详细。

(3) 单击"自定义设置"标签切换到相应的界面。分别单击左侧的 4 个选项:"常规"、"采集"、"视频渲染"和"默认时间线",可以在右侧打开相应的选项进行设置或查看。默认打

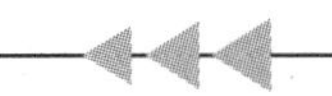

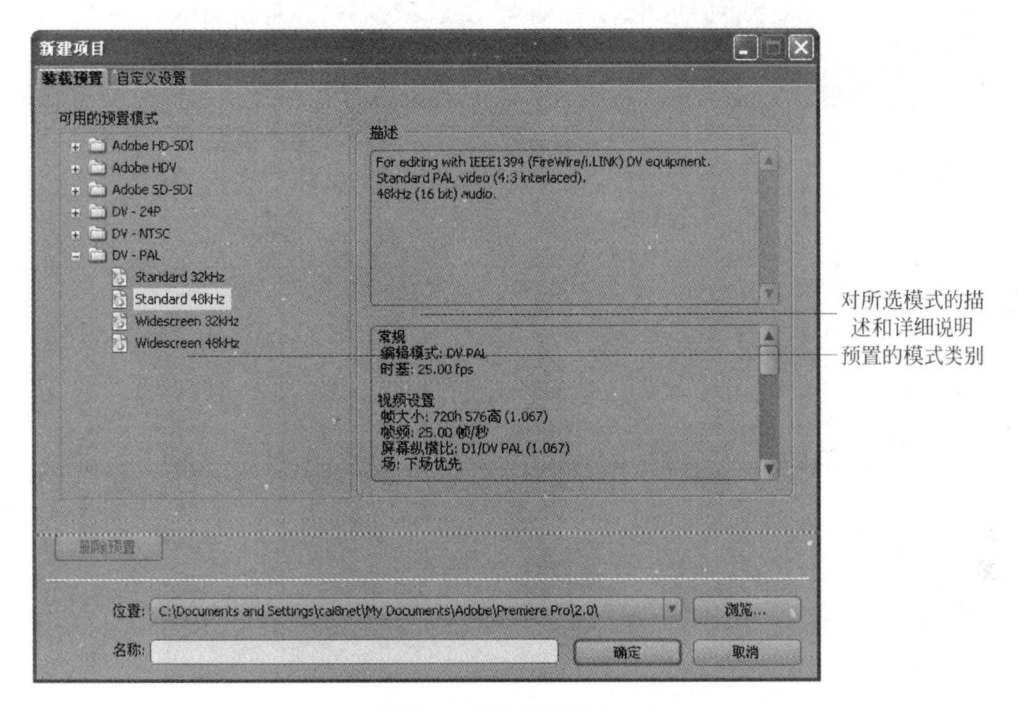

图 5-32 “新建项目”窗口

开的是“常规”选项的各项设置。

这里在“常规”选项对应的右侧，选择适合于将要制作的电影的参数。在“常规”选区，在“编辑模式”下拉列表框中选择 Desktop，在“时间基数”下拉列表框中选择“25.00 帧/秒”，设置电影每秒播放 25 帧，这样可以符合 PAL 制式的要求。

在“视频”选区，将“屏幕大小”的宽和高分别设置为 720 和 480 像素，在“屏幕纵横比”下拉列表中选择 D1/DV PAL(1.067)，在“场”下拉列表中选择“无场(向前扫描)”，其他参数都保持默认设置。

在“音频”选区，将“样品速率”设置为 32kHz。选择的音频采样率越高音质越好，但同时占用的存储空间也随之变大，在这里应用 32kHz 的采样率就足够了。

最后，在“位置”和“名称”参数项处设置项目保存的路径和项目名称，如图 5-33 所示。

(4) 单击“确定”按钮，就新建了一个项目 5-4-1.prproj，出现 Premiere Pro 主界面，如图 5-34 所示。

Premiere Pro 界面中主要包括“项目”窗格、“监视器”窗格、“时间线”窗格、“特效”面板和工具箱等，可以根据需要调整窗格的位置或者关闭窗格。

项目窗格主要用于放置输入的多媒体素材，以及对这些素材进行管理。

“监视器”窗格显示为双窗格模式，左侧是“来源”窗格，右侧是“节目”窗格。“来源”窗格可以显示各素材的情况，双击“项目”窗格中的素材文件或“时间线”窗格中的素材文件，都可以在“来源”窗格中打开该素材进行观看。在“来源”窗格中对素材进行观看，比在“项目”窗格的预览窗格中对素材进行预览清晰、方便得多，并且可以进行各种操作。节目窗格主要是用来播放和编辑“时间线”窗格中各序列的文件。

“时间线”窗格是 Premiere Pro 中最重要的一个窗格，大部分编辑工作都在这里进行，

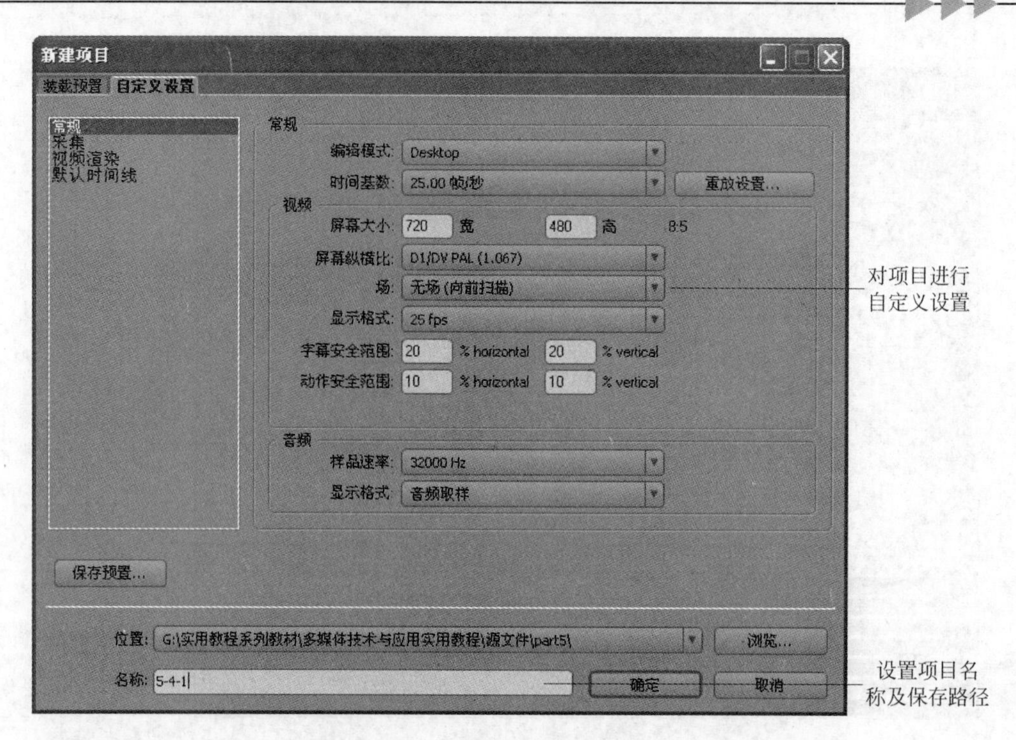

图 5-33 “自定义设置”选项卡

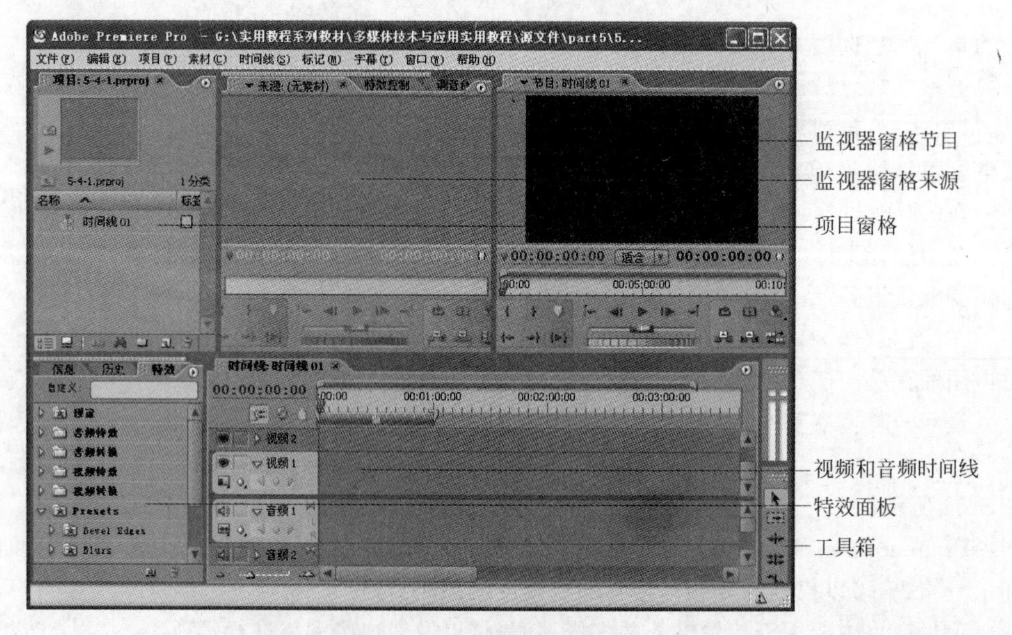

图 5-34 Premiere Pro 主界面

用于合理组合多媒体素材,加上各种特效、过渡、字幕效果,以形成一部完整的作品。

“特效”面板里面包含音频、视频以及它们之间转换的各种特效,在对“时间线”窗格中的素材添加各种特效时需要使用这个面板。

工具箱中提供了一些实用的编辑工具,利用这些工具可以对项目中的各种对象进行编辑和处理。

5.5.3　输入素材

将外部多媒体素材输入到项目中是制作电影的基础。另外，如果项目中使用了大量的素材，素材管理是很重要的，科学的管理和分类方法，可以在使用素材时节省时间和精力。

下面将要导入一些滑雪运动的素材，包括声音文件、图像文件和视频文件，并且对这些素材进行归类管理。

选择"文件"→"输入"命令或按 Ctrl+I 键，可以打开"输入"对话框，如图 5-35 所示。在"查找范围"文本框中选择适当的文件夹。在默认情况下，"文件类型"文本框中显示的是"所有支持文件"，这样可以显示出所有能够导入到项目文件中的素材文件类型。选中某个素材后，单击"打开"按钮可以将素材文件导入到"项目"窗格中，如图 5-36 所示。

图 5-35　"输入"对话框

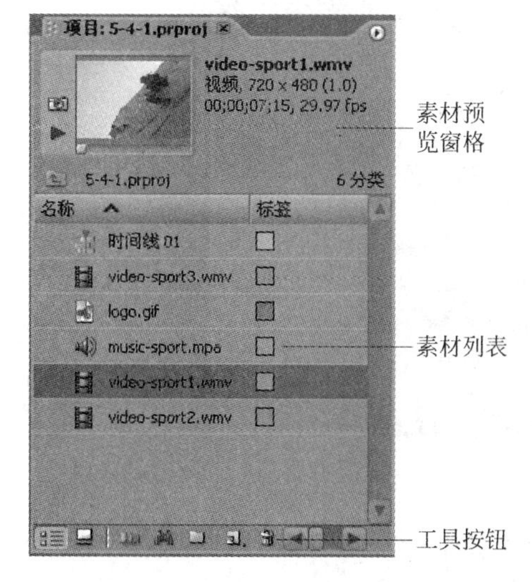

图 5-36　"项目"窗格

在"项目"窗格的下面有一排快捷工具按钮，单击相应按钮，可以快速完成在该窗格中的一些常用操作。

(1)"列表"(List)按钮：项目窗格中的素材可以以文字列表的方式排列。

(2)"图标"(Icon)按钮：项目窗格中的素材可以以图标的方法排列。

(3)"自动适配时间线"(Automate to Sequence)按钮：可以将选中的素材或素材文件夹按次序加入到"时间线"窗格的序列中。

(4)"查找"(Find)按钮：可以打开"查找"对话框查找相关素材，这个功能对于素材较多的情况时非常有用。

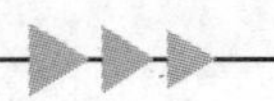

(5)“文件夹”(Bin)按钮：可以在“项目”窗格中建立新的素材文件夹，使用它可以进行素材文件的分类管理。它的使用方法和普通的Windows文件夹的操作方式相同。

(6)“新建分类”(New Item)按钮：单击该按钮，可以打开对应的下拉列表框，在里面可以选择建立序列、故事板、字幕、素材夹、彩条、黑屏、倒计时等类别。

(7)“清除”(Clear)按钮：可以将“项目”窗格中选中的素材快速删除。

如果导入到“项目”窗格中的素材比较少，不用将它们进行归类管理，只需要将它们并列存放即可。如果导入该窗格中的素材比较多，由于项目窗格的大小有限，不可能将所有的素材完全显示出来，这给使用素材造成了比较大的麻烦，这时可以用建立素材文件夹的方法把它们进行归类管理。

如果在“项目”窗格中选中了某个素材，那么在上方的预览窗格中可以看到它的预览图，如果是视频文件还可以进行播放。在预览窗格的右侧，是一些关于该素材的基本信息，包括文件类型、大小、长度、使用次数等。

专家点拨：如果需要编辑的视频素材还没有被采集到计算机中，可以选择“文件”→“采集”命令，打开“采集”窗口，在其中进行视频的采集。

5.5.4 装配和编辑素材

“时间线”窗格是进行后期编辑的最主要的窗格，几乎所有的工作都在“时间线”窗格中完成。下面介绍如何将“项目”窗格中的素材拖放到“时间线”窗格中，以及如何对它们进行拼接和剪裁等编辑操作。

1. 拼接素材

制作电影时，往往需要将两个或更多的视频片段拼接在一起，形成一个完整的电影。

(1) 将“项目”窗格中的video-sport1.wmv素材文件拖到“时间线”窗格的“视频1”轨道中，并让它的左边与“时间线”窗格的左边对齐。

(2) 将“项目”窗格中的video-sport2.wmv素材文件拖到“时间线”窗格的“视频1”轨道中，并让它的左边紧贴素材video-sport1.wmv的右边，如图5-37所示。

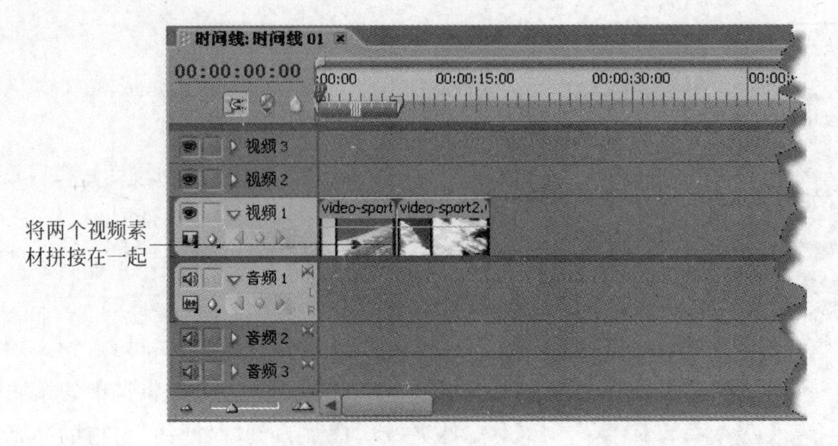

图5-37 拼接素材

专家点拨：为了让读者看清图5-37中的效果，这里选择了工具箱中的“缩放工具”对轨道上的素材进行了适当的放大操作。

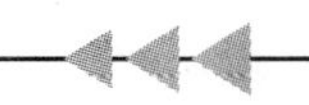

(3) 单击“节目监视器”窗格中的“播放”按钮，可以看到两段视频素材拼接在了一起。

(4) 选择“时间线”→“渲染工作区域”命令(或者按 Enter 键)，弹出“渲染”对话框，其中显示正在对时间线上的素材进行渲染的进程，如图 5-38 所示。等渲染结束后这个对话框将自动关闭，然后单击“节目监视器”窗格中的“播放”按钮，就可以查看到电影的最终预览效果了。

2. 剪裁素材

制作电影时，如果只需要某个视频素材的一部分片段，可以在“来源监视器”窗格中指定所需要的素材片段。指定的片段由视频素材的入点(起始帧的位置)和出点(结束帧的位置)决定，改变入点和出点位置的过程被称为剪裁素材。

(1) 在“项目”窗格中双击 video-sport3. wmv 素材文件，这个素材就显示在“来源监视器”窗格中了。单击“播放”按钮，可以在窗格中播放素材，也可以拖动滑块进行正向或者反向的播放，以观看素材。反复观看以确定素材的入点和出点位置。

(2) 拖动滑块，在“00;00;00;22”位置，单击“设定入点”按钮，确定素材片段的入点位置。当前显示的这一帧为该素材的入点，如图 5-39 所示。

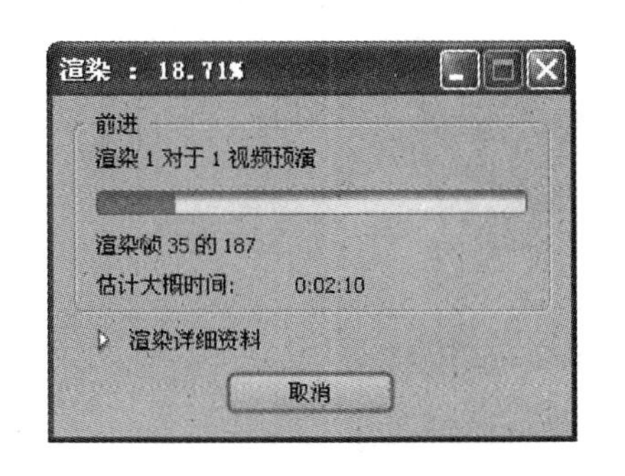

图 5-38　“渲染”对话框

图 5-39　设定入点

(3) 向右拖动滑块至“00;00;06;10”位置，单击“设定出点”按钮，当前显示的这一帧为该素材的出点，如图 5-40 所示。中间的淡青色区域为可使用的素材片段，总长为 5 秒 19 帧。

专家点拨：如果要更改原来的入点和出点位置，可以在单击“设定入点”、“设定出点”按钮时按下 Alt 键，删除原入点和出点后重新设置。

(4) 将“来源监视器”窗格中剪裁的素材片段拖放到“时间线”窗格，并让它的左边紧贴素材文件 video-sport2. wmv 的右边，这样经过剪裁的素材与原来时间线窗格中的素材就拼接在一起了。

3. 设置素材速度

通过改变素材播放速度或者改变素材播放持续时间，可以实现所选素材播放速度的改变。

(1) 对“时间线”窗格中的素材 video-sport3. wmv 右击，在弹出的快捷菜单中选择“速度/持续时间”命令，弹出“速度/持续时间”对话框。

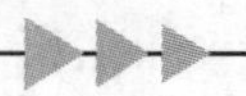

(2) 将“速度”设置为50%,如图5-41所示。也可以在“持续时间”后面单击,直接更改持续时间。

图5-40 设定出点

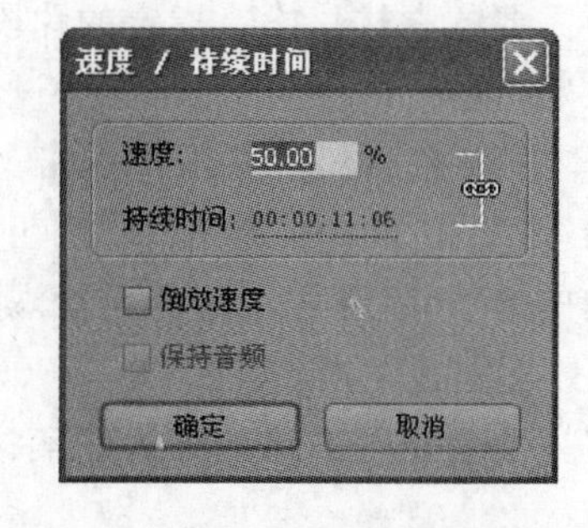

图5-41 “速度/持续时间”对话框

(3) 单击“节目监视器”窗格中的“播放”按钮,整个项目播放到video-sport3.wmv时,速度明显放慢。

5.5.5 视频转场特效

一段视频结束,另一段视频紧接着开始,这就是电影的镜头切换,为了使切换衔接得自然或更加有趣,可以使用各种转场特效。

接着上面的步骤进行操作,在video-sport1.wmv和video-sport2.wmv两个视频间添加一个转场特效。

(1) 在“特效”面板中,选择“视频转换”→3D Motion→Flip Over特效,将其拖放到两个视频文件的拼接部位,当有反色显示现象,并且鼠标指针下面出现过渡位置确认标志时,释放鼠标,如图5-42所示。

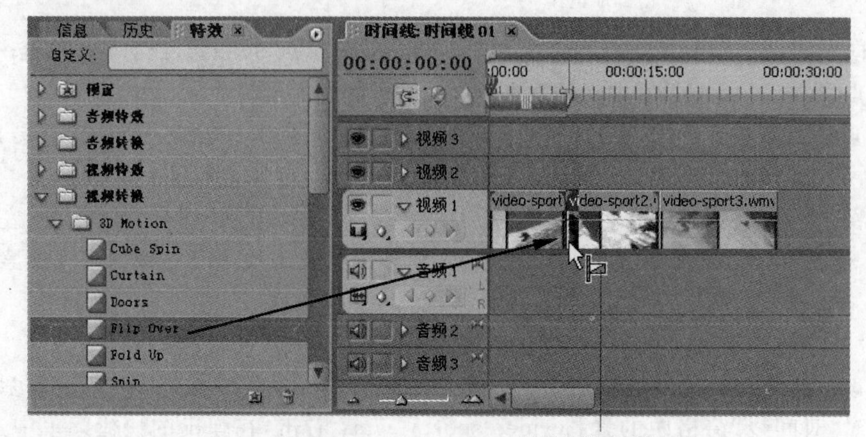

图5-42 添加转场特效

(2) 释放鼠标后，弹出“转换”对话框，如图 5-43 所示。提示在添加转场特效时，需要两个视频的拼接处有重叠帧。这里的两个视频是首尾相连，没有重叠帧，因此会弹出这个对话框。

图 5-43 “转换”对话框

(3) 单击“确定”按钮，在两个视频的拼接处出现一个带对角线的矩形区域，上面显示转场特效的名称，这就是转场效果区域了，如图 5-44 所示。

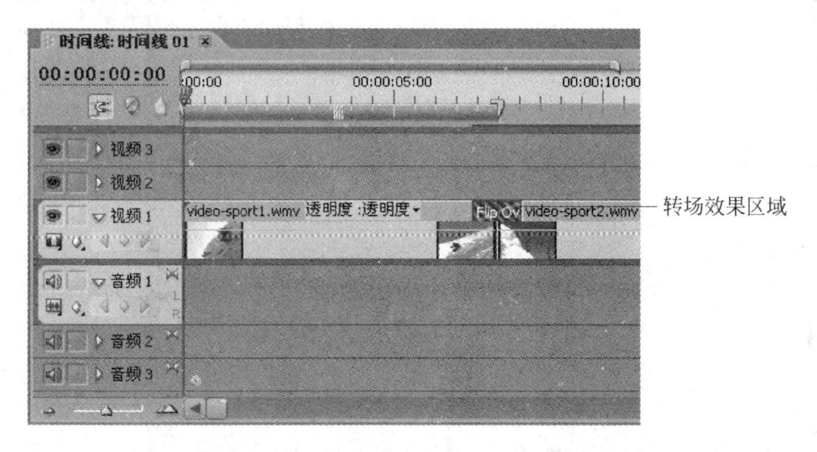

图 5-44 转场效果区域

(4) 单击选中转场效果区域，然后选择“来源监视器”窗格中的“特效控制”选项卡，打开对应的面板，在面板中已经出现了转场效果的设置，如图 5-45 所示。在“特效控制”面板中可以对转场特效进行查看和调整操作。

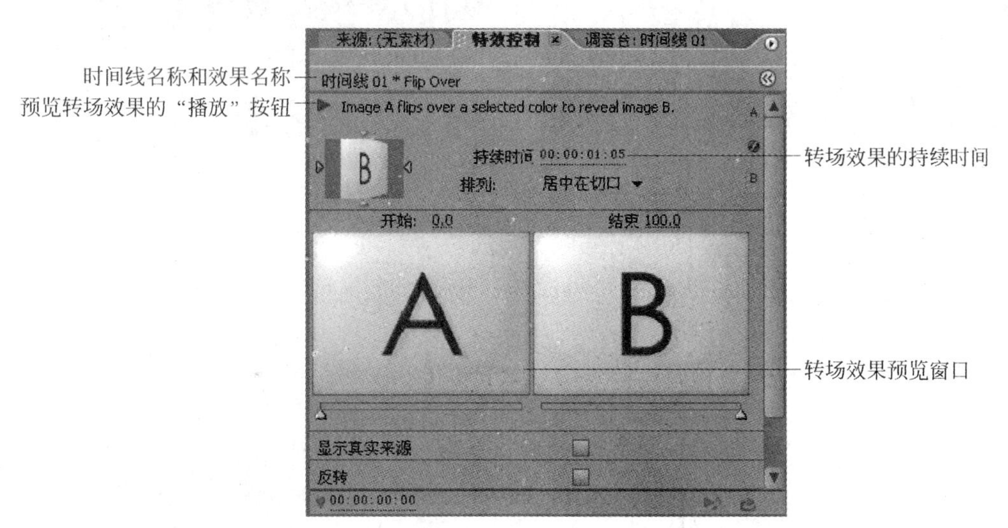

图 5-45 “特效控制”面板

(5) 按 Enter 键，生成预览电影后，单击“节目监视器”窗格中的“播放”按钮，就可以查看到电影的转场特效了。

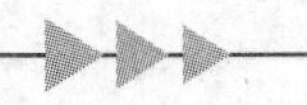

5.5.6 视频特效

像 Photoshop 中的滤镜一样,在 Premiere 中也能使用各种视频和音频滤镜,其中视频滤镜能产生动态的扭变、模糊、风吹、幻影等特效,增强电影的表现力。

视频特效共有两种,一种是固定效果,一种是标准效果。固定效果是在时间线上的任何视频片段都有的效果,包括"运动"(Motion)和"透明度"(Opacity)两个选项。在"来源监视器"窗格中"特效控制"面板上可以进行设置。

标准效果并不是时间线上的视频片段所特有的效果,它是必须要经过将其专门应用到该视频片段上才会有的效果,相对于固定效果,标准效果要丰富得多,它们都在"特效"面板中的"视频特效"类别中。将标准效果添加到视频上以后,它会出现在"来源监视器"窗格中"特效控制"面板上。

下面接着上面的步骤进行操作,在 video-sport1. wmv 视频上添加一个类似日出的光照效果。

(1) 在"特效"面板中,选择"视频特效"→Render→Lens Flare 特效,拖动到时间线中的 video-sport1. wmv 视频上,弹出 Lens Flare Settings 对话框,如图 5-46 所示。

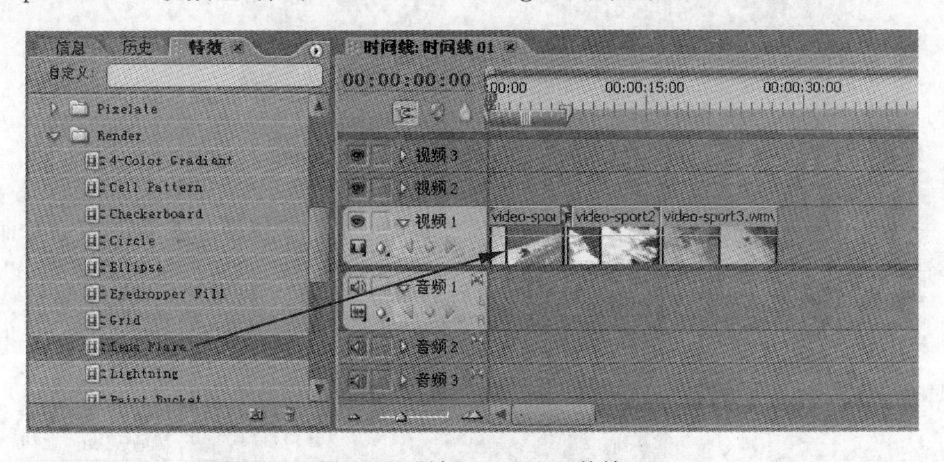

图 5-46 添加 Lens Flare 特效

(2) 根据需要调整参数。其中 Brightness 的数字框和三角形滑块用来设定点光源的光线强度。对话框中部是画面预览区,可以通过移动十字形标记来改变点光源的位置。Lens Type 选项组中有三个单选按钮,对应三种镜头类型,每一种类型产生的光斑和光晕效果都不一样。

(3) 设置完成后,单击 OK 按钮,Lens Flare 特效就添加到相应的视频上。

(4) 单击选中时间线中的 video-sport1. wmv 视频,然后单击"来源监视器"窗格中的"特效控制"标签,打开对应的面板,在面板中已经出现了视频特效的设置,如图 5-47 所示。

(5) 如果在给视频特效设置参数的过程中,设置的值出现偏差或不正确,可以单击"特效控制"面板上的"复位"按钮,将视频特效参数恢复如初。另外,还可以单击"特效控制"面板上的"设置"按钮,打开相应的视频特效设置对话框进行操作。

专家点拨:在 Render(渲染)视频效果组中还包括三个常用的标准效果,分别是 Lens Flare(镜头闪光)、Lightning(闪电)和 Ramp(斜面)。

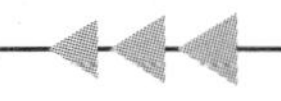

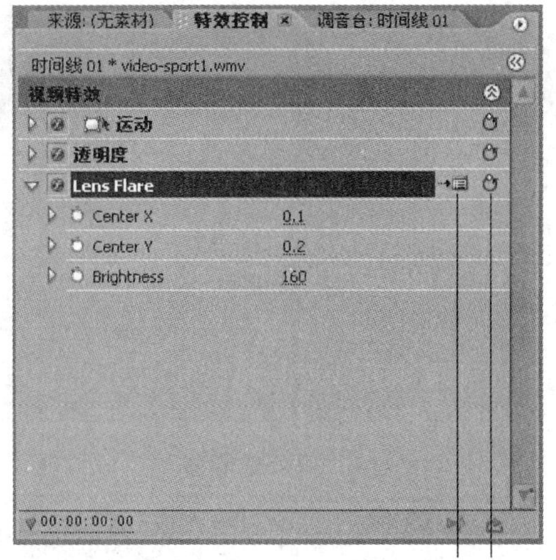

图 5-47　“特效控制”面板

5.5.7　叠加效果和运动特效

Premiere Pro 中除了“视频 1”轨道外，还包括“视频 2”、“视频 3”两个视频轨道，这两个轨道都是叠加轨道，可以在叠加轨道上加上其他素材，使节目更富于变化。

下面接着上面的步骤进行操作，在 video-sport3. wmv 视频上添加一个图像叠加效果，并且使图像产生运行效果。

(1) 在“项目”窗格中单击选中 logo. gif，将其拖放到“视频 2”轨道上，左侧位置与“视频 1”轨道上的 video-sport3. wmv 文件相同，在“视频 2”轨道上，拖动 logo. gif 边缘，将其右侧调整到与 video-sport3. wmv 相同的位置，如图 5-48 所示。

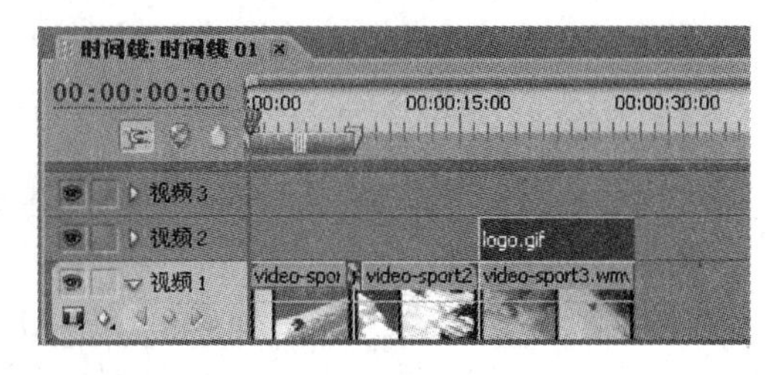

图 5-48　放置叠加图像

(2) 在“节目监视器”窗格中单击“播放”按钮，可以看到视频叠加效果。因为在 Premiere Pro 中，对于视频轨道，越向上优先级越高，并且还没有对“视频 2”轨道上的图像做透明设置，所以在“节目监视器”窗格中，看到“视频 2”轨道上的 logo. gif 图像将“视频 1”轨道上的 video-sport3. wmv 视频遮住了一部分。

(3) 单击“视频 2”轨道上的 logo. gif，然后单击“来源监视器”窗格中的“特效控制”标签，打开对应的面板，在其中可以对运动和透明度进行设置，如图 5-49 所示。

(4) 拖动时间线上的游标定位在 logo. gif 的左侧，在“特效控制”面板上，单击“位置”、“缩放”前的“固定动画”按钮，然后单击上方的“运动特效”按钮，这时“节目监视器”窗格中的 logo. gif 图像变成选中状态，如图 5-50 所示。

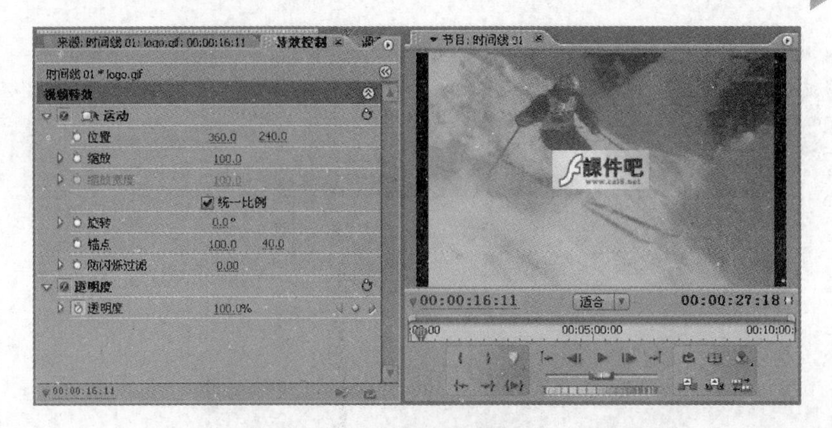

图 5-49 “监视器”窗格

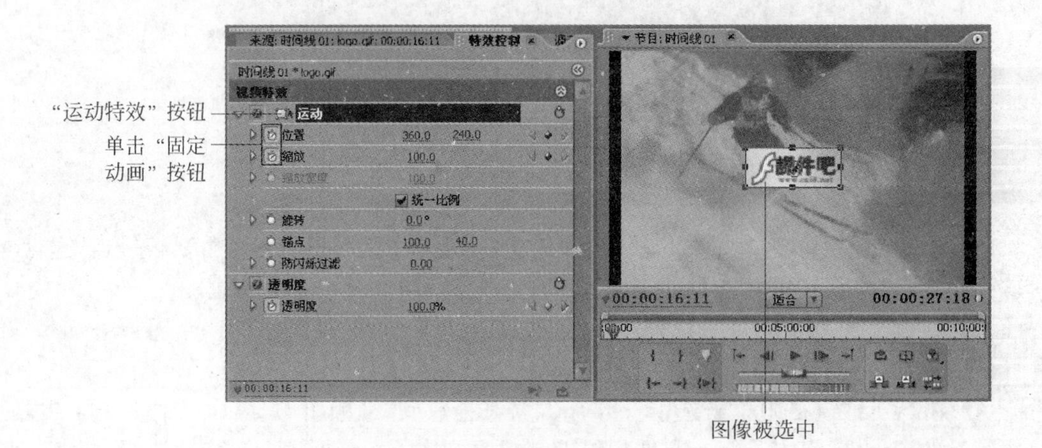

图 5-50 进行运动特效设置

(5) 在“节目监视器”窗格中,直接拖动 logo.gif 图像,改变它的位置和大小,也可以在“特效控制”面板上,单击“位置”、“缩放”后面的数字修改它们的值,如图 5-51 所示。

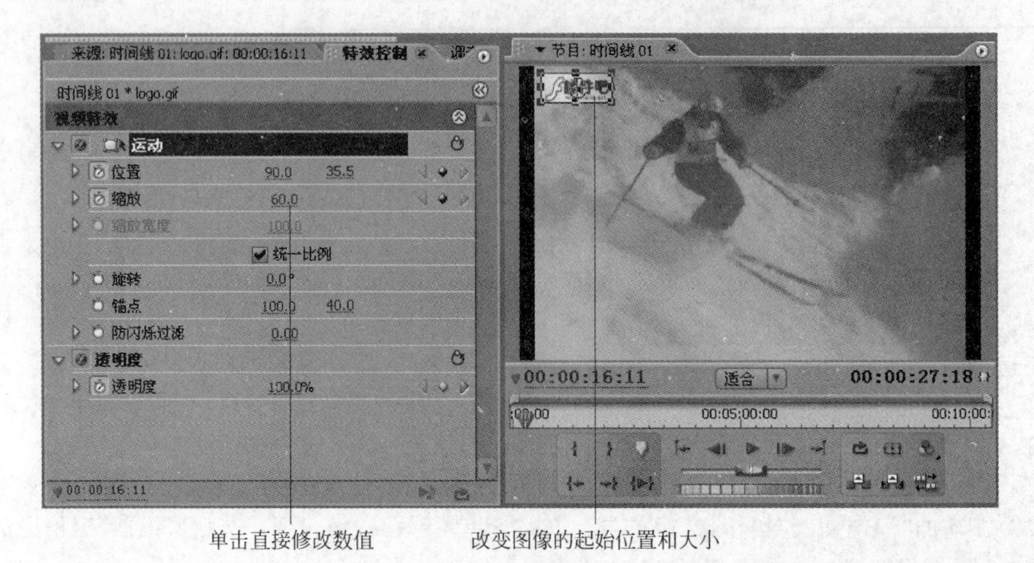

图 5-51 改变图像起始处的大小和位置

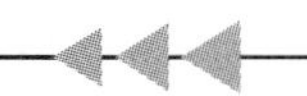

(6) 拖动时间线上的游标定位在 logo. gif 的中间。在“特效控制”面板上，单击“旋转”前的“固定动画”按钮，然后分别单击“位置”、“缩放”、“透明度”右边的“添加/删除关键帧”按钮。在“旋转”右边的数字处单击输入 180，改变旋转角度为 180°；在“透明度”右边的数字处单击输入 30，改变透明度为 30%。在“节目监视器”窗格中，直接拖动 logo. gif 图像，改变它的位置和大小，如图 5-52 所示。

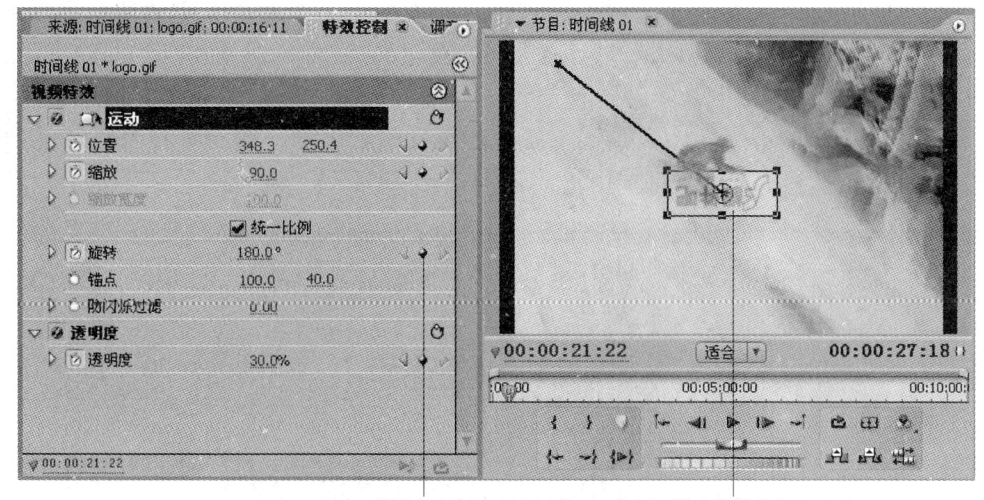

图 5-52　改变图像中间处的大小、位置、旋转角度和透明度

专家点拨：这里添加的关键帧和 Flash 动画制作软件中的关键帧技术类似，可以通过改变关键帧上的对象的位置、大小、旋转角度、透明度等属性，实现对象的运动特效。

(7) 拖动时间线上的游标定位在 logo. gif 的最右侧。在“特效控制”面板上，分别单击“位置”、“缩放”、“旋转”、“透明度”右边的“添加/删除关键帧”按钮。在“旋转”右边的数字处单击输入 0，改变旋转角度为 0°；在“透明度”右边的数字处单击输入 100，改变透明度为 100%。在“节目监视器”窗格中，直接拖动 logo. gif 图像，改变它的位置和大小，如图 5-53 所示。

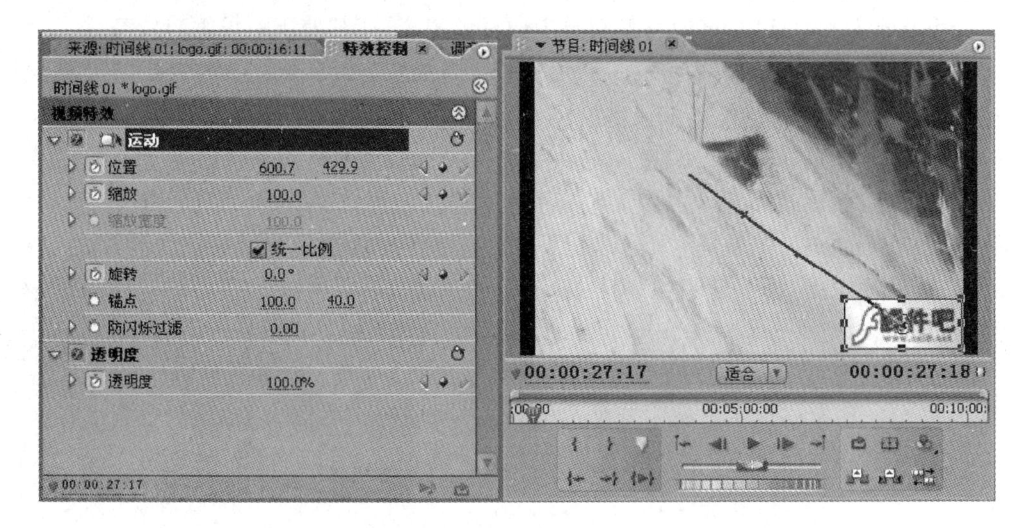

图 5-53　改变图像最右侧的大小、位置、旋转角度和透明度

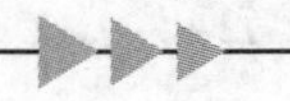

(8) 按 Enter 键生成预览电影,播放时可以看到包含叠加效果和运动效果的最终画面。

5.5.8 添加声音

大部分视频文件都包含音频信息,将这类视频文件导入 Premiere 并拖放到时间线上时,视频信息出现在视频轨道上,音频信息出现在相应的音频轨道上。

有时,因为录音环境限制或者为了达到更好的电影效果,只制作无声的视频信息,后期再为其配音。这样的视频文件和音频文件是各自独立的,需要分别导入到 Premiere 中进行合成,为视频添加相应的声音。

默认情况下,Premiere Pro 提供了三条立体声音频轨道和一条主音频轨道,如图 5-54 所示。

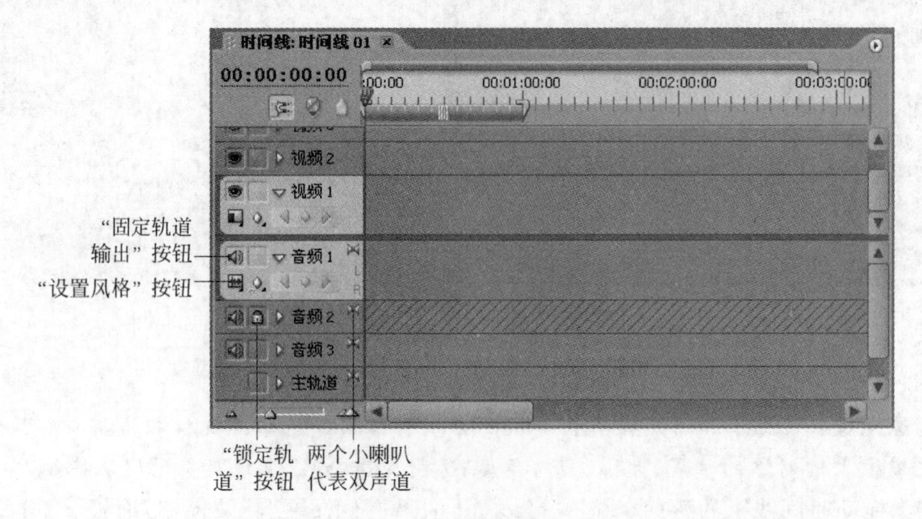

图 5-54 音频轨道

将音频素材拖动到音频轨道上后,单击按钮区的"固定轨道输出"(Toggle Track Output)按钮使其隐藏,可以在输出电影时不输出该轨道中的音频信息。单击"锁定轨道"(Toggle Track Lock)按钮,可以将该轨道中的音频锁定,使其处于不可编辑状态。

单击展开对应音频轨道上的"缩小/展开轨道"按钮 ▷,可以缩小或者展开音频轨道。展开音频轨道后,单击"设置显示风格"(Set Display Style)按钮,弹出下拉菜单,可以在"显示波形"(Show Waveform)和"只显示名称"(Show Name Only)两种状态之间转换。

在每一个音频轨道按钮区的右上角有小喇叭样式的标志,如果是两个小喇叭,代表该轨道是立体声音频轨道;如果是一个小喇叭,代表是单声道轨道。如果想将单声道的音频素材拖放到音频轨道上,那么该音频素材将不会直接添加,而是生成一条新的音频轨道,并将该单声道素材插入。

下面接着 5.5.7 节的步骤进行操作,为视频添加背景音乐,以增强电影的表现力。

(1) 在"项目"窗格中单击选中音频文件 music-sport. mpa,将其拖放到"音频 1"轨道上。

(2) 拖动音频文件的右侧,使它和视频轨道上的视频文件的播放时间相同,如图 5-55 所示。

(3) 在"节目监视器"窗格中单击"播放"按钮,可以看到视频画面并且听到伴音。

（4）如果想调整声音的音量，可以在“音频1”轨道上右击音频素材，在弹出的快捷菜单中选择“音频增益”命令，打开“素材增益”对话框，如图5-56所示，在其中可以进行音量调节。

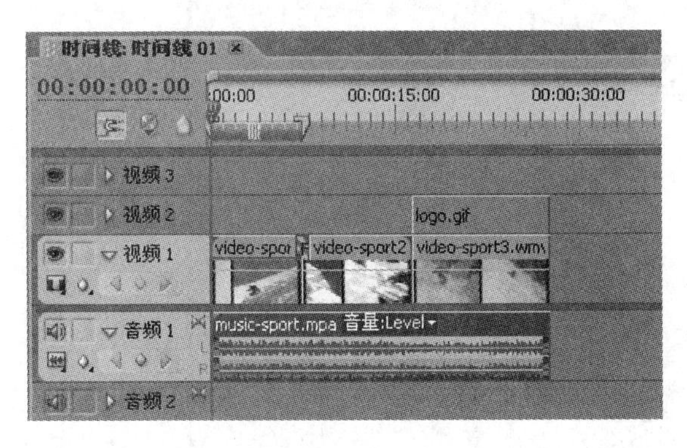

图5-55 将music-sport.mpa拖放到音频1轨道

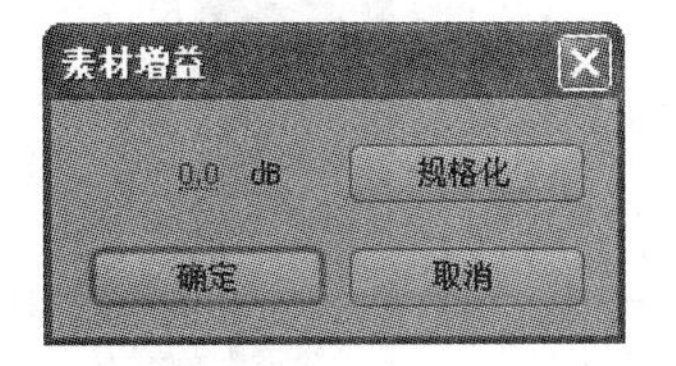

图5-56 “素材增益”对话框

专家点拨：和视频素材一样，同样可以对音频素材添加各种转场效果和滤镜特效。

5.5.9 添加字幕

字幕在各种视频信息中起到了很重要的作用。它可以传递视频或音频不能够传递的内容，丰富漂亮的字幕可以使人感到赏心悦目，为制作的电影增加生机，起到画龙点睛的作用。

1. 在视频中添加字幕

下面首先介绍添加字幕的基本方法。

（1）选择“文件”→“新建”→“字幕”命令，或按F9键，打开“新建字幕”对话框，如图5-57所示，在其中可以定义字幕的名称。

图5-57 “新建字幕”对话框

（2）单击“确定”按钮，打开“字幕编辑器”窗口，如图5-58所示。

在“字幕编辑器”窗口的左侧，是编辑工具区，共有20个编辑工具，如图5-59所示。

（3）在默认情况下，在编辑工具区选择的是水平字体工具 T 。在选中该工具的前提下，在字幕编辑区单击，会出现闪烁的移动光标，就可以输入文字了。

（4）这里输入如图5-60所示的文字。输入文字时，文字的四周会有个矩形方框，在要输入文字的位置会有光标闪烁。对于输入文字使用的字体，和设置的默认的样式有关。在“字幕风格”列表框中，有很多已经设置好的样式，但在第一个样式的左下角，有一个小的标记方块，说明这是一种默认的文本样式。每次输入文字时，首先使用的就是这种默认的文本样式。

（5）如果想修改样式，可以在文本处于编辑状态下，或使用选取工具将字体选中的情况下，单击“字幕风格”列表框中的某一种样式就可以了。这里选择了第二个样式。

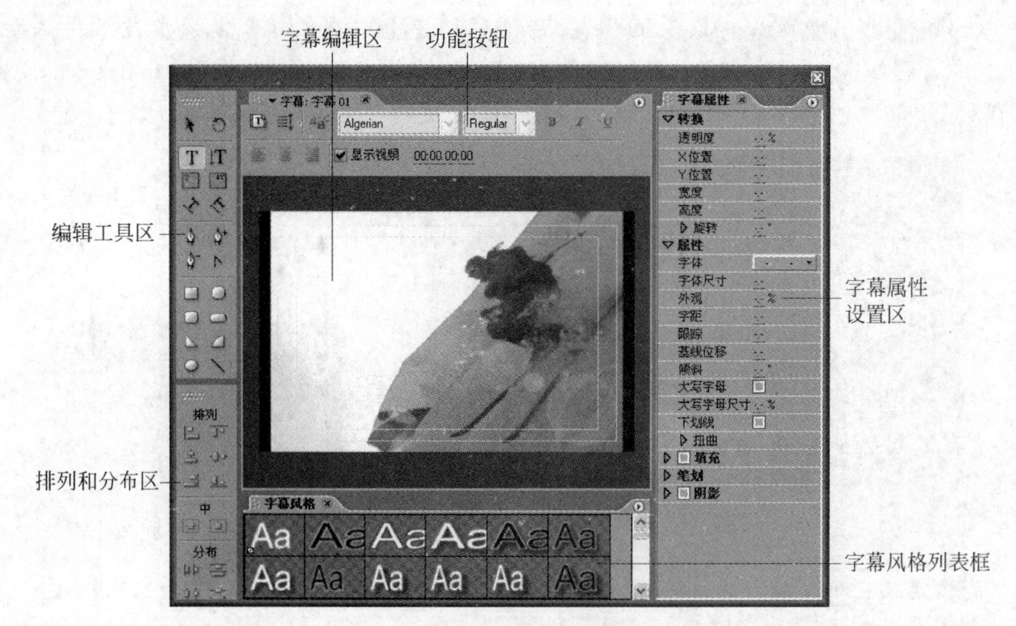

图 5-58　“字幕编辑器”窗口

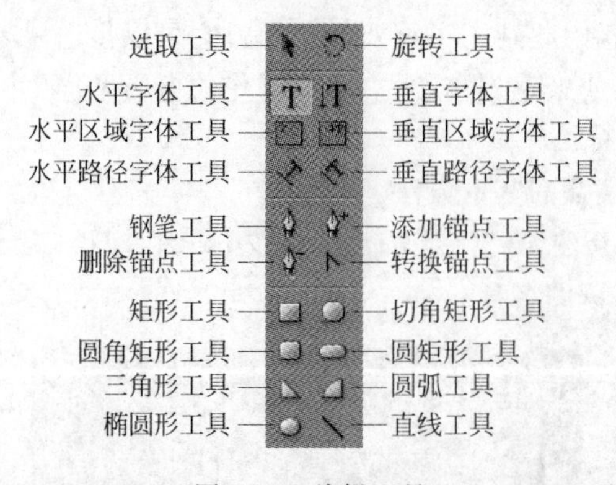

图 5-59　编辑工具

专家点拨：除了使用默认的文本样式在“字幕风格”列表框中的文本示例方框中没有变化之外，选中其他样式，该样式的示例方框中的字体周围会出现一个矩形框。

(6) 在“字幕编辑器”窗口的右侧是“字幕属性”面板，可以对输入的文本或绘制的图形进行详细的属性设置。

(7) 关闭“字幕编辑器”窗口，创建的字幕自动保存在“项目”窗格中。

(8) 在“项目”窗格中将“字幕 01”拖放到“时间线”窗格中的“视频 3”轨道的最左侧，并根据需要调整其长度，如图 5-61 所示。

(9) 按 Enter 键生成预览电影，播放时就可以看到字幕效果。如果对字幕位置不满意，还可以在“节目监视器”窗格中直接拖动调整。

2. 制作滚动字幕

在一段影片的开始和结尾部分，通常会有相当多的字幕要出现。解决的方法有两种，一种是分屏显示，一种是滚动显示。如果是分屏显示，只需要设计多个字幕文件，然后将它们

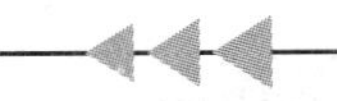

图 5-60　输入文本和设置文本样式

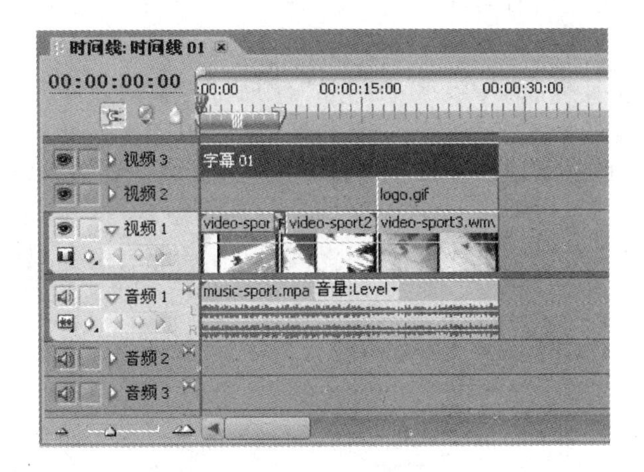

图 5-61　拖动字幕到“视频 3”轨道上

拖动到“时间线”窗格的高一级的轨道中即可。如果是滚动字幕，在 Premiere 中有专门的滚动字幕的设计。相对来讲，滚动字幕的设计工作量比较小，但设置相对麻烦一些。

(1) 选择“文件”→“新建”→“字幕”命令，打开“新建字幕”对话框，在其中定义字幕的名称为“滚动字幕”。单击“确定”按钮，打开“字幕编辑器”窗口。

(2) 选中“水平字体工具”选项，在字幕编辑区拖出一个矩形区域，该矩形就是编辑滚动字幕的活动区域。在其中输入需要显示的文字内容。

(3) 切换到“选取工具”，单击选中字幕编辑区的文字，可以根据需要设置字幕的样式，或者设置文字属性。

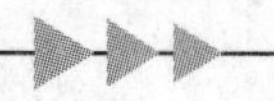

(4) 单击“字幕编辑器”窗口右上角的“滚动/爬行选项”按钮，打开“滚动/爬行选项”对话框，如图 5-62 所示。

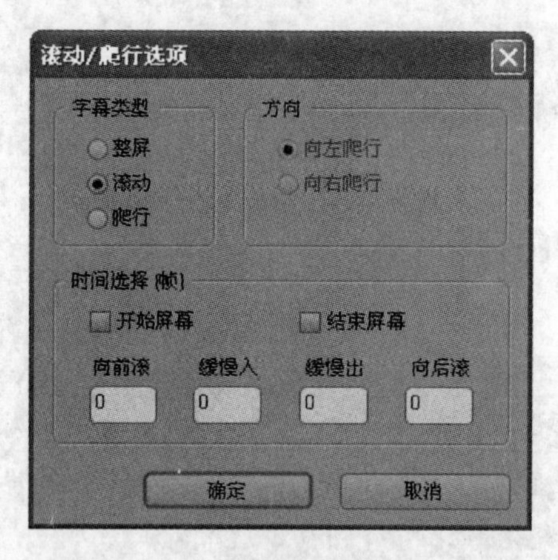

图 5-62 “滚动/爬行选项”对话框

(5) 在“字幕类型”选项组中有三种选择，分别是整屏、滚动和爬行。在默认情况下，选中的是“整屏”字幕类型，也就是静止字幕效果。这里选择“滚动”单选按钮，这是一种垂直方向上的字幕滚动效果。

如果选择了“爬行”单选按钮，那么“方向”选项组中的两个单选项变为可用状态。可以选择字幕是向左爬行还是向右爬行。

(6) 在“时间选择(帧)”选项组中包括对滚动字幕的一些其他设置。

① “开始屏幕”复选框：选中该项，在开始时刻字幕从画面外部进入。

② “结束屏幕”复选框：选中该项，字幕在结束时从画面中移出，直到看不到为止。

③“向前滚”：在该项下面的文本框中输入数字，可以设置为在字幕滚动之前静止的帧数。

④ “缓慢入”：在该项下面的文本框中输入数字，可以设置为字幕从静止到正常速度的加速帧数。

⑤ “缓慢出”：在该项下面的文本框中输入数字，可以设置为字幕从静止到正常速度的减速帧数。

⑥ “向后滚”：在该项下面的文本框中输入数字，可以设置为在字幕完成滚动之后静止的帧数。

字幕在时间线上的持续时间减去以上 4 项的总帧数就是正常滚动字幕的时间。这 4 项也可以不设置。

(7) 设置完成后，单击“确定”按钮，关闭“滚动/爬行选项”对话框

(8) 关闭“字幕编辑器”窗口，创建的字幕自动保存在“项目”窗格中。

(9) 在“项目”窗格中将“滚动字幕”拖放到“时间线”窗格中的合适视频轨道上。

(10) 按 Enter 键生成预览电影，播放时就可以看到滚动字幕效果。

专家点拨：在 Premiere Pro 中使用中文字体，只能够使用新中华字和方正字体等几种类型的字体，如果要使用这些字体，只要将相应的字体安装到 Windows 的字体文件夹中就可以了。

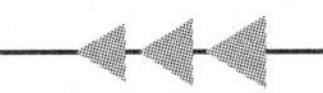

5.5.10　输出电影

前面制作过程中保存的是 prproj 文件(项目文件),该文件保存了当前电影编辑状态的全部信息,以后可以打开并编辑电影。需要预览时,通过按 Enter 键生成预览电影,但不能脱离 Premiere Pro 软件平台。要生产能独立播放的电影文件,必须通过输出命令将电影输出为 AVI、MPEG 等格式的视频文件。

下面把前面制作的电影输出为 AVI 格式的视频文件,具体操作步骤如下所述。

(1) 选择"文件"→"输出"→"影片"命令,打开"输出影片"对话框,在"保存在"中设置电影将要保存的目标文件夹,在"文件名"文本框中输入文件名,如图 5-63 所示。

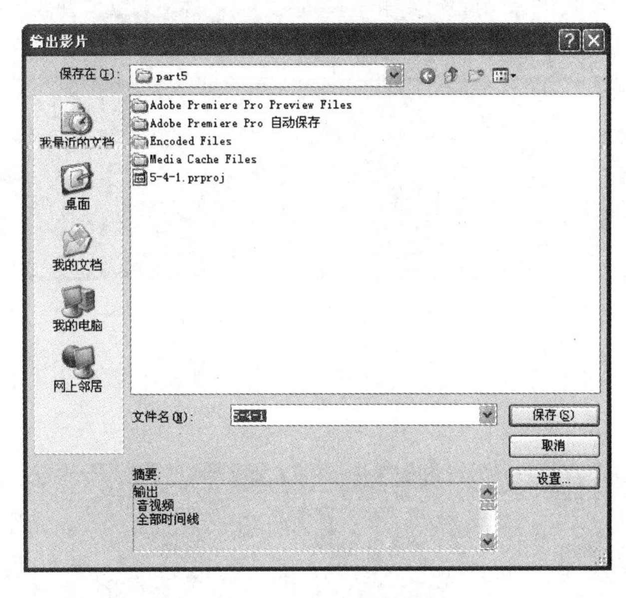

图 5-63　"输出影片"对话框

(2) 默认情况下,电影是按照新建项目时的设置进行输出。如果希望重新设置输出电影的类型和其他属性,可以单击"设置"按钮,打开"输出影片设置"对话框进行相关的设置,如图 5-64 所示。

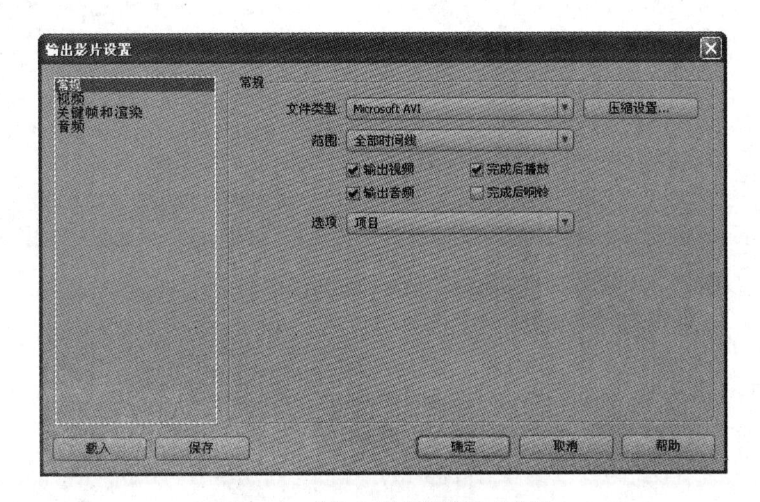

图 5-64　"输出影片设置"对话框

(3) 在“常规”区域中的“文件类型”下拉列表中可以设置输出电影的文件类型,如图 5-65 所示。

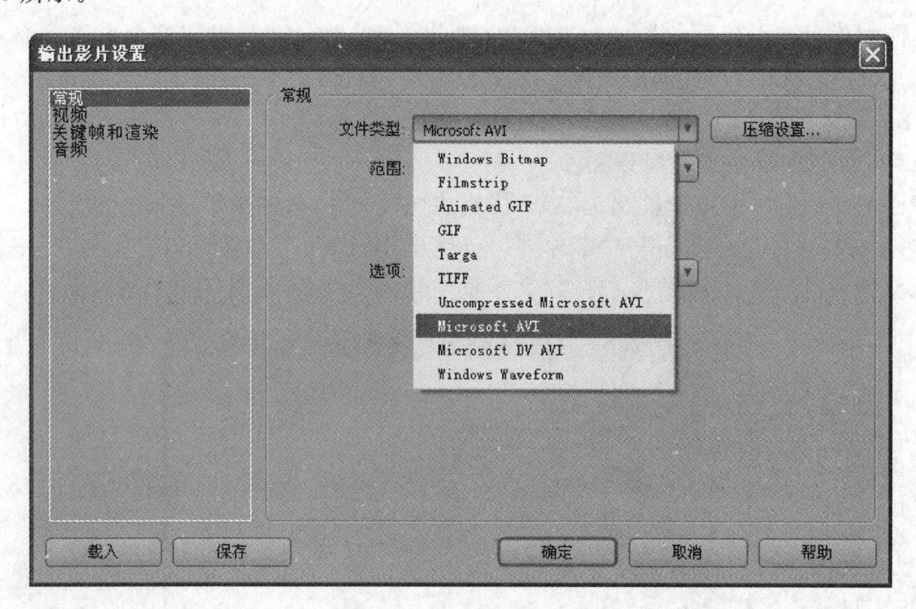

图 5-65　设置文件类型

(4) 在“视频”区域中的“压缩方式”下拉列表中可以设置输出电影的编码压缩方式,如图 5-66 所示。

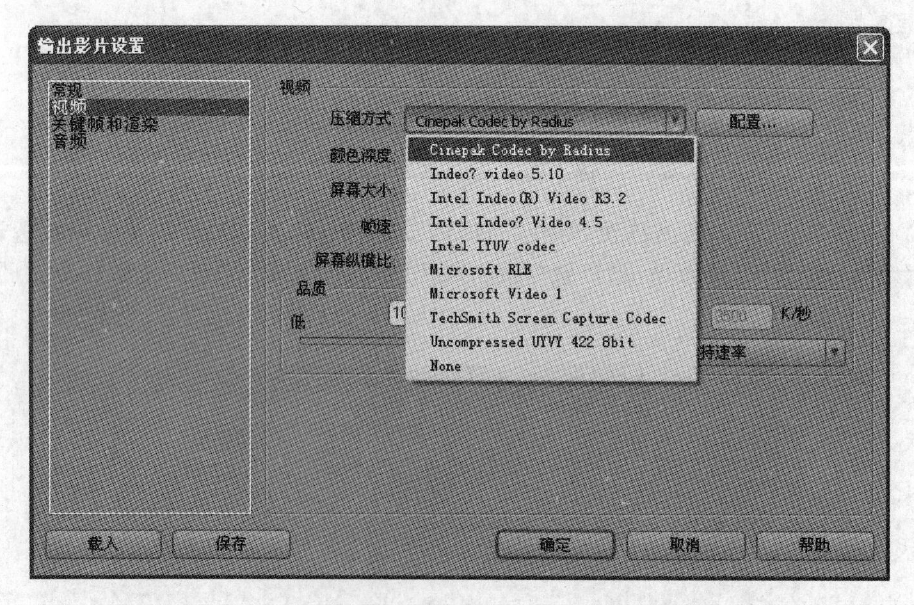

图 5-66　设置编码压缩方式

(5) 设置完成后,单击“确定”按钮返回“输出影片”对话框,单击“保存”按钮,开始对当前项目进行渲染,如图 5-67 所示。

专家点拨:除了将电影输出为常用的 AVI 格式外,还可以将电影输出为 MPEG-1、MPEG-2、MOV 等视频文件格式。具体方法是,选择“文件”→“输出”→ Adobe Media

Encoder 命令，打开 Export Settings 对话框，在其中进行相应的设置即可，如图 5-68 所示。

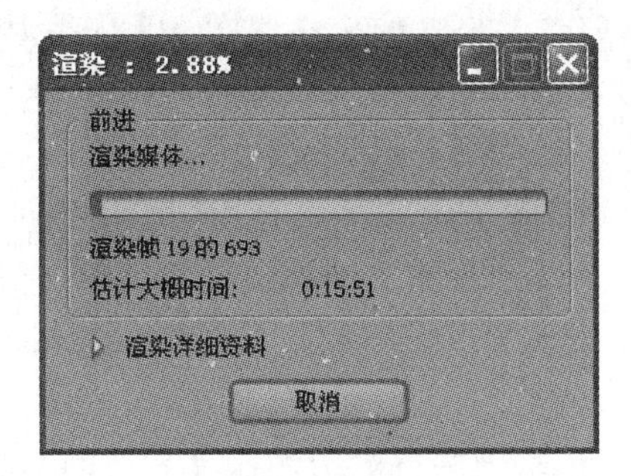

图 5-67 渲染输出

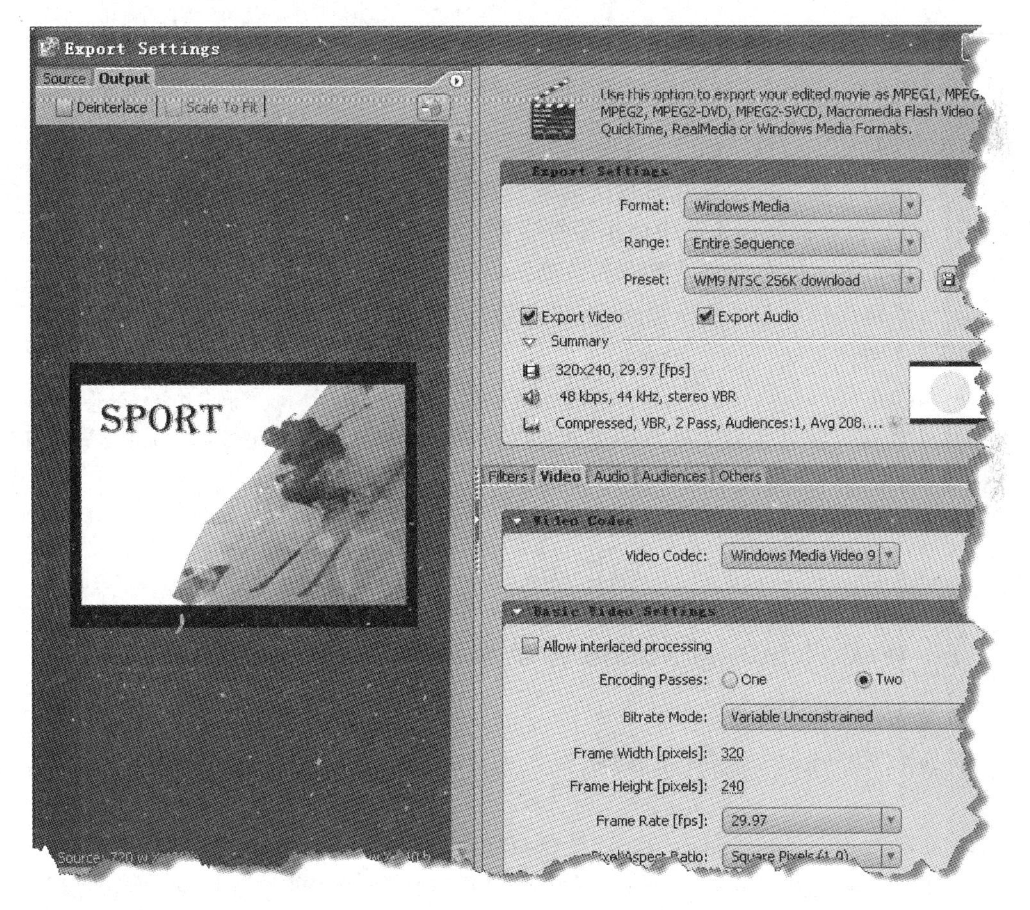

图 5-68 Export Settings 对话框

习 题

1. 选择题

(1) (　　) 文件格式是 Apple 公司开发的专用的视频格式，但只要在 PC 上安装了 QuickTime 软件，就能正常播放。

A. AVI B. MOV C. FLV D. MP3

(2) 随着宽带网的普及,( )格式的文件在网络上大行其道,是一种网络实时播放文件,它压缩比大,失真率小,已经成为最主流的网络视频格式。

A. MP4 B. WAVE C. MPEG D. MP3

(3) 在 Camtasia Studio 中安装有 5 个非常有用的应用组件,其中( )可以用来捕捉桌面屏幕的动态,( )可以为多个视频文件添加导航菜单,制作自动运行的光盘。

A. Camtasia Audio Editor B. Camtasia MenuMaker

C. Camtasia Player D. Camtasia Recorder

(4) Premiere 是以( )为基础进行电影的制作,其中记录了用户在 Premiere 中所有的编辑信息,例如素材信息、编辑信息、特效信息等。

A. 项目 B. 剪辑 C. 特效 D. 脚本

(5) 利用格式工厂,可以进行( )工作。

A. 文字编辑 B. 解压文件 C. 视频格式转换 D. 制作视频

2. 填空题

(1) 所谓的非线性编辑是针对传统的线性编辑而言的。就是通过计算机的数字技术,完成传统的视频、音频制作工艺中使用多种机器才能完成的________及________。

(2) 目前世界上彩色电视主要有三种制式: ________、________和________。

(3) 为了解决视频信号数据量大、占用存储空间多的问题,MPEG 压缩视频标准应运而生。MPEG 标准主要有________、________、________、________等 4 个版本。

(4) 添加在 Camtasia Studio 项目中的素材可以是由 Camtasia 录制的屏幕录像文件,也可以是从外部导入的音视频文件及图像文件等。另外,可以利用 Camtasia Studio 软件直接制作标题剪辑,还可以直接录制________、录制________等。

上 机 练 习

练习 1 使用 Camtasia Studio 为视频添加画中画效果

制作要点提示:

(1) 启动 Camtasia Studio 主程序,导入两个视频文件,一个是主画面,一个作为画中画。

(2) 在时间轴工具栏上单击“轨道”按钮,在弹出的列表中选中“画中画轨道”。

(3) 将画中画视频素材拖放到时间轴“画中画”轨道中。弹出“选择画中画预览”对话框。选择一种画中画(PIP)工作预览。

(4) 选择“任务列表”→“编辑”→“画中画(PIP)”命令。

(5) 在跳转的“画中画(PIP)”页面选中刚才添加的“画中画”剪辑,单击“修改选定的画中画剪辑”链接。

(6) 在新页面中设定画中画剪辑的尺寸、位置以及其他属性。单击“确定”按钮返回。

(7) 生成一个视频文件,效果如图 5-69 所示。

练习2　使用 Camtasia Studio 创建 CD 菜单

使用 Camtasia MenuMaker 组件创建一个视频菜单导航，制作可自动运行的视频光盘。

制作要点提示：

(1) 启动 Camtasia MenuMaker 组件，在弹出的“欢迎”页面中选择“使用向导创建一个新方案”命令。

(2) 根据向导首先挑选一个菜单模板。单击“下一步”按钮。

(3) 添加多个视频文件，调整视频文件的次序位置。单击“下一步”按钮。

(4) 输入一个菜单标题。单击“下一步”按钮。

(5) 单击“完成”按钮，向导创建完成。

(6) 在主界面中移动菜单导航框，调整菜单位置。

(7) 在菜单导航框中右击，在弹出的菜单中选择“常规属性”、“光标属性”、“列表属性”、“菜单内容”等项，进行详细的设置。

(8) 选择“文件”→“创建菜单”命令，在弹出的“Camtasia 菜单制作向导”中选择文件保存的目录、名称及路径等。

(9) 单击“下一步”按钮开始创建，创建完成后弹出预览窗口，效果如图 5-70 所示。

图 5-69　添加画中画后的视频效果

练习3　用 Premiere 进行视频编辑

配套光盘上提供了三段视频素材(没有声音)，主题是趵突泉风景欣赏。另外提供了一段音乐素材。利用这些素材制作一个 AVI 格式的电影成品，要求把三段视频素材进行连接，并且与音乐素材进行合成。

制作要点提示：

(1) 新建一个项目。

(2) 将制作电影所需要的视频、声音等素材输入到 Premiere 的素材库。

(3) 将输入的三段视频素材,分别拖放到“时间线”窗口中进行拼接。

(4) 为视频添加转场特效。

(5) 将音乐素材拖放到“时间线”窗口中,给视频添加背景音乐效果。

(6) 给电影添加一个静态字幕标题。

(7) 将编辑好的电影输出为 AVI 格式的文件。

图 5-70 CD 菜单

第6章 基于图标的多媒体开发工具Authorware

Authorware 提供功能强大的多媒体集成解决方案,可用于制作多媒体应用软件。它能够将文字、图形、图像、动画、声音及视频集成在一起,并实现交互性的控制。

Authorware 采用面向对象的设计思想,是一种基于图标(icon)和流程线(linc)的多媒体开发工具。它把众多的多媒体素材交给其他软件处理,本身主要承担多媒体素材的集成和组织工作。

本章主要内容:

- Authorware 基础知识;
- 文字、图形和图像的设计;
- 声音、视频和动画的设计;
- 运动方式设计;
- 交互设计;
- 变量和函数。

6.1 Authorware 基础知识

Authorware 软件可以运行在 Windows 环境和 Macintosh 环境中。该软件在两种环境中提供几乎完全相同的工作界面和功能,使该软件在两种环境中顺利地进行双向移植。本章以 Windows XP 环境为基础进行 Authorware 的介绍。

6.1.1 工作界面

首次启动 Authorware 会出现一个欢迎画面,稍等片刻进入程序,出现"新建"对话框,如图 6-1 所示。

专家点拨: Authorware 每次运行或者新建文件的时候都出现如图 6-1 所示对话框,取消勾选"创建新文件时显示本对话框"复选框,单击"不选"按钮,下次运行 Authorware 或者新建文件就不再出现这个对话框了。

单击对话框右侧的"不选"或"取消"按钮,建立一个空白的新程序。打开常用面板后的 Authorware 主界面窗口如图 6-2 所示。

下面对 Authorware 软件界面中的一些重要元素进行介绍。

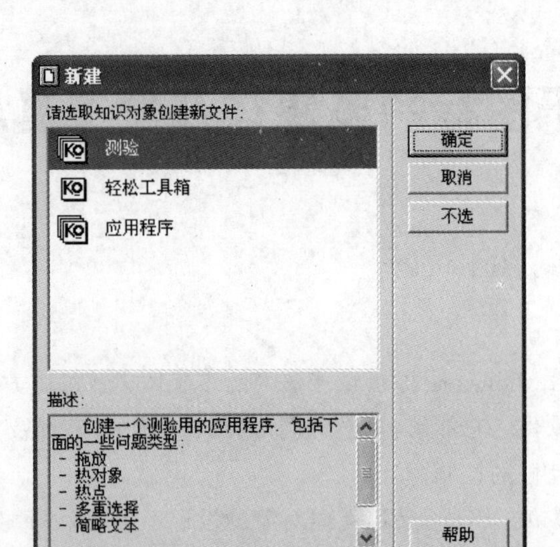

图 6-1　“新建”对话框

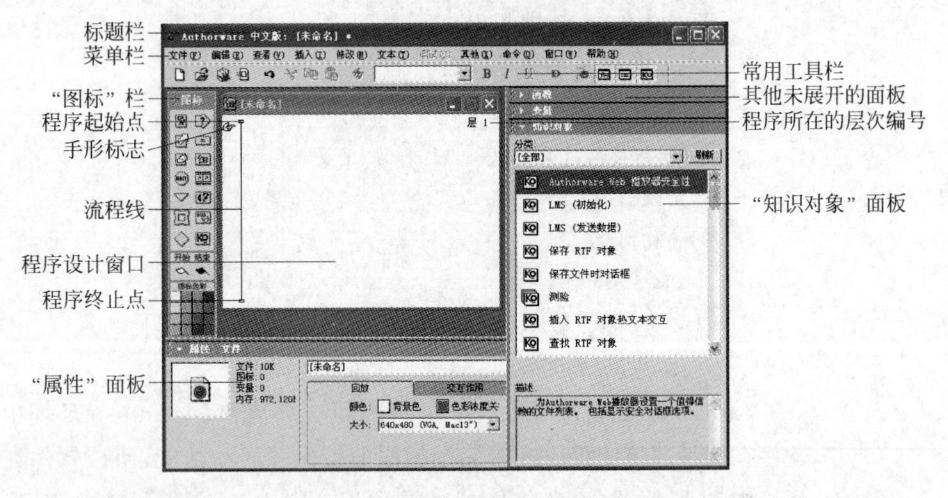

图 6-2　Authorware 的主界面窗口

1. 常用工具栏

常用工具栏是 Authorware 窗口的重要组成部分,如图 6-3 所示。其中每个按钮实际上是菜单栏中的某一个命令,因为使用频率较高,所以放在常用工具栏中,这也是常用工具栏的由来。熟练使用常用工具栏中的按钮,可以使制作效率事半功倍。

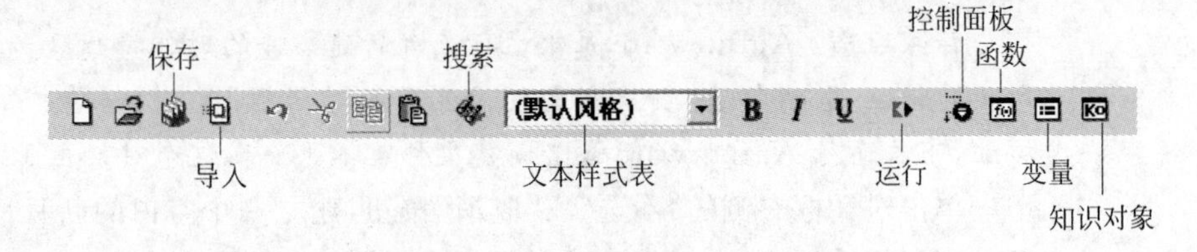

图 6-3　常用工具栏

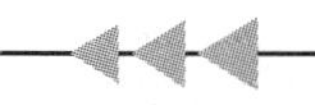

2. 图标栏

图标栏在 Authorware 窗口中的左侧，如图 6-4 所示，包括 13 个图标、开始旗、结束旗和图标调色板，是 Authorware 最特殊也是最核心的部分。

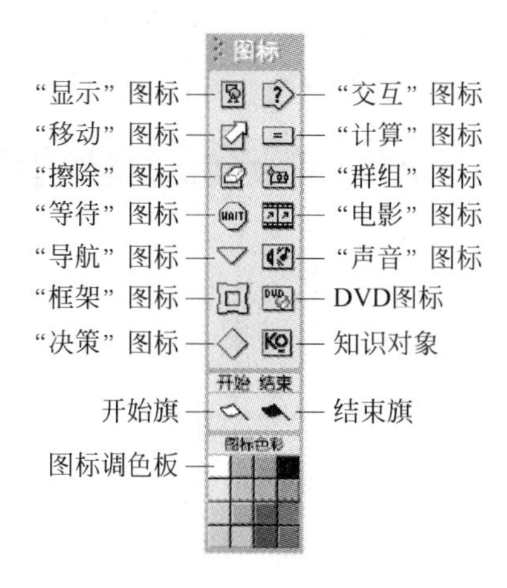

图 6-4　图标栏

(1)"显示"图标：Authorware 中最重要、最基本的图标，可用来制作多媒体程序中的静态画面、文字以及显示变量、函数值的即时变化。

(2)"移动"图标：与显示图标相配合，可制作出简单的二维动画效果。

(3)"擦除"图标：用来清除显示的画面、对象。

(4)"等待"图标：其作用是暂停程序的运行，直到用户按键、单击鼠标或者经过一段时间的等待之后，程序再继续运行。

(5)"导航"图标：其作用是控制程序从一个图标跳转到另一个图标去执行，常与框架图标配合使用。

(6)"框架"图标：用于建立页面系统、超文本和超媒体。

(7)"决策"图标：其作用是控制程序流程的走向，完成程序的条件设置、判断处理和循环操作等功能。

(8)"交互"图标：用于设置交互作用的结构，以达到实现人机交互的目的。

(9)"计算"图标：用于计算函数、变量和表达式的值以及编写 Authorware 的命令程序，以辅助程序的运行。

(10)"群组"图标：是一个特殊的逻辑功能图标，其作用是将一部分程序图标组合起来，实现模块化子程序的设计。

(11)"电影"图标：用于加载和播放外部各种不同格式的动画和影片，如用 3D Studio MAX、QuickTime、Microsoft Video for Windows、Animator、MPEG 以及 Director 等制作的文件。

(12)"声音"图标：用于加载和播放音乐及录制的各种外部声音文件。

(13) DVD 图标：可以在应用程序中整合播放 DVD 视频文件。普通用户很少用该图标。

(14)"知识对象"：实质就是程序设计的向导，它引导用户建立起具有某项功能的程序段。一开始进入 Authorware 出现的"新建"对话框提供的可选取知识对象也属于此范围。

(15) 开始旗：用于设置调试程序的开始位置。

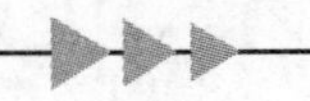

(16) 结束旗：用于设置调试程序的结束位置。

(17) 图标调色板：赋予设计的图标不同颜色，以利于识别。

3. 程序设计窗口

程序设计窗口是 Authorware 的设计中心，Authorware 具有对流程可视化编程功能，主要体现在程序设计窗口的风格上。程序设计窗口如图 6-5 所示。

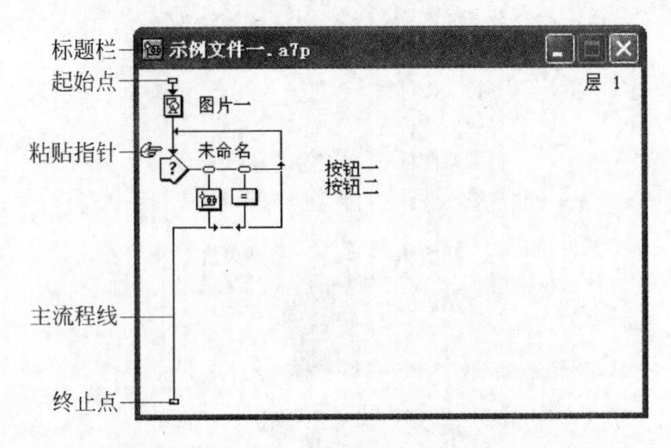

图 6-5　程序设计窗口

程序设计窗口主要包括以下几个部分。

(1) 标题栏：显示被编辑的程序文件名，在未保存之前显示为“未命名”。

(2) 主流程线：一条被两个小矩形框封闭的直线，用来放置设计图标，程序执行时，沿主流程线依次执行各个设计图标。两个小矩形分别是程序的开始点和结束点，表示程序的开始和结束。

(3) 粘贴指针(手形标志)：形状为一只小手，指示下一步设计图标在流程线上的位置。单击程序设计窗口的任意空白处，粘贴指针就会跳至相应的位置。

可以看出，这种流程图式的程序结构直观生动地反映了程序的执行过程，可以较好地体现设计思想，也比较容易学习和掌握。

6.1.2 设置文件属性

第一次启动 Authorware 时，打开程序的同时会打开文件的“属性”面板，位于操作区的正下方，如图 6-6 所示。在以后的操作中如果“属性”面板没有在操作区的下方出现，可以选择“修改”→“文件”→“属性”命令，调出“属性:文件”面板。在进行具体的多媒体程序制作以前，一般要先设置好文件的属性。

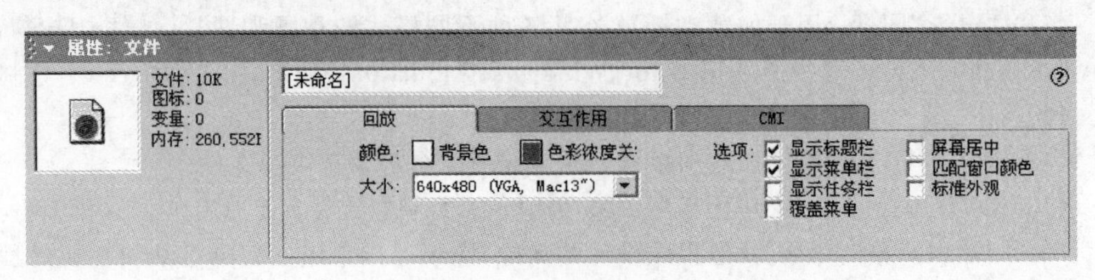

图 6-6　文件“属性”面板

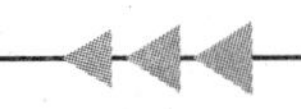

专家点拨：对于一个新建立的 Authorware 文件，首先要做的就是对它的文件属性进行设置。一开始打开文件的默认属性设置并不能满足每一个程序的要求，如果这时候文件的属性设置不好，在将来的程序设计中会遇到许多麻烦，有的时候甚至会导致整个多媒体程序制作失败。

在面板的左边是文件的基本信息。在右边最上方的文本框中可以输入文件名称，文件默认的名称是"未命名"，如果想改变文件的标题名称，可以在这里输入文件标题。

每当打开文件的"属性"面板时，默认打开的选项卡就是"回放"选项卡，它提供的是在程序播放时的一些基本设置，这些设置对于一个程序设计的成功与否非常重要，一般在没有开始设计具体程序之前就应该首先设置好，"回放"选项卡的面板如图 6-6 所示。

"颜色"选项：后面有两个颜色方框，前面一个"背景色"颜色框用来设置整个文件的背景颜色，后面一个"色彩浓度"颜色框很少用到，当计算机中已经安装有一块视频卡，并且它支持某种浓度键颜色，则可使用它使视频图像在有浓度键颜色物体的地方播放。

单击"大小"后面的下拉列表框右侧的箭头，可以在下拉列表中选择演示窗口的大小。在设计一个程序前，一定要设置好演示窗口的大小，不然在程序设计完成后，如果发现演示窗口的大小不合适，要进行修改，那么整个程序中所有的内容的位置几乎都要调整。

在对话框的右边是一些其他的选项，这里只对其中的几个重要选项进行讲解。

(1)"显示标题栏"：此选项是被默认选中的，它可以决定是否在演示窗口中显示标题栏。

(2)"显示菜单栏"：此选项也是被默认选中的，它可以决定是否在演示窗口中显示菜单栏，在关闭该选项的时候，利用交互方法建立的菜单也将不会显示出来。

(3)"显示任务栏"：此选项决定当 Windows 系统的任务栏在能够遮盖住演示窗口时是否显示该任务栏。

(4)"屏幕居中"：选择此选项可以使演示窗口定位在屏幕中心，否则演示窗口出现的位置不固定。

6.1.3 流程线操作

Authorware 的制作理念是以构建程序的结构和流程线上的图标来实现各项功能。因此在程序设计时，常常需在流程线上对图标进行添加、删除等操作，下面就来介绍具体的方法。

1. 图标的添加和删除

在流程线上添加一个图标，可直接从"图标"栏中将图标拖放到流程线上所需的位置。例如，要在流程线上添加一个"交互"图标，只需从"图标"栏中将"交互"图标拖放到流程线上即可，如图 6-7 所示。

专家点拨：Authorware 允许将外部的素材(如图片、声音、视频等)文件直接拖放到流程线上。具体方法是，打开 Windows 资源管理器，然后拖曳这两个程序窗口使它们变小。在 Windows 资源管理器中找到需添加的媒体文件，将其拖曳到 Authorware 流程线上，Authorware 会自动生成相应的图标。

要想删除一个流程线上已有的图标，可选择该图标，按 Delete 键删除。

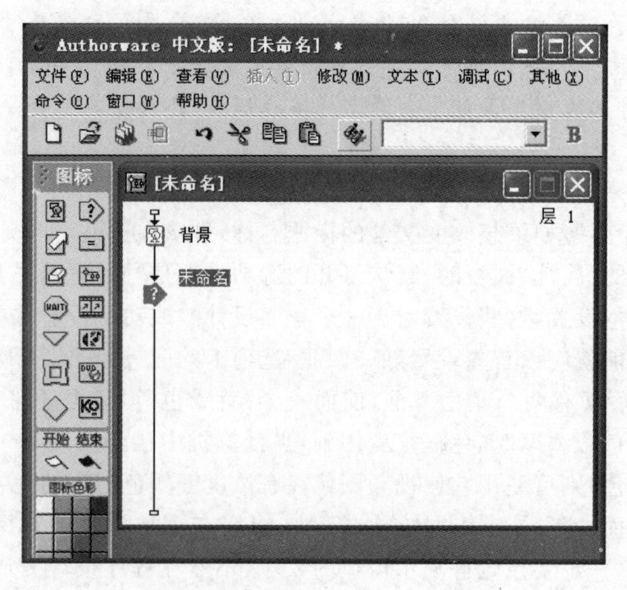

图 6-7　在流程线上添加一个图标

2. 图标的命名

图标添加后,会在右侧出现一个默认的名称。为了使程序中同类图标容易辨认,增强程序的可读性,需要为图标重新命名。在流程线上需命名的图标上单击,使该图标被选中,此时图标右侧的图标名也被选中,直接输入新的名称即可。这里也可直接由鼠标选择右侧的图标名后,再进行修改。

3. 改变图标颜色

对于一个大型多媒体程序来说,流程线上的图标往往很多,为了便于区别,除了给它们命名外,还可给图标添上不同的颜色。在流程线上选择需改变颜色的图标,在"图标"栏下面的图标颜色栏中选择需要的颜色单击,即可改变图标的颜色。

4. 改变图标的位置

要改变图标的位置,可直接用鼠标将图标拖放到流程线上所需的位置。这种拖曳方式,也可实现将图标从一个程序窗口拖放到另一个程序窗口的流程线上。

当需要改变多个图标的位置时,可按 Shift 键依次选择所需的图标,按 Ctrl+X 键剪切这些图标,然后在流程线所需位置单击,按 Ctrl+V 键粘贴这些图标即可。这种方法也适用于将一个程序中的图标移动到另一个程序中。

6.2　文字、图形和图像的设计

文字、图形和图像是多媒体程序中最常见的元素。作为一个优秀的多媒体创作平台,Authorware 可以把文字、图形和图像完美地组合在一起。

6.2.1　文字设计

Authorware 提供了多种创建文字对象的方法。文字设计主要包括三项内容:输入文字、导入外部文本文件、编辑修饰文字。

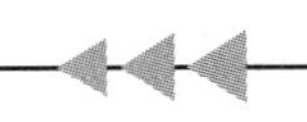

1. 输入文字

(1) 新建一个 Authorware 文档，在流程线上放置一个“显示”图标，双击该“显示”图标打开演示窗口和绘图工具箱。

(2) 在绘图工具箱中选择 **A** (即“文字”工具)，在演示窗口中单击，得到一个水平的缩排线，其结构如图 6-8 所示。在光标处即可输入文字。在缩排线上拖动左右边界调整句柄可控制输入文本的宽度。拖动首行缩进标志可以控制第一行的缩进量。拖动段落左右缩进标志可以控制整个段落的左右缩进。

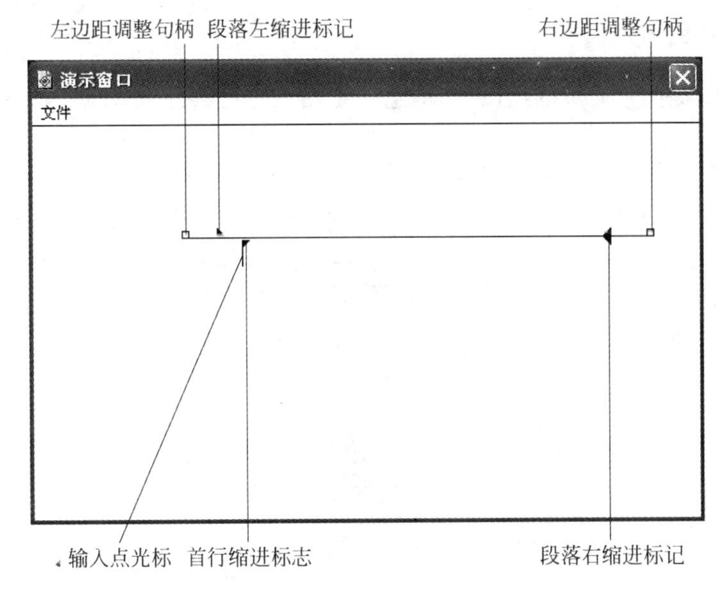

图 6-8　演示窗口中的水平缩排线

专家点拨：除了直接输入文本以外，还可以将外部的文本文件导入到 Authorware 中使用。

2. 编辑和修饰文本

(1) 文本对象的移动和删除。在绘图工具箱中选择 (即“选择/移动”工具)，演示窗口中创建的文本对象周围出现 6 个控制柄。此时，用鼠标可以拖动整个文本对象改变其在演示窗口中的位置，拖动控制柄可改变文本框的大小，但不会改变其中文字的大小。

使用“选择/移动”工具在已经创建的文本对象上单击，可选择此文本对象，按 Delete 键可将该文本对象删除。

(2) 改变字体。选择“文字”工具，在创建的文本对象中选择需要改变字体的文字。选择“文本”→“字体”→“其他”命令，打开“字体”对话框。在“字体”下拉列表中为文字选择一种字体。

(3) 设定大小。选择需要改变大小的文字，选择“文本”→“大小”→“其他”命令，打开“字体大小”对话框。在“字体大小”文本输入框中输入字体大小值(以磅为单位)。

(4) 文字风格。所谓风格，是指文字的粗体、斜体、下划线、上标和下标。选择“文本”→“风格”命令，在打开的子菜单中可以选择文字的风格效果。

(5) 对齐方式。选择“文本”→“对齐”命令，在打开的子菜单中可以选择文字的对齐方

式。这里各种对齐方式是以水平缩排线的段落左、右缩进标志的位置为标准的。

(6) 文本颜色。选择需要更改颜色的文字,单击“工具”面板中的,打开“调色板”。在“调色板”中选择所需的颜色单击即可更改文字的颜色。

(7) 卷帘文本。当输入的文本内容很多时,文本往往超出了演示窗口的范围,从而造成文本不能完全显示。解决此类问题的方法是将文本对象设置为卷帘文本。

选择文本对象,选择“文本”→“卷帘文本”命令,则文本转换为滚动文本,在文本框右侧出现垂直滚动条。程序运行时,可通过拖动滚动条来实现所有文本的显示。

6.2.2　绘制图形

Authorware 提供了简单的绘图工具,这些绘图工具可绘制直线、斜线、椭圆、矩形、圆角矩形和多边形。

从“图标”栏中放置一个“显示”图标放到流程线上。双击“显示”图标打开演示窗口,此时会同时打开绘图工具箱。绘图工具箱中各栏的作用如图 6-9 所示。

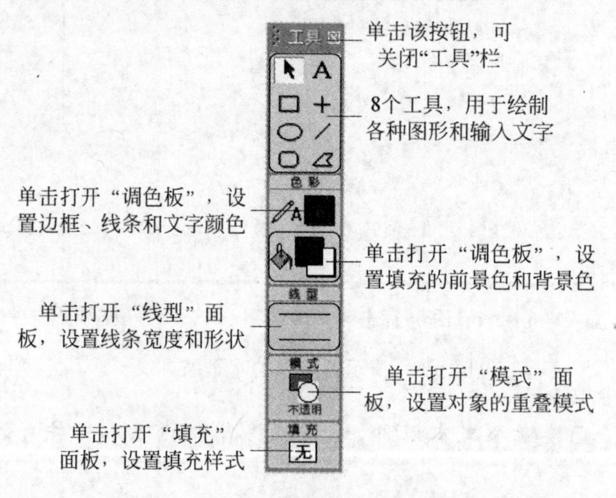

图 6-9　绘图工具箱

绘图工具箱共由 5 个区域组成,由上到下分别是工具区、颜色区、线型区、透明模式选项和填充样式选项。

1. 工具区

在工具区内与绘制图形、输入文字有关的工具共有 8 种。

“选择/移动”工具:选择演示窗口中的对象,被选中的对象的四周会出现 8 个矩形小方框,拖曳这些小方框可以改变图形或图像的大小。但如果选中的是文字对象,它的周围只会出现 6 个矩形小方框。

“矩形”工具:选择该工具,在演示窗口中按住鼠标拖曳可以画出一个矩形,在按住 Shift 键的同时按住鼠标拖曳可以画出一个正方形。

“椭圆”工具:选择该工具,在演示窗口中按住鼠标拖曳可以画出一个椭圆,在按住 Shift 键的同时按住鼠标拖曳可以画出一个圆形。

“圆角矩形”工具:选择该工具,在演示窗口中按住鼠标拖曳可以画出一个圆角矩形,在按住 Shift 键的同时按住鼠标拖曳可以画出一个正圆角矩形。在画出的圆角矩形的右上方，有一个矩形小方框，在这个小方框上拖曳鼠标，可以改变圆角矩形的圆角大小，向外拖曳最多能变成矩形，向内拖曳最多能变成圆形。

"文本输入"工具 A ：用来在演示窗口中输入文字。

"直线"工具 + ：选择该工具，在演示窗口中拖曳鼠标，可以绘制出水平、垂直或倾斜45°的直线。

"斜线"工具 ⁄ ：选择该工具，在演示窗口中拖曳鼠标，可以绘制出任意方向的直线。在按住 Shift 键的同时拖曳鼠标，可以实现"直线"工具的功能。

"多边形"工具 ：选择该工具，在演示窗口中连续单击鼠标，可以绘制任意形状的多边形，在终点处双击鼠标可以停止多边形的绘制。这个多边形可以是起点和终点相连的，也可以是不相连的，但最终给多边形填充颜色时可以将多边形内部完全填满。如果想要修改多边形，使用选择工具选中多边形后，只能改变其整个图形的大小。而保持多边形的选中状态，再选择多边形工具，则可以调节各个小方框的位置达到修改多边形形状的目的。

不管使用什么工具绘制出来的图形，都可以在刚刚绘制出来的时候，直接拖曳它周围或两端的矩形小方框，来调整其大小或长度。如果图形已经取消选择，可以使用"选择/移动"工具 将其选中，再进行调节。

2. 颜色区

在颜色区里面共有两个选项，分别是文本颜色工具 和颜色填充工具 。

文本颜色工具可以改变文字的颜色和图形框的颜色。颜色填充工具可以给图形内部填色，不过要注意单击鼠标的位置，如果在上面一个方框单击，可以设置前景色，在后面的方框中单击可以设置背景色。

设置颜色时要注意，首先选中要调整颜色的对象，再设置颜色。选择颜色时，可以在对应工具的方框上单击，打开颜色选择框，如图 6-10 所示。使用鼠标在任意一个小方框中单击就可以选中一种颜色，赋予选中的图形或文字。

3. 线型区

在线型区的任意位置单击都可以打开线型面板，如图 6-11 所示。

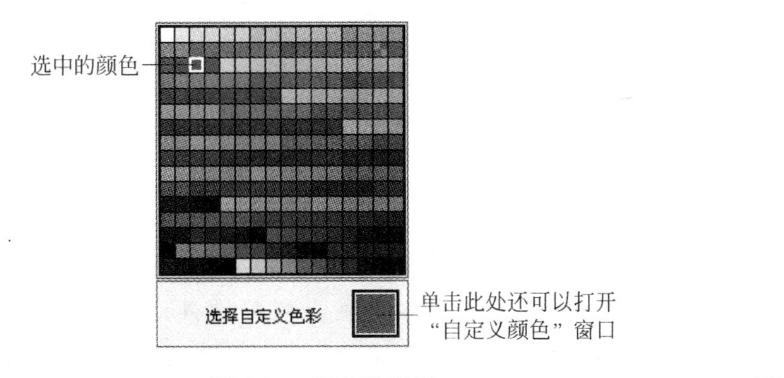

图 6-10 颜色选择框

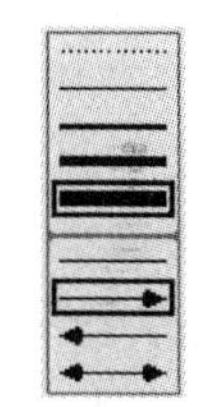

图 6-11 线型面板

在上半区可以选择线的粗细，下半区可以选择线的类型，选择后结果在线型区里用方框体现出来。

专家点拨：在 Authorware 中虽然提供了线型面板，但它的种类很少，在实际绘图工作中很难达到要求。线型的粗细如果不能达到要求，可以利用实心的填充矩形来弥补，箭头可以用多边形工具来绘制。

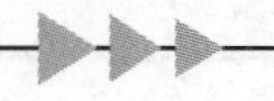

4. 透明模式选项

在模式中是透明模式选项，单击该区域的任何位置，都可以打开透明模式面板，如图 6-12 所示。可以在其中选择一种透明模式，默认情况下选择的是“不透明”。

5. 填充样式选项

在填充样式选项区域内的任何位置单击，可以打开填充样式选择面板，如图 6-13 所示。

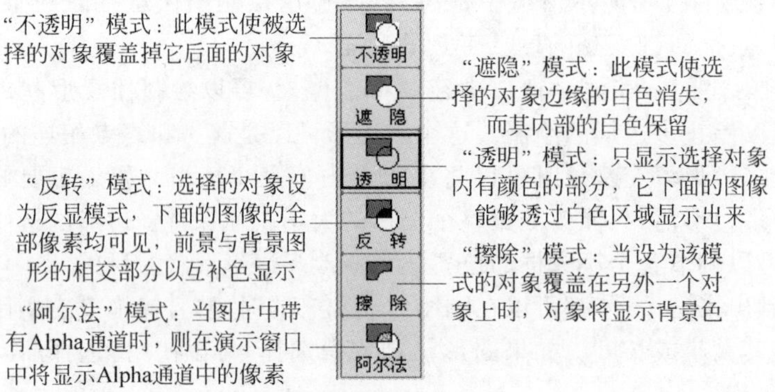

“不透明”模式：此模式使被选择的对象覆盖掉它后面的对象

不透明

“遮隐”模式：此模式使选择的对象边缘的白色消失，而其内部的白色保留

遮隐

“透明”模式：只显示选择对象内有颜色的部分，它下面的图像能够透过白色区域显示出来

透明

“反转”模式：选择的对象设为反显模式，下面的图像的全部像素均可见，前景与背景图形的相交部分以互补色显示

反转

“擦除”模式：当设为该模式的对象覆盖在另外一个对象上时，对象将显示背景色

擦除

“阿尔法”模式：当图片中带有Alpha通道时，则在演示窗口中将显示Alpha通道中的像素

阿尔法

图 6-12　透明模式面板

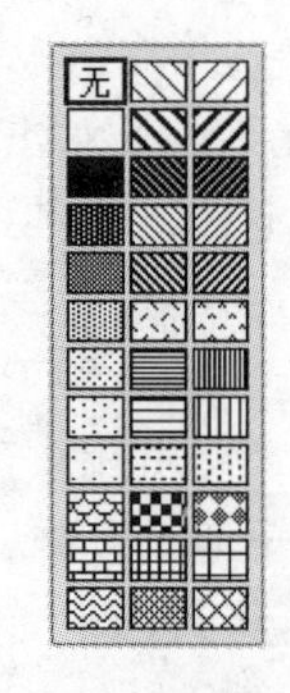

图 6-13　填充样式面板

在默认的情况下，图形是没有填充的，也就是选择最上方的“无”样式。如果想填充其他样式，可以先将图形选中，然后选择填充样式。需要注意的是，这时候前景色和背景色的设置显得很重要，可以通过使用颜色填充工具进行设置。

专家点拨：使用填充样式选择窗口时，要注意的一点是竖排第一列的第一种选择“无”和第二种选择“白色”是不相同的。如果选中“无”，其实是没有进行填充，图形中间部分是透明的，如果选中“白色”，图形将被填上白色，是不透明的。

6.2.3　外部图像的导入和编辑

Authorware 所带的绘图工具的功能是十分有限的，为了获得好的效果，使用经过其他专业图像处理软件处理后的图像不失为一种好的方法。

1. 外部图像的导入

在 Authorware 中，外部图像可以导入到“显示”图标或“交互”图标。

(1) 新建一个 Authorware 文档。从“图标”栏中将一个“显示”图标放到流程线上。

(2) 在流程线上双击该“显示”图标打开演示窗口，单击工具栏中的 (即“导入”按钮)，打开“导入哪个文件?”对话框。使用该对话框找到需要的文件，并选择该文件，如图 6-14 所示。选择需导入的文件，单击“导入”按钮即可将选定的文件导入到演示窗口中。

专家点拨：如果选中对话框中的“链接到文件”复选框，则选择的文件不会导入到文件中，只是作为链接文件的形式存在。如果选中对话框中的“显示预览”复选框，则对话框右侧会出现一个预览窗格，显示所选图像的缩略图。

2. 外部图像的属性设置

双击流程线上的显示图标，打开演示窗口，导入的图像已经出现在演示窗口中了。在图像上双击，打开“属性：图像”对话框，如图 6-15 所示。

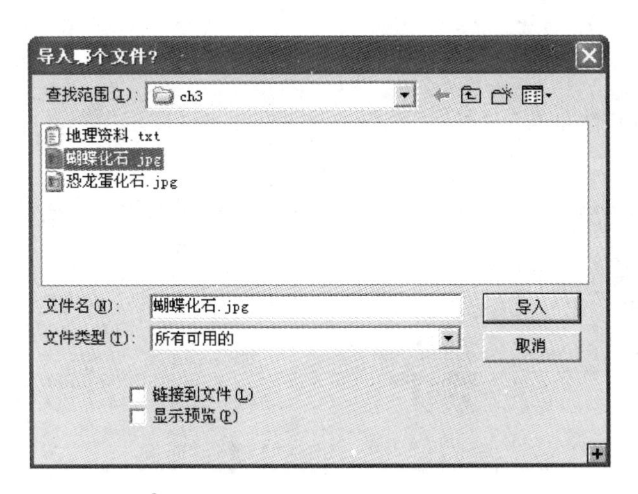

图 6-14　“导入哪个文件?”对话框

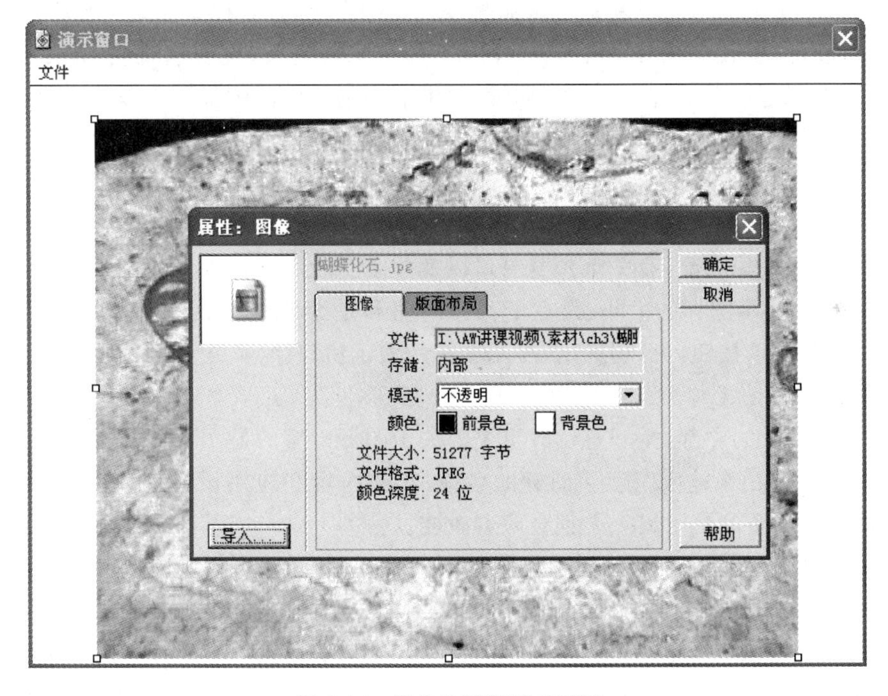

图 6-15　图像的“属性”对话框

在“属性”对话框的左侧有一个预览窗口，可以看到与引入图像的格式对应的图标，下面是一个“导入”按钮，单击该按钮，可以再次打开“导入哪个文件?”对话框，重新选择导入的图像。

在“属性”对话框中间部分的最上方是一个文本框，显示的是图片所在的显示图标的名称。在对话框的下面有两个选项卡，分别是“图像”选项卡和“版面布局”选项卡。利用这两个选项卡下面的参数可以对图像进行编辑。

6.2.4 “显示”图标

“显示”图标的属性是在其“属性”面板中设置的。在“显示”图标上单击，操作区下方的“属性”面板就变为该“显示”图标的“属性”面板，如图 6-16 所示。

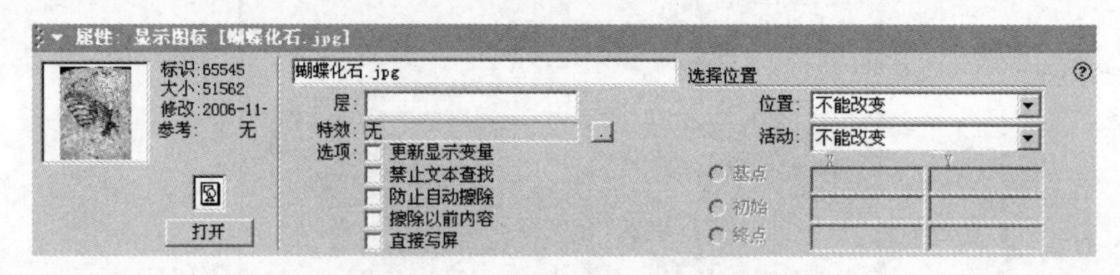

图 6-16 “显示”图标的“属性”面板

专家点拨：在“显示”图标的“属性”面板的标题栏中标题信息的最后部分是图标的名称，这和“属性”面板中标题输入框中的标题、流程线上图标的名称三者是一致的。

在“属性”面板标题栏的最前面有一个向下的小三角箭头，说明这时候“属性”面板处于展开状态。在标题栏上单击，可以将“属性”面板缩小到操作区的最下方以最小化方式显示，小三角箭头的方向变成了向右。再次在该标题栏上单击，可以将“属性”面板恢复为展开方式。

1. 基本信息

在“属性”面板的左侧，有一个预览窗口以及关于“显示”图标的一些基本信息，包括软件赋予的标识 ID、显示图标的大小、最后的修改时间和是否使用函数等内容。最下面是一个“打开”按钮，单击该按钮，可以打开该显示图标的演示窗口。

2. 显示设置

在“属性”面板的中部，是一些比较重要的关于图标内容的显示设置。

(1) 文本框：用来输入“显示”图标的名称，它的内容和应用设计窗口中“显示”图标的名称是对应的，一个改变了另一个也会跟着改变。

(2) 层：用来设置“显示”图标中对象的层次，在后面的文本框中可以输入一个数值，数值越大，显示对象越会显示在上面。此外，在文本框中还可以输入一个变量或表达式。

(3) 特效：默认情况下，在它后面的文本框中显示的是“无”，表示没有任何显示效果，“显示”图标的内容会直接显示在演示窗口中。单击文本框右侧的 ... 按钮，可以打开“特效方式”对话框，如图 6-17 所示。在其中选择需要的特效方式，将来“显示”图标的内容就会按照选定的特效方式进行显示。

(4) 选项：它后面的复选内容主要是一些关于显示方面的设置。

① 更新显示变量：图标中不仅可以显示文字和图片，还可以显示一些变量的值，选中此项，在运行程序时，可以使显示窗口中的内容随时显示变量值的变化。

② 禁止文本查找：这项功能的用处不是很大，选中此项，可以在利用查找工具对文字进行查找和替换时对该图标的内容不起作用。

③ 防止自动擦除：在 Authorware 中有许多图标具有自动擦除以前图标内容的功能，选中此项，可以使图标内容不被自动擦除，除非遇到擦除图标将其选中擦除。

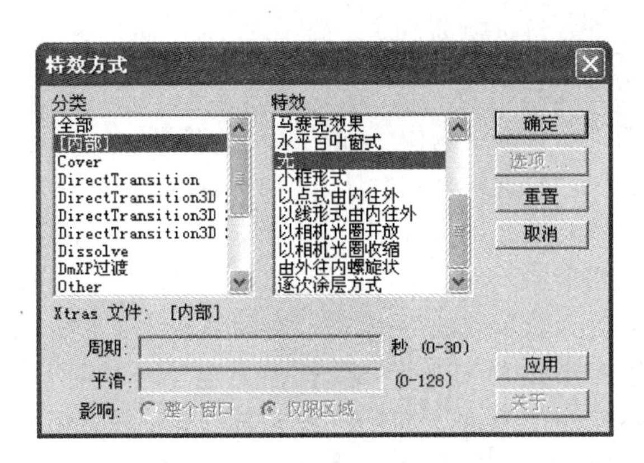

图 6-17　“特效方式”对话框

④ 擦除以前内容：这个复选项和上面“防止自动擦除”的功能是相反的，选中此项后，在显示该显示图标内容的时候，会把以前没有选中“防止自动擦除”复选项的图标中的内容擦除掉。

⑤ 直接写屏：选中此项，图标的内容将总是显示在屏幕的最前面，并且在“特效”中设置的显示效果自动失效。

3. 版面布局

在“显示”图标“属性”面板的右侧是关于版面布局的设置选项。这部分内容往往被大多数人忽略。即使有人使用过，可能使用的频次也非常有限。但使用这部分内容的确可以设计出类似于移动图标的程序，在某种程度上来讲，这方面的设置将使“显示”图标具有更大的灵活性。

6.2.5　“等待”图标

作为一个以交互性见长的多媒体软件，Authorware 时时考虑到交互问题，让用户参与到程序的进程中，“等待”图标的交互是一种最简单的交互。在 Authorware 程序运行过程中，设置一定的等待时间，让用户有时间决定是否进行下一步的操作，这是必要的。实现等待的最基本的方法就是使用“等待”图标。

新建一个 Authorware 文档，从工具栏中拖曳一个“等待”图标到流程线上，位于操作区下方的“属性”面板变为“等待”图标的“属性”面板，如图 6-18 所示。

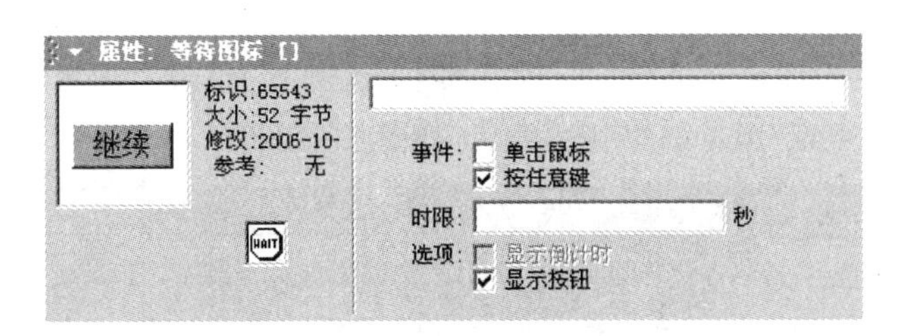

图 6-18　“等待”图标的“属性”面板

“属性”面板的左边，是一些关于“等待”图标的基本信息，包括计算机赋予的 ID、图标的大小、时间、是否应用变量等。在预览窗口中是“等待”图标的按钮样式。

“属性”面板的右边，是一些关于“等待”图标的设置。

在最上面的文本框中可以设置图标的标题,默认情况下为空。在文本框中输入标题后,流程线上图标的标题也会跟着改变。

在“事件”后面有两个复选框。选中“单击鼠标”复选框,表示当用户单击鼠标时程序会自动向下运行。“按任意键”复选框是被默认选中的,表示当用户在按下键盘上的任意键时程序自动向下运行。

“时限”文本框可以用来输入一个暂停时间,如果在里面不输入时间,则时间响应不起作用。这个时间值是以秒为计数单位的,表示等待时间到达此数值后,不管用户是否单击过鼠标,或是否按过任意键,程序都会自动向下运行。

在“选项”后面有两个复选框。当“时限”文本框中没有输入时间值的时候,“显示倒计时”复选框不可选,只有输入了时间值时,复选框才可选。如果选中该项,在预览窗口中会出现一个小闹钟图标。程序运行时,在演示窗口中也会出现一个闹钟,从上面可以看到等待剩余的时间比例。“显示按钮”复选框默认是选中的,如果不取消勾选该复选框,程序运行到暂停时,演示窗口中会出现一个 继续 按钮,单击该按钮,程序会继续向下运行。

专家点拨:在“等待”图标中设置的小闹钟在运行程序进行调试时,可以直接在上面按下鼠标拖动变换位置。但是要想调整“继续”按钮的位置则必须单击控制面板上的“暂停”按钮停止程序运行后,才可以在该按钮上按下鼠标拖动改变位置。

6.3　声音、视频和动画的设计

Authorware 支持各种类型的声音、视频和动画素材的导入。在用 Authorware 制作多媒体程序时,可以将外部的声音(声效、解说词和音乐等)、视频、动画等素材导入到 Authorware 中进行处理。这样制作出来的多媒体程序,图像、动画、声音、视频等组合在一起,功能更强大。

6.3.1　声音的设计

Authorware 提供了对多种声音文件的支持,其能够支持的声音文件格式包括 AIF、PCM、SWA、VOX、WAVE 及 MP3 等。在 Authorware 中通过“声音”图标将外部声音文件导入,然后通过设置“声音”图标的属性进一步对声音进行控制。

1. 导入声音

(1) 从“图标”栏中拖动一个“声音”图标到流程线上,将图标名称更改为 WAV。单击“声音”图标打开“声音”图标的“属性”面板,如图 6-19 所示。

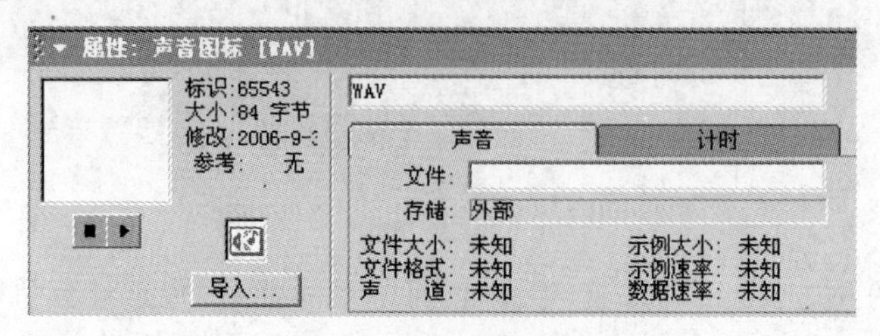

图 6-19　“声音”图标的“属性”面板

(2) 单击其中的“导入”按钮，打开“导入哪个文件?”对话框。使用该对话框找到所需的声音文件，如图 6-20 所示。单击“导入”按钮，即可将选择的声音文件导入到程序中。

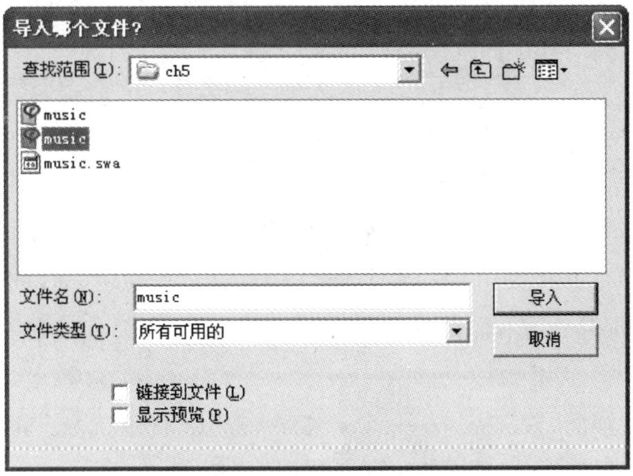

图 6-20　“导入哪个文件?”对话框

专家点拨：在对话框的下端有两个复选框，单击选中“显示预览”复选框，对话框的右侧就多出了一个预览窗口。在对话框的列表中选择一个文件，在预览窗口中并没有预览对象出现，说明对于“声音”图标该复选项是无效的。如果选中“链接到文件”复选框可以使声音文件不嵌入到图标内，而是采用外部链接的方式将它链接到“声音”图标上。不选中该复选框，则会把声音嵌入到“声音”图标之内。

(3) 单击“导入”按钮，可以将声音文件导入到“声音”图标里。在这期间，会出现一个处理声音数据的进度框。

导入声音文件以后，单击“声音”图标“属性”面板左侧的“播放”按钮，可以对声音文件进行试听。单击“停止”按钮，声音停止。

2. 设置“声音”图标的属性

“属性”面板中“声音”选项卡的各项含义如图 6-21 所示。

声音在程序中的播放设置，一般通过对“属性”面板的“计时”选项卡项进行设置来实现，如图 6-22 所示。

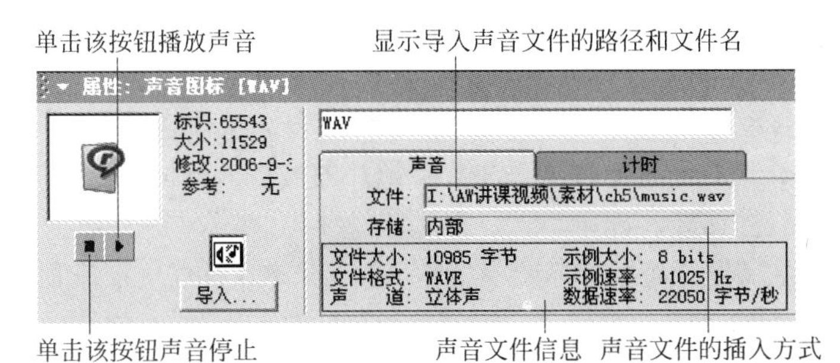

图 6-21　导入声音文件后“声音”选项卡

(1) 在“执行方式”下拉列表中包含“等待直到完成”、“同时”和“永久”三个选项，它们的含义介绍如下。

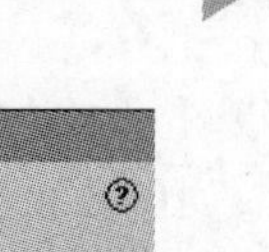

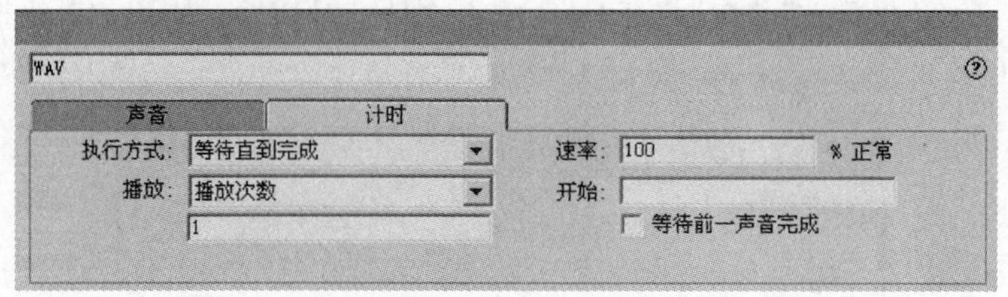

图 6-22 “属性”面板中各项设置

① 等待直到完成：选择此项时，Authorware 将等待声音文件播放完后，再执行流程线上的下一个图标。

② 同时：选择此项时，Authorware 将在播放声音文件的同时执行流程线上的下一个图标。

③ 永久：选择该项时，Authorware 将保持“声音”图标永远处于被激活状态，同时监视“开始”文本输入框中变量的值，一旦为 True，即开始播放。

(2) 在“播放”列表中包含“播放次数”和“直到为真”两个选项，它们的含义分别如下。

① 播放次数：选择该项时，Authorware 将按照其下面的文本输入框中输入的数字或表达式的值确定声音播放的次数，其默认值为 1。

② 直到为真：选择该项时，若在“执行方式”下拉列表框中选择“永久”选项，Authorware 将在下面文本框中的变量或表达式值为 True 时停止播放。

(3) 在“速率”文本框中设置声音播放的速度，100％表示按声音文件原来的速度播放，低于此值表示比原速度慢，否则表示比原速度快。此文本框可输入变量或表达式。

(4) 在“开始”文本框中设置开始播放声音文件的条件，可以输入变量或表达式，当其值为 True 时，开始声音的播放。

(5) 选中“等待前一声音完成”复选框时，将等待前一声音文件播放完后再开始本声音文件的播放，否则将中断前面声音文件播放直接开始本文件播放。

6.3.2 视频的设计

Authorware 除支持常见的声音文件外，也能够支持常见的视频文件，使多媒体程序中能够使用各种格式的数字电影文件。

1. 数字电影文件的导入

(1) 加载数字电影文件的方法和加载声音文件的方法一样，从“图标”栏中拖动一个(即“数字电影”图标)到流程线上需要添加数字影片的位置。同时操作区下方的“属性”面板变为电影图标的“属性”面板。

(2) 此时可以在“属性”面板的标题栏中输入图标名称，或直接在流程线上给图标命名，例如将它命名为“数字电影”。

(3) 单击电影图标“属性”面板左侧的“导入”按钮，打开“导入哪个文件?”对话框，在其中选择“数字电影”文件，如图 6-23 所示。

选中“显示预览”复选框，可以预览电影文件。确认是要导入的文件后，单击“导入”按钮，导入电影文件。

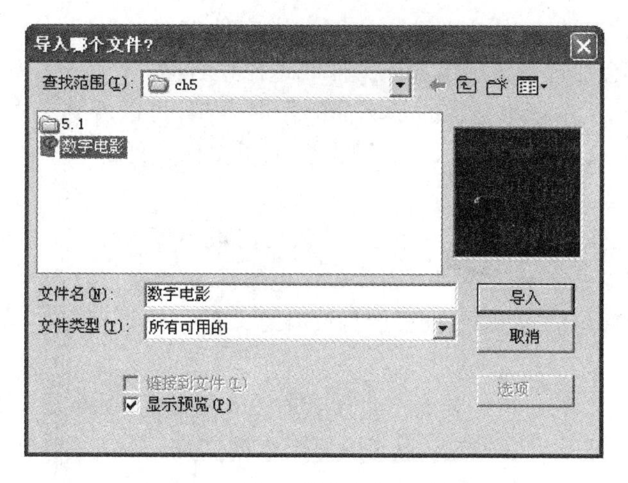

图 6-23 “导入哪个文件?”对话框

2. 预览电影

电影图标“属性”面板的左侧是预览窗口、预览控制按钮和一些关于电影的基本信息，如图 6-24 所示。

预览窗口中显示的是电影文件使用的播放器图标。在预览窗口下方的一排按钮，是对电影文件进行预览时的控制按钮，使用它们，可以在演示窗口中预览导入的数字电影文件。

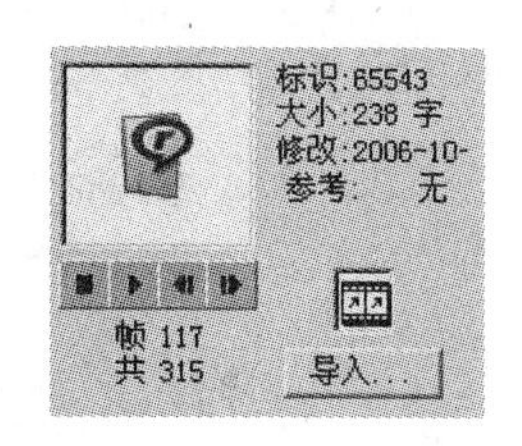

图 6-24 “属性”面板的左侧部分

“播放”按钮用于播放电影文件，“停止”按钮用于停止正在播放的电影文件，“单步前进”按钮用于单帧向前跳进预览电影文件，“单步后退”按钮用于单帧向后跳进预览电影文件。

在这排按钮的下面，是一个关于电影长度的信息，既可以看到电影的总长度，在预览时又可以监视电影运行的位置。

专家点拨：在制作 Authorware 多媒体程序时，会遇到插入的视频不能正常播放的情况，这是计算机系统缺少相应的视频播放插件或者视频解码软件的原因。要解决视频文件在 Authorware 中不能播放的问题，首先要判断该视频文件是何种压缩算法和编码方式制作而成的，然后安装相应的视频播放插件或解码软件进行播放。

3. 设置电影图标的属性

“属性”面板的中部是电影图标一些主要的属性设置，主要包括三个选项卡，分别是“电影”、“计时”和“版面布局”。

1) “电影”选项卡

在“电影”选项卡中，主要是一些关于电影的基本信息及其设置，如图 6-25 所示。

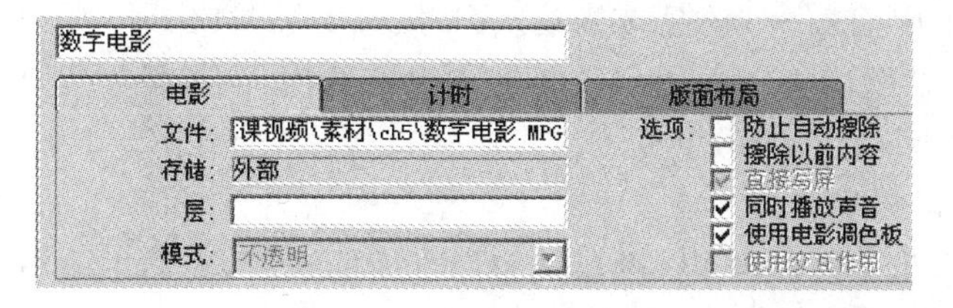

图 6-25 “电影”选项卡

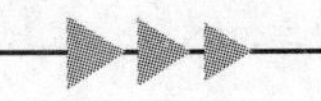

(1) 文件：在此文本框中可以输入数字电影文件的路径和名称，如果文件是通过“导入”按钮导入的，则会在这里显示出导入文件的路径和名称。

(2) 存储：在此文本框中显示的是文件的保存类型，可以看到文本框中的内容是发灰显示的，这说明它是只读的。如果显示“外部”，说明文件是外部链接的；如果显示“内部”，则表示文件是内部嵌入的。

(3) 层：显示当前数字电影所在的层，默认情况下不填入数字，表示层数为0。也可以通过输入一个数字或一个变量来调整当前数字电影所在的层。对于外部链接的数字电影，它总是显示在演示窗口的最上方，设置层是没有意义的。但对于内部嵌入的数字电影是可以设置它的层的。

(4) 模式：表示透明方式。对于外部链接文件来说，这一项都是发灰显示的，选择的都是“不透明”，说明文件是不透明的。对于内部嵌入的文件，则会有4种模式提供选择，分别是“不透明”、“透明”、“覆盖”和“反相”。

(5) 选项：提供了一些关于数字电影显示的内容，和“显示”图标中的属性内容相似，请参阅“显示”图标的属性。

2)“计时”选项卡

在“计时”选项卡中，提供了一些关于数字电影时间控制的选项，如图6-26所示。这些属性和“声音”图标的“计时”选项卡类似。

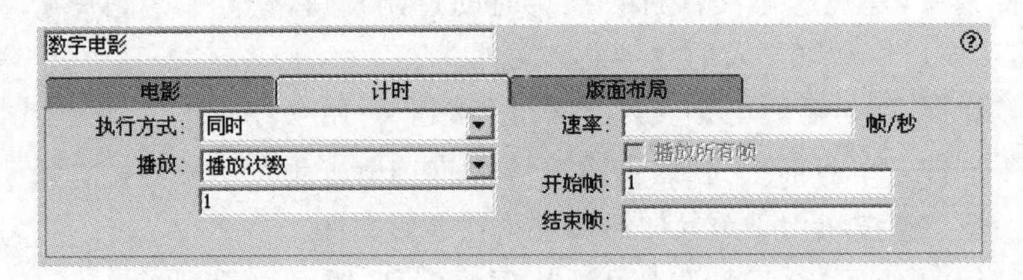

图6-26 “计时”选项卡

(1) 执行方式：共有三种选择，分别是“等待直到完成”、“同时”和“永久”。

(2) 播放：在此下拉列表框中有多个选项。用来设置电影的播放与其后面的图标在播放时间上的关系。

(3) 速率：在此文本框中可以输入数字电影播放的速率。一般情况下，如果在后面的文本框中不输入数值，将按Authorware默认的速率进行播放，默认速率是25帧/秒，也可以输入一个数值作为设定的速率，输入的数值越小，播放速度越慢，数值越大，播放速度越快。

(4) 播放所有帧：选中此复选框时，系统会强制播放电影文件的每一帧。

(5) 开始帧：默认情况下该文本框中有一个数字1，表示电影将从第一帧开始播放。但也可以在该文本框中输入一个数字或表达式，自定义电影播放的开始位置。

(6) 结束帧：在默认情况下，在该文本框中没有数值，但如果需要对动画的结束加入控制条件，可以在这里输入一个数字或表达式。

3)“版面布局”选项卡

在这个选项卡里主要提供了一些版面布局方面的选项，它们主要用来确定数字电影的位置，其操作面板如图6-27所示。

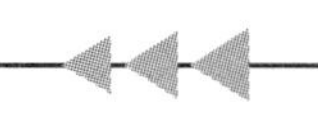

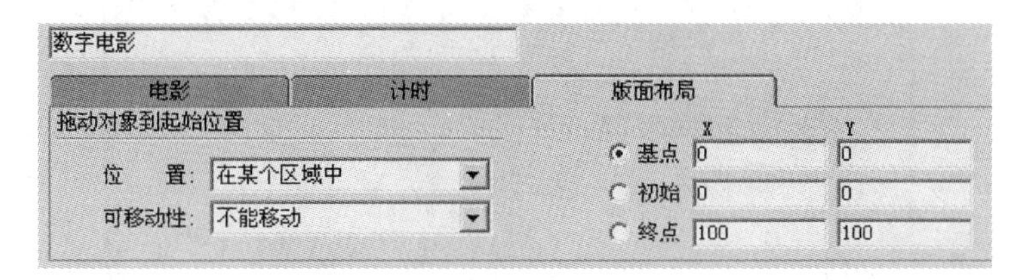

图 6-27 “版面布局”选项卡

它的操作界面很像“显示”图标“属性”面板的右侧部分。

(1) 位置:用来确定数字电影在演示窗口中的位置,主要包括如图 6-28 所示的几个选项。由于选项的不同,右侧位置区的内容也会随着改变,具体的操作方法和图片属性里的操作差不多。

(2) 可移动性:用来确定电影文件在打包后是否可以移动,主要包括如图 6-29 所示的几个选项。

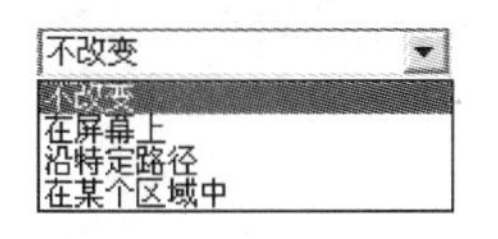

图 6-28 “位置”下拉列表框

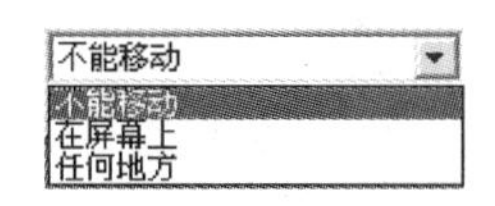

图 6-29 “可移动性”下拉列表框

4. 更改电影的尺寸和位置

在前面的步骤中,电影的各项内容都可以改变,但就是无法改变其显示的大小。这个问题怎么解决呢?

单击工具栏上的“控制面板”快捷工具,打开控制面板。单击“运行”按钮播放程序,当程序运行到电影出现后,单击“暂停”按钮,使程序暂停运行。单击演示窗口中的影片,在周围出现 8 个控制柄,拖动控制柄可以改变影片在演示窗口中的大小,直接拖动影片可以改变其在演示窗口中的位置。

6.3.3 Flash 动画的设计

Authorware 提供了对 SWF 格式的 Flash 动画文件的支持,并能够方便地对动画在演示窗口中的样式进行设置。使用 Flash 动画,可有效地弥补 Authorware 在动画制作上的不足。

1. Flash 动画的插入

(1) 在 Authorware 中,将手形标志移到流程线上需要插入 Flash 动画的位置,选择“插入”→“媒体”→Flash Movie 命令,打开 Flash Asset Properties 对话框。单击 Browser 按钮打开 Open Shockwave Flash Movie 对话框,使用该对话框找到需要插入的 Flash 文件,如图 6-30 所示。

(2) 单击“打开”按钮关闭对话框,在 Flash Asset Properties 对话框的 Link File 文本框中显示出该文件的文件名和存储路径,如图 6-31 所示。

(3) 单击 OK 按钮,即可插入 Flash 文件。此时,程序的流程线和运行效果如图 6-32 所示。

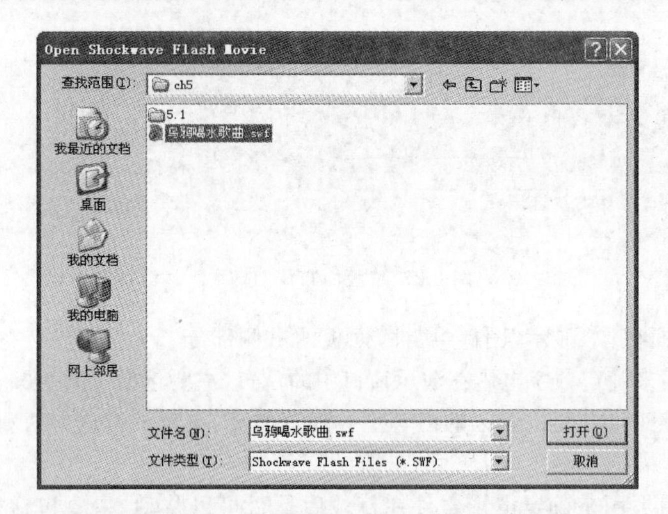

图 6-30　Open Shockwave Flash Movie 对话框

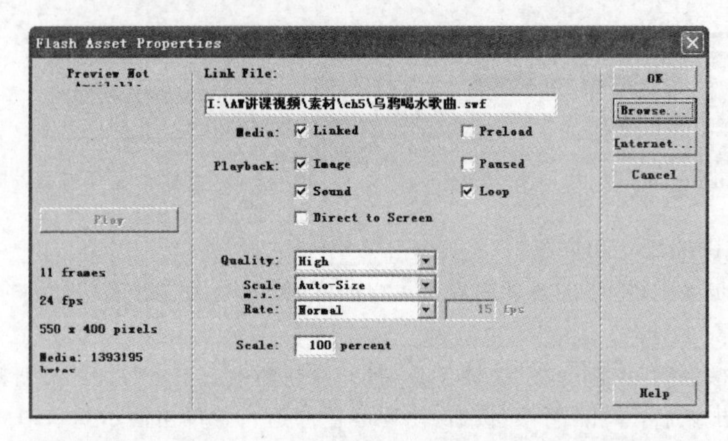

图 6-31　Link File 文本框中显示出文件的文件名和存储路径

图 6-32　程序的流程线和运行效果

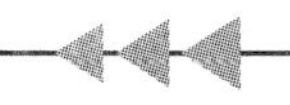

2. Flash 动画在演示窗口中的位置和演示大小的改变

如果想改变 Flash 动画在演示窗口中的位置和演示大小，可以先运行程序，然后按 Ctrl+P 键暂停程序的运行。在演示窗口中的 Flash 动画上单击，动画周围会出现带有 8 个控制柄的边框。此时，拖动动画可改变其在演示窗口中的位置，拖动控制柄能够改变动画在演示窗口中显示的大小。

3. 动画的"属性"面板

双击演示窗口中的动画，打开"属性"面板，在相应的选项卡中能进行动画在演示窗口的显示属性的设置，如图 6-33 所示。其"显示"选项卡和"版面布局"选项卡中各设置项的含义与其他图标(如"数字电影"图标)的含义大同小异，这里就不再详细介绍了。

图 6-33 "属性"面板的"显示"选项卡

与图片一样，插入的 Flash 动画也可以通过在"显示"选项卡中改变"层"文本输入框的数值来改变其与其他图标间的层次关系获得某种遮盖效果。另外要注意，插入 Flash 对象只支持"不透明"和"透明"两种显示模式。

4. Flash Asset 属性的设置

单击"属性"面板中的"选项"按钮，可以再次打开 Flash Asset Properties 对话框，通过该对话框可对动画的属性进行设置，如图 6-34 所示。

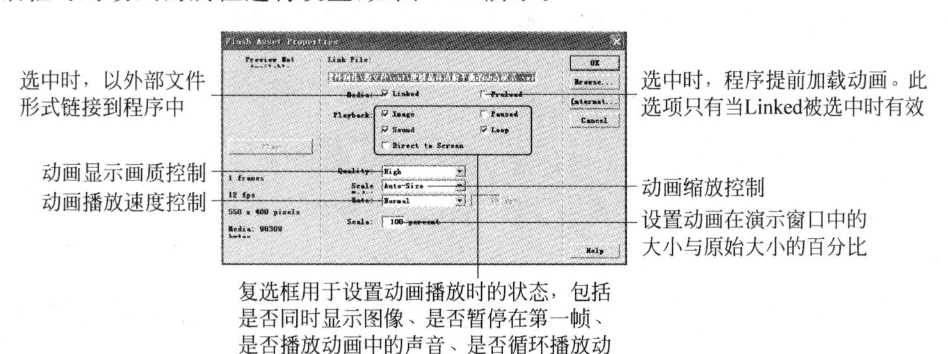

图 6-34 Flash Asset Properties 对话框中各设置项的含义

6.4 运动方式设计

在 Authorware 中制作运动效果，需使用工具栏中的"移动"图标，以"移动"图标来控制对象在展示窗口中的位置移动。Authorware 以"移动"图标为基础提供了 5 种运动方式。

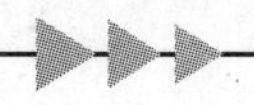

6.4.1 认识"移动"图标

Authorware使用"移动"图标获得的运动效果只是二维的动画效果,即通过使对象位置的改变来获得运动效果。"移动"图标可以控制对象移动的时间、速度、起点、终点、路径,但却没有办法改变对象大小、形状、方向和颜色等。

Authorware的"移动"图标本身并不能够加入对象,它的作用是控制流程线上对象的移动。"移动"图标能够驱动的对象可以是文字、图形图像、数字影片、Flash动画、GIF动画等各种对象。换而言之,"移动"图标可以驱动流程线上的"显示"图标、"交互"图标、"数字电影"图标等。

在使用"移动"图标时,一个"移动"图标只能控制一个图标的运动,并且会使这个图标中的所有对象发生移动。因此,"移动"图标必须放在流程线上需移动图标的后面,如图6-35所示。

要想移动多个对象,则需要将这多个对象放到不同的图标中,并且使用多个"移动"图标来控制它们,如图6-36所示。

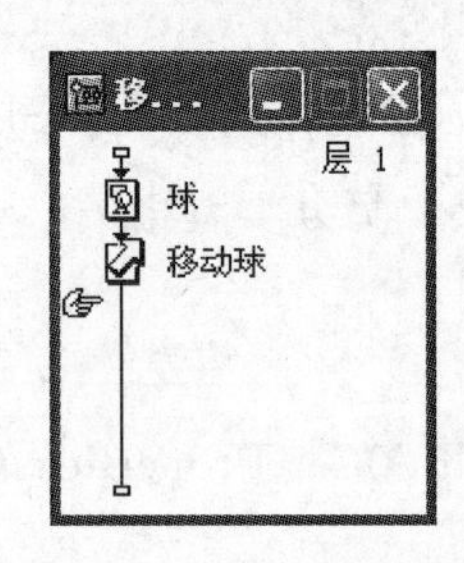

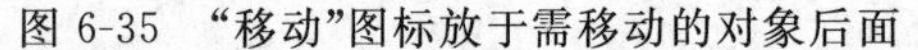

图6-35 "移动"图标放于需移动的对象后面

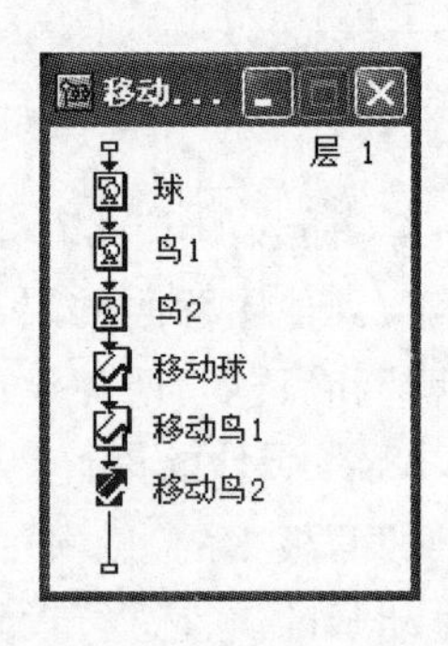

图6-36 多个"移动"图标控制多个图标中的对象

6.4.2 "移动"图标属性的设置

和其他Authorware图标一样,通过拖曳操作可将"图标"栏中"移动"图标放置到流程线上所需位置。双击流程线上的"移动"图标可打开其"属性"面板,如图6-37所示。下面介绍"属性"面板设置的知识。

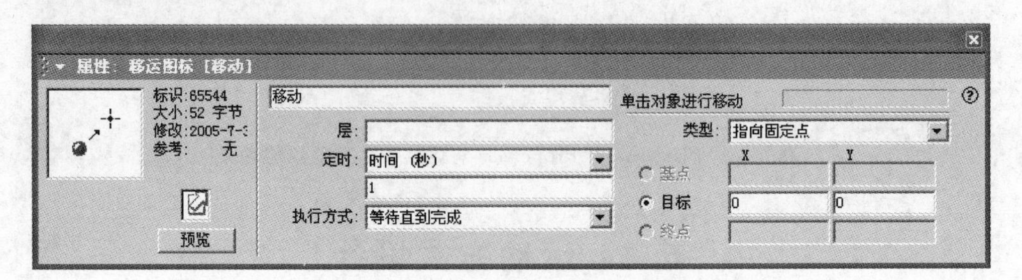

图6-37 "移动"图标的"属性"面板

专家点拨: 在流程线上放置了"移动"图标后,直接单击 (“运行”)按钮使程序运行。当遇到没有指定移动对象的"移动"图标时,程序会自动给出"属性"面板供用户指定移动对象，在“移动”图标前的对象也都会出现在演示窗口中，此时选择所需移动对象就很方便了。

1. 移动对象的指定

打开“移动”图标的“属性”面板后，在演示窗口中单击选择需产生动画的对象，即可为该“移动”图标指定移动对象。此时“属性”面板中显示出选择的图标名称和对象的缩略图，如图 6-38 所示。

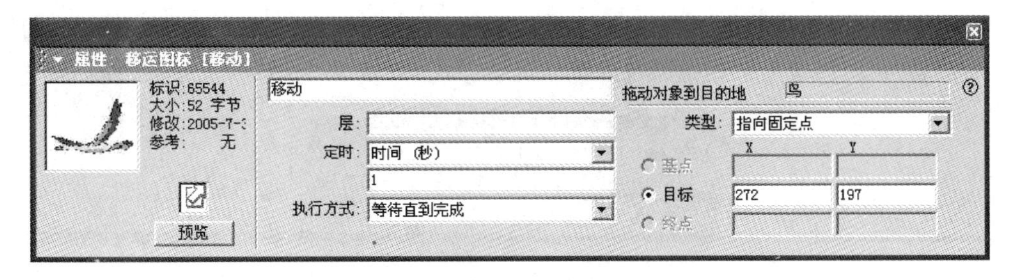

图 6-38　显示出图标名称和对象的缩略图

2. 运动类型

“移动”图标可以产生 5 种类型的运动，它们分别是：指向固定点、指向固定直线上的某点、指向固定区域内的某点、指向固定路径的终点和指向固定路径上的任意点。运动的类型在“属性”面板的“类型”下拉列表中进行选择。

“类型”下拉列表下面的文本输入框用于对运动的起点和终点坐标进行设置，不同的运动类型，会有不同设置项。

3. 运动中的“层”

在“属性”面板中的“层”文本输入框，用于设置运动时对象所处的层数。在运动时，层数高的对象将在层数低的对象的上面。这里可输入正数、负数和 0。

这里设置的层级关系，只在运动时起作用。当运动停止时，演示窗口的静止对象按照各图标“属性”面板中设置的层级关系或流程线上的放置顺序来显示。

专家点拨：在设置运动层时，当对象所在图标的“属性”面板中的“直接写屏”复选框被选中时，这里的运动层数无论设置为多少，对象都将被显示在最上面。

4. 运动的控制

在“属性”面板中，“实时”下拉列表下的文本输入框中可以输入数字、系统变量和表达式，用于指定对象运动的速度。这个速度有两种衡量方式：以时间和运动速率。例如，在文本输入框中输入数字 5，当“实时”下拉列表中选择“时间(秒)”选项时，则将在 5s 完成整个运动过程。若在“实时”下拉列表中选择“速率(sec/in)”选项时，则对象将以每 5s 移动 1 英寸的速率完成整个运动过程。

“属性”面板中的“执行方式”下拉列表用于设置“移动”图标后的图标的执行情况。除“指向固定点”运动方式外，该下拉列表有三个选项。选择“等待直到完成”选项时，Authorware 会在“移动”图标执行完后再执行后面的图标。若选择“同时”选项，则 Authorware 会在“移动”图标执行的同时执行后面的图标。选择“永久”选项时，Authorware 会持续移动指定对象，除非其被擦除。

6.4.3 “指向固定点”运动方式

“指向固定点”是最常用的一种运动方式。此运动方式设置的结果是使选择的对象从原来的位置沿一条直线移动到终点。在这种移动方式的属性设置里,大部分内容都和移动图标共用的属性相同,不同的只是“属性”面板右侧的内容。

从图标栏中将一个“移动”图标拖曳到流程线上的相应位置,打开“属性”面板,“类型”后面显示的是“指向固定点”,这是系统的默认运动方式,如图 6-39 所示。

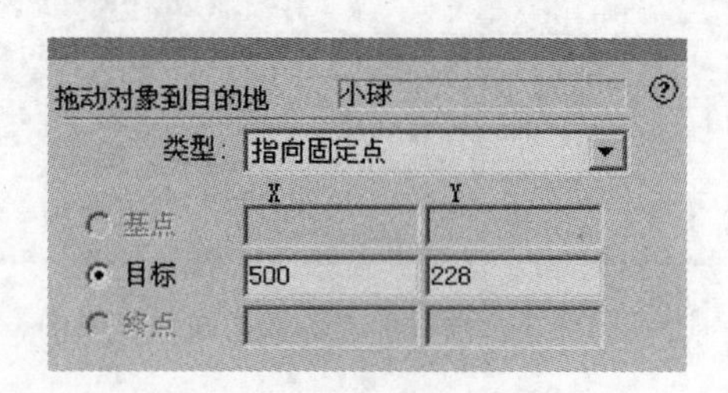

图 6-39 “属性”面板

在“类型”下拉列表框的下面,有三行位置设置(基点、目标和终点),但其中两行(基点和终点)呈发灰显示,表示不可选,只有中间的单选按钮“目标”被默认选中,后面的两个文本框中的数字表示移动对象最终停留的位置。位置是用(x, y)的坐标形式确定的,演示窗口的左上角的位置是(0, 0)。

专家点拨:在 Authorware 中,坐标系不是按数学上的右手坐标系的方法建立的。它的左上角的位置的坐标设置为(0, 0),横坐标向右先计算宽度,然后纵坐标再向下计算高度,反方向是负值。

6.4.4 其他 4 种运动方式

1. “指向固定直线上的某点”运动方式

所谓“指向固定直线上的某点”的运动方式,指的是让对象从出发点运动到有起点和终点的一条线段间的某一位置的运动方式,这条线段并非运动的路径而只是作为对象运动的终止点范围的作用。

2. “指向固定区域内的某点”运动方式

所谓“指向固定区域内的某点”的运动方式,指的是向固定区域内某点的移动方式,固定区域是由起始位置和终止位置所定义的矩形区域。

3. “指向固定路径的终点”运动方式

所谓“指向固定路径的终点”运动方式,指的是让对象沿着定义的路径从起始位置运动到终点位置。这里的路径,可以是直线、折线或圆滑的曲线。

4. “指向固定路径上的任意点”运动方式

所谓“指向固定路径上的任意点”运动方式,指的是使对象沿定义好的路径移动到路径起点和终点间的某个目标点。这里的路径可以是折线,也可以是曲线。

6.5　交互设计

Authorware 提供了丰富的、功能强大的交互功能。通过这些交互功能，在进行多媒体程序创作时，可以增强程序的功能，为人机交流提供了一条通道。

6.5.1　认识交互结构

Authorware 中的交互功能是通过“交互”图标来实现的。“交互”图标和“交互”图标右侧的交互分支构成了整个交互结构，如图 6-40 所示。

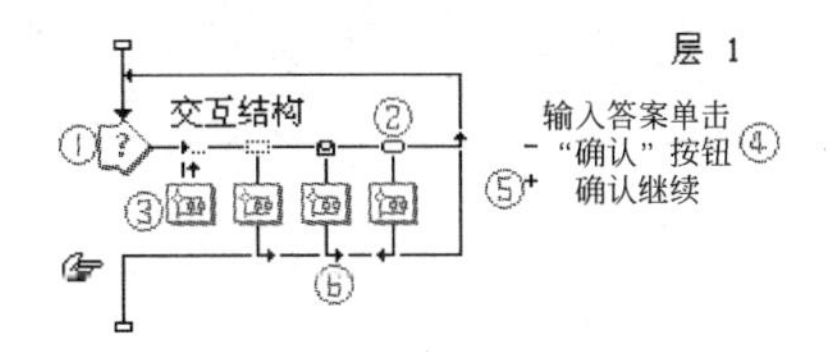

图 6-40　交互结构

以下是图示说明。

(1) “交互”图标：整个交互结构的入口，也是交互结构的基石，必须与右侧的交互分支组成交互结构后才起作用。双击“交互”图标可设计交互控制对象的位置和大小，如按钮、文本输入框、热区等，同时“交互”图标本身具有显示作用，如图 6-41 所示。

(2) 交互类型标志：Authorware 包括 11 种交互类型，如按钮交互、热区域交互、热对象交互、按键交互、下拉菜单交互、文本输入交互等。将设计图标拖放到“交互”图标右侧时，Authorware 将会建立一个交互分支，在弹出的“交互类型”对话框中选择一种交互类型即可建立这种交互类型的交互分支，如图 6-42 所示。

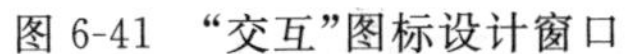

图 6-41　“交互”图标设计窗口

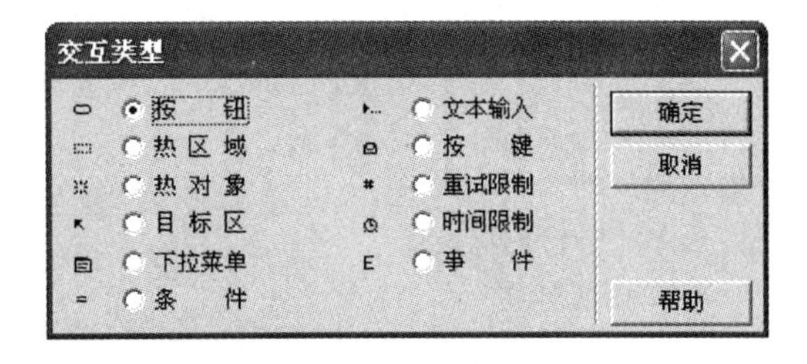

图 6-42　交互类型

建立交互分支之后，在交互结构流程线上分别用不同的交互类型标志表示交互的类型，双击交互结构上的交互类型标志可调出交互“属性”面板，如图 6-43 所示。

如果“属性”面板已经出现在窗口底部，则只要单击交互类型标志即可调出该交互类型的“属性”面板。未作特别说明，下面的操作过程都默认为“属性”面板已经出现在窗口底部。

(3) 交互分支：产生交互后程序执行的流程。Authorware 不支持直接将结构类图标作为交互分支图标，如“交互”图标、“框架”图标、“判断”图标、“声音”图标和“数字电影”图标

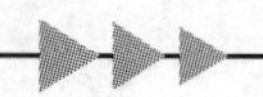

等。可以先将结构类图标放入群组图标中,再放到“交互”图标右侧。如直接将结构类图标拖放到“交互”图标右侧,Authorware将自动创建一个包含该结构类图标的群组图标。

(4) 交互分支图标名称:与一般的图标名称相同,但涉及部分交互类型,如文本交互、条件交互、按键交互等,交互分支图标名称将起到匹配交互条件的作用。

(5) 交互状态:交互状态分为“不判断”、“正确响应”和“错误响应”三种,具有跟踪用户操作,统计用户的正确或错误次数,并统计得分的功能。

(6) 交互流程走向:执行完交互分支后流程的走向。

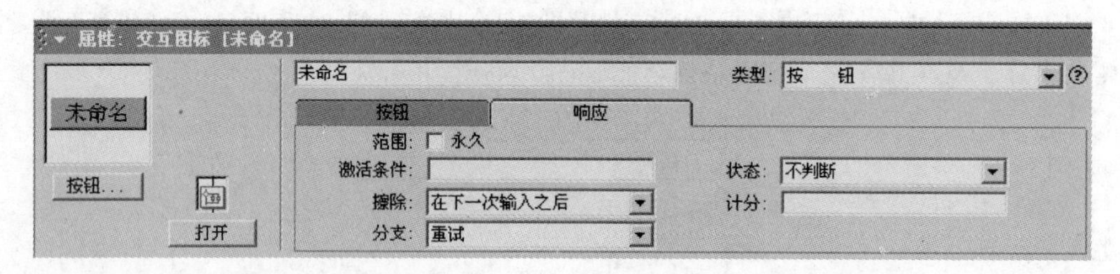

图 6-43　交互“属性”面板

6.5.2　“交互”图标及交互类型

Authorware中交互的建立必须依靠“交互”图标,它统领着整个“交互”结构,因此有必要对“交互”图标及该图标的属性进行一下讲解。

1. “交互”图标

各个设计图标必须依附于“交互”图标建立交互结构,实现人机交互。交互分支下的设计图标对用户的每一个响应进行信息反馈,实现对测试者的学习成绩、操作过程进行实时跟踪的目标。

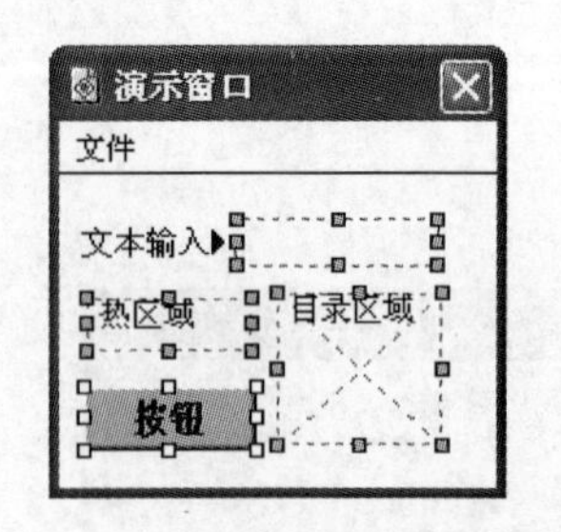

图 6-44　编辑“交互”图标设计窗口中的对象

“交互”图标具有“显示”图标的作用,双击“交互”图标可打开“交互”图标设计窗口进行设计。“交互”图标设计窗口同显示图标的设计方法相似,不过它对交互作用中用到的按钮、热区、文本输入框、目标区域等控制对象也可进行编辑,如对按钮的大小、位置的移动,目标区域范围的设置等,如图6-44所示。

2. “交互”图标属性

右击“交互”图标弹出快捷菜单,选择“属性”命令调出“交互”图标“属性”面板,如图6-45所示。

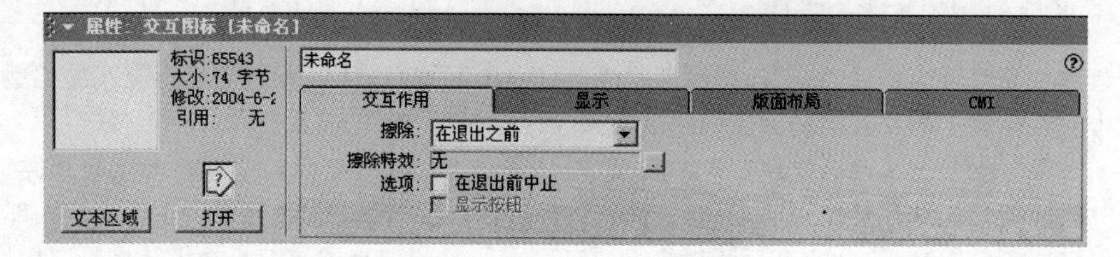

图 6-45　“交互”图标“属性”面板

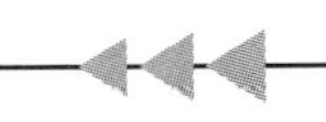

下面将“属性”面板上的各项内容介绍如下。

(1) 图标预览：对“交互”图标设计窗口内的设计内容进行预览。只对用户创建的文本、图形等对象进行预览，对交互控制对象不预览。

(2) “文本区域”按钮：单击“文本区域”按钮可以设置文本输入响应中的文本输入框的样式。

(3) “打开”按钮：单击该按钮，打开“交互”图标设计窗口，相当于双击“交互”图标。

(4) “交互图标名”文本框：输入或更改该文本框内的文字，同时也作为“交互”图标命名。

(5) “交互作用”选项卡：设置与交互作用有关的选项，包括擦除、停留方式等。

① “擦除”下拉列表框：设置何时将“交互”图标显示的内容擦除。下拉列表框中包括三个选项。

- “在下一次输入之后”选项：在进入下一个交互分支之后将“交互”图标中的显示内容擦除。
- “在退出时”选项：在退出交互结构时将“交互”图标中的显示内容擦除。
- “不擦除”选项：不擦除“交互”图标中的显示内容，必须使用擦除图标进行擦除。

② “擦除特效”项：设置“交互”图标内容擦除时的擦除效果。

③ “选项”复选框组：在退出之前是否暂停让用户看清显示内容和反馈信息。选中“在退出前中止”复选框则相当于在退出前设置了一个等待，当用户单击鼠标或按任意键时，退出当前交互结构。当选中了“在退出前中止”复选框，则“显示按钮”复选框被激活，选中“显示按钮”复选框，屏幕上将显示一个“继续”按钮，单击“继续”按钮才会继续往后执行。

(6) “显示”和“版面布局”选项卡：这两个选项卡的设置内容与“显示”图标属性面板中的内容一样。

(7) CMI 选项卡：设置计算机管理教学(Computer Managed Instruction，CMI)方面的属性。

3. 交互类型

Authorware 共有 11 种交互类型，这 11 种类型可在建立交互时弹出的“交互类型”对话框中选择，也可以在交互“属性”面板中的“类型”下拉列表框中进行更改。每一种交互有各自的属性。这 11 种交互类型对应的“属性”面板中的“响应”选项的内容基本相同，如图 6-46 所示。

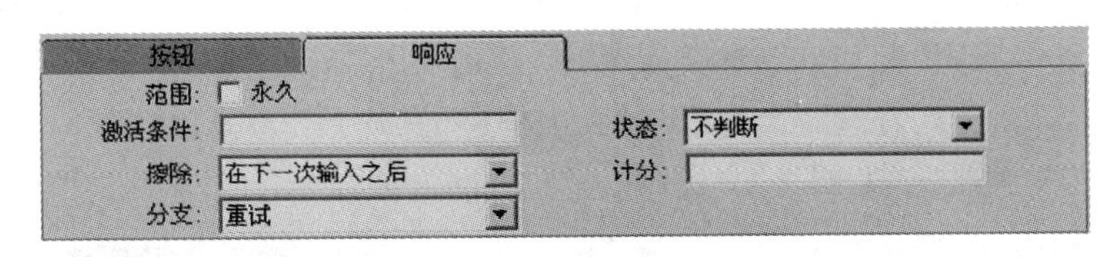

图 6-46　“响应”选项卡

(1) “范围：永久”复选框，设置该交互分支响应范围为永久响应，即在整个程序中都可响应，而不管有没有退出该交互分支所在的交互结构。

(2) “激活条件”文本框：设置该交互分支是否被激活，可在文本框中输入数字、变量或表达式。文本框中输入的值为 True 时该交互分支被激活，用户可响应该交互分支。

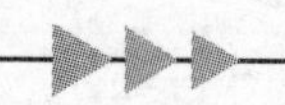

(3)“擦除”下拉列表框：该下拉列表框设置交互分支下设计图标内的内容在何时被擦除。列表框中有“在下一次输入之后”、“在下一次输入之前”、“在退出时”和“不擦除”4个选项。

(4)“分支”下拉列表框：响应该交互分支后的流程走向。默认情况下列表框中有“重试”、“继续”和“退出交互”三个选项。如果在“范围”选项中选择了“永久”复选框，那么列表框中会增加一个“返回”选项。

(5)“状态”下拉列表框：交互状态分为“不判断”、“正确响应”和“错误响应”三种，具有跟踪用户操作、统计用户的正确或错误次数的作用。

(6)“计分”文本框：输入一个数值或表达式对最终用户学习过程中的操作情况进行得分统计。用户在“状态”下拉列表框中选择了“不判断”选项，则“计分”文本框中的分值无效；如果选择了“正确响应”或“错误响应”选项后，在“计分”文本框中输入的分数值将会反馈给用户。一般选择了“正确响应”选项后得分增加，选择了“错误响应”选项后得分减少，分别用正数和负数来表示。

6.5.3 按钮交互实例——创建模块化程序结构

模块化程序结构是制作多媒体程序时经常采用的一种结构，其最大特点是可以随意选择程序中的模块进行演示，其基本框架结构如图6-47所示。

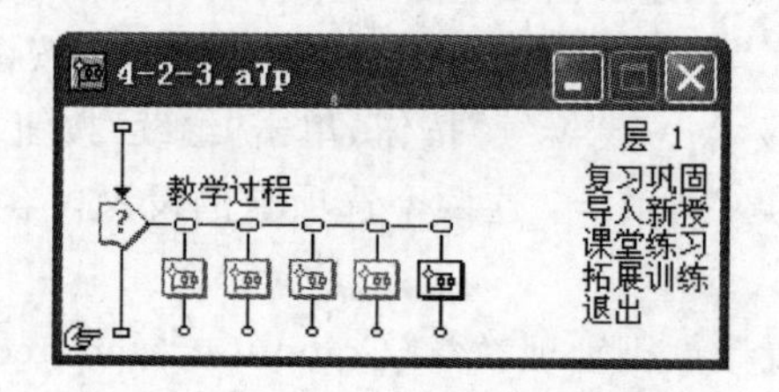

图6-47 模块化结构流程图

制作步骤如下。

(1) 新建一个文件，选择“文件”→“保存”命令将新建的文档进行保存。

(2) 从图标工具栏上拖一个交互图标到流程线上，命名为“教学过程”。

(3) 拖一个群组图标到“教学过程”交互图标右侧，弹出“交互类型”对话框，选中“按钮”单选按钮，建立一个按钮交互分支，并将分支下的群组图标重命名为“复习巩固”。

(4) 单击“复习巩固”交互分支的交互标志，调出交互“属性”面板，选择“响应”选项卡，选中“范围：永久”复选框，选择“分支”下拉列表框中的“返回”选项，如图6-48所示，这时交互分支流程走向发生改变，如图6-49所示。

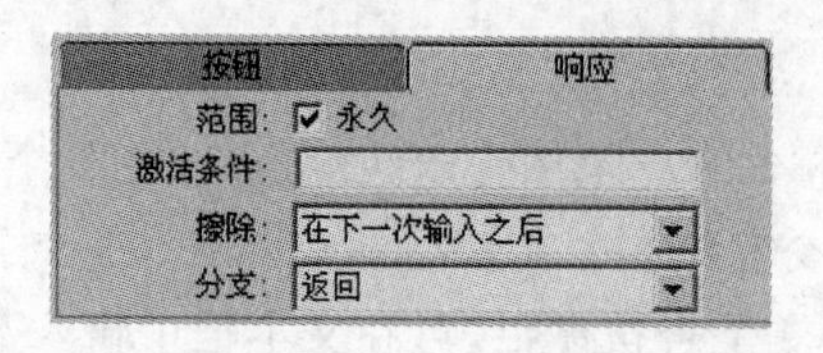

图6-48 交互“属性”面板中的“响应”选项卡

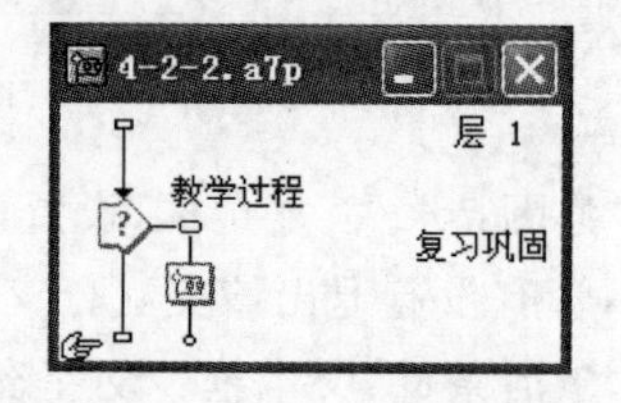

图6-49 交互分支流程走向

(5) 继续拖动 4 个群组图标到"教学过程"交互图标的右侧，并分别命名为"导入新课"、"课堂练习"、"拓展训练"和"退出"。由于同一个交互结构中，同类型的交互具有继承图标属性的特点，因此后面 4 个交互分支的交互属性不需要重复设置。

(6) 单击"退出"交互分支的交互标志调出交互"属性"面板，选择"按钮"选项卡，选中"选项"复选框组中的"默认按钮"复选框，如图 6-50 所示。

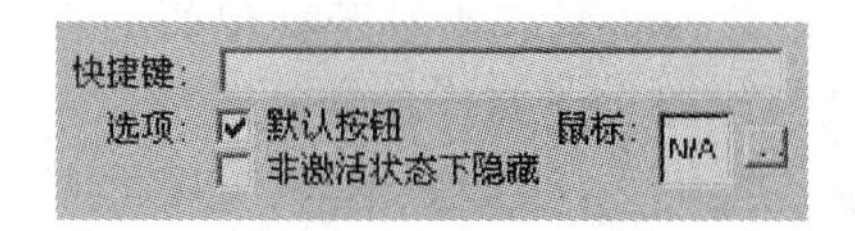

图 6-50　"按钮"选项卡"选项"属性

(7) 双击"教学过程"交互图标，弹出交互图标设计窗口。按住 Shift 键分别单击窗口中的每个按钮对象，选中全部按钮后移动鼠标至窗口底端。然后选择"修改"→"排列"命令调出"排列"面板，分别单击"上端水平对齐"选项和"水平等距分布"选项，窗口中的按钮则可整齐地排列，如图 6-51 所示。

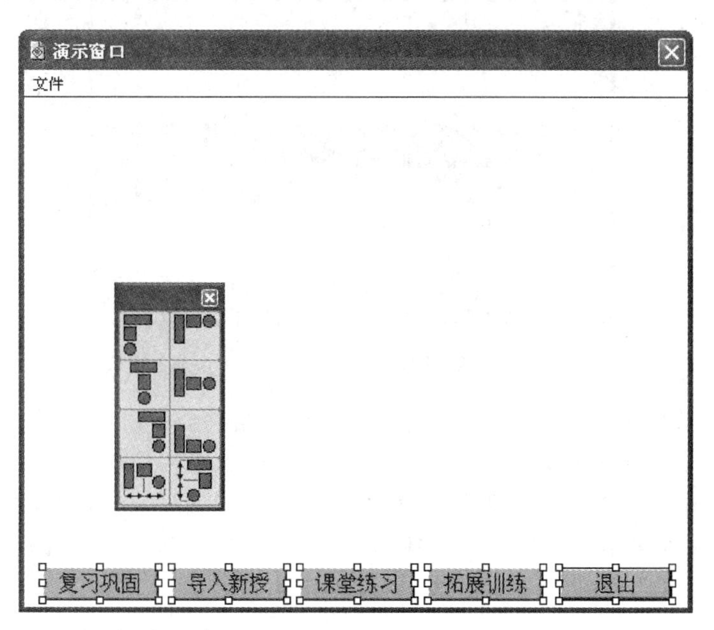

图 6-51　交互图标设计窗口

专家点拨：*建议在交互分支下统一使用群组图标，方便以后的修改。*

一个简单的模块化程序结构制作完成，以后只需要往每个交互分支下的群组图标中添加相应的教学内容即可完成整个多媒体程序的创作。

6.6　变量和函数

Authorware 是一个流程式多媒体制作软件，它的程序制作基本上都是使用图标的拖曳来完成的，但只依靠简单的图标拖曳制作，很难完成复杂的工作，为此，在 Authorware 中加入了变量和函数的内容。利用变量、函数及编程，可以制作出功能更加强大的多媒体课件。

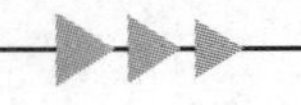

6.6.1 变量

所谓的变量,顾名思义指的是程序运行时其值可以改变的量。在 Authorware 中,变量包括自定义变量和系统变量。

1. 自定义变量

自定义变量是用户自己定义的变量。相对于其他的编程语言,在 Authorware 中使用自定义变量比较简单,用户无须考虑变量是全局变量还是局部变量,也无须考虑变量的数据类型是整数型还是浮点型等。当为一个变量赋值时,变量的类型由所赋予的值的类型决定。自定义变量可以在"计算"图标以及各种"属性"面板的文本输入框中使用,还可插入到文本对象中使用。下面介绍在"计算"图标中使用自定义变量时,变量的定义过程。

(1) 拖放一个"计算"图标到流程线上。双击流程线上的"计算"图标,打开"计算"图标的代码编辑窗口,在窗口中为自定义变量赋值,其格式如图 6-52 所示。

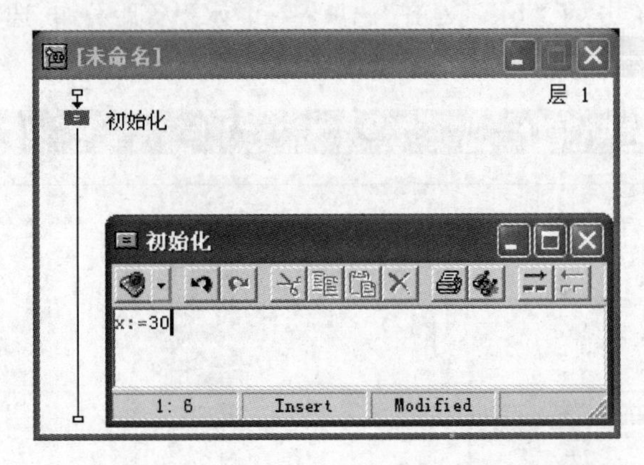

图 6-52 在"计算"图标的代码编辑窗口中为变量赋值

(2) 关闭计算图标编辑窗口完成对变量的定义,此时会弹出一个对话框,提示保存对"计算"图标的修改,如图 6-53 所示。

(3) 单击"确定"按钮关闭对话框,弹出"新建变量"对话框。分别在对话框中的文本框中输入变量名、变量初值和变量说明,如图 6-54 所示。单击"确定"按钮关闭对话框完成变量的定义。

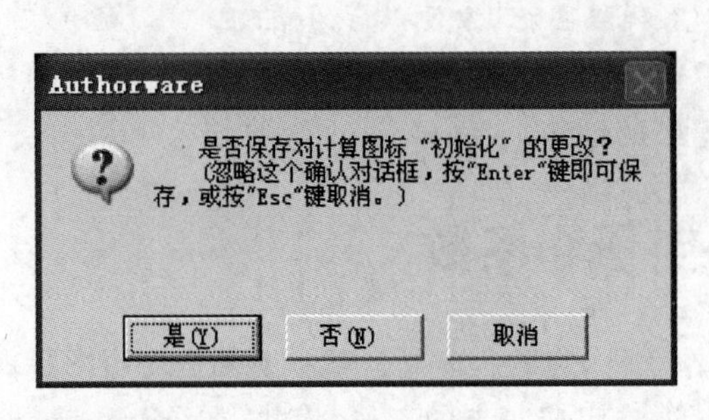

图 6-53 提示保存

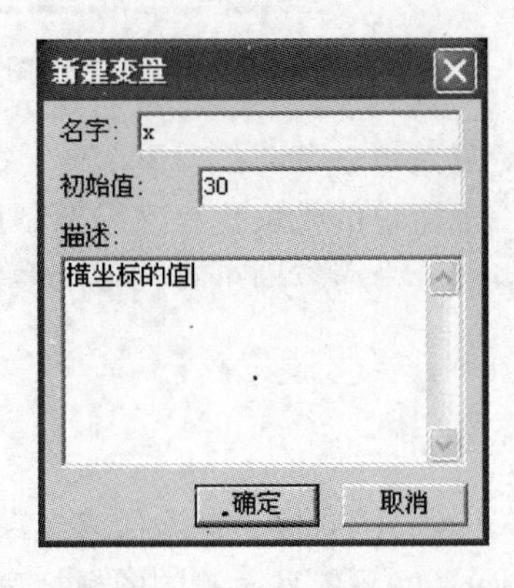

图 6-54 "新建变量"对话框

专家点拨：在 Authorware 中根据变量存储的数据类型，可分为以下 4 种类型。

① 数值型变量：用于存储具体的数字。

② 字符型变量：用于存储字符串。

③ 逻辑型变量：存储 TRUE 和 FALSE 这两个逻辑值。

④ 列表型变量：用于存储一组数据或变量。

2. 系统变量

系统变量是指 Authorware 已定义好的变量，常用来记录系统内部图标、对象、响应关系和状态，在程序中可以被直接调用。系统变量和自定义变量一样，可在“计算”图标中、各种“属性”面板的文本输入框中使用，还可插入到文本对象中使用。下面以在“计算”图标中使用为例介绍系统变量的使用。

(1) 在流程线上双击“计算”图标打开代码编辑窗口，单击工具栏中的“变量”按钮 (或选择“窗口”→“面板”→“变量”命令)，打开“变量”面板，如图 6-55 所示。

在“变量”面板的“分类”列表中列出了 12 种系统变量，选择一种系统变量在其下方的列表框中会显示出该类的所有系统变量。“初始值”和“变量”文本框显示出变量的初值和当前值。“参考”文本框中显示当前使用该变量的图标的名称。“描述”列表框中显示对该变量的说明。

(2) 选择需要的系统变量双击(或选择后单击“粘贴”按钮)，即可将系统变量复制到代码需要的地方，例如，这里的“计算”图标的代码编辑窗口，如图 6-56 所示。

图 6-55　“变量”面板

图 6-56　添加系统变量

6.6.2　函数

函数通常指的是提供某种特殊功能的子程序。Authorware 自带了大量的系统函数，能够直接调用。当系统函数无法满足要求时，Authorware 也允许自定义函数并使用它。

1. 系统函数

在 Authorware 中提供了丰富的系统函数,使用系统函数可以完成许多高级的扩展功能。系统函数可以使用键盘输入到任何需要的地方,也可使用“函数”面板来进行输入。

单击工具栏中的“函数”按钮 (或选择“窗口”→“面板”→“函数”命令),打开“函数”面板,如图 6-57 所示。

专家点拨:Authorware 中的系统函数按其用途被分为不同类型。其中,“字符”类用于对字符和字符串的操作,“绘图”类用于演示窗口中绘制图形,“跳转”类用于实现图标间的跳转和跳转到外部文件,“数学”类用于复杂的数学运算,“时间”类可处理与时间有关的操作。

这里面板中各选项栏的用途与“变量”面板一样。选择需要的函数后双击(或单击“粘贴”按钮)可将函数添加到需要的位置,如“计算”图标中,如图 6-58 所示。

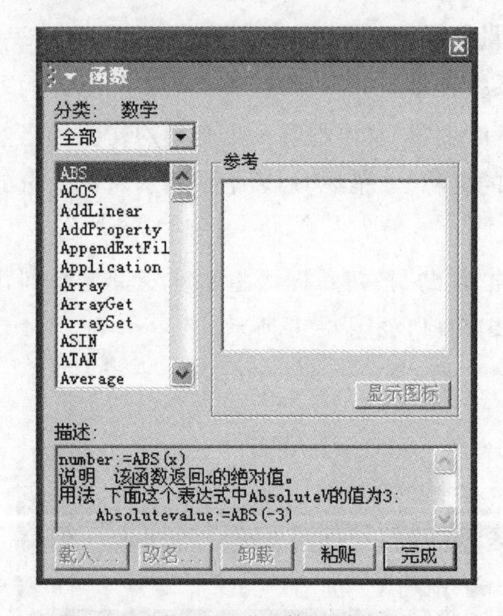

图 6-57　“函数”面板

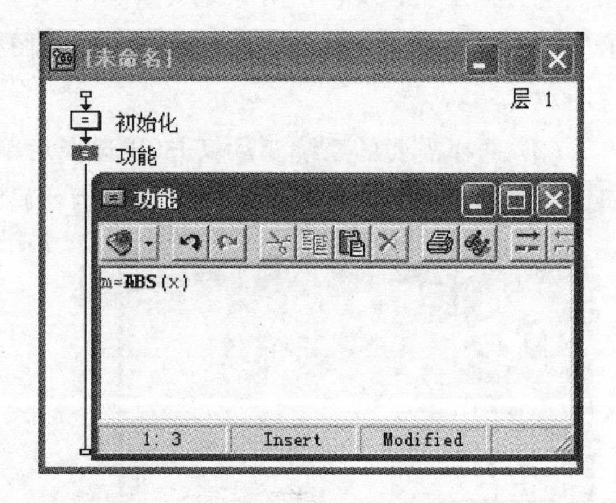

图 6-58　添加系统函数

2. 自定义函数

Authorware 中自定义函数有两种文件格式,其一为 DLL(Dynamic Link File)文件格式。熟悉 Windows 编程的读者都知道,DLL 文件即为动态链接库文件,它是 Windows 的重要组成部分,使用 Windows 下的开发工具,如 VB、VC 等均能开发出功能强大的 DLL 文件。

DLL 文件功能虽然强大,但要正确地使用它必须对 Windows 下的程序设计有深入的了解,这显然不是一般用户所能做到的。为此,Authorware 提供了自定义函数的第二种文件格式,即 UCD(User Code File)文件格式。UCD 格式的文件是按照 Authorware 函数格式开发的自定义函数库,加载后会增加一个函数类,该类中有多个自定义函数供使用。

习　　题

1. 选择题

(1) 同时选择流程线上多个图标,可执行下面(　　)操作。

A. 按住 Shift 键单击需选择的图标

B. 按住 Ctrl 键单击需选择的图标

C. 按住 Alt 键单击需选择的图标

D. 依次单击需选择的图标进行选择

(2) 在流程线上双击下面(　　)图标能够在打开演示窗口的同时打开绘图工具箱。

A. 　　　　B. 　　　　C. 　　　　D.

(3) 在 Authorware 程序设计中使用等待图标,可使程序暂停运行,等待到指定时间、用户按下继续按钮、用户按下任意键或(　　)时,再继续程序的运行。

A. 次数限制　　　　B. 单击鼠标　　　　C. 时间限制　　　　D. 按鼠标右键

(4) 使用 Authorware 开发多媒体课件,要实现播放 WAV 音乐功能,需要使用(　　)。

A. 视频图标　　　　B. 动画图标　　　　C. 显示图标　　　　D. 声音图标

(5) 设 Authorware 应用程序的流程线中有三个图标,依次命名为 a,b,c,图标 a 和 c 是显示图标,图标 b 是移动图标,如果在图标 b 的"属性"面板中"执行方式"下拉列表框中选择"同时",则(　　)。

A. 图标 a 的运动完成后,再执行显示图标 c

B. 图标 c 的运动完成后,再执行显示图标 a

C. 图标 a 和图标 c 同时执行

D. 图标 a、b、c 同时执行

(6) 在 Authorware 程序设计中使用交互图标实现与用户的交互活动,每个交互响应分支可以是(　　)。

A. 一个组图标和一个显示图标　　　　B. 多个导航图标

C. 多个图标　　　　D. 一个群组图标或一个框架图标

2. 填空题

(1) 要想删除一个流程线上已有的图标,可选择该图标,按________键删除。

(2) 显示图标面板中的"层"参数用来设置显示图标中对象的层次,在后面的文本框中可以输入一个数值,数值越________,显示对象越会显示在上面。

(3) 移动图标属性中的"层"文本输入框,用于设置________时对象所处的层数。

(4) Authorware 中的交互功能是通过________来实现的。交互图标和它右侧的________构成了整个交互结构。

(5) 交互图标右侧的下挂图标可以为________、移动图标、擦除图标、________、导航图标、________和群组图标等。

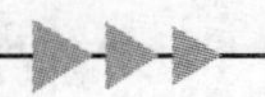

(6) 将系统变量添加到代码编辑窗口中,除了可直接输入外,还可以在“变量”面板中选择该变量后________将其添加到代码编辑窗口。

上机练习

练习1 输入文本实例——古诗欣赏

利用“文本”工具输入一首古诗,并格式化文字效果。效果如图6-59所示。

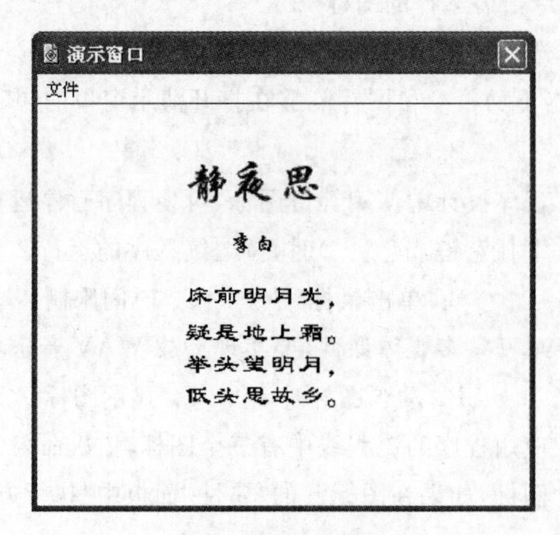

图6-59 古诗欣赏

制作要点提示:

(1) 新建Authorware文档,拖放一个显示图标到流程线上,命名为“古诗”。

(2) 双击“古诗”显示图标打开演示窗口。

(3) 用文字工具输入古诗内容。

(4) 将古诗标题文字字体设置为华文行楷,文字大小设置为24磅;将古诗作者文字字体设置为华文行楷,文字大小设置为12磅;将古诗内容文字字体设置为隶书,文字大小设置为14磅。

练习2 课件实例——世界景观欣赏

利用显示图标、等待图标、擦除图标制作一个演示型课件实例——世界景观欣赏,效果如图6-60所示。

制作要点提示:

(1) 新建Authorware文档,设置文档属性。

(2) 拖放两个显示图标到流程线上,在第一个显示图标中插入一个背景图片,在第二个显示图标中输入标题文字。

(3) 将显示图标、等待图标、擦除图标依次拖放到流程线上并重新命名,共5组。

(4) 分别将外部图片插入到5个显示图标中。分别设置显示图标、等待图标、擦除图标的属性,实现演示型课件的效果。

图 6-60 世界景观欣赏

(5) 最后利用 Quit 函数实现程序的退出。

练习 3 插入 Flash 动画——看图识字

按照本章讲解的方法制作一个插入 Flash 动画的实例——看图识字，效果如图 6-61 所示。

图 6-61 插入 Flash 课件

制作要点提示：

在调整 Flash 课件尺寸和位置时，要先运行程序，然后按 Ctrl＋P 键暂停程序的运行。在演示窗口中的 Flash 动画上单击，动画周围会出现带有 8 个控制柄的边框。此时，拖动动画可改变其在演示窗口中的位置，拖动控制柄能够改变 Flash 动画的尺寸。

练习 4 指向固定点运动方式应用——汽车拉力赛

利用移动图标的“指向固定点”运动方式制作一个汽车拉力赛实例，程序运行后，在演示窗口中出现三辆汽车，它们同时由右向左行驶，直到窗口的左侧，三辆汽车由于速度不同，到达终点的时间长短也不同。如图 6-62 所示是实例运行的一个画面。

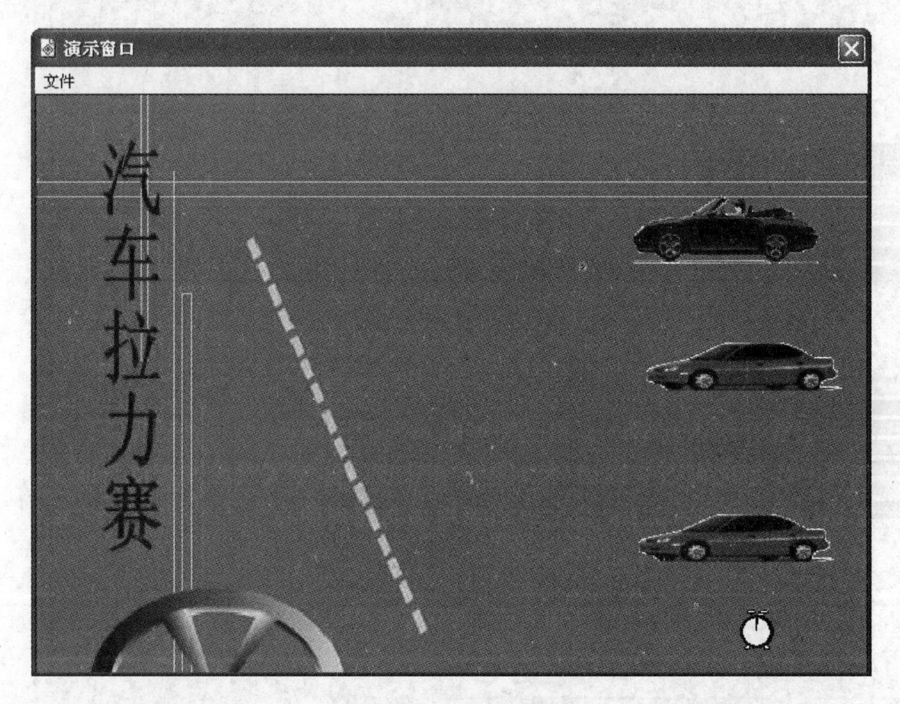

图 6-62 汽车拉力赛

制作要点提示：

(1) 这个实例的制作主要使用了移动图标的“指向固定点”运动方式。

(2) 三辆汽车的运动需要将三个汽车图片放在三个不同的显示图标中，并且设计三个移动图标分别进行控制。

(3) 在设置三个移动图标的属性时，“执行方式”选项要设置为“同时”，这样可以保证三辆汽车同时运行。

(4) 由于三辆汽车的运动速度不一样，所以在“属性”面板中设置“定时”选项时，三个移动图标要设置成不同的速度值。

练习 5 热区域交互应用——英语情景对话

利用热区域交互类型制作一个英语情景对话多媒体课件实例，效果如图 6-63 所示。课件运行时先显示一个英语情景对话场面，当用户单击画面上的英语对话句子时，课件将发出

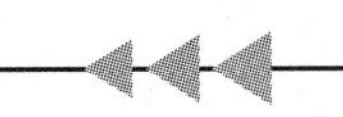

朗读的声音。

图 6-63　英语情景对话

制作要点提示：

(1) 新建 Authorware 文档，导入一个英语情景对话图片。

(2) 创建一个热区域交互结构，将对话场景中的 4 个英文对话文字设置成 4 个热区。

(3) 每个交互分支中导入一个相应的英语对话朗读声音。

第7章 多媒体产品开发技术

信息时代的人类正处于前所未有的数字化的生存状态,多媒体创意设计已成为连接技术和人文艺术的桥梁。受高科技发展和后现代主义设计理念的影响,一直处于渐进变革中的多媒体产品创意设计越来越多地呈现出与以往不同的设计风貌,由统一逻辑向多元共存发展,承认文化的多样性和人性的多元化,在多媒体产品创意设计中以视觉符号映射人类意识和文化的根源,表现无形的概念性文化理念。

本章主要内容:

- 多媒体创意设计;
- 多媒体产品开发的美学基础;
- 多媒体软件工程基础。

7.1 多媒体创意设计

多媒体软件产品离不开创意设计,创意设计是产品的灵魂,是产品的精华所在,只有产品具有了创意,产品的各个方面才具有生命活力,才能吸引用户,才能在功能、艺术、美学上满足用户的需要。

7.1.1 多媒体创意设计简介

创意设计是多媒体产品生动活泼性的重要来源。好的创意不仅使应用产品独具特色,也大大提高了产品的可用性和可视性。精彩的创意将为整个多媒体产品系统注入生命与色彩。多媒体应用程序之所以有巨大的诱惑力,主要是其丰富多彩的多种媒体的同步表现形式和直观灵活的交互功能。

1. 多媒体产品创意设计的要点

(1) 要在媒体"呈现"和"交互"两项上多进行思考和研究,在屏幕设计和人机交互界面上下工夫。

(2) 应包括各种媒体信息在时间和空间上的同步表现。即对计算机屏幕进行空间划分,在空间与时间轴上进行立体构思,组构完整和谐的设计蓝图。

(3) 应用软件开发的方法和技术进行开发,甚至包括具体术语,如脚本、编号、剪接和分镜头等。

(4) 要充分考虑到该应用系统设计所采用的编程环境或创作工具的功能与特点,特别是计算机资源,以免创意太脱离实际的应用设计水平。

2. 多媒体产品创意设计应注意的问题

(1) 对图像、动画、音乐及效果设计，尽量与专业人员互相讨论，互相沟通，特别讲究灵感。

(2) 创意设计首先要注意扣紧主题，对准设计目标，而不可一味追求新、奇、特。

专家点拨：拥有好的创意，并通过精心的设计把它实现，是当今实现产品差异化的主要手段。好的创意设计是唤醒人们潜意识中最底层需求的诱因，在满足功能需求的基础上，传递价值的信号。

7.1.2　多媒体创意的实施方法

多媒体产品有了创意只是产品有了好的开始，还必须将创意实现出来，它需要技术的支持，需要在功能上不断完善、不断满足用户的需求，在人文、艺术、视觉传达和文化等方面进行美学上的设计。

1. 技术设计

具有创新意义的多媒体产品必须熟练掌握软件产品制作技术，从软件产品内容出发广泛搜集资料、挖掘信息，灵活考虑多媒体软件产品交互界面的设计，大胆创新，别出心裁。

多媒体软件产品开发技术主要包括：菜单技术、积件技术、交互技术、导航技术、超文本与超媒体技术、多媒体数据开发技术、多媒体通信、CSCW(计算机支撑的协同工作技术)远程教育等开发技术。设计多媒体产品要以技术为支撑手段，以用户的需求为核心来设计。

1) 菜单技术

多媒体产品呈现无非就是线性和树状两种，常见的 PPT 通常是线性呈现，视频也是典型的线性呈现，在树状知识呈现方式中，菜单技术是最常用到的。

多媒体产品中的菜单主要起到导航、控制等作用。全局导航菜单可分为下拉式、固定式、隐藏式等多种形式；局部导航菜单主要通过上下页按钮、跳转按钮等来进行导航。

大多数多媒体产品都会使用固定菜单进行导航，而固定菜单会占用一定空间，只适合用于内容比较少的产品。对于内容比较多的产品，可以使用多种形式组合的菜单进行导航，如多级菜单、伸缩菜单等。当多媒体产品的页面内容较多或菜单占用的空间较多时，可使用显隐菜单来减少空间的占用。对于局部导航菜单，使用图标型按钮时要添加工具提示，让使用者知道按钮的功能。如果产品内容比较多时，最好加上页码信息、学习进度条和进度百分比等，让学习者知道学习的进程，方便对学习进度进行相应的调整。

使用菜单时要注意当前使用菜单与其他菜单的区别、可用菜单与不可用菜单的区别，可以通过标记、透明度等形式来区分。同时，菜单按钮应适时地添加或移除按钮事件。

2) 积件技术

“积件”的原始意义是像“搭积木”那样实现产品的制作。而积件的重复利用特性可以降低产品开发总成本，是提高开发效率的有效手段。通常，积件技术包括模板技术等。

积件是由教师和学生根据教学需要自己组合运用多媒体教学信息资源的教学软件系统。积件思想作为一种关于计算机辅助教学(CAI)发展的系统思路，是对多媒体教学信息资源和教学过程进行准备、检索、设计、组合、使用、管理、评价的理论与实践。它不仅是在技术上把教学资源素材库和多媒体著作平台的简单叠加，而是从课件的经验中发展出来的现代教材建设的重要观念转变，是继第一代教学软件课件之后的第二代教学软件系统和教学媒体理论。

3）交互技术

交互技术的好坏，通常是一个产品获得好的技术评价的重要指标。在产品中通常体现在对鼠标和键盘的动作做出响应。其中又以鼠标动作为主，例如典型的拖曳交互。通常理科类课件对交互技术的要求比较重视。在交互技术中，比较大胆的交互技术是使用游戏来诠释教学。

有一个数学课件《圆周运动探究》，核心部分就是提供了一大一小两个联动的转盘以及两个可以被随意拖放到转盘上随之转动的小球，然后设计了 5 个探究活动让学生自己去操作、去实践、去思考、去探究……这就是这个课件的一个亮点，如图 7-1 所示。

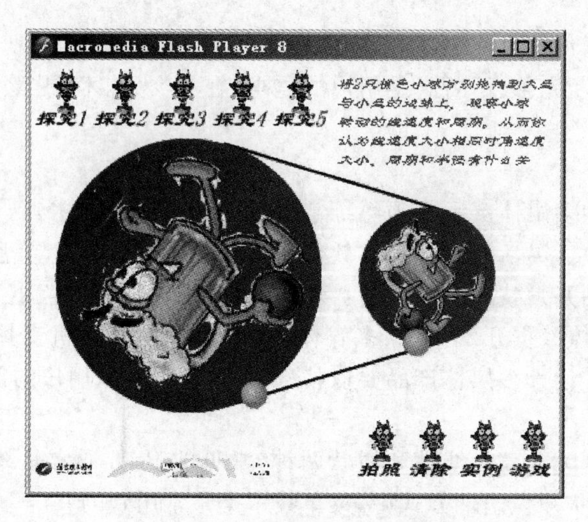

图 7-1　《圆周运动探究》课件

4）整合技术

多媒体产品制作平台多样，从 PowerPoint 到 Authorware、Flash 等都各显神通。这些工具之间的整合其实也是一门技术，很多产品不再是单一地使用某一个软件，而是通过整合实现产品制作。

随着产品功能的增强，整合技术已经并不高深了，因此单纯的整合不会带来好的效果，反而各个平台间制作的部分带来的风格上的不统一会导致艺术性的冲突，而且这些部分中如果出现版权问题，很难说清楚，所以整合技术还请选择使用。

技术并非越复杂越好，使用不当，可能会带来相反的效果。例如，产品中只使用一小段视频，却把全部视频都放上，或者纯粹的炫耀技术喧宾夺主，都会造成用户的不满意。要把握其中的度。

2. 功能设计

多媒体产品的功能设计是指利用多媒体技术规划和实现面向对象的控制手段。包括菜单结构设计、按钮功能设计、避免功能重叠、系统错误处理、帮助系统等。简而言之，多媒体产品设计就是多媒体产品具体功能的设计。设计多媒体产品时最好从用户的角度出发，体现以人为本，功能人性化。

1）菜单结构设计

多媒体产品的菜单可以分为全屏菜单、框架菜单和快捷菜单等。

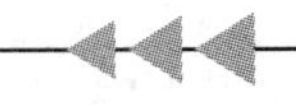

(1) 全屏菜单

在多媒体产品主界面中把整个软件的功能以用户控制选项的形式列表出来,往往占据整个屏幕或大部分屏幕,每个多媒体产品软件只能用一个全屏菜单。全屏菜单不仅能有文字详细说明每个选项的作用,而且能让用户方便地访问多媒体产品,使他们在产品软件的运行中有一个定向的或熟悉的转折点。全屏菜单还能提供学习进展的信息,能提示用户已学过的和当前正在学习的部分,如图 7-2 所示。

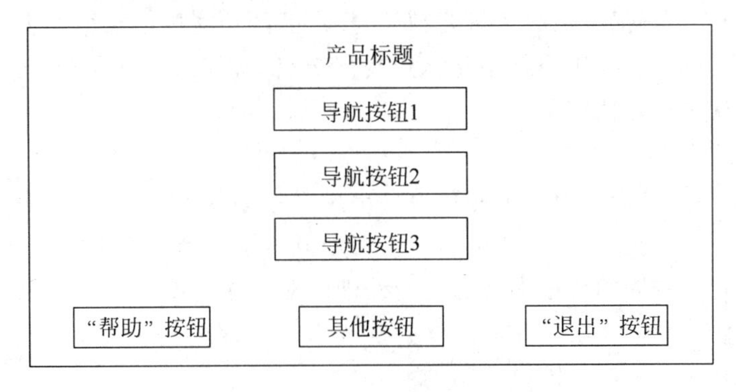

图 7-2　全屏菜单

(2) 框架菜单

框架菜单是一种屏幕分割方法,通常分为左、右两个窗格,左窗格为菜单项列表,一直保留在屏幕上,右窗格是选择菜单项后显示的相应内容。菜单可以使用文字、图标和图像,并可以有层次、字体、颜色等变化,具有全屏菜单的所有特征。用户能一直看到菜单选项和内容结构,同时不影响对当前页的学习,有助于导航和定向,但减少了屏幕内容的显示面积,如图 7-3 所示。

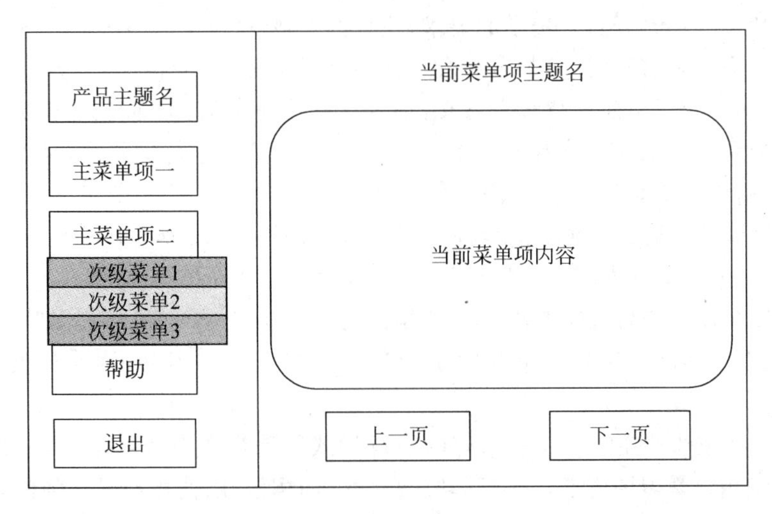

图 7-3　框架菜单

(3) 快捷菜单

快捷菜单即隐藏菜单,包括下拉式、上滚式、隐显式等。用户在菜单上单击鼠标或移动鼠标到菜单上时,显示菜单项,供用户选择。快捷菜单适合用作全局控制,也可以用于在任

何时候都能够用到的控制,但不适合频繁使用的操作,如翻页。

2) 按钮功能设计

多媒体产品使用最多的控制方式是按钮。按钮通常用文字或图像(图标)来表示它们的目的和操作。按钮最适合当前控制,即对当前页的显示内容及操作。一般按钮常用的操作有上一页或下一页、声音控制或影视控制、多重选择中的选项。按钮提示明显,能提醒用户可以进行的操作。但它们占据屏幕空间并且容易引起用户对其他屏幕元素的注意。

设计多媒体产品中的按钮时尽量要精简,按产品的功能要求来组织按钮,而且功能提示要清晰易懂、方便操作。在用户移动光标到按钮上时,按钮应该在颜色、亮度或形状上有所变化,以提示确认按钮被选用了。

3) 系统错误处理

用户在使用多媒体产品时不可避免地会出现某些错误操作,针对这些错误操作软件产品应能进行相应的处理。设计时要全面而周密地分析用户会遇到哪些问题,容易犯哪些错误,有所准备地对这些问题或错误进行适当处理。对一些不可预期的错误,软件产品能提示用户忽略或跳过。

4) 帮助系统

多媒体产品应该能随时提供帮助,帮助系统主要有两种:一种是学习内容方面的帮助,另一种是产品使用帮助。前种帮助能提供更详细的描述、补充的例子、更简明的解释等。后一种帮助可以使用移到按钮或图标上时出现提示或声音,说明进一步操作将产生的效果。

3. 美学设计

在设计多媒体产品时,进行美学设计要注意从功能、形式、艺术和社会等方面来考虑,最大程度地让用户享受到软件产品带来的愉悦感,并富有教育启迪意义。

评价多媒体产品是否符合美学的要求,主要从形式、本质、意涵三个维度来看。形式即软件产品的色彩构成、版面设计与布局及与各种相关元素的配合。本质即产品所要表达的内容,内容是否具有深刻的文化教育意义,是否具有传播价值,能否给用户带来某种精神收获。意涵即软件产品的人文性和艺术性,它所反映的价值观念与世界观,是否给用户一种回味无穷、耐人寻味的文化和艺术的享受。

(1) 多媒体产品要具有醒目的界面,界面中的各种元素安排布局和谐统一,简洁清晰。如图 7-4 所示,这个多媒体作品的界面主题表达清晰,内容安排合理。

(2) 设计多媒体产品时要考虑用户的年龄、爱好、个性、学习风格以及用户所具备的文化涵养。如图 7-5 所示,这是一个面向小学生的多媒体产品界面,因此界面设计得可爱、活泼。

(3) 设计多媒体产品时要注意内容的表现形式应该丰富多彩,凭借多种媒体技术从多种感官来激发用户学习的愿望,充分调动用户学习的积极性,使用户具有强烈的学习动机和学习兴趣。

(4) 设计多媒体产品还要注意形式与内涵的处理,即产品要具有深刻的文化气息、人文内涵,这样的产品才会受到用户的欢迎与喜爱。

另外,设计多媒体产品要注意捕捉美感,特别是视觉传达设计。视觉传达设计擅以文字、符号、造型来捕捉美感,捕捉表达意象、意念与意图,进而达到沟通与说服的效果。视觉

图 7-4　《周总理，你在哪里》多媒体课件界面

图 7-5　小学《古诗二首》多媒体课件界面

传达设计过程中,除了对造型美的感受能力之外,还要求从日常生活事件中,找出“着力点”,这种能力就是心眼的开发。视觉传达设计作品受到设计的目的、素材、交互等条件的影响,设计者必须具有一种对于内容描述及沟通的能力,称为“心眼”,也就是巧思、想点子的能力。这些能力包括文学性、沟通性、两面性、生活性、议题性、语文性等。

多媒体产品的视觉传达设计是指运用视觉因素来进行沟通、说服。视觉要素,除了点、线、面、体以及明度、纯度、色相的组合与探讨之外,还须有心理层面与文化知识层面的探讨。心理层面,即美感的捕捉。文化层面,则是运用受众的文化习俗里熟悉的文化代码来完成美感的捕捉。

多媒体产品最终的功能在于重现用户的美感经验,而设计多媒体产品时除了要捕捉美感,更注重实用与使用的功能。多媒体产品最终是给用户学习、使用或娱乐等,使用户在学习和使用的过程中在知识、精神等方面都得到美的享受。

7.2　多媒体产品开发的美学基础

多媒体产品的开发不仅要注重技术,还要注意产品的艺术性,从产品的本质即内容、形式即画面构成、意涵即内涵和意蕴来考虑,借鉴美学中的审美规律,为多媒体产品的成功设计与创意的实现打好美学基础。多媒体产品开发的美学基础包括平面构图、色彩设计、色与光的运用等。

7.2.1　平面构图

多媒体产品的构图强调版面的对比与统一、平衡与对称、韵律与节奏等,这些均是平面构成的美学基础。

1. 构图规则

多媒体软件产品离不开构图,构图是多媒体软件画面构成的骨架。根据设计艺术与美学规律,需要注意以下规则。

1）对比与统一

对比与统一是平面构成的基本规则,是平面构成理论的基础之一。对比与统一是对所设计画面的基本要求,如图 7-6 所示。

对比就是由于平面构成的各元素在形态、颜色、材质方面的不同形成了视觉性的差异。这种差异的范围很广,如形的圆与方,点、线的疏密、曲直,颜色的深和浅等,强烈的反差就形成了强烈的对比,一般来说,对比代表了一种张力,能够挑起观看者的情绪反应,能够带来一定的视觉感受。因此,在平面构成时一定要强调对比,对比越强,越有张力。

为了避免画面的混乱,在对比之余,还要做到画面的统一。统一有两层意思,一是通过整齐的图形、有序的排列、统一的表现技法、和谐的色彩使画面呈现一种美感,可以把这叫做自身的统一。另一层意思是,将对比通过一些规则,和谐地统一于画面之中,可以把这叫做相对的统一。例如,图 7-7 Country Music 多媒体教学课件就表现出很强的统一性。

对比是指将不同或者有差异的元素放在一起,而统一是指通过一定的规则,使这些元素和谐地共处于一个画面中。要注意的是,统一不等于没有变化,更不等于完全一样。没有变化的统一是死板的,是没有生命力的。

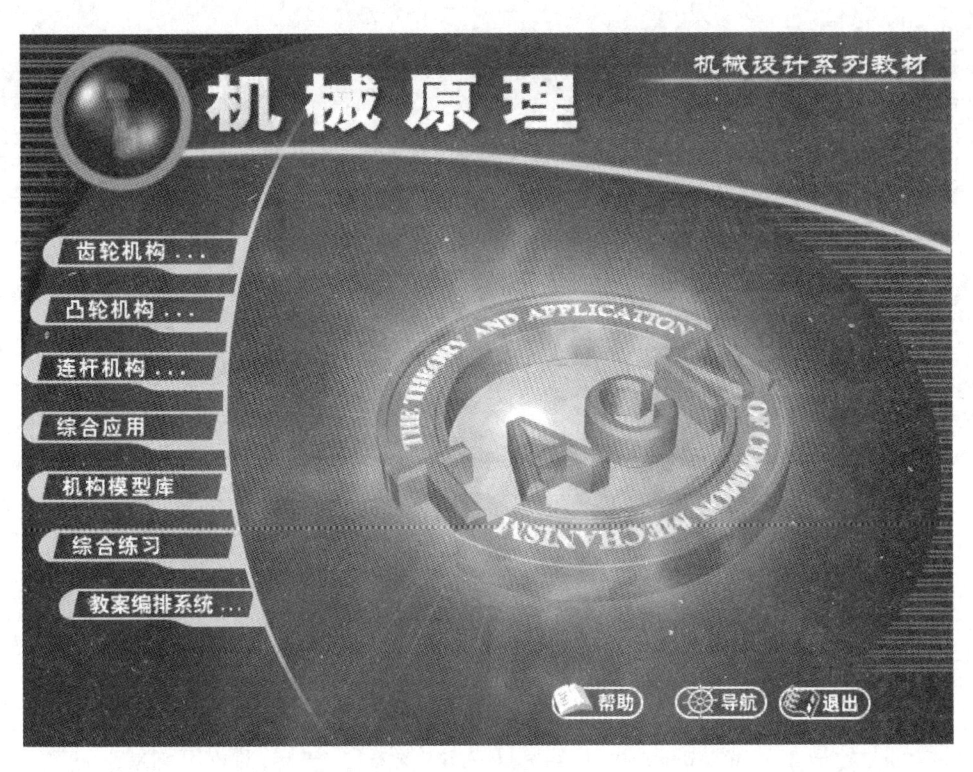

图 7-6　对比与统一

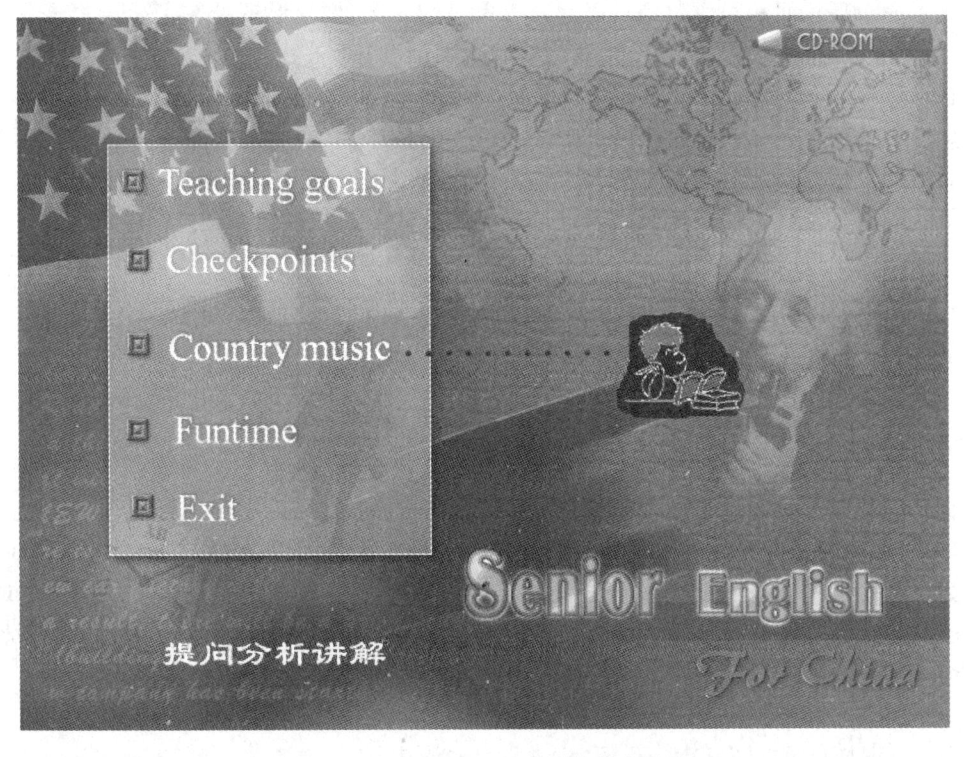

图 7-7　Country Music 多媒体教学课件

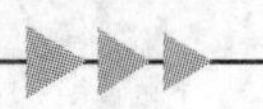

2）对称与平衡

对称与平衡是美学原理的基础之一，其他的原理都可以看成是这一基本原理的派生，如韵律与节奏、渐变与突变原理。

对称与平衡之所以被称为最基本的美学原理，是因为它的发源本身符合最为朴素也最为古典的审美规范，最能使观看者的心理得到慰藉、感到舒适与安全。有了对称与平衡，就有了美的基础，如图 7-8 所示。

图 7-8　对称与均衡

对称是以中心点或者中心线，在点的四周或者线的两边，出现相等、相同或者相似的画面内容。如中国的古典建筑——故宫，还有欧洲的古典建筑——哥特式教堂等。

对称的设计是非常常见的，但并不是说只要对称就完全一样，对称有绝对对称与相对对称。绝对对称是完全一样，古典的对称方式大凡如此。绝对对称的方式看起来非常匀称，自然也会觉得漂亮。而相对对称则可以允许有更多的变化，如等形不等量、等量不等形。这些设计在严谨的风格中求得了变化，更符合现代人灵活的审美观点。

在设计画面时，有些地方太空或太重，致使整个画面不稳，其实就需要寻求一种平衡。平衡是通过各种元素的摆放、组合，使画面通过人们的眼睛，在心理上感受到一种物理的平衡(例如空间、重心和力量等)，平衡与对称不同，对称是通过形式上的相等、相同与相似给人以“严谨、庄重”的感受，而平衡则是通过适当的组合使画面呈现“稳”的感受。

平衡的应用更注重一种心理上的感受，要把构成图案的各个元素看成是一些物理上的对象，考虑它们各自代表的力量，然后在图案上找到一个重心(可以不在中心，甚至于允许有多个重心)，看它们是不是稳当了。这样，就可以寻求到一种平衡。与对比统一规则相应的，平衡也是平面构成中的基本要求。

3）韵律与节奏

与对称、平衡的原理相比，韵律与节奏更富有浪漫色彩，把所有的美学原理进行融会贯通。在平面构成中的韵律与节奏，与音乐中的韵律与节奏，其美学内涵是完全一致的。同样，音乐的韵律与节奏是在不断地重复以及重复中的变化给人以美的感受。同样，平面设计的韵律与节奏也建立在重复的基础之上。节奏可以看成是音乐的拍子，也就是一种重复。重复的对象给人一种合乎秩序的和谐统一的感受。而在这一节奏中所产生的韵律变化，则能够使人产生不同的心理感受。节奏不仅可以在排列中出现，也可以在辐射中出现。

4）渐变与突变

渐变与突变也是在重复中产生的，它与前面的韵律、节奏差不多，可以看成是同一个美学原理不同的理解角度。节奏强调的是重复中的相同，而渐变与突变强调的是重复中的变化。

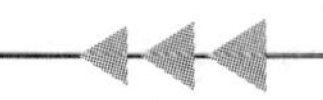

渐变是指各元素在设计中所呈现出来的形状、色彩、体积的逐渐变化。形状变化通常有趣，可以通过这样的变化将设计意图贯彻进去。体积变化通常可以呈现出空间感、景深感，而且也能够突出最终变化的对象。

色彩变化最具有美感，它包括明度变化、纯度变化和色相变化三种形式。渐变的色彩让人感觉很舒缓，很放松。渐变的色彩也让人感觉到丰富、能够避免冲突。

突变是指在重复和同类的元素中，突然出现一样异类，或者出现很大变化，这些很大的变化和异类，与其他重复和同类的内容形成了对比，其目的是：第一，通常会很有趣；第二，使人把目光集中到这个突变的因素上。

2. 多媒体软件界面设计

用户使用多媒体软件时，最先接触到的是软件的界面，通过感受软件界面上的色彩、图案、物体、创意等，形成对软件的第一印象，然后用户又通过界面上提供的各种信息和功能元素进行学习，可以说多媒体软件界面是用户对软件最初、最深，也是最重要的印象。友好的屏幕界面能使教学软件容易被理解和接受，又能让用户容易掌握和使用。

1）多媒体软件界面的构成

软件界面是呈现在用户计算机显示器屏幕上，使学习者与多媒体教学软件之间传递信息的媒介。在软件中根据教学的用途与作用不同，可以分为数据输入屏幕、咨询屏幕、多功能屏幕、菜单屏幕、信息呈现屏幕等，这些屏幕通常采用图形用户界面。多媒体教学软件的屏幕界面主要由窗口、菜单、图标、按钮、对话框、信息提示框等组成。

2）多媒体软件界面的设计原则

软件界面的设计不仅是一门科学，它更是一门艺术。为了将屏幕设计得有深度和精巧，要遵循一系列设计的指导原则。

(1) 一致性

一致性是指一个软件的屏幕界面应该让人看后有整体上的一致感。设计的一致性是贯穿各条指导原则的一条主线，是所有设计活动都需要遵循的主要原则。

(2) 权衡性

权衡性是指屏幕必须强调人的需求一直优于机器的处理要求。在使用者的需要与机器处理要求之间相矛盾时，设计者必须衡量各种选择，然后基于准确度、时间消耗和使用方便性的需要做出决定。

(3) 灵活性

灵活性是衡量系统对人的差别的响应能力的一个尺度，它要求一个系统对于区分用户的需求必须是敏感的。灵活性在使用中要注意两个问题。第一个是应针对对象特点适当选择屏幕界面的灵活程度。第二个问题是注意灵活性的度，太过于灵活的界面会给用户带来不必要的学习和操作负担。

(4) 简洁性

屏幕的简洁性是指界面的复杂度、清晰度等应该与用户的能力相当。设计时要注意将用户的思想、意念转移到使用系统的功能上，而不是放在如何与计算机交流上，从本质上讲系统应该对交流方式、交流深度和交流风格上的差别是敏感的。

(5) 可理解性

屏幕的设计应该使用户能够理解和领会，让用户明白易懂地进行操作和学习。

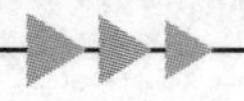

(6) 自然性

屏幕设计应该模仿用户常用的行为方式,使操作变得熟悉、自然,从而很快可以熟悉软件,同时界面上的文字信息、对话等应该模仿人的思维过程和词汇,使用户在使用软件时,思维同平时一样,自然而灵活,易学易用。

3) 多媒体软件界面的设计方法

进行多媒体软件界面设计时,主要从屏幕界面的布局、文字的合理使用、色彩的选择等方面着手。如图 7-9 所示,这个多媒体软件的界面色彩简洁、布局合理,给人一种和谐统一的感觉。

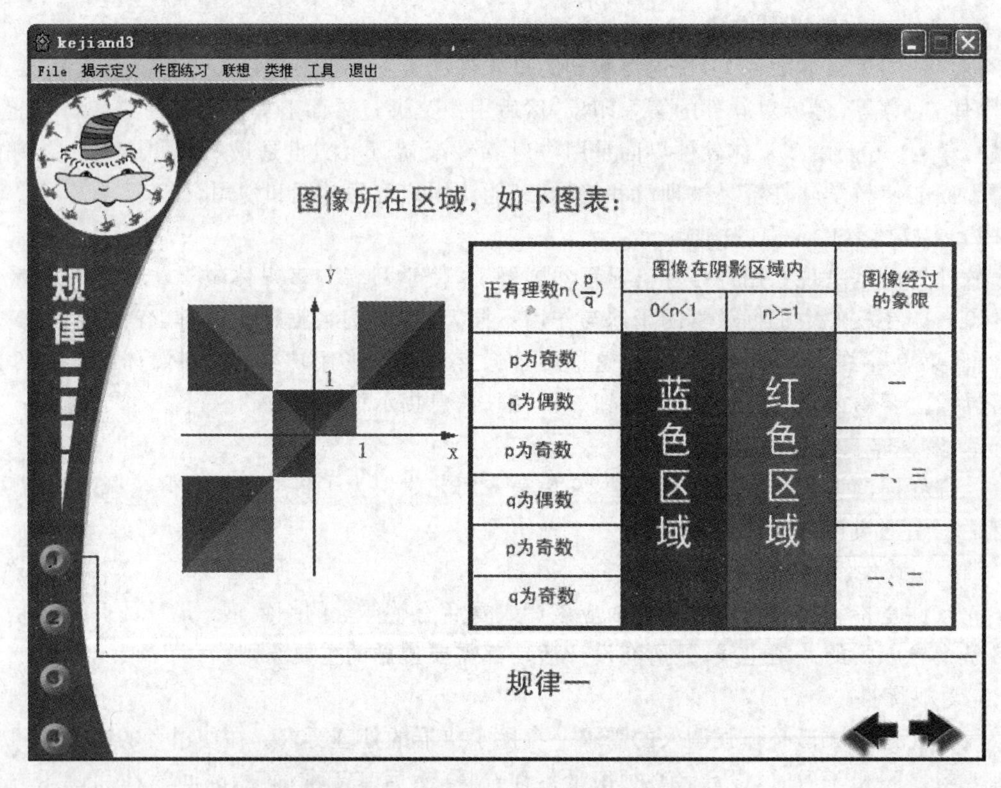

图 7-9 《中师代数》多媒体课件设计界面

(1) 屏幕信息的布局

人眼定位研究表示,信息显示时,第一眼往往看显示屏幕左上部中间的位置,并迅速向顺时针方向移动。人眼视觉受对称均衡、标题重心、图像及文字的影响,屏幕左上角是人视线的明显起动点。屏幕界面的编排应是均衡、规整、对称、可预料性、经济、简明、连续、整体性强、比例谐调并编排合理的。在屏幕上要为诸如命令、错误信息、标题、数据区等特定信息保留特定的区域,并使这些区域在所有屏幕上保持一致。通常的屏幕构成元素一般都有其放置的规律,以下是推荐性的建议。

屏幕的标题一般位于屏幕上中部,有利于产生对称感。

屏幕标志符号、顺序等置于右上角,这是一个在大多数屏幕中使用频率较低的位置,如果还有其他如时间、日期等的参考信息,则可以在左右分别放置,以利于屏幕均衡。

屏幕主体常占用屏幕上的大部分区域,通常从中上部到底部稍上部分,这里的描述应简

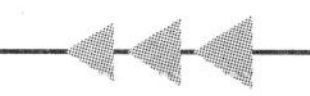

短,图像质量要高。

有关信息项,如状况、情况和注释行等应该放在屏幕底部,刚好在命令区域功能键之上的位置,因为这个位置能空出相当的一部分空间,并从视觉上在命令区和功能上造成分割,当然信息也可以在信息窗中显示。

功能键区、按钮区等可放在屏幕底部。研究证明命令区位于屏幕底部和顶部的效果不同,在位于底部时,效果更好一些,并且能减少用户头部移动的次数和范围。

一个屏幕只要设计得具有美感,令人赏心悦目,就具有吸引力,能引起人潜意识的注意,快速准确地传递信息,相反则会带来误导,并造成思维的混乱。那怎样才能具有艺术性、引人注意呢? 研究发现了大量关于能引发视觉愉悦处理的规则,它们是均衡、规整、对称、可预见性、简明、连贯、整体性、简单、编排合理等。《新三字经》多媒体教学软件主界面设计得就很好,如图 7-10 所示。

图 7-10　《新三字经》多媒体教学软件主界面

(2) 屏幕信息的呈现

在屏幕上信息的显示取决于屏幕上可显示的信息量及信息的特征,屏幕上显示的信息量应当恰如其分。如果信息量过大,屏幕各元素对使用者注意力的竞争就大,以致注意力分散过大;如果屏幕信息太多以致把使用者淹没,则视觉搜索需要更长的时间,有意义的信息就更难看到。因此屏幕设计时应该将所有相关数据显示在单个屏幕上,减少使用者的记忆负担。如图 7-11 所示,这个多媒体作品在进行屏幕设计时,内容充实但不凌乱,通过线条把导航菜单进行分割,自然而且别具特色。

信息在屏幕上选择和显示要考虑密度和显示等因素。密度是关于“多少”的客观衡量,在屏幕设计上是指信息显示的位置在屏幕上所占的比例,或屏幕某区域包含的内容量。密度与屏幕复杂度是相关的,两者都能衡量信息内容的多少。保持总体密度在 25%以下,局部密度恰当是产生屏幕悦目感的重要特征。另外,信息的显示通常考虑到版面、文字信息、特殊记号、功能键等。版面编排是屏幕设计中安排信息显示的重要步骤,好的编排往往能达到更好的视觉效果。设计者通过合理安排各种组成元素,产生视觉上的良好效果。通常设计中会采用对比、大小、镜射、距离、重复、字体粗细、统一等多种效果。如图 7-12 所示,这个多媒体软件的界面就给人一种很好的视觉效果。

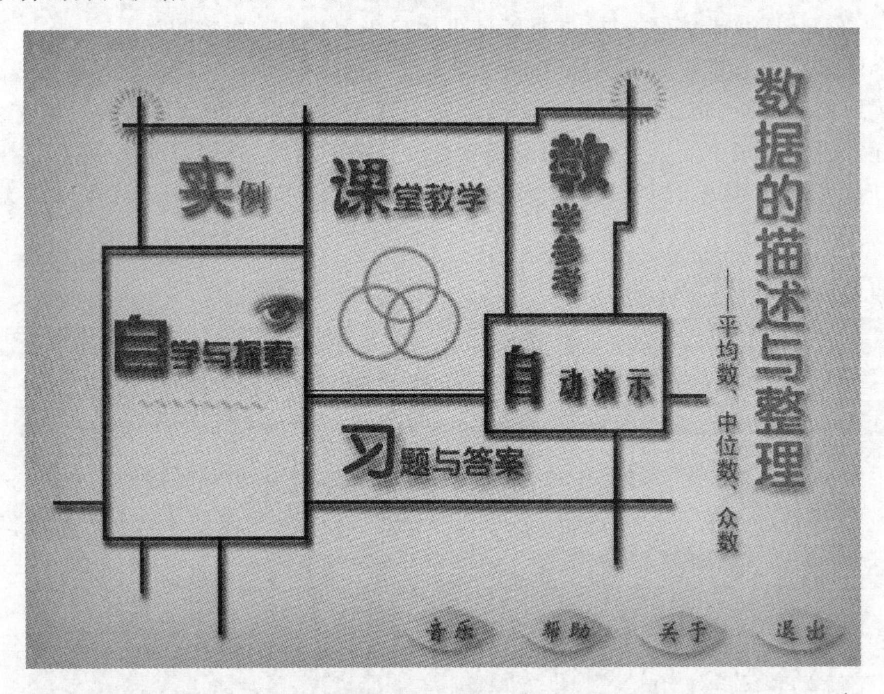

图 7-11 《数据的描述与整理》多媒体课件主界面

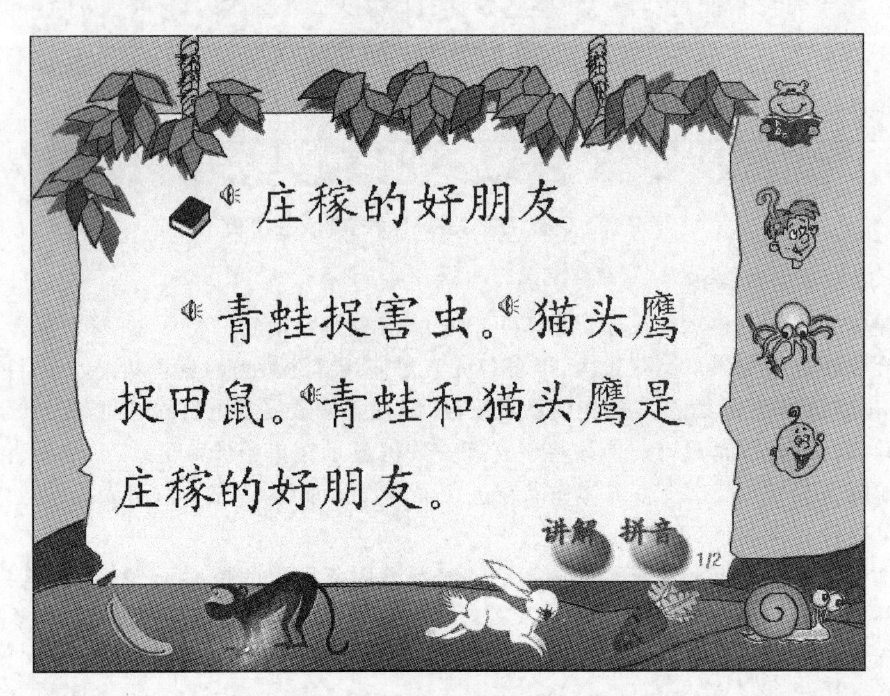

图 7-12 小学科学《庄稼的好朋友》课件

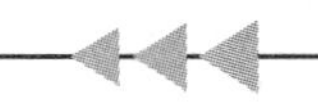

7.2.2　色彩设计和视觉效果

多媒体产品的设计要用到各种各样的颜色，以形成色彩缤纷的屏幕，这也是多媒体产品吸引用户的原因之一。色彩可以吸引用户的视觉感官，从而引起注意，只要色彩使用恰当，就能促进对屏幕上各部分的识别，突出差异，使显示更富有趣味性。如果颜色使用不当，则会分散人的注意力，使人的视觉更容易疲劳。

1. 色彩设计基础

1）三原色与三补色概念

人们眼里的世界是五彩斑斓的，然而产生如此丰富色彩的颜色只有三种，就是人们常说的三原色——红、绿、蓝。自然界中任何色彩都能由这三种原色按一定比例混合而成。

三补色则是由三原色中的两种原色混合起来的颜色，即红色与绿色相混合得到的补色是黄色，红色与蓝色混合得到的补色是品红，而绿色与蓝色混合得到青色。如图 7-13 所示，可以清楚地看到三原色与三补色之间的关系。

在计算机显示器上所用的 RGB 颜色模式就是以三原色为基础。通过把红、绿、蓝三种颜色按不同比例组合起来，从而在显示器上产生出各种颜色，每种原色的数值越高，色彩就越明亮，当 R、G、B 都为 0 时为黑色，都为 255 时为白色。

2）色彩三要素

视觉所感知的一切色彩形象，都具有明度、色相和饱和度三种性质，这三种性质是色彩最基本的构成元素。

（1）色相

顾名思义，色相就是颜色的相貌，正是由于颜色具有不同的相貌特征，才使人们置身于一个彩色的世界。一般把颜色的基本相貌分为红、橙、黄、绿、蓝、紫，在两个色相中间再插入一两个中间色，得到了颜色的 12 种相貌，如图 7-14 所示。

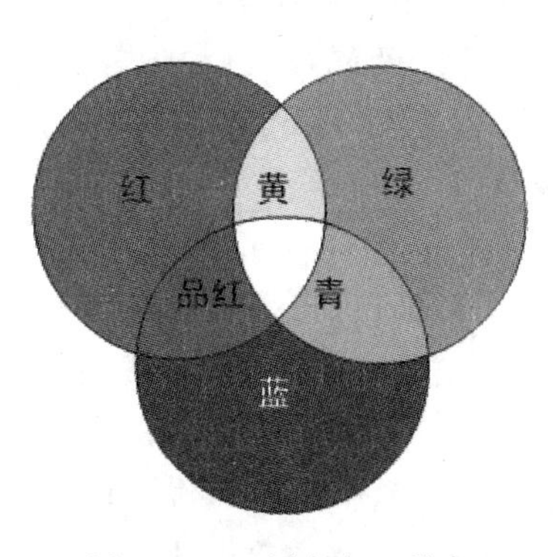

图 7-13　三原色与三补色

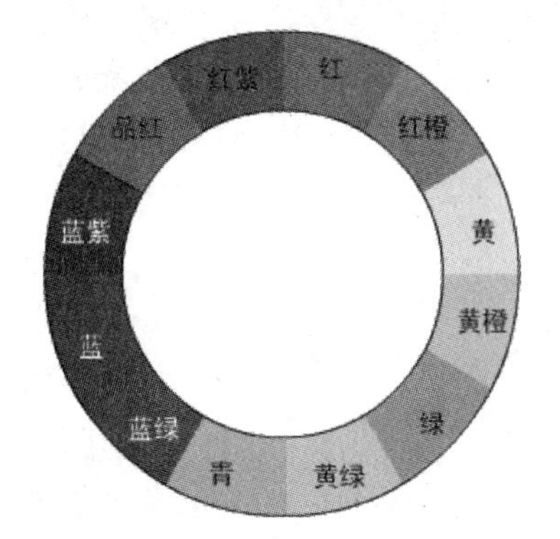

图 7-13　十二色相环

（2）明度

明度就是表示颜色所具有的亮度和暗度。在无彩色中，最亮的是白色，最暗的是黑色，中间是从亮到暗的灰色系列。在有彩色中，最亮的是黄色，最暗的是紫色。用句通俗的话来说，明度高色彩就较亮，明度低色彩就比较灰暗。

(3) 饱和度

饱和度也叫纯度,是指色彩的鲜艳程度。有了饱和度的变化,才使色彩显得极其丰富。比如绿色,由于纯度的不同又可分为浅绿色、深绿色、灰绿色、暗绿色等。纯度体现了色彩内在的品格。同一个色相,即使纯度发生了细微的变化,也会立即带来色彩性格的变化。

3) 色彩感觉

色彩感觉就是人们看到不同的颜色时,情绪会受到不同颜色的影响而发生变化,心理会产生联想或感情等。比如看到蓝色会联想到蓝天、大海,也可能觉得有些冷;看到红色会联想到火、想到热情,也会产生冲动或者烦躁的情绪;绿色会让人想到生命,想到春天;而黑色可能会让人觉得压抑、悲哀等。

色彩本身是没有灵魂的,它只是一种物理现象。而引起上述情绪变化是由于人们所积累的视觉经验与外来色彩刺激发生呼应的结果。这种变化虽然很多时候会因人而异,但多数情况下是大体相同的。下面列举一些色彩所带给人的不同心理感受。

红色:是一种让人兴奋的色彩,属暖色。它能使人产生冲动、愤怒、热情与活力。

绿色:是一种和平色,属于中性色。会产生宁静、自然、安全的感觉。

蓝色:属于冷色,它使人产生一种清新、凉爽的感觉,也会使人联想到博大、遥远。

黄色:明度最高的颜色。会使人产生快乐、希望,也使人联想到权力、辉煌。

橙色:具有轻快、热烈、温馨的感觉。

白色:纯洁、明快的感觉,也使人联想到虚无。

黑色:深沉而神秘,可使人觉得压抑、悲哀,也使人联想到庄严与高贵。

紫色:淡紫色优美活泼,而大面积的紫红色会使人产生恐怖,暗紫则使人联想到灾难。

4) 色彩的冷暖划分

上面提到红色属于暖色,蓝色属于冷色,绿色属于中性色。色彩有冷暖的感觉,冷暖色同样也会给人造成心理上、情绪上的影响。红色温暖、蓝色清凉是众所周知的。

在色相环中,一般把桔红色定为"最暖色",称为"暖极",天蓝色定为"最冷色",称为"冷极";靠近"暖极"的颜色称为"暖色",靠近"冷极"的颜色称为"冷色",而与冷暖色距离相等的颜色称为"中性色"。可以通过色相环对冷暖色加以划分,如图 7-15 所示。

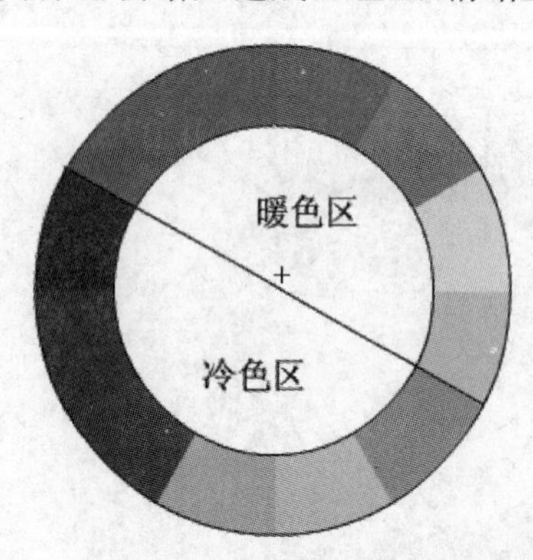

图 7-15 冷暖色划分

专家点拨:以上简单介绍了色彩的一些基本知识。另外对色彩对比、混色理论、色彩匹配等知识都进行了分析。掌握这些色彩知识的最终目的,就是要使色彩的表现力、视觉作用及心理影响最充分地发挥出来,给人的感官以充分的愉悦、刺激与享受;使多媒体作品的色彩与内容、气氛、感情达到和谐、统一;让色彩更好地为作品服务。

2. 色彩的作用

1) 色彩对于屏幕组织提供更好的结构和意义

在组织屏幕时,色彩是一种很好的格式规范工具,当屏幕上包含大量数据并且不能或很难使用空行对各部分进行区分时,色彩特别有用。如不同信息组之间的差异可以通过不同色彩来增强,不同篇幅文字的分离在相关屏幕上也可通过色彩来实现,色彩可用于提醒用户

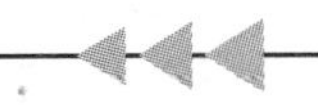

对屏幕某部分注意，色彩能代替高度更有效吸引用户对某一区域进行注意。由于可用的色彩很多，因此色彩比其他技术更具灵活性。

2）色彩本身就可以用作视觉代码

色彩的特征决定各种颜色各有特点，也有各自的含义，当然这种含义是经过人们长期的历史、文化等形成的，如绿色代表安全，红色代表危险，蓝色代表平静等。对于这些传统含义，设计者可灵活而合理地应用和变化，将颜色当成一个组成屏幕的元素来用。比如利用红色的文字来表示热字，提醒读者注意；利用绿色呈现对热字的解释；用蓝底和白字来表示来自教师的信息；用白底黑字表示来自学习者的信息等。这样使学习者轻松地将注意力集中到类别不同的信息上，减轻认知的负荷。

3）色彩增加屏幕吸引力，能激发学习者的兴趣

由于人们生活的现实世界色彩丰富，人们已经习惯和喜欢各种色彩，彩色的屏幕能使人们感到熟悉、亲切，因此彩色信息对使用者更具吸引力，能激发学习者的使用兴趣。

3. 色彩的运用

在选用色彩设计软件屏幕时，最重要的是明确色彩使用的目的和可能的作用，力求发挥色彩辅助交流、促进信息传播的作用。要做到合理运用色彩应注意以下几个方面。

1）注意颜色数据的多少，避免色彩过于杂

在同一屏幕中不要使用太多的颜色，因为色彩信息对人的注意有极强的吸引力，若色彩种类众多，就会引起注意的无效分散，降低注意的能力。同时由于色彩敏感度要在彩色区域大小超过三英寸时才有效，且人对色彩的辨认能力有限，颜色的微小差别是分辨不清的，过于相邻的色彩图像对于眼睛来说也是模糊不清、混杂一片的，会给使用者带来视觉感知的错误，因此要避免同时使用太多颜色。选择不相邻的色彩不超过 4 种或 5 种，配合以空间划分、几何形状等就可以增加屏幕视觉效果。

2）注意色彩的敏感性和可分辨性

人眼对于黄色和绿色的光是最敏感的，因为这些光比可见光两端的光（蓝色和红色）看起来更明亮些，这些颜色在反应时间、错误率上都有明显的优势。

自然界中可观察的颜色有七百五十多万种，但人眼的辨别力是有限的，在没有对比参照的情况下就更有限。因此在选用不同颜色代表不同意义时，应选择在光谱上有足够间隔的色彩，但也应避免颜色对比过于强烈，对比强烈的颜色组合可能会使眼睛的调节机制过于劳累，如依次观察红色和蓝色，眼睛要不断地调节晶状体使物体投射到视网膜上，潜在地增加了眼睛的疲劳程度。

3）注意色彩的含义和使用者的不同文化背景

颜色是有意义的，不同的国家、民族、年龄层次、社会层次的人往往对色彩的含义有不同的理解。比如白色，对西方人来讲代表纯洁，对中国人来讲是不吉利的；红色对于孩子来讲是喜庆，但老年人看来或许会感到烦躁。因此设计者必须根据使用对象的特点来选择色彩，以尽量符合人们普遍接受的色彩意义。

4）根据不同区域的作用来决定屏幕上不同部分色彩的选用

对于屏幕上不同的区域，使用的色彩也应有所不同。对于视觉的中央区域或屏幕上的中央区域，为了引起使用者的充分注意应用人眼较敏感颜色，如绿色等，若使用了较不敏感的颜色，则应注意配合使用几何外形变化、闪烁等方法引起注意。对于屏幕上周围区域则可

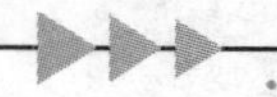

采用蓝、白、黑色等敏感度较低的颜色。

屏幕上作为前景的信息应采用与背景不同、并有较大差异的颜色作主导色,常使用暖色调的、积极的颜色,以促进和引起强迫性的注意,但注意较饱和的红色、橙色难以区分,选用时要小心。对于文本和数字应用非饱和或位于光谱顺序中间的颜色,这些颜色对眼的刺激不强烈,但可以表现很亮,避免产生较强的反差。在前景色的使用中应该避免同时使用高亮色和低亮色,以保持屏幕的简洁性和清晰性。

对于背景的色彩则应选择冷色调或亮度较低的颜色,用位于光谱两侧的颜色作背景色也较好。可作背景色的各种颜色的优先级使用顺序是:蓝、黑、灰、褐、红、绿、紫。背景色使用中还要注意将各个组成屏幕的颜色组成一个统一的整体,产生整体效果。

7.2.3 多种数字信息的美学基础

信息是多种多样的,丰富而变化万千,呈现给人类的信息形式也是多种多样的。多媒体产品中的数字信息主要以文字、图形和图像、动画、视频和声音等形式展现出来,这些媒体形式在多媒体产品中的呈现也要遵循一定的美学知识,才能正确表达信息让受众接受,并让受众感到具有艺术美感,富有启迪教育意义。

1. 图像的美学基础

1)图像画面的"形"与"色"

多媒体图像画面的艺术,主要体现在"形"和"色"两个方面,"形"即构图的艺术;"色"即色彩的艺术。前者属于构图的艺术,重点研究"形"的基本元素及其构图的一些艺术规律;后者属于色彩的艺术,主要研究色彩的基本属性及其构图的一些艺术规律。构图是指一幅画面的结构,通过画面的形式结构来表现画面的内容和美感。构图都是由面、线、点、影调、色彩、肤理和空间等构图的基本元素组成,构成的艺术规律通常采用对比、均衡和变化等手法。

构图是为表现主题、表达内容服务的,其任务是使主题思想和知识内容形象化和可视化。构图艺术规律的两条基本原则是:传送知识信息和产生视觉美感。人的视觉习惯于接受有序、简洁与和谐的形态。即使遇到某些看似凌乱无序的画面,也尽量从各种角度对其进行归类、整理,以求从中找出内在的规律与美的因素。因此,视觉美感产生于有序与和谐之中,这是构图艺术规律应遵循的指导思想。

2)视觉要素与量感

根据画、线、点及其构成图形所引起的视觉效果,即视觉要素。构成图像的艺术规律,实际上是指这些视觉要素及其组合的一些规律。视觉量感是一种心理量,它是基于人在客观环境中积累的视觉经验,由画面上的景物、形体的视觉要素,对视觉的刺激所产生的一种心理效应,是一种以物理量感为基础,而又在心理上大大延伸了的一个概念。由于量感是一种心理量,它除了受客观世界的物理因素影响外,还会受到许多主观因素的影响。对那些看上去飘浮不定的、形态复杂、变化且色彩浅的形体,会产生"轻"的视觉量感;相反,对一些稳定坚实、形态简单、饱满与深色的形体,会感觉很"重"的量感。

3)对比

对比作为一种构图的艺术规律,主要用于主体与背景之间、各形体之间和形体内各部位之间。旨在突出主题、比较差异或者美化画面。按照画面上出现的视觉要素不同,可将对比

分为各种类型，如大小对比、疏密对比、曲直对比、亮暗对比、形状对比等。采用对比方法要符合构图主题思想的需求，关键是掌握好“度”，要求“用得其所，恰到好处”。

4）均衡

画面均衡感是视觉追求的一种心态，不均衡就会觉得不稳定，均衡的画面是人们共同的心理需求，因而是一种构图艺术规律。画面的几何中心位于水平中线与垂直中线的交点，视觉中心位于画面几何中心偏上一些位置，从几何角度看有些失衡，但在量感上却是均衡的。对称是均衡的一种特殊形态。在构图艺术中在整体上维持对称的风格，而在局部出现一些变化，这样既能保持整体上的稳定、和谐，又能增加一些活跃气氛。除对称外，均衡还有另外一种特殊形态，叫做呼应。呼应是指两个形体之间通过“呼唤”与“响应”的关系来达到画面上的均衡。根据画面的内容和表现方法，大体可分为形态呼应、内容呼应和色彩呼应等几种形式。

5）变化

变化可以理解为画面内容随着时间的改变，也可以理解为避免构图形式或画面布局过于单调、死板。画面的生气与活力在于变化，单调、死板是构图的大忌。但是变化要遵循一定的规律，有规律的变化才能显示出有序与和谐。构图要在统一中找变化，在变化中求统一。构图中的重复、渐变、演变、延异等都是遵循变化这一规律的。

2. 动画的美学基础

动画的制作是一项既复杂、严谨又充满创造性的工作。它需要掌握动画的基本原理和动画的系统知识，比如动画的剧本创作，充实的语言运用，美术风格的把握及造型，背景设定，及不同物体的运动规则与原动画绘制方法，后期合成、剪辑、配音、动效等诸多程序。一部动画作品的风格、样式及特色是由设计者的审美修养、美术、文学、音乐功底等艺术修养所决定的。

动画和静态图像不一样，它的特点是动态、实时。因此，动画美学除了研究色彩和版面布局外，还主要研究画面的调度和运动模式。

在制作多媒体作品时，动画的设计要多借鉴影视作品的拍摄手法和艺术手段。比如，在影视作品中有各种各样的镜头效果（推、拉、摇、特效等），在设计动画时就可以借鉴这些镜头效果以实现动画内容的艺术性和表现力。如图 7-16 所示，是利用推镜头设计的一个动画效果。

3. 声音的美学基础

声音媒体都是以语言、音乐和音响效果三种形式出现的。对于多媒体产品，语言不再是对白和画外音，一般采用解说词形式；音乐也基本上不用歌曲，而以背景音乐为主。三种形式的声音媒体，尽管表达方式各异，但都可以在呈现教学内容方面发挥各自的作用。

解说词的作用是表“意”。由于话音语言的逻辑性强，能够系统和完整地表达概念和理论，因此完全可以配合画面中的图、文表述教学内容的具体含义。一般地讲，在三种声音形式中，解说词是主体。

背景音乐的作用是表“情”。音乐是另一种类型的声音语言，它以不同于解说词的特有方式表述教学内容，如同图形、图像以不同于文字的方式表述教学内容一样。因此，运用背景音乐配合画面表述教学内容时，需要具备起码的音乐素养，并且了解音乐表现的特点。与解说词相比，背景音乐属于陪衬角色。

图 7-16 动画中的推镜头效果

音响效果的作用是表“真”。音响是指画面上物体运动或变化时发出的声音,要求逼真。画面呈现教学内容,如果配有音响效果,可以增强真实感和教学效果。与解说词相比,音响效果也属于陪衬角色。

声音美学的研究内容主要侧重于声音的质量、声音的特效等方面。影响声音美感的因素主要包括:清晰度、噪声、音色、旋律等,在制作多媒体产品时,应尽量采用清晰度较高的声音素材,降低噪声,并选用悦耳的声音。

另外,还要注意声音和多媒体画面的融合。例如,在现实生活中,声音也有和画面的透视相似的属性,如近大远小,近处的声响较强,远离后便逐渐变弱。人们在目送飞机和火车离去时对这样的听觉感受已经习以为常。因此,将声音的透视与画面上的透视配合运用,可以增加立体感画面的真实性。

7.3 多媒体软件工程基础

多媒体软件工程注重研究如何指导多媒体软件产品生产过程的所有活动,以最终达到“在合理的时间、成本等资源的约束下,生产出高质量的多媒体软件产品”的目标。为了更有效、更科学地组织和管理多媒体软件生产,根据某个多媒体软件从被提出并着手开始实现,直到多媒体软件完成其使命为止的全过程划分为一些阶段,并称这一全过程为多媒体软件生命周期。通常,软件生命周期包括 8 个阶段:问题定义、可行性研究、需求分析、系统设计、详细设计、编码、测试、运行维护。为使各时期的任务更明确,又可以分为以下三个时期。

(1) 软件定义期:包括问题定义、可行性研究和需求分析三个阶段。

(2) 软件开发期:包括系统设计、详细设计、编码和测试 4 个阶段。

(3) 软件维护期:即运行维护阶段。

7.3.1 瀑布模型

为了反映多媒体软件生命周期内各种活动应如何组织、各阶段应如何衔接，需要用一个软件生命周期模型来直观地表示。

所谓软件生命周期模型，是指对整个软件生命周期内的系统开发、运行和维护所实施的全部过程、活动和任务的结构框架。瀑布模型(waterfall model)就是其中之一。

瀑布模型规定了在整个软件生命周期内的各项软件工程活动，并且还规定了这些活动自上而下、相互衔接的顺序，如图7-17所示。

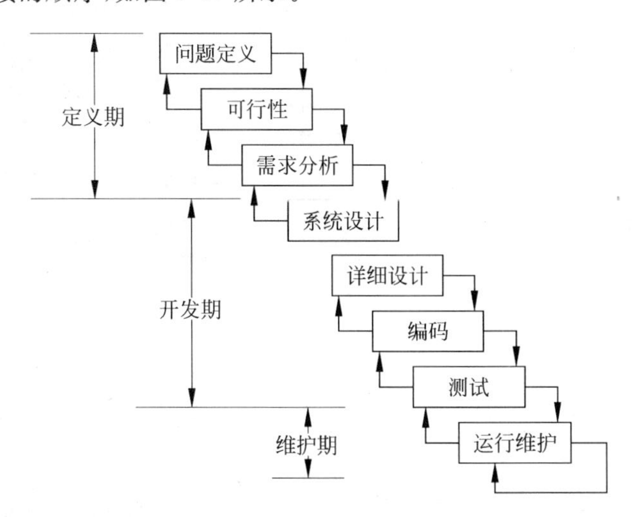

图7-17 软件生命期的瀑布模型

由图7-17可以看出，瀑布模型规定了软件生命期中各阶段的活动次序，如同瀑布流水，逐级下落。另外还可以看出，在实际进行软件开发的过程中，软件生命期中各阶段的活动并不完全是自上而下的，而是遵循以下原则。

(1) 每一阶段活动的输入是上一个阶段的输出结果。

(2) 利用上一阶段的输出结果具体实施本阶段应完成的内容。

(3) 对当前阶段活动中的工作进行评审，如果工作得到确认，则继续进行下一阶段的活动；否则返回到上一阶段的活动。

(4) 当前阶段的活动结束时，总是将工作成果作为输出赋给下一阶段的活动。

7.3.2 螺旋模型

对于复杂的大型多媒体软件产品，开发一个原型往往达不到要求。螺旋模型将瀑布模型进行改进，加入瀑布模型忽略的风险分析，弥补了两者的不足。

所谓“软件风险”，是普遍存在于软件开发项目中的实际问题。对于不同的项目，其差别只是风险大小而已。在制定软件开发计划时，系统分析员必须回答：项目的需求是什么，需要投入多少资源以及如何安排开发进度等一系列问题。然而，若要他们当即给出准确无误的回答是不容易的，甚至几乎是不可能的。但系统分析员又不可能完全回避这一问题，凭借经验的估计给出初步的设想难免带来一定风险。实践表明，项目规模越大，问题越复杂，资源、成本、进度等因素的不确定性越大,项目所冒的风险也越大。总之,风险是软件开发不可忽视的潜在不利因素,它可能在不同程度上损害软件开发过程或软件产品的质量。软件风险驾驭的目标是在造成危害之前,及时对风险进行识别、分析,采取对策,进而就能减少或消除风险的损害。

螺旋模型沿着螺旋旋转,如图7-18所示,在笛卡儿坐标的4个象限上分别表达了以下4个方面的活动。

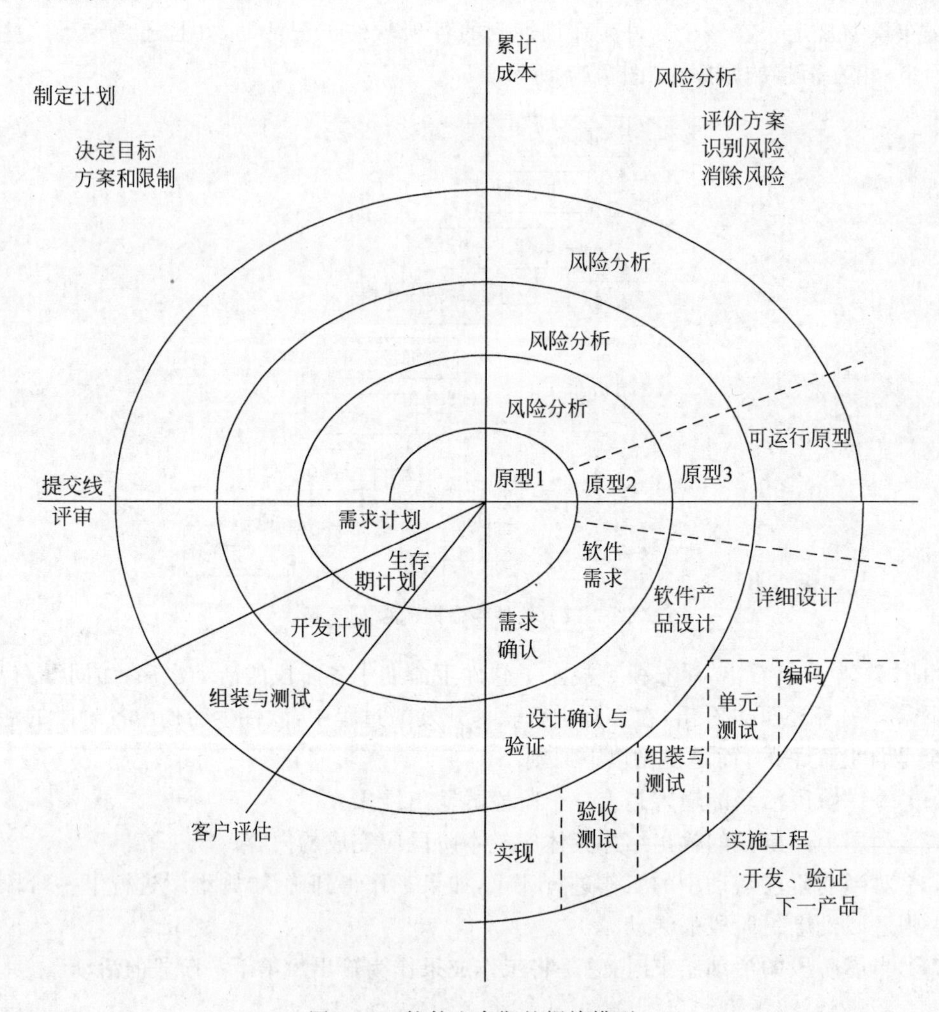

图7-18　软件生命期的螺旋模型

(1) 制定计划：确定软件目标,选定实施方案,弄清项目开发的限制条件。

(2) 风险分析：分析所选方案,考虑如何识别和消除风险。

(3) 实施工程：实施软件开发。

(4) 客户评估：评价开发工作,提出修正建议。

沿螺旋线自内向外每旋转一圈便开发出更为完善的一个新软件版本。例如,在第一圈,确定了初步的目标、方案和限制条件以后,转入右上象限,对风险进行识别和分析。如果风险分析表明,需求有不确定性,那么在右下的工程象限内,所建的原型会帮助开发人员和客户,考虑其他开发模型,并对需求做进一步修正。

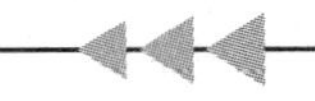

螺旋模型适合于大型软件的开发，应该说它是最为实际的方法，它吸收了软件工程“进化”的概念，使得开发人员和客户对每个“进化层”出现的风险有所了解，继而做出应有的反应。

7.3.3　面向对象开发方法

面向对象技术是一个非常实用而强有力的软件开发方法。在开发多媒体产品时，可以借鉴面向对象的开发方法。

面向对象的开发方法具有许多特色，主要是：

(1) 方法的唯一性，即方法是对软件开发过程所有阶段进行综合考虑而得到的。

(2) 从生存期的一个阶段到下一个阶段的高度连续性，即生存期后一阶段的成果只是前一阶段成果的补充和修改。

(4) 把面向对象分析(Object Oriented Analysis，OOA)、面向对象设计(Object Oriented Design，OOD)和面向对象程序设计(Object Oriented Programming，OOP)集成到生存期的相应阶段。

1. 面向对象的概念

Coad 和 Yourdon 给出了一个定义：面向对象＝对象＋类＋继承＋通信。

如果一个软件系统是根据这样4个概念设计和实现的，则认为这个软件系统是面向对象的。一个面向对象的程序每一个成分都应是对象，计算是通过新对象的建立和对象之间的通信来执行的。

1) 对象

对象是面向对象开发方法的基本成分。每个对象可用它本身的一组属性和它可以执行的一组操作来定义。属性通常只能通过执行对象的操作来改变。操作又称为方法或服务，在C++中称为成员函数，它描述了对象执行的功能，通过消息传递，还可以为其他对象使用。

2) 类

类(class)是一组具有相同数据结构和相同操作的对象的集合。类的定义包括一组数据属性和在数据上的一组合法操作。类定义可以视为一个具有类似特性与共同行为的对象的模板，可用来产生对象。在一个类中，每个对象都是类的实例(instance)，它们都可使用类中提供的函数。对象的状态则包含在它的实例变量(即实例的属性)中。

2. 面向对象的开发过程

面向对象开发过程开始于问题论述，经历从问题提出到解决的一系列过程，如图7-19所示。各个阶段的顺序是线性的，但开发过程实际上不是线性的，面向对象开发过程中各个阶段之间的复杂交互目前还无法用图示逼真地反映出来。有一部分分析工作要在设计之前实行，还有些分析工作要与其他部分的设计与实现并行地进行。

在面向对象软件开发过程中，需要特别重视复用。在开发多媒体产品时，也要借鉴这种设计思想，尽量制作能重复使用的对象，提高工作效率。

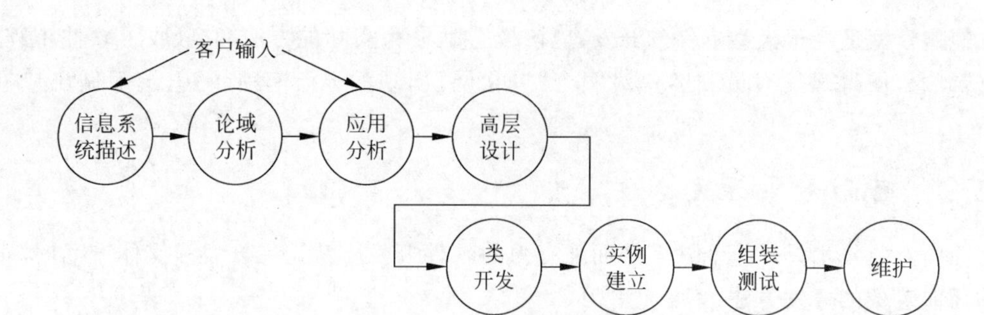

图 7-19　面向对象的开发过程

习　　题

1. 选择题

(1) (　　)是多媒体产品生动活泼的重要来源。

A. 技术设计　　B. 功能设计　　C. 创意设计　　D. 美学设计

(2) 设计多媒体产品要以技术为支撑手段,以(　　)为核心来设计。

A. 设计者的技术　　B. 用户的需求　　C. 产品的功能　　D. 市场的需求

(3) 运用色彩时,下面叙述不正确的是(　　)。

A. 注意色彩的丰富多彩,最好采用浓、艳、厚的色彩来表现

B. 注意颜色数据的多少,避免色彩过多过杂

C. 注意色彩的敏感性和可分辨性

D. 注意色彩的含义和使用者的不同文化背景

(4) 多媒体产品的声音不包括(　　)。

A. 解说词　　B. 背景音乐　　C. 音响效果　　D. 话外音

(5) 在面向对象软件开发过程中,需要特别重视(　　)。

A. 继承　　B. 对象　　C. 复用　　D. 多态

(6) 多媒体产品中的动画是利用人类具有(　　)的特性,即人的眼睛看到一幅画或一个物体后,在 1/24s 内不会消失。

A. 视觉暂留　　B. 快速适应　　C. 敏锐观察　　D. 生理遗传

2. 填空题

(1) 多媒体产品的创意设计要在媒体"________"和"________"两项上多进行思考和研究,在________和________界面上下工夫。

(2) 多媒体产品的功能设计是指利用________规划和实现________的控制手段。包括:________设计、________设计、避免功能重叠、系统错误处理、帮助系统等。

(3) 多媒体产品的构图强调版面的________、________、________等,这些均是平面构成的美学基础。

(4) 多媒体软件界面的设计原则是________、________、________、________、________、________。

(5) 多媒体产品动画________指运用多媒体技术手段制作画面和进行________,从而

使教学内容的呈现得以在有别于现实________和________中进行，旨在提高学习效率和学习效果。

(6) 为了更有效、更科学地组织和管理多媒体________，根据某个多媒体软件从________并着手开始实现，直到多媒体软件完成其使命为止的________划分为一些________，并称这一全过程为多媒体软件________。

(7) 螺旋模型吸收了软件工程“________”的概念，使得开发人员和客户对每个进化层出现的________有所了解，继而做出应有的反应。

(8) Coad 和 Yourdon 给出了一个定义：“面向对象＝________＋________＋________＋________”。如果一个软件系统是根据这样 4 个概念设计和实现的，则这个软件系统是面向对象的。

上机练习

练习1　用 Photoshop 设计多媒体软件界面

用 Photoshop 设计一个多媒体软件界面，效果如图 7-20 所示。在设计制作时，要求界面结构设计合理且尽可能简洁，在视觉上要求富于设计感。以蓝色作为整个界面的主色调，这样容易让使用者产生心灵的感应。标题适当使用特效，以突出重点。按钮设计实用简单，但又不失美观，并且与背景搭配合理。按钮在布局上做到内部结构布局合理、简单明了，便于用户操作，方便用户灵活地运用。界面整体风格与软件本身的结合度高，使之合乎现代的时尚感和大局观。

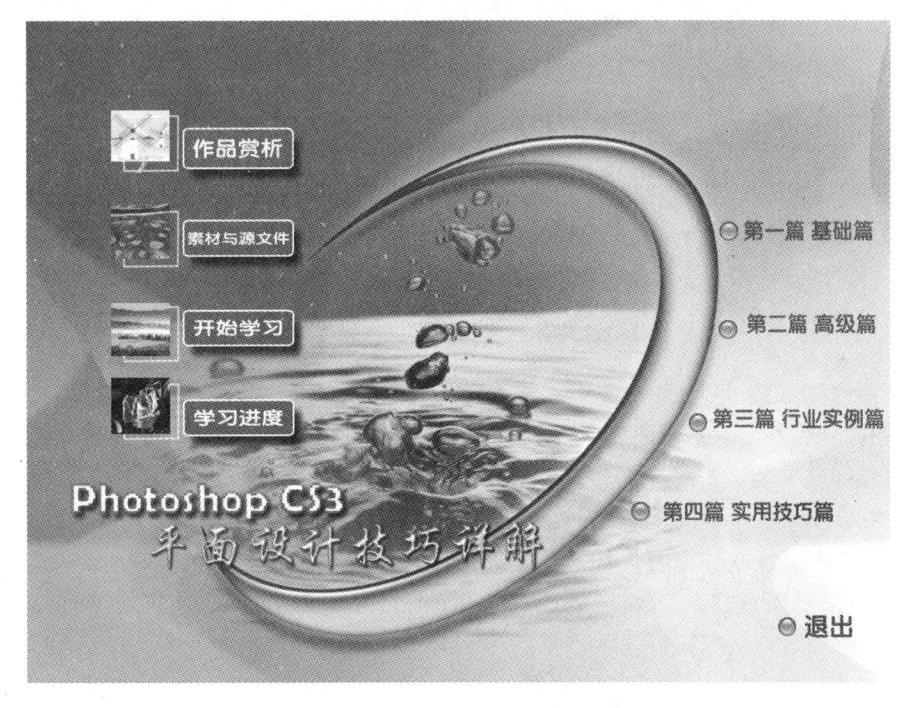

图 7-20　Photoshop 设计的多媒体软件界面

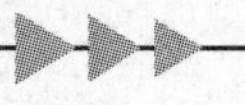

制作要点提示:

(1) 背景的制作。制作过程中使用背景素材图片来构建界面背景,这样能减小制作的工作量,提高制作效率。在制作过程中使用了"图层蒙版"和"切变"滤镜来创建图像背景效果。同时使用矢量工具来绘制主体部分的装饰线,并通过添加"图层样式"来获得透明的水晶效果,使背景更富有现代感。

(2) 标题的制作。在创建标题后,分别对标题的不同文字部分创建不同的效果。对标题中的英文字符,采用了"马赛克"滤镜和"描边"特效创建边缘像素文字效果。同时对标题中的汉字字符应用"图层样式"创建水晶字体效果。

(3) 按钮的制作。多媒体软件中的按钮分为常态、鼠标滑过和鼠标按下这三种状态,为了便于按钮在具体软件中使用,这三种状态的按钮采用单独的文件形式制作。按钮的制作使用"图层样式"来创建特效。

(4) 最终效果图。效果图的制作是放置功能按钮和说明文字的过程,制作过程中使用"移动工具"来移动对象进行界面的布局,使用"自由变换"命令调整对象的大小,使之符合界面的要求。

练习2 利用Flash设计多媒体软件界面

用Flash设计一个多媒体软件界面,效果如图7-21所示。在设计制作时,充分应用Flash的绘图功能以及图形渐变填充色,再结合外部的图像素材,构造一个独特的界面效果,增强多媒体软件作品的感染力。

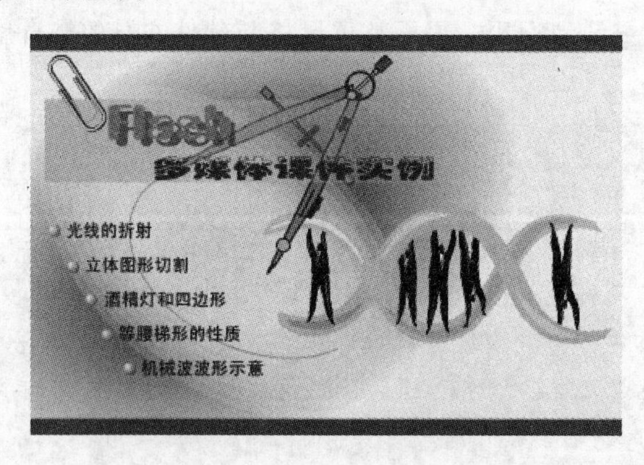

图7-21 Flash设计的多媒体软件界面

制作要点提示:

(1) 用"矩形工具"和"椭圆工具"绘制出几个矩形和椭圆形,将它们分别填充为渐变色,并将它们叠加在一起。

(2) 用绘图工具绘制圆规、曲别针、人物等图形。

(3) 输入多媒体软件标题。注意这里使用了一些特殊字体(比如汉仪雪峰字体)。如果没有这些字体,请下载安装。

(4) 制作动态导航按钮。

(5) 布局界面,使各个界面元素协调一致。

第8章

Flash多媒体课件开发技术

多媒体课件制作技术是各级教师、教育工作者和多媒体设计师等从业者必须掌握的技能。在众多的多媒体课件制作软件中，Flash 是功能最强大、使用最广泛的一种。Flash 不单单是一个动画制作软件，它还是一个功能强大的多媒体编著工具，在实现课件的多媒体性、交互性和网络性等方面具有其他软件不可比拟的优势。

本章主要内容：

- 用 Flash 制作多媒体课件；
- Flash 多媒体课件导航系统的实现方法；
- Flash 多媒体课件综合案例赏析。

8.1 用 Flash 制作多媒体课件

在多媒体方面，Flash 具备完善的媒体支持功能，它能导入图形图像、声音、视频和三维动画等各种媒体。另外，Flash 本身又是功能强大的动画制作软件，可以直接制作出多媒体课件所需要的各种动画效果。

本节通过一个多媒体课件制作范例的制作过程，介绍用 Flash 制作多媒体课件的方法和技巧。

本范例是语文课程中一首古诗“鸟鸣涧”的多媒体课件，它以配乐诗朗诵的形式将古诗的意境表现出来，学生在课件营造的真情实景中欣赏优美的音乐和古诗朗诵，同时也可以深刻理解诗人的情怀和思想。

课件播放过程中，始终有背景音乐营造气氛，随着一幅画卷慢慢展开，幽静的山林、飘落的桂花、飞翔的小鸟、朦胧的月光等动人的画面一一展现给学生。音乐、动画和朗诵等交织在一起，使课件表现的气氛达到高潮。如图 8-1 所示是课件播放过程中的一个画面。

8.1.1 在 Photoshop 中编辑和创建图像素材

Flash 在处理位图方面功能比较单一，而 Photoshop 具有强大的图像处理能力，因此，运用 Photoshop 处理多媒体课件中需要的位图素材，将会为 Flash 课件锦上添花。

1. 缩小素材图像的尺寸

(1) 运行 Photoshop，选择“文件”→“打开”命令，将“古画.jpg”文件打开。选择“图像”→“图像大小”命令，弹出“图像大小”对话框，设置图像的“宽度”为 500 像素、“高度”为 209 像素。设置完后，单击“确定”按钮，如

图 8-2 所示。

图 8-1 课件运行时的一个画面

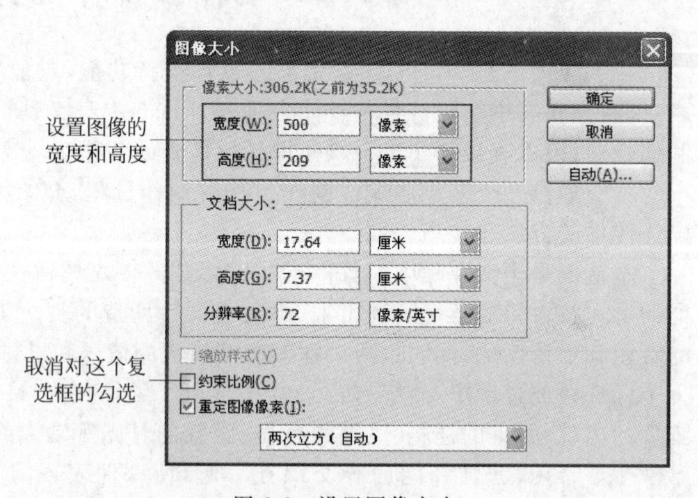

图 8-2 设置图像大小

专家点拨：默认情况下，在"图像大小"对话框中，"约束比例"复选框处于选中状态。此时，不管怎样设置图像的"宽度"或者"高度"，图像的尺寸都会按照原来的比例进行缩放。这样缩放得到的图像能够较好地保持原有的形状。如果不想按比例缩放，可以取消对"约束比例"复选框的选择。

(2) 选择"文件"→"存储为 Web 所用格式"命令，弹出"存储为 Web 所用格式"对话框，其中的参数设置如图 8-3 所示。设置存储图像为 256 色的 GIF 格式，其他默认参数不变。

(3) 单击"存储"按钮，弹出"将优化结果存储为"对话框，在其中选择文件存储位置以及存储的文件名，设置完后，单击"保存"按钮。

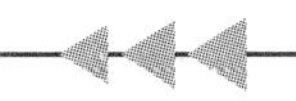

图 8-3 存储为 Web 所用格式

专家点拨：将在 Photoshop 中处理的图像存储为 Web 格式，可以较大程度地优化图像文件，使图像质量和图像文件的大小有较高的平衡点。在保证图像质量的前提下，可以使制作的多媒体课件文件更小，便于交流和在网络上播放。

2. 创建课件标题特效文字

(1) 选择“文件”→“新建”命令，弹出“新建”对话框，设置图像宽度为 200 像素、高度为 60 像素，选择“背景内容”为“透明”，如图 8-4 所示。

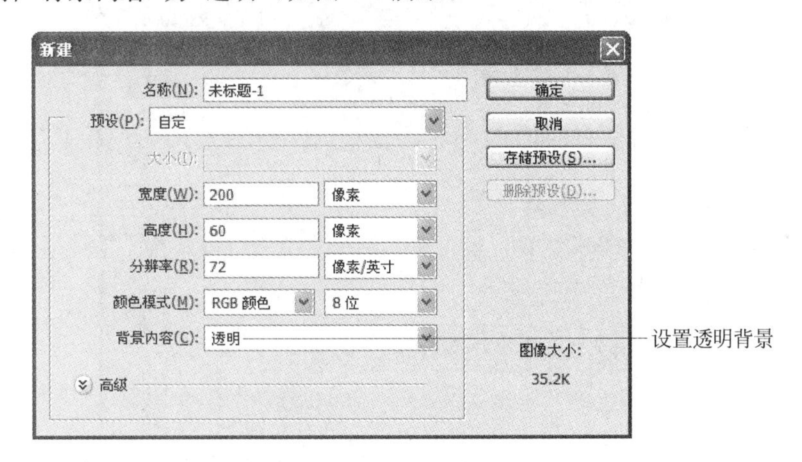

图 8-4 新建图像

专家点拨：一般情况下，为课件制作图像素材时，应尽量将图像背景设置为透明色，这样便于将图像较好地融入到课件中。

(2) 设置完成后，单击“确定”按钮，新建一个图像文件，如图 8-5 所示。

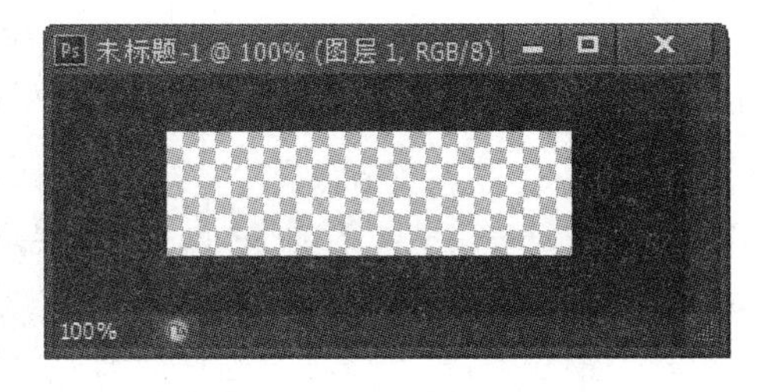

图 8-5 新建文档窗口和画布

(3) 选择工具箱中的“横排文字工具”，设置文字大小为 42 点，字体为汉仪菱心体(如果没有安装这个字体，可以选取其他字体)，移动鼠标指针到空白画布的左端并单击，输入文字

“古诗朗诵”。选择工具箱中的“移动工具”,调整文字的位置,效果如图 8-6 所示。

(4) 选择工具箱中“油漆桶工具”组合工具中的“渐变工具”,在主菜单下方出现“渐变选项”面板,如图 8-7 所示。

图 8-6 输入文本

图 8-7 “渐变选项”面板

(5) 在“渐变选项”面板中单击按钮,弹出“渐变编辑器”窗口,如图 8-8 所示。

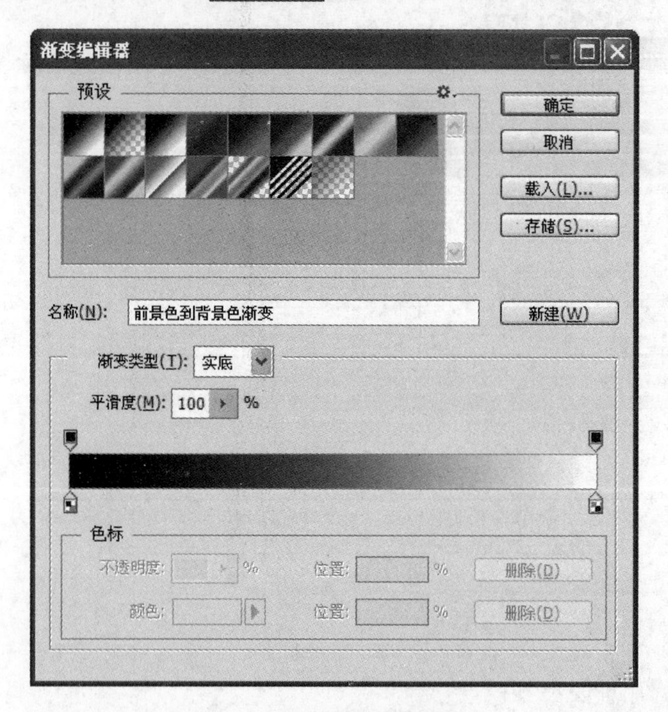

图 8-8 “渐变编辑器”窗口

(6) 将颜色设置条的左下色标和右下色标的颜色分别修改为绿色和黄色,如图 8-9 所示。

(7) 单击“确定”按钮返回编辑场景。在“图层”面板上右击文字图层,在弹出的快捷菜单中选择“格栅化文字”命令,将画布上的文字格栅化。

(8) 按住 Ctrl 键,在“图层”面板上单击“古诗朗诵”这个图层的图标,文字周围出现流动的虚线。将光标放在文字上,从上到下拖动鼠标拉一条直线,给文字填充渐变色,画布上的文字效果如图 8-10 所示。

(9) 按 Ctrl+D 键取消虚线框,选择“图层”→“图层样式”→“混合选项”命令,在弹出的“混合选项”列表框中,选中“内阴影”、“斜面和浮雕”和“纹理”选项,如图 8-11 所示。进行需要的设置后,单击“确定”按钮,得到如图 8-12 所示文字。

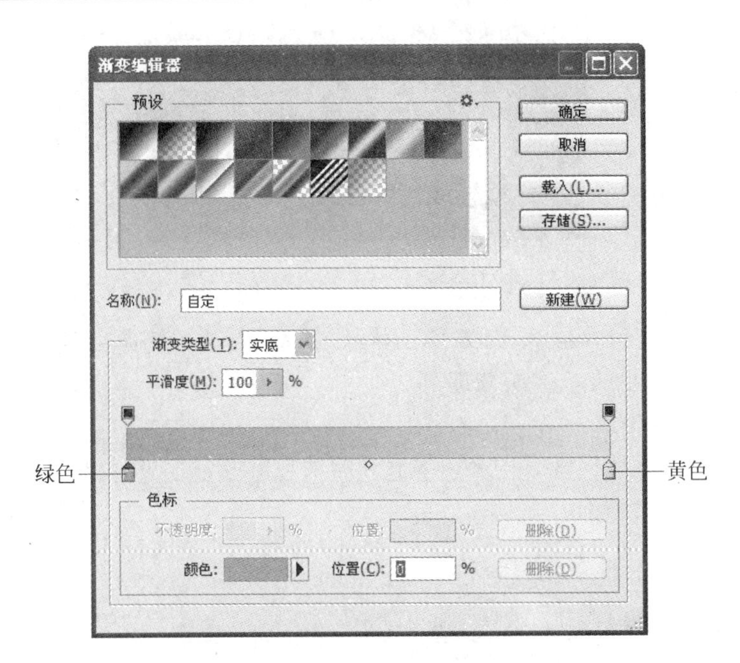

图 8-9 修改渐变色

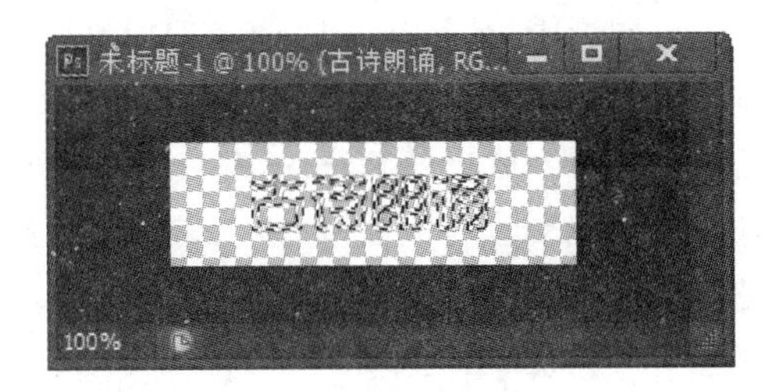

图 8-10 应用渐变色的文字效果

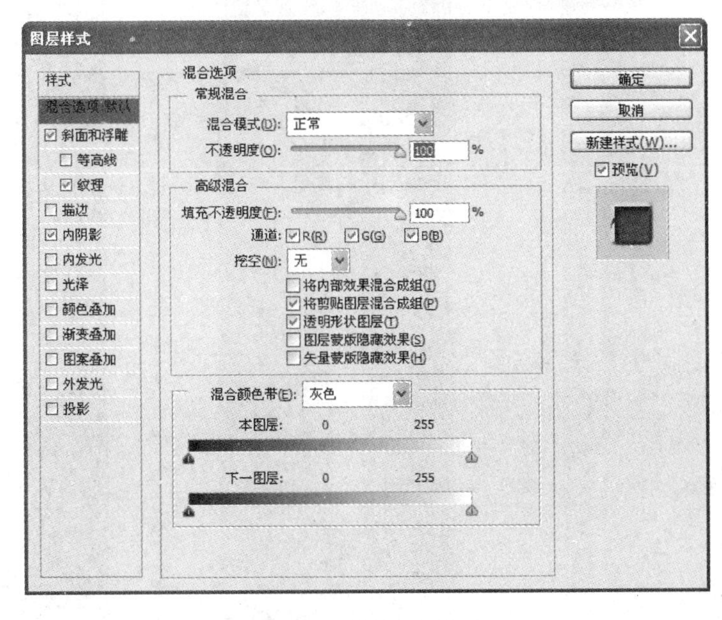

图 8-11 设置文字样式

图 8-12　完成后的标题

(10) 选择"文件"→"存储为 Web 所用格式"命令,弹出"存储为 Web 所用格式"对话框,将图像存储为 256 色的 GIF 格式即可。

3. 创建画轴素材图像

在要制作的多媒体课件中有一个画幅展开的动画情境,为了比较真实地展现这一情境,下面给情境图像配一个画轴。

(1) 在 Photoshop 中,选择"文件"→"打开"命令,打开素材中的画轴图像文件"画轴.gif"。

(2) 选择"文件"→"新建"命令,新建一个"宽度"为 23 像素、"高度"为 330 像素,背景颜色为透明色的图像。

(3) 激活画轴图像,选择工具箱中的"矩形选取框",选取画轴部分,单击工具箱中的"移动工具",拖动将选取的画轴部分移动到新建的图像中,如图 8-13 所示。

(4) 选择"编辑"→"变换"→"旋转 90 度(顺时针)"命令,将图像旋转,并移动到画布中央。选择"编辑"→"自由变换"命令,将鼠标指针放在控制点上,拖动将画轴放大,如图 8-14 所示。

(5) 用"矩形选取框"选取多余的部分,按 Delete 键将其删除,完成后图像效果如图 8-15 所示。

图 8-13　移动图像

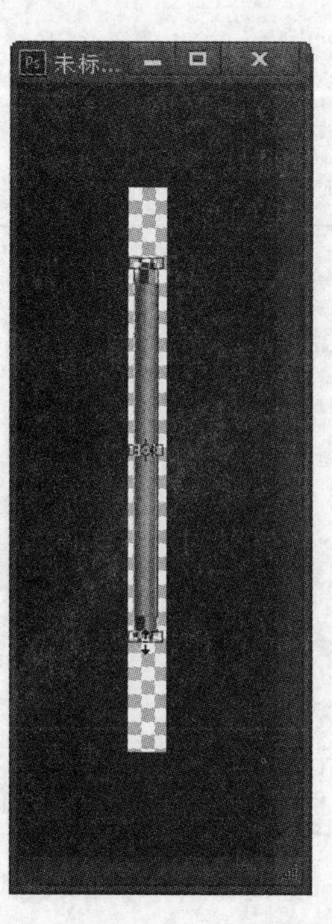

图 8-14　用"自由变换工具"调整大小

图 8-15　完成后的画轴

(6) 选择“文件”→“存储为 Web 所用格式”命令，弹出“存储为 Web 所用格式”对话框，将图像存储为 256 色的 GIF 格式。

专家点拨：将制作的多媒体课件中还要使用小鸟和画布等图像素材，也可以用 Photoshop 事先对这些图像素材进行处理，以满足使用要求。本书配套光盘中提供了这两个图像素材，读者可以直接使用。

8.1.2　用 GoldWave 剪裁和编辑背景音乐

GoldWave 是一个功能强大的声音编辑软件，简单易学。制作多媒体课件时，利用它录制声音、编辑处理声音素材是个不错的选择。

根据古诗的意境，本课件采用的背景音乐为一首古筝曲“广陵散”，音乐素材很容易找到，可以去网络上下载，也可以从 CD 中截取。在这里提供的是一个 MP3 格式的音频文件。根据课件的内容和长度，课件只需要整个古曲中的一部分，下面将用 GoldWave 对乐曲进行剪裁和编辑。

(1) 运行 GoldWave 软件，界面如图 8-16 所示。

(2) 选择“文件”→“打开”命令，弹出“打开声音文件”对话框，查找到“广陵散”音乐素材文件“广陵散.mp3”，如图 8-17 所示。

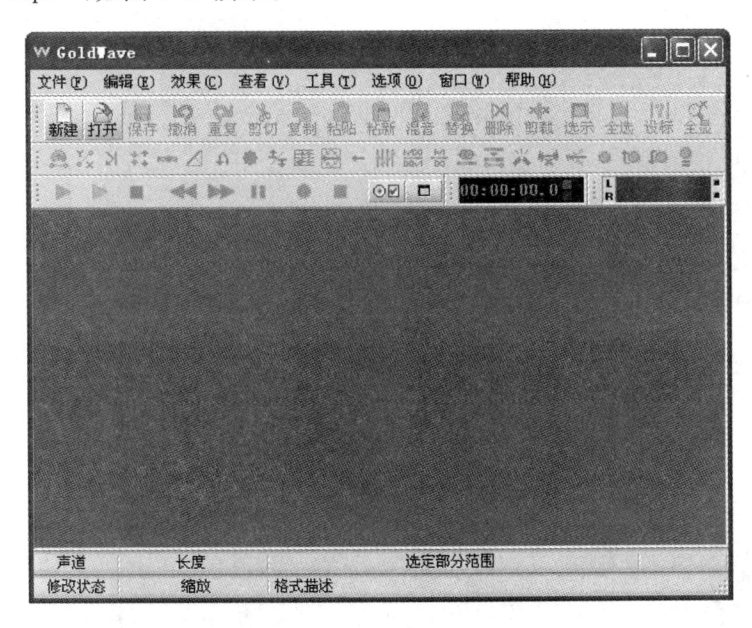

图 8-16　GoldWave 界面

单击“打开”按钮，音乐文件打开后，如图 8-18 所示。

(3) 在工具栏上单击“播放”按钮，音乐开始播放，在试听过程中选择一段合适的音乐，记下这段音乐的时间段，时间提示在打开的音乐波形窗格下面。

单击选中音乐段的起始位置，再右击音乐段的终止位置，在弹出的快捷菜单中选择“设置结束标记”命令，音乐段将在音乐窗口中高亮显示，如图 8-19 所示。

(4) 选择“编辑”→“复制”命令，再选择“编辑”→“粘贴为新文件”命令，这样就把选择的音乐段复制到了一个新声音文档中。

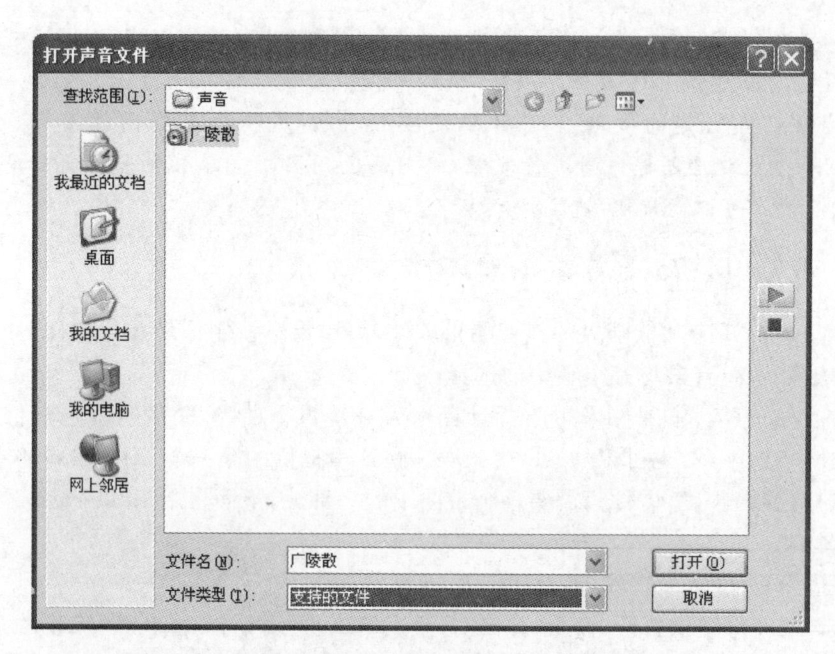

图 8-17 打开音乐文件

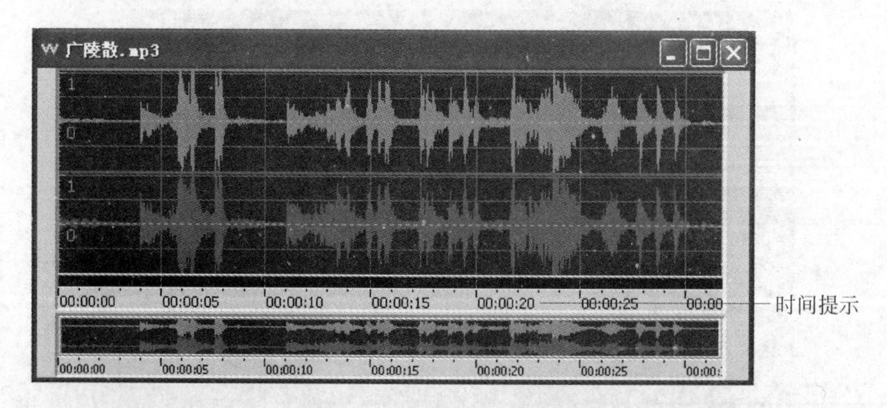

图 8-18 打开的音乐文件

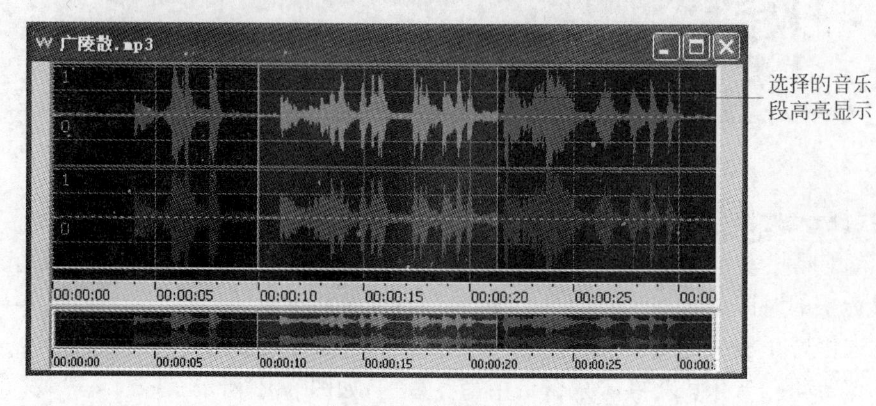

图 8-19 选取音乐片段

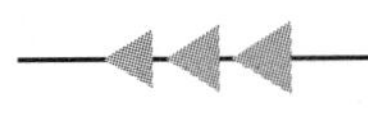

(5) 通过剪裁,得到了课件中需要的背景音乐,为了使课件整体效果更好,往往还需要对音乐素材进一步编辑,例如添加淡入、淡出效果等。

选择“效果”→“音量”→“淡出”命令,弹出“淡出”对话框,如图 8-20 所示。设置完后,单击“确定”按钮。这时再播放音乐,就能听出音乐快结束时的淡出效果。

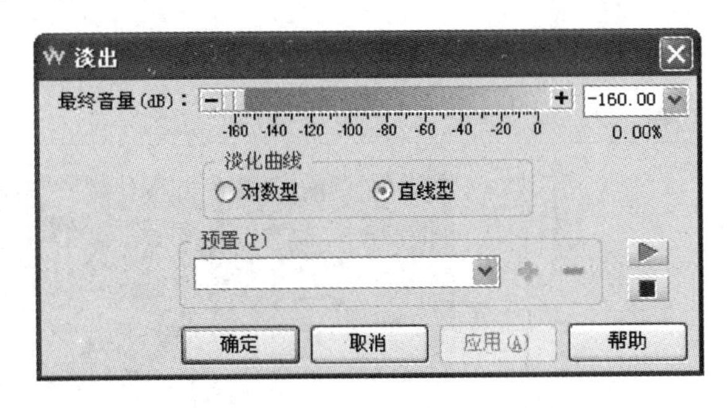

图 8-20　对声音进行淡出效果处理

(6) 选择“文件”→“保存”命令,把剪裁并编辑过的音乐片段保存为 wave 格式的声音文件“背景音乐.wav”。

专家点拨:将制作的多媒体课件中还要使用古诗朗诵声音,可以利用 GoleWave 进行声音素材的录制,这里不再赘述,本书配套光盘中提供了这个古诗朗诵声音的素材,读者可以直接使用。

8.1.3　导入素材并创建动画界面

(1) 启动 Flash CS6,新建一个 Flash 文件(ActionScript 3.0)。设置舞台背景颜色为淡紫色(#9A8F9E),其他参数保持默认值。

(2) 选择“文件”→“导入到库”命令,弹出“导入到库”对话框,在“查找范围”中找到存放素材文件的文件夹,选择准备好的图像和声音文件,如图 8-21 所示。单击“打开”按钮,将所需的图像文件和声音文件导入到 Flash 影片的“库”面板中,如图 8-22 所示。

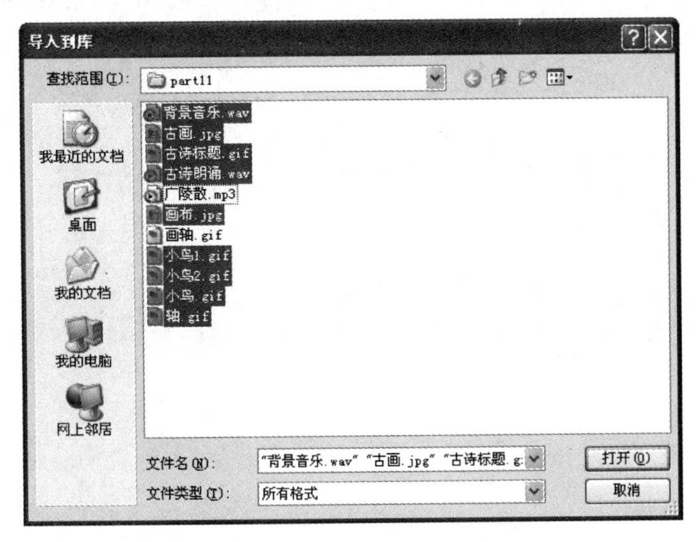

图 8-21　导入图像和声音素材

(3) 将"图层 1"重新命名为"背景"。使用工具箱中的绘图工具绘制一个背景图形,绘制完成后将其转换为名字为"背景"的图形元件,如图 8-23 所示。

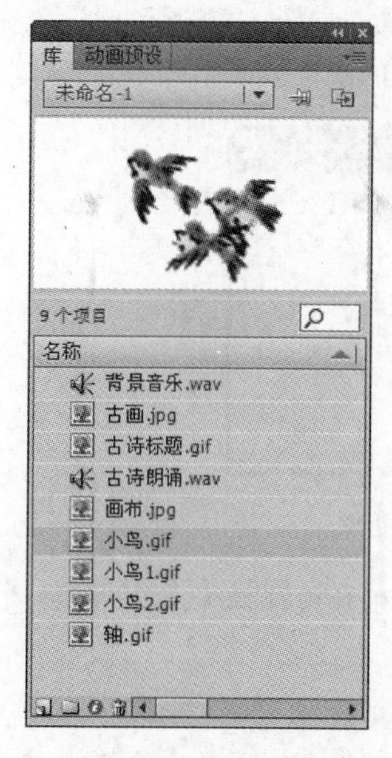

图 8-22 "库"面板

图 8-23 绘制背景图形

(4) 在"背景"图层上新建一个图层,并重命名为"古画"。将"库"面板中的"古画"及"画布"图像拖放到舞台上,调整好位置和大小,效果如图 8-24 所示。

图 8-24 创建课件界面

8.1.4 创建元件

1. 创建图形元件

(1) 新建"花瓣"图形元件,用绘图工具绘制花瓣,并将其柔化,效果如图 8-25 所示。

（2）新建“月亮”图形元件，用绘图工具绘制一个月亮，效果如图 8-26 所示。

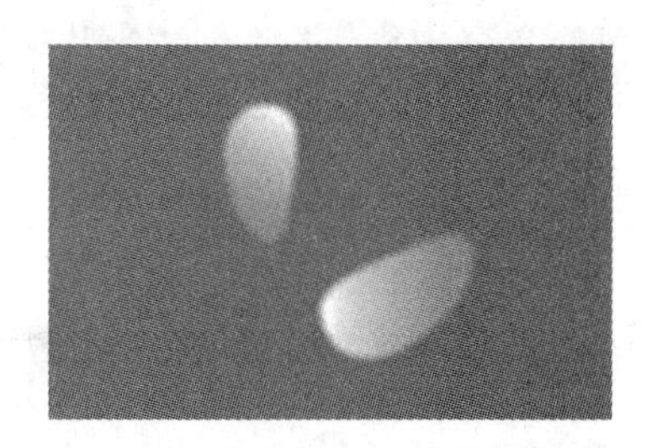

图 8-25　花瓣图形元件

图 8-26　月亮图形元件

（3）新建“画轴”图形元件，将画轴图像拖入元件的编辑场景中。

2. 创建影片剪辑元件

（1）新建“花瓣飘落”影片剪辑元件，制作花瓣飘落动画效果，图层结构如图 8-27 所示。这个动画效果是通过制作三个花瓣飘落的路径动画，并将它们叠加在一起完成设计的。其中一个花瓣飘落的路径动画编辑场景如图 8-28 所示。

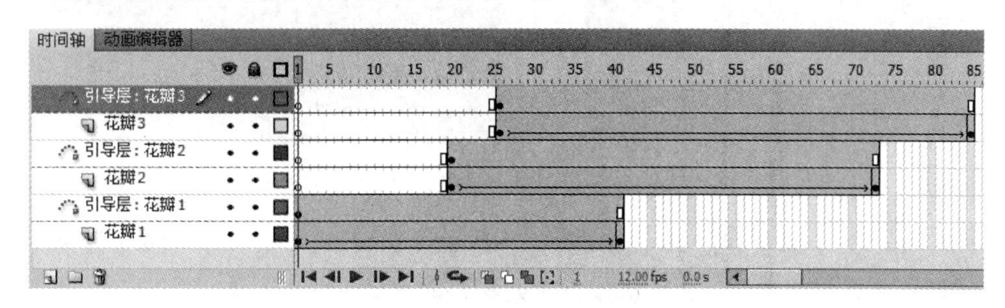

图 8-27　“花瓣飘落”影片剪辑图层结构

（2）新建“小鸟”影片剪辑元件，制作小鸟飞翔的动画效果。这是一个逐帧动画，共包括两个关键帧，两个关键帧上的小鸟身姿具有连贯的变化，如图 8-29 所示。

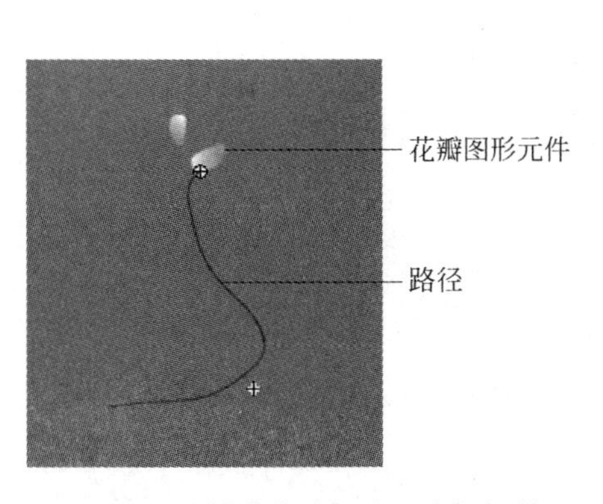

图 8-28　花瓣飘落路径动画编辑场景

图 8-29　“小鸟”影片剪辑元件

(3) 新建“文本 1”、“文本 2”、“文本 3”、“文本 4”影片剪辑元件,分别在元件的编辑场景中输入古诗朗诵的第 1 句、第 2 句、第 3 句、第 4 句的文字内容。“文本 1”影片剪辑元件的效果如图 8-30 所示。其他的效果类似。

(4) 新建“标题文本”影片剪辑元件,制作一个带有阴影效果的标题文本,如图 8-31 所示。

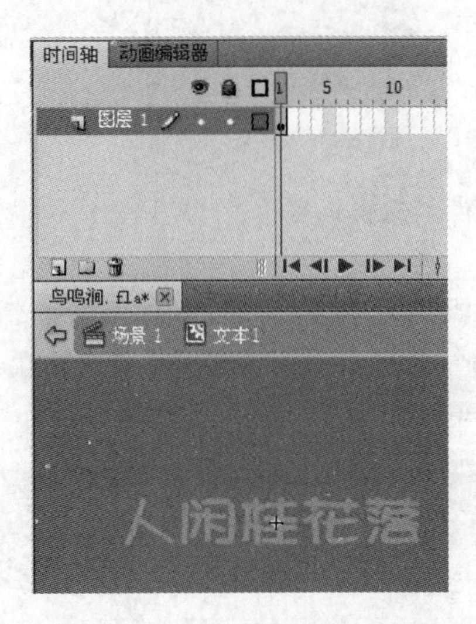

图 8-30 “文本 1”影片剪辑元件

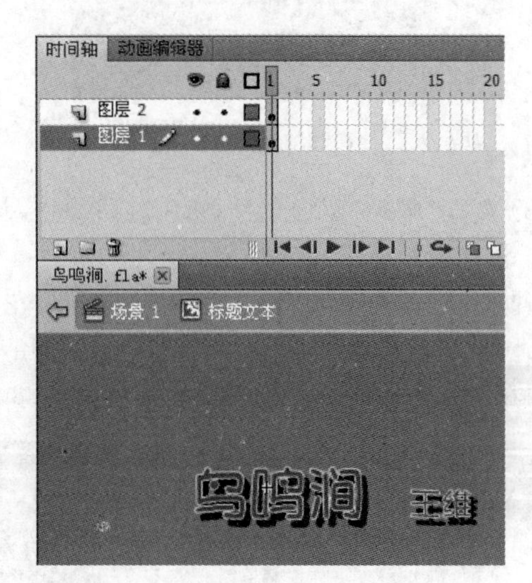

图 8-31 “标题文本”影片剪辑元件

专家点拨:这里将古诗文字内容制作成影片剪辑元件,主要目的是为了在制作主动画时,使用影片剪辑元件的模糊滤镜制作古诗文字呈现的模糊动画特效。

8.1.5 声音和动画同步播放的制作

本课件在制作时,涉及一个重要的动画制作技术——声音和动画同步播放。例如,在播放朗诵声音的时候,需要相应的字幕动画同步呈现。本节先介绍声音和动画同步播放的制作技术。

(1) 单击“编辑场景”按钮,切换到“场景 1”编辑环境中。插入新图层并重命名为“背景音乐”。从“库”面板中拖出“背景声音”文件,在第 1 帧上出现一条短线,说明声音文件已经应用到了关键帧上,如图 8-32 所示。

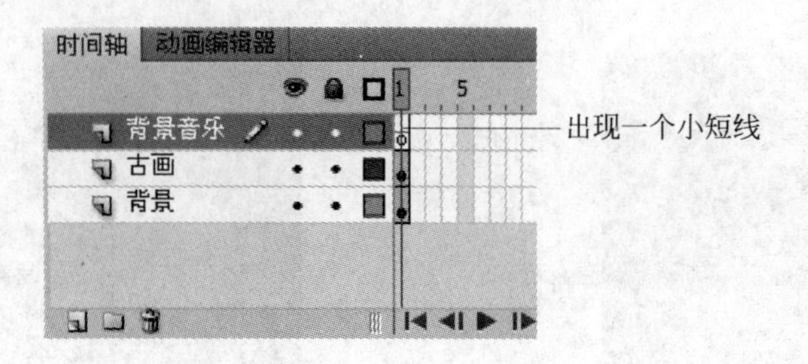

图 8-32 添加音乐

专家点拨:一般将每个声音放在一个独立的层上,每个层都作为一个独立的声道。播放 SWF 文件时,会混合所有层上的声音。

(2) 单击“背景音乐”图层的第 1 帧，在“属性”面板的“声音”栏中，选择“同步”下拉列表框中的“数据流”选项，如图 8-33 所示。

图 8-33 设置声音

专家点拨：“同步”下拉列表框中的“事件”选项使声音与某个事件同步播放，它的播放是独立于课件之外的，如果课件已经播放完毕，声音还会继续播放。一般在定义按钮元件的声效时使用“事件”选项。“开始”选项与“事件”选项基本类似，只是当声音正在播放时，不再播放新的声音。“停止”选项能使指定的声音静音。“数据流”选项使声音和时间轴同时播放，同时结束，在定义声音和动画同步播放时，都要使用“数据流”选项。

(3) 单击“属性”面板“声音”栏中的“编辑声音封套”按钮，弹出“编辑封套”对话框，如图 8-34 所示。在“编辑封套”对话框中，单击右下角的“以帧为单位”按钮，使它处于按下状态，这时，对话框中显示出声音持续的帧数，拖动滚动条，可以查看到声音的持续帧数。

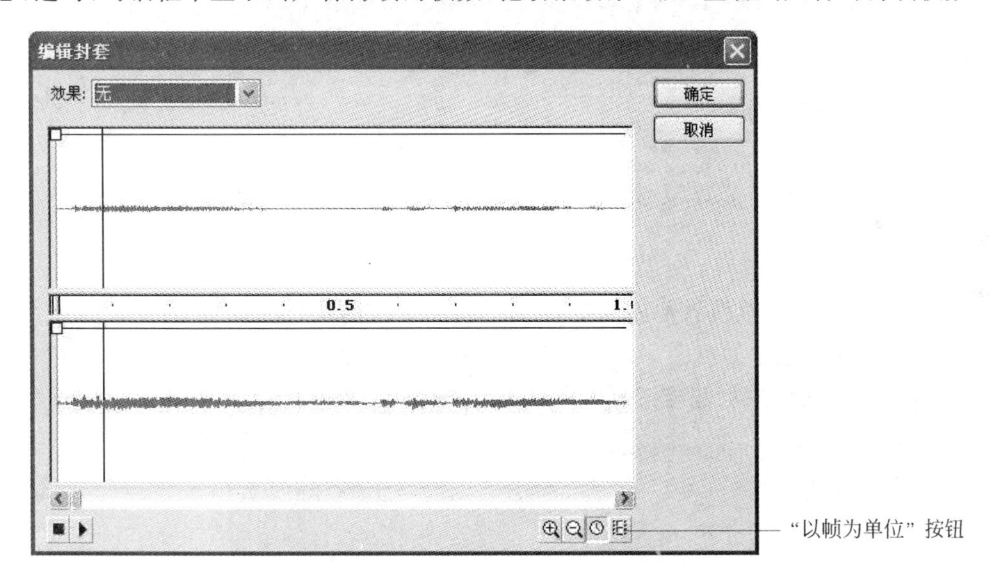

图 8-34 “编辑封套”对话框

(4) 知道了声音的长度(所需占用帧数)后，在“背景音乐”图层上，选中最后已经知道的声音帧数(这里是第 380 帧)，按 F5 键插入帧，这样，声音波形就完整地出现在“背景音乐”图层上。再分别在“古画”图层和“背景”图层的第 380 帧添加帧。此时的图层结构如图 8-35 所示。

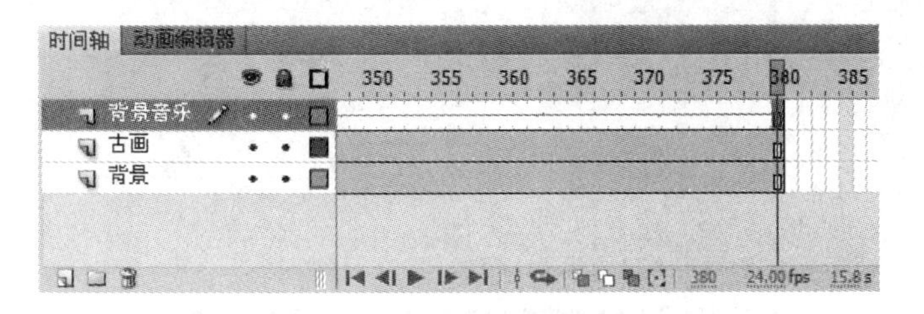

图 8-35 完整的声音波形

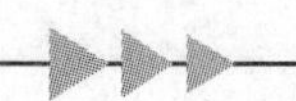

(5) 插入新图层,并命名为"朗读声音",在这个图层的第 68 帧插入空白关键帧。用同样的方法将"古诗朗诵"声音文件应用到该图层的第 68 帧上,在"属性"面板中设置它的"同步"选项为"数据流"。

(6) 下面定义声音分段标记。在"古画"图层上新建一个图层,重新命名为"文本"。按 Enter 键试听声音,当出现第一句朗读句子时,再按一下 Enter 键暂停声音的播放。这时,播放头的位置就是出现第一句朗读文字的帧的位置。在"文本"图层上,选择此时的播放头所在的帧,按 F7 键,插入一个空白关键帧。

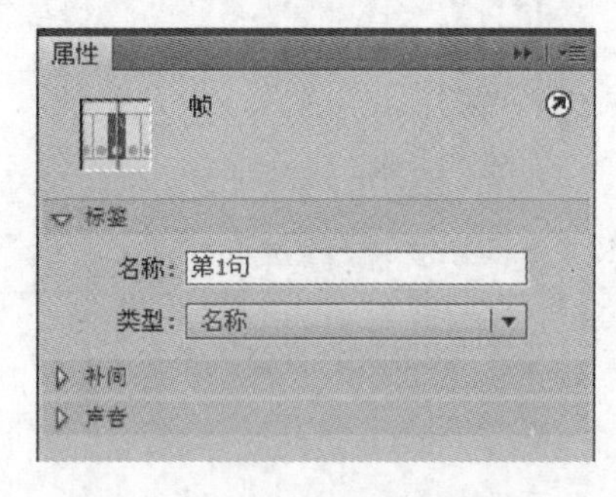

图 8-36 定义帧标签

(7) 选中刚新添加的空白关键帧,在"属性"面板"标签"栏中的"名称"文本框中,输入"第 1 句",如图 8-36 所示。

(8) 此时"文本"图层的对应帧处,出现小红旗和帧标签的文字,如图 8-37 所示。

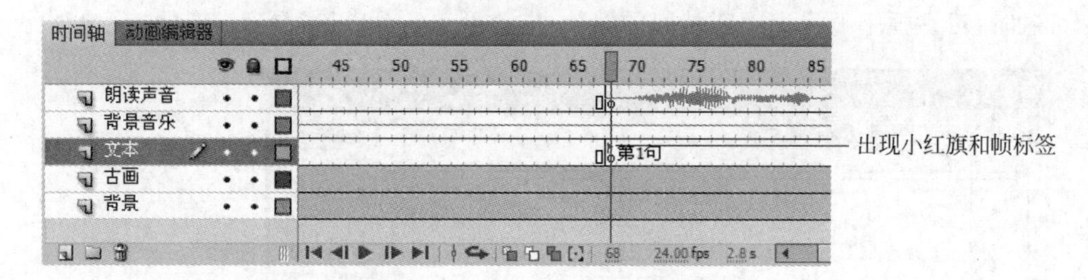

图 8-37 "文本"图层的标签标志

(9) 用同样的方法在所有的朗读句子分段处定义关键帧标签。

(10) 将"库"面板中的各个朗读文本影片剪辑元件拖放到"文本"图层相应的空白关键帧上,这样字幕呈现效果就能与朗读声音同步了,如图 8-38 所示。

图 8-38 文字与声音同步

专家点拨：为关键帧添加标签在课件制作中是非常普遍的，它可以明确指示一个特定的关键帧位置，为后续的动画制作提供必要的参考。

(11) 为了使字幕呈现的效果更加精彩，这里利用传统补间动画制作了字幕模糊呈现的动画特效，如图 8-39 所示。

专家点拨：字幕模糊特效动画是这样制作的，在“属性”面板的“滤镜”栏中，设置起始关键帧上的字幕文本影片剪辑的模糊滤镜参数，再设置终止关键帧上的字幕文本影片剪辑的模糊滤镜参数，最后定义从起始关键帧到终止关键帧之间的传统补间动画即可。

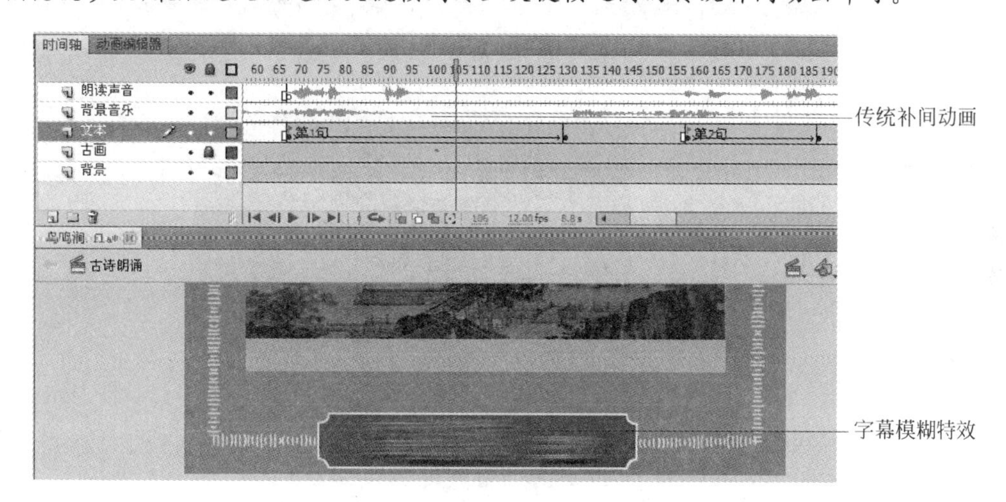

图 8-39　字幕模糊特效

8.1.6　制作主动画

1. 制作画轴缓缓展开的动画效果

本课件运行时，随着音乐的播放，画轴缓缓展开，逐渐呈现出古画的效果。这个动画效果可以分解为两个动画效果的叠加，一个是古画缓缓呈现的动画，这可以用遮罩动画进行制作；另一个是两个画轴慢慢向左右移动的动画，这可以用补间动画进行制作。

(1) 在“古画”图层上新建一个图层，并重新命名为“古画遮罩”。右击这个图层，在弹出的快捷菜单中选择“遮罩层”命令，使其和下面的“古画”图层形成一个遮罩图层结构。

在“古画遮罩”图层上定义一个从第 1 帧到第 127 帧的形状补间动画。第 1 帧上图形是一个比较窄的长方形，高度和古画的高度相同，位置在古画的中间；第 127 帧上的图形是一个和古画宽度和高度都相同的长方形，刚好完全覆盖着古画，如图 8-40 所示。通过这个遮罩动画的定义，就可以实现古画缓缓呈现出来的动画效果。

(2) 在“古画遮罩”图层上新建两个图层，并重新命名为“轴 1”和“轴 2”。在“轴 1”图层上定义一个从第 1 帧到第 125 帧的补间动画，动画对象是画轴图形元件的一个实例，动画效果是画轴从古画中间位置向左边移动。类似地，在“轴 2”图层上定义一个从第 1 帧到第 125 帧的补间动画，动画对象是画轴图形元件的另一个实例，动画效果是画轴从古画中间位置向右边移动。

(3) 在画轴慢慢展开，古画缓缓呈现的过程中，古画左上角的古诗标题文字也需要逐渐呈现出来。这也可以使用遮罩动画来制作。设计思路如图 8-41 所示。

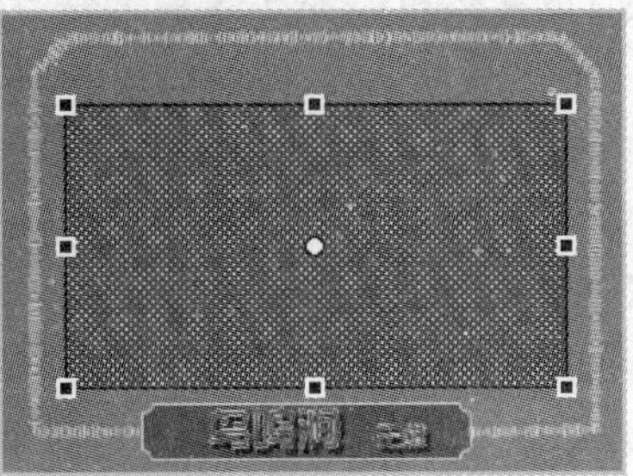

图 8-40　遮罩层第 1 帧和第 127 帧上的图形

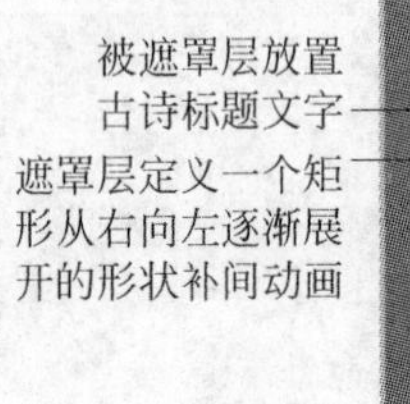

图 8-41　古诗标题文字逐渐显示的遮罩动画

2. 制作其他动画效果

本范例运行时,随着音乐的播放、画轴的缓缓打开,桂花在随风飘落,小鸟向远方飞去,朦胧的月亮也慢慢出现。这里包含另外三个动画效果,动画角色分别是“花瓣飘落”影片剪辑实例、“小鸟”影片剪辑实例和“月亮”图形实例。

(1)“花瓣飘落”影片剪辑元件制作的是花瓣沿路径飘落的动画效果,因此,在主动画中直接将“花瓣飘落”影片剪辑元件引用到主时间轴上即可。为了表现花瓣飘落的层次效果,这里分三个图层进行引用让它们错次播放,并且每个图层都引用了多个实例。另外,为了保证花瓣都是在古画画幅内呈现,也用“古画遮罩”图层对它们进行遮罩。图层结构如图 8-42 所示。

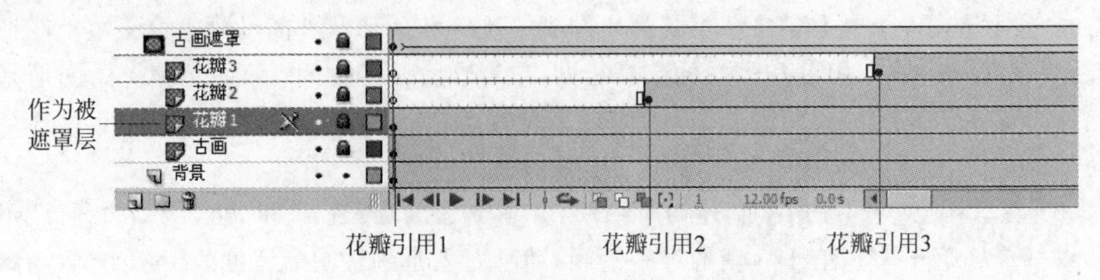

图 8-42　花瓣飘落动画的图层结构

(2)“小鸟”影片剪辑元件制作的是小鸟在原地展翅的动画效果,因此,在一个新图层中定义“小鸟”影片剪辑实例的补间动画即可。为了表现小鸟逐渐飞向远方的效果,可以在“动画编辑器”面板中,设置“小鸟”影片剪辑实例的尺寸(“缩放”属性)和透明度(Alpha 属性)。

(3)朦胧的月亮慢慢出现的动画效果比较容易制作,在一个新图层中定义“月亮”图形实例的补间动画即可。为了表现月亮的朦胧效果，可以在“动画编辑器”面板中，设置“月亮”图形实例的透明度(Alpha 属性)。

(4) 最后再新建一个图层，命名为 as，在这个图层的最后一帧定义动作脚本：

```
stop();
```

功能是让所有动画播放完一次后停止，避免动画重复播放。

至此，本多媒体课件制作完毕。整个动画的图层结构如图 8-43 所示。

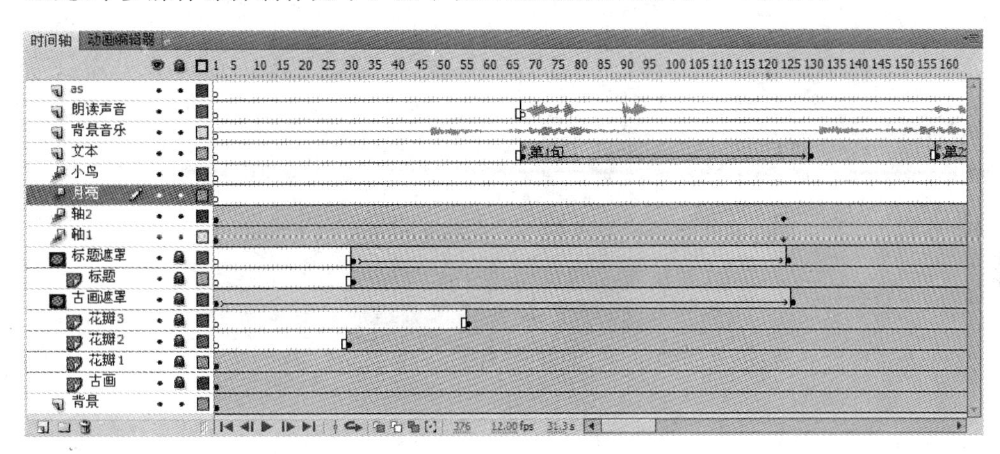

图 8-43　课件的图层结构

8.2　用 ActionScript 实现课件交互

Flash 提供了强大的动作脚本语言 ActionScript，利用动作脚本语言可以使 Flash 课件具备完善的交互功能。Flash CS6 支持两个版本的脚本语言：ActionScript 2.0 和 ActionScript 3.0。ActionScript 3.0 是开发 Flash 应用程序的首选，它的开发效率高、程序运行速度快。但是考虑很多编程人员还在使用 ActionScript 2.0 进行程序开发，为了开发平台的延续和兼容，Flash CS6 同时支持 ActionScript 2.0 文档的开发。

对于普通的 Flash 课件开发人员来说，ActionScript 2.0 比较容易掌握，而且利用 ActionScript 2.0 进行 Flash 课件交互和导航功能的开发完全能够满足要求。因此本章主要利用 ActionScript 2.0 进行介绍。

8.2.1　“动作”面板

Flash 提供了一个专门处理动作脚本的编辑环境——“动作”面板。如果“动作”面板没有显示在 Flash 窗口中，那么可以通过选择“窗口”→“动作”命令来显示。ActionScript 2.0 的“动作”面板和 ActionScript 3.0 的“动作”面板既有相同的地方也有不同的地方，下面分别进行介绍。

1. ActionScript 2.0 的“动作”面板

新建一个 ActionScript 2.0 文件，选择“窗口”→“动作”命令将“动作”面板打开。下面来认识一下“动作”面板的组成，如图 8-44 所示。

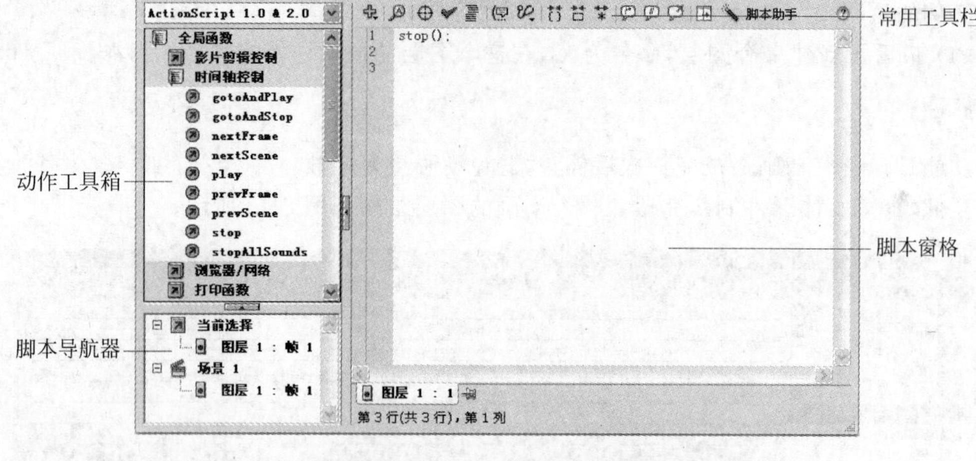

图 8-44　ActionScript 2.0 的“动作”面板

“动作”面板是 Flash 的程序编辑环境,它由两部分组成。右侧部分是“脚本窗格”,这是输入和显示代码的区域。左侧部分是“动作工具箱”,每个动作脚本语言元素在该工具箱中都有一个对应的条目。

在“动作”面板中,“动作工具箱”还包含一个“脚本导航器”,“脚本导航器”是 Flash 影片文档中相关联的帧动作、按钮动作具体位置的可视化表示形式。可以在这里浏览 Flash 影片文档中的对象以查找动作脚本代码。如果单击“脚本导航器”中的某一项目,则与该项目关联的脚本将出现在“脚本窗格”中,并且播放头将移到时间轴上的相应位置。

“脚本窗格”上方是“常用工具栏”,包含若干功能按钮,利用它们可以快速对动作脚本实施一些操作。从左向右按钮的功能依次如下所述。

(1) 将新项目添加到脚本中:单击这个按钮,会弹出一个下拉列表,其中显示 ActionScript 工具箱中也包含的所有语言元素。可以从语言元素的分类列表中选择一项添加到脚本中。

(2) 查找:在 ActionScript 代码中查找和替换文本。

(3) 插入目标路径:帮助用户为脚本中的某个动作设置绝对或相对目标路径。

(4) 语法检查:检查当前脚本中的语法错误。语法错误列在“输出”面板中。

(5) 自动套用格式:设置脚本的格式以实现正确的编码语法和更好的可读性。可以在“首选参数”对话框中设置自动套用格式首选参数。

(6) 显示代码提示:如果已经关闭了自动代码提示,可以使用“显示代码提示”手动显示正在编写的代码行的代码提示。

(7) 调试选项:在脚本中设置和删除断点,以便在调试 Flash 文档时可以停止,然后逐行跟踪脚本中的每一行。

(8) 折叠成对大括号:对出现在当前包含插入点的成对大括号或小括号间的代码进行折叠。

(9) 折叠所选:折叠当前所选的代码块。

(10) 展开全部:展开当前脚本中所有折叠的代码。

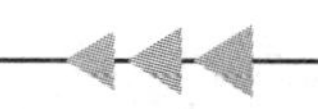

(11) 应用块注释：将注释标记添加到所选代码块的开头和结尾。

(12) 应用行注释：在插入点处或所选多行代码中每一行的开头处添加单行注释标记。

(13) 删除注释：从当前行或当前选择内容的所有行中删除注释标记。

(14) 显示/隐藏工具箱：显示或隐藏动作工具箱。

(15) 脚本助手：单击这个按钮可以切换到“脚本助手”模式。在“脚本助手”模式中，将提示输入创建脚本所需的元素。

(16) 帮助：显示针对“脚本窗格”中选中的 ActionScript 语言元素的参考帮助主题。

2. ActionScript 3.0 的“动作”面板

ActionScript 3.0 的“动作”面板和 ActionScript 2.0 的“动作”面板基本相同，只有“动作工具箱”的内容有区别。

新建一个 ActionScript 3.0 文件，选择“窗口”→“动作”命令将“动作”面板打开。如图 8-45 所示。因为 ActionScript 3.0 和 Java 一样基于 ECMAScript 开发，实现了真正意义上的面向对象，所以“动作工具箱”中是按照“包>类”这样的结构进行组织。

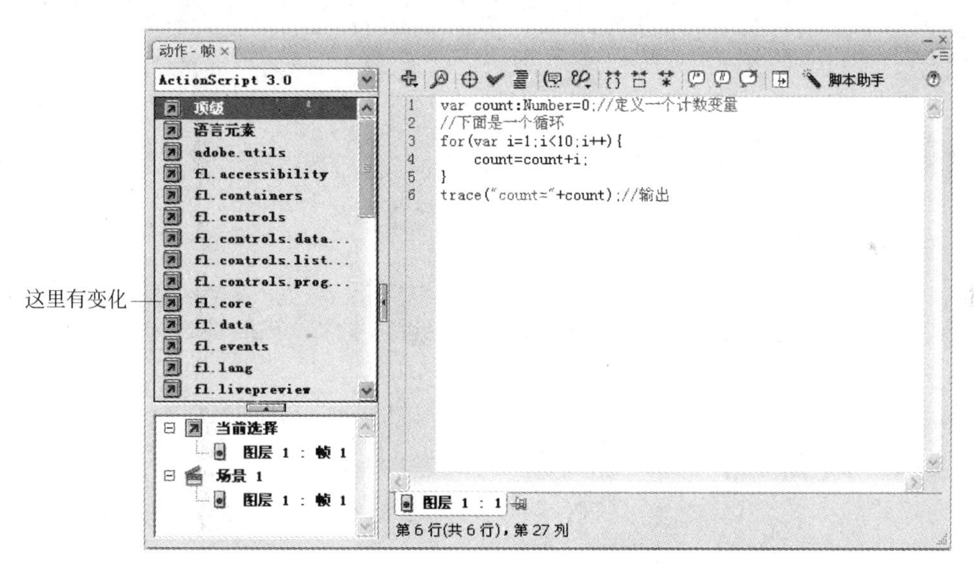

图 8-45 ActionScript 3.0 的“动作”面板

专家点拨：“脚本助手”为初学者使用脚本编辑器提供了一个简单的、具有提示性和辅助性的友好界面，初学者可以利用“脚本助手”模式快速创建一些简单的动作脚本。

8.2.2 时间轴控制函数

时间轴控制函数是最常用的函数类别，利用这些函数可以控制动画的播放、停止和跳转到指定帧。在“动作”面板中，单击“动作工具箱”中的“全局函数”，在展开的项目中单击“时间轴控制”，就可以将时间轴控制函数显示出来，如图 8-46 所示。

1. gotoAndPlay

一般形式：gotoAndPlay(scene,frame);

作用：跳转并播放。跳转到指定场景的指定帧，并从该帧开始播放，如果没有指定场

图 8-46 时间轴控制函数

景,则将跳转到当前场景的指定帧。

参数:scene,跳转至场景的名称;frame,跳转至帧的名称或帧数。

利用这个函数,可以随心所欲地播放不同场景、不同帧的动画。

例如,当单击被附加了 gotoAndPlay 动作的按钮时,动画跳转到当前场景第 16 帧并且开始播放。相应代码如下:

```
on(release){
  gotoAndPlay(16);
}
```

例如,当单击被附加了 gotoAndPlay 动作的按钮时,动画跳转到场景 2 第 1 帧并且开始播放。相应代码如下:

```
on(release){
  gotoAndPlay("场景 2",1);
}
```

2. gotoAndstop

一般形式:gotoAndstop(scene,frame);

作用:跳转并停止播放。跳转到指定场景的指定帧并从该帧停止播放,如果没有指定场景,则将跳转到当前场景的指定帧。

参数:scene:跳转至场景的名称;frame:跳转至帧的名称或数字。

3. nextFrame

作用:跳至下一帧并停止播放。

例如,单击按钮,跳到下一帧并停止播放。相应代码如下:

```
on(release){
  nextFrame();
}
```

4. PrevFrame

作用：跳至前一帧并停止播放。

例如，单击按钮，跳到前一帧并停止播放。相应代码如下：

```
on(release){
  prveFrame();
}
```

5. nextScene

作用：跳至下一个场景并停止播放。

6. prevScene

作用：跳至前一个场景并停止播放。

7. play

作用：可以指定电影继续播放。在播放电影时，除非另外指定，否则均从当前场景的第 1 帧开始播放。

8. stop

作用：停止当前播放的电影，该动作最常见的运用是使用按钮控制电影剪辑。

例如，如果需要某个电影剪辑在播放完毕后停止而不是循环播放，则可以在电影剪辑的最后一帧附加 stop()函数。这样，当电影剪辑中的动画播放到最后一帧时，播放将立即停止。

9. stopAllSounds

作用：使当前播放的所有声音停止播放，但是不停止动画的播放。要说明一点，被设置的流式声音将会继续播放。

例如：

```
on(release){
  stopAllSounds();
}
```

当按钮被单击时，电影中的所有声音将停止播放。

8.3　Flash 多媒体课件导航系统的实现方法

对于内容多、结构复杂的大型多媒体课件，初学者往往感到无从下手，这是因为初学者没有掌握一种系统的、科学的设计方法。

在规划多媒体课件时，主要使用的是结构化、模块化的程序设计方法。具体设计方法是，根据课件的内容，将其分解为一个课件主控模块和几个课件功能模块，如果需要，将课件功能模块再细化为几个功能子模块。课件主控模块用来控制和调度各个课件功能模块的播放，各个课件功能模块具体实现相应课件内容的展示。这样“化大为小，分而治之”的模块化设计方法，可以使课件的制作变得容易。

本节主要介绍 Flash 多媒体课件导航结构的实现方法。具体设计思路是，把教学内容分成一个课件主控模块和几个课件功能模块。利用 Flash 技术分别设计课件主控模块和各个课件功能模块,最后把它们组织起来形成合理的课件导航结构。

假设将课件内容分为一个主控导航模块和三个功能模块:引言、讲解和结论。用 Flash 实现这个课件的导航系统有两种类型。一种类型是主控导航模块包括一个导航菜单,单击导航菜单中的按钮调用相应的功能模块,功能模块直接显示在主控导航界面中,而且不会将导航菜单覆盖,如图 8-47 所示。

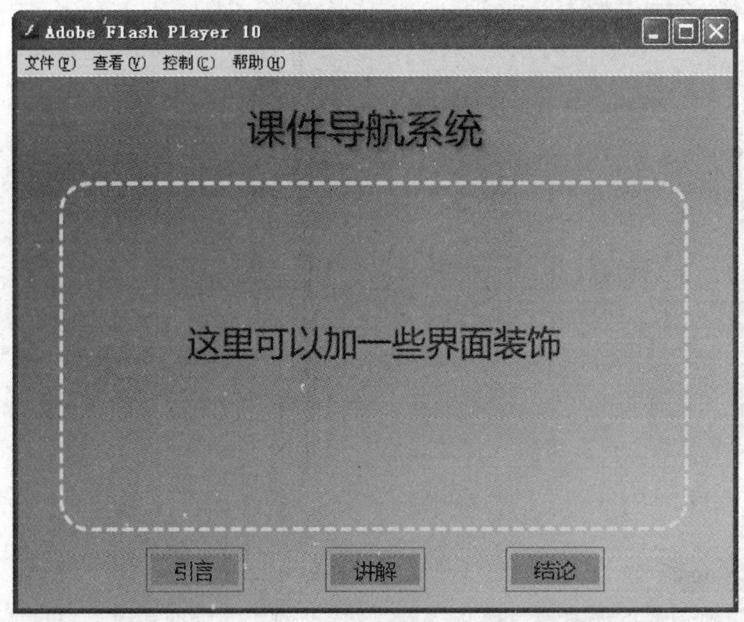

(a) 主控界面

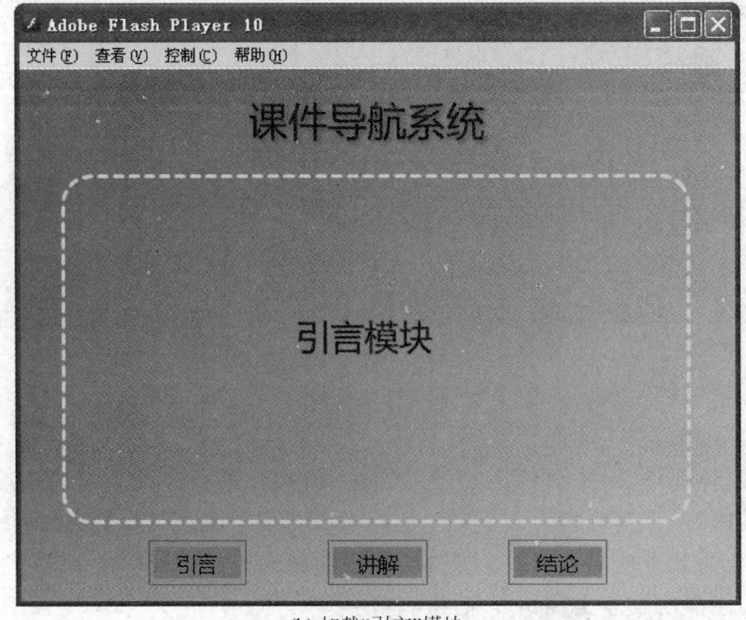

(b) 加载“引言”模块

图 8-47　导航系统 1

另一种类型是主控导航模块包括一个导航菜单，单击导航菜单中的按钮调用相应的功能模块，功能模块显示在一个全新的界面中。在功能模块中包括一个“返回”按钮，单击这个按钮可以返回到主控导航模块，如图 8-48 所示。

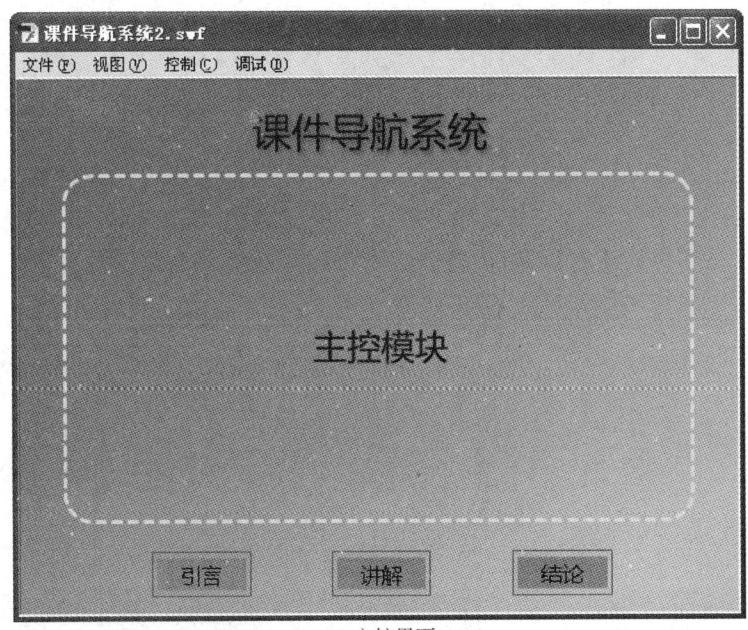

(a) 主控界面

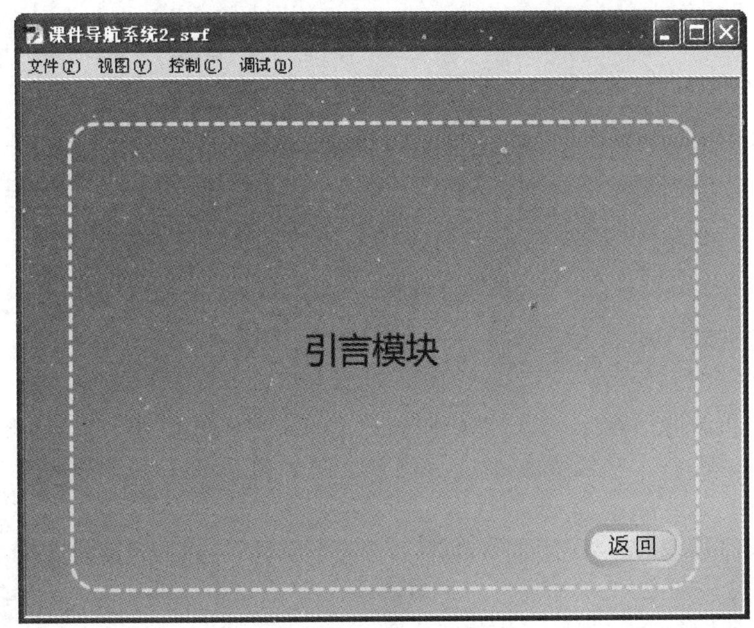

(b) 加载“引言”模块

图 8-48 导航系统 2

设计多媒体课件导航系统是制作多媒体课件的一个关键环节。本章通过范例讲解实现 Flash 课件导航系统的 4 种方法。

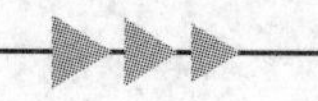

8.3.1 帧跳转法

将教学内容分解成若干模块,每个模块制作成一个影片剪辑元件,将每个影片剪辑分别放在一个关键帧上,并在第1帧用 stop 函数控制影片不自动播放。再通过在交互按钮上定义 gotoAndStop 函数来控制影片的播放,从而实现课件内容的交互控制。这种方法实现 Flash 课件的图层结构清晰合理,容易修改,如图 8-49 所示。

具体制作步骤如下所述。

(1) 运行 Flash CS6,新建一个 ActionScript 2.0 影片文档,文档属性保持默认值。

(2) 假设将课件内容分为三个功能模块:引言、讲解和结论,针对每个模块创建一个影片剪辑元件(这里不再详述制作课件功能模块的具体内容,读者可以根据具体教学内容进行制作)。影片剪辑元件制作完成后,"库"面板如图 8-50 所示。

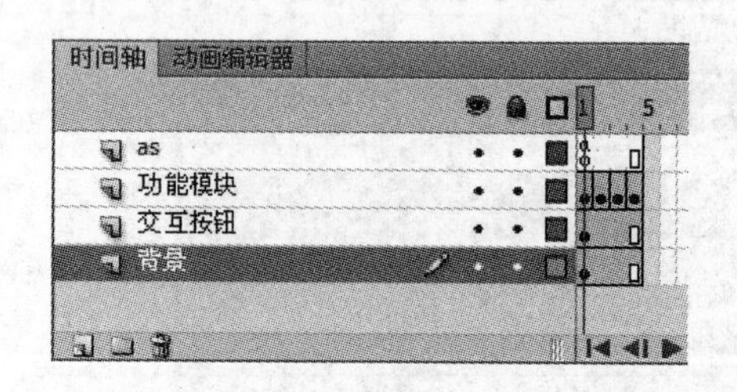

图 8-49 图层结构

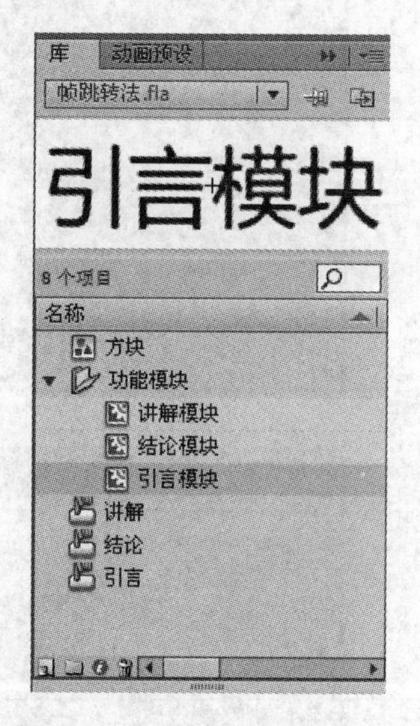

图 8-50 三个功能模块影片剪辑元件

(3) 在"场景1"中,新建三个图层,并将所有图层重新命名,从下向上依次是"背景"、"交互按钮"、"功能模块"和"as"。

(4) 在"背景"图层绘制一个课件背景图形,这样可以美化课件,如图 8-51 所示。

(5) 在"交互按钮"图层创建三个按钮(按钮上的文字分别是"引言"、"讲解"和"结论"),分别用来控制课件各个功能模块的交互跳转。这样就形成了一个导航菜单,如图 8-52 所示。

(6) 在"课件模块"图层的第1帧,创建一个图形元件,装饰主界面的表现效果。然后从第2帧到第4帧分别按 F7 键添加空白关键帧,从"库"面板中分别将三个课件功能模块影片剪辑元件拖放到相应的关键帧上,摆放好位置。

(7) 在 as 图层的第1帧上定义以下程序代码:

```
stop();                                    //这样可以保证每个影片不会自动播放
```

(8) 分别选择"交互按钮"图层上的三个按钮,在"动作"面板上定义它们上面的程序代码。

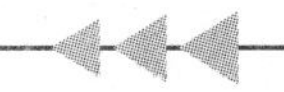

图 8-51　课件背景界面

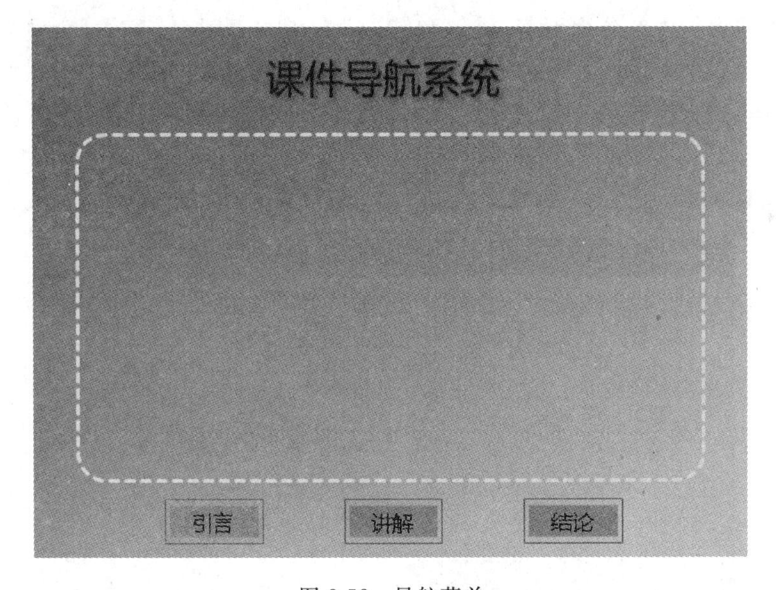

图 8-52　导航菜单

“引言”按钮上的程序代码为：

```
on(release){                    //当单击并释放按钮时
  gotoAndStop(2);               //跳转并停止在第 2 帧
}
```

“讲解”按钮上的程序代码为：

```
on(release){
  gotoAndStop(3);
}
```

“结论”按钮上的程序代码为:

```
on(release){
  gotoAndStop(4);
}
```

至此,本范例制作完毕。

专家点拨:这种方法代码简单、图层结构清晰,适合制作只包括一级课件功能模块的导航结构。但是,如果课件内容多,一级功能模块下必须分解出二级功能模块,使用这种方法就不太适合了。

8.3.2 attachMovie函数法

“库”中的影片剪辑元件不用拖放到场景中,可以用attachMovie函数直接调用它们。把各课件功能模块制作成影片剪辑元件,再利用attachMovie函数来实现相互调用,这样设计出的课件结构清晰,更加方便修改。

具体制作步骤如下所述。

(1) 运行Flash CS6,新建一个ActionScript 2.0影片文档。文档属性保持默认值。

(2) 假设将课件内容分为引言、讲解和结论三个功能模块。针对每个模块创建一个影片剪辑元件,元件名称分别为“引言模块”、“讲解模块”和“结论模块”。

(3) 在“库”面板中右击“引言模块”元件,在弹出的快捷菜单中选择“属性”命令,弹出“元件属性”对话框,在其中展开“高级”选项。选择“为ActionScript导出”和“在第1帧导出”复选框,如图8-53所示。

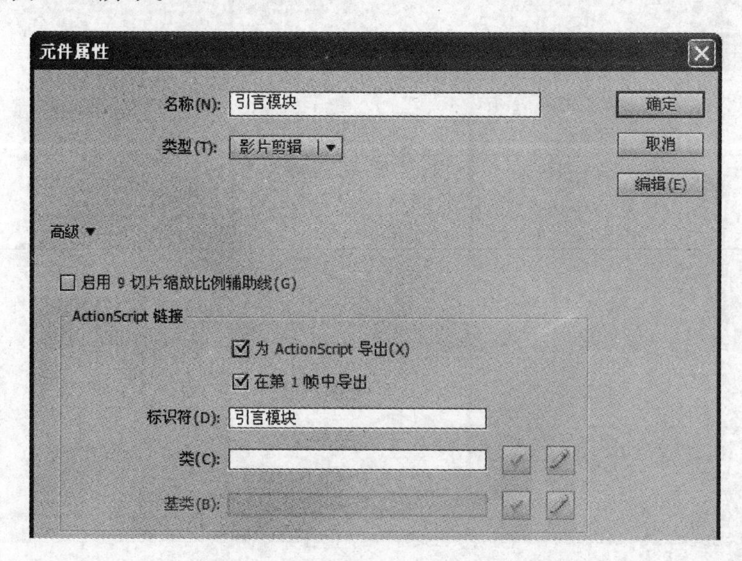

图8-53 定义元件的链接标识符

这样就定义了“引言模块”元件的ActionScript链接标识符名称为“引言模块”。按照同样的方法定义其他两个元件的ActionScript链接标识符名称分别为“讲解模块”和“结论模块”。

专家点拨:因为ActionScript链接标识符名称是attachMovie函数调用影片剪辑的基本参数,所以定义影片剪辑元件的ActionScript链接标识符名称是非常重要的一个环节。

(4) 在“场景 1”中，新建两个图层，并将所有图层重新命名，从下向上依次是“背景”、“交互按钮”和“as”。

(5) 在“背景”图层绘制一个课件背景框架图形，这样可以美化课件。

(6) 在“交互按钮”图层创建三个按钮(按钮上的文字分别是“引言”、“讲解”和“结论”)，分别用来控制课件各个功能模块的交互跳转。

(7) 在 as 图层上第 1 帧定义以下程序代码：

```
stop();                              //这样可以保证影片不会自动播放
```

(8) 分别选择“交互按钮”图层上的三个按钮，在“动作”面板上定义它们上面的程序代码。

“引言”按钮上的程序代码为：

```
on(release){//当单击并释放按钮时
   root.attachMovie("引言模块","yinyan",1)
//主时间轴加载链接标识符名称为"引言模块"的 MC,实例名为 yinyan
  yinyan._x = 270;
  yinyan._y = 200;
//设置实例的坐标,使它能处在舞台中央.这个坐标可以通过"信息"面板得到
}
```

“讲解”按钮上的程序代码为：

```
on(release){
  _root.attachMovie("讲解模块","jiangjie",1)
  jiangjie._x = 270;
  jiangjie._y = 200;
}
```

“结论”按钮上的程序代码为：

```
on(release){
  _root.attachMovie("结论模块","jielun",1)
  jielun._x = 270;
  jielun._y = 200;
}
```

至此，本范例制作完毕。图层结构如图 8-54 所示。

图 8-54　图层结构

专家点拨： 这种方法的优点是不用将课件功能模块影片剪辑元件放入舞台，简化了图层结构。缺点是程序代码稍微复杂了些，在制作过程中需要对程序进行更仔细的调试。

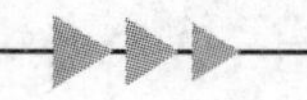

8.3.3　场景跳转法

这种方法是利用Flash的多场景技术设计的。Flash影片文件的层次结构是这样的,一个Flash影片文件可以包括若干个场景,每个场景包含一个主时间轴。利用场景来组织课件中的各个课件模块,不同的课件模块放在不同的场景中实现。利用场景跳转函数来实现各个课件模块之间的导航。设计思路如图8-55所示。

具体制作步骤如下所述。

(1) 运行Flash CS6,新建一个ActionScript 2.0影片文档。文档属性保持默认值。

(2) 执行“窗口”→“其他面板”→“场景”命令,打开“场景”面板。在其中单击“添加场景”按钮三次,新增三个场景。将场景名称定义为和课件模块相符的名称,这样便于实现场景的跳转控制。场景跳转函数就是通过场景名称这个基本参数实现场景跳转控制的,如图8-56所示。

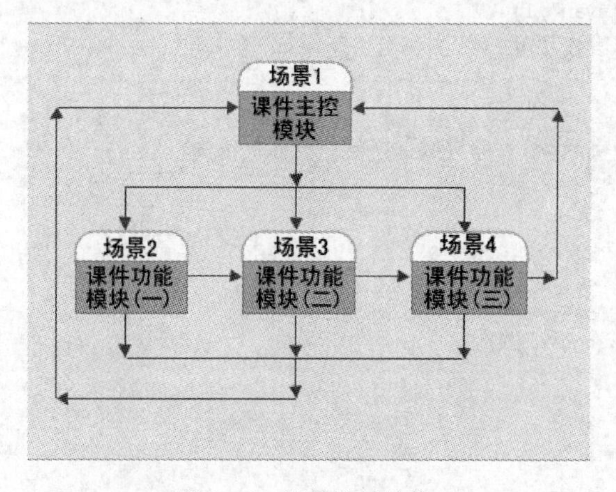

图8-55　场景跳转结构

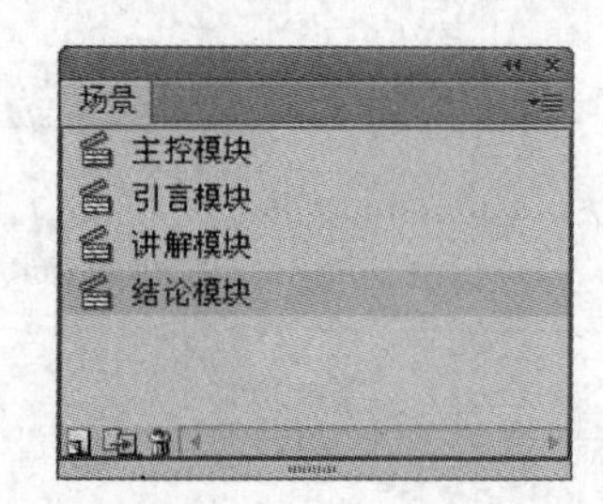

图8-56　创建场景

(3) 分别进入“引言模块”场景、“讲解模块”场景、“结论模块”场景中,根据课件内容,在各个场景中实现对应的课件功能模块内容。具体制作这里不再赘述。

(4) 在课件主控模块场景中,主要设计一个导航菜单。导航菜单由若干按钮组成,按钮和课件的功能模块相对应。单击导航菜单中的按钮可以进入相应的课件功能模块场景。在每个功能模块场景也设计一个返回到主控模块场景的按钮。这些导航控制按钮上的程序代码的一般形式是:

```
on(release){
  gotoAndPlay("场景名称",1);
}
```

程序代码的功能是,当单击并释放按钮时,跳转到指定场景名称的场景的第1帧播放。

专家点拨:这种方法的优点是代码简单,结构清晰,是一种典型的多模块程序设计思路。另外,因为每个课件功能模块单独占用一个场景,所以当课件内容多、具有二级功能模块时,这种方法也能应付自如。

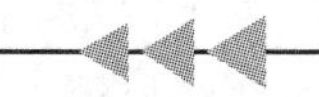

8.3.4 loadMovie函数法

loadMovie函数可以在一个SWF影片中加载外部的SWF影片。将课件分解为若干课件模块(包括一个主控模块和若干功能模块),把每个课件模块制作成独立的Flash影片,最后利用loadMovie函数实现各个课件模块间的相互调用,实现模型如图8-57所示。

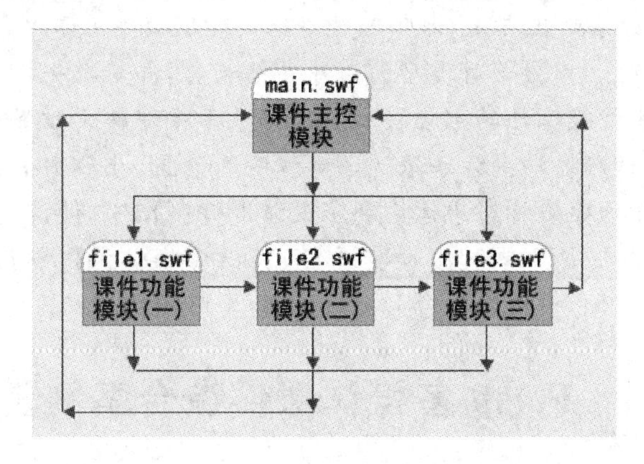

图8-57　结构模型

具体制作思路如下所述。

根据课件内容,将各个课件功能模块制作成独立的Flash影片,并导出成相应的SWF文件。

课件主控模块也制作成独立的Flash影片,其中主要设计一个导航菜单。导航菜单由若干按钮组成,按钮和课件的功能模块相对应。单击导航菜单中的按钮,可以载入相应的课件功能模块SWF影片。在每个功能模块影片中也设计一个返回到主控模块影片的按钮。这些导航控制按钮上的程序代码的一般形式是:

```
on(release){
loadMovie("URL", level);
}
```

程序代码的功能是,当单击并释放按钮时,加载指定的SWF影片。

(1) URL:设置加载的SWF文件的绝对路径或相对路径。一般这里都是使用相对路径,也就是直接用SWF文件名替代这个参数。这时,必须让多个SWF文件(主控模块和若干功能模块)都存放在相同的文件夹下。

(2) level(级别):用于设置将动画加载到哪一级界面上。在Flash播放器中,按照加载的顺序,影片文件被编上了号。第一个加载的影片将被放在最底层(0级界面)上,以后载入的影片将被放在0级以上的界面中。例如,在一个主影片中利用下面的程序代码加载另一个影片。

```
loadMovie("概述.swf",0);
```

这个函数将要加载的“概述.swf”的级别设置为0,由于主影片默认地也在0级别上,所以被加载的影片将取代原来0级别上的主影片文件。如果把加载的影片的级别定义为1:

```
loadMovie("概述.swf",1);
```

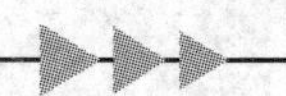

则0级别上的主影片不会被加载的影片取代,两个影片会同时存在,一个在0级别上,另一个在1级别上。当不想让加载进来的影片将主控影片中的导航菜单覆盖时,可以采用这种级别设置。

loadMovie 函数中的 level 参数对设计课件导航结构很重要。实际工作中,要根据具体的导航实现思路来设置 level 参数,从而确定被加载的影片是否覆盖原有的影片。

专家点拨:这种方法的优点是,课件既较好地实现了模块化课件设计的思想,又使课件具备了很强的网络特性。因为这种类型的课件在播放时,并不把全部的课件模块都装载到计算机的内存中,只先装载课件的主控模块,需要时,再在课件主控界面上单击控制按钮把其他的课件模块装载运行。这种方法很适合制作网络型 Flash 课件,具有广阔的应用前景。

实践证明,模块化程序设计思想运用到多媒体课件制作中,使课件制作过程科学化、系统化。本节讨论的4种方法不同程度地实现了 Flash 多媒体课件制作模块化的设计思路。这4种方法可以单独使用,也可以混合使用,以取得更广阔的设计思路。

8.4 Flash 多媒体课件综合案例赏析

Flash 多媒体课件具有界面漂亮、动画丰富、交互性强和文件体积小等特点。利用 Flash 制作多媒体课件,越来越成为广大教育工作者的首选技术。本节通过对几个优秀 Flash 多媒体课件案例的赏析,介绍几种常见的 Flash 多媒体课件结构及其制作思路。

8.4.1 单场景交互课件——正方体的截面

1. 课件欣赏

由于学生缺乏空间图形的想象能力,几何体截面就成了立体几何教学中的一个难点。本范例是一个"正方体截面"课件,这个课件通过导航交互控制,逐一演示正方体各种截面的形成过程,学生通过反复地播放课件进行学习,能够启发想象、掌握知识。

课件运行时,先显示课件封面,如图 8-58 所示。

当用鼠标指针指向画面上的正方体图形或者文字时,正方体图形会旋转以展示其空间形状。单击画面上的正方体或者文字,课件将转到交互导航界面,如图 8-59 所示。

在交互导航界面上,左边放置了6个控制播放的导航按钮,单击这些按钮,可以分别演示各种正方体截面的形成过程。如图 8-60 所示是演示长方形截面形成过程中的一个画面。

2. 制作思路

1) 利用 Swift 3D 制作立体图形动画

Flash 在二维动画方面功能很强大,但是对三维动画(例如光影效果)的制作可以说是无能为力的。因此,这里要借助 Swift 3D 软件制作正方体旋转的动画效果,同时可以得到静态的正方体图形以备在 Flash 中使用。

Swift 3D 制作出的 3D 图像和动画可以以矢量格式输出,并支持 Flash 格式的输出。它还可以输出一种 swft 格式的文件,这种文件可以完美地导入到 Flash 中。当在 Flash 中导入 swft 格式的文件时,它会按照边线、阴影和高光等顺序在不同的图层分别存放,这样就可以根据需要进行编辑。

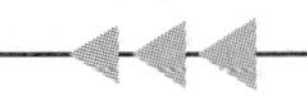

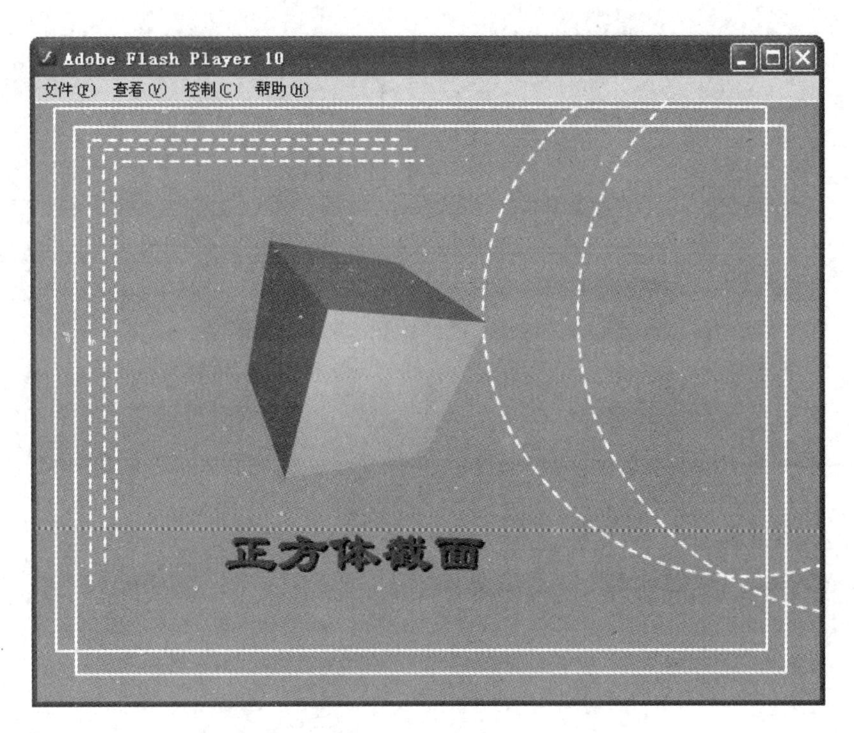

图8-58 课件主界面

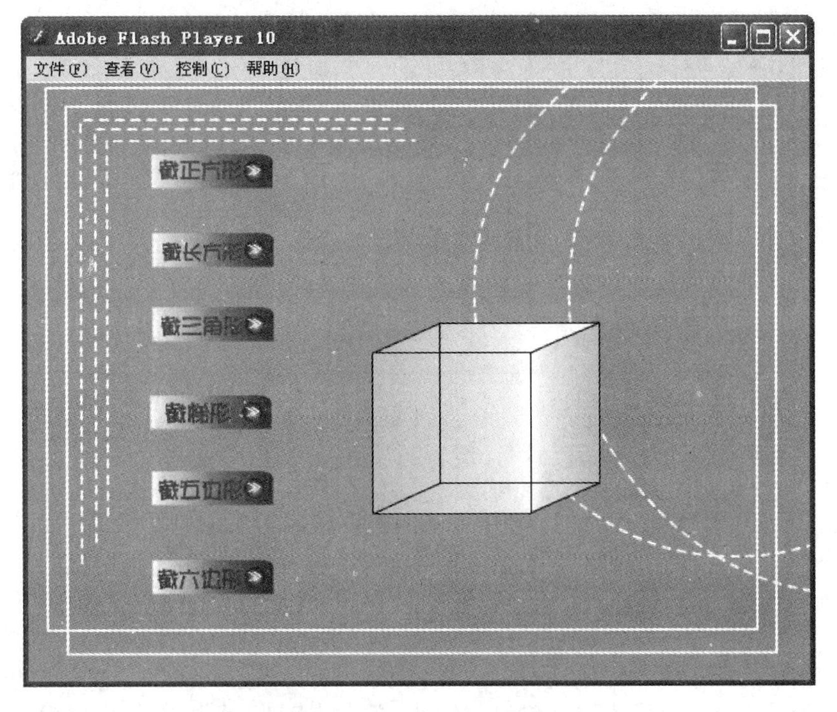

图8-59 交互导航界面

Swift 3D的主界面如图8-61所示。Swift 3D操作十分简单，只需轻点几下鼠标就可以制作出需要的正方体旋转动画效果。

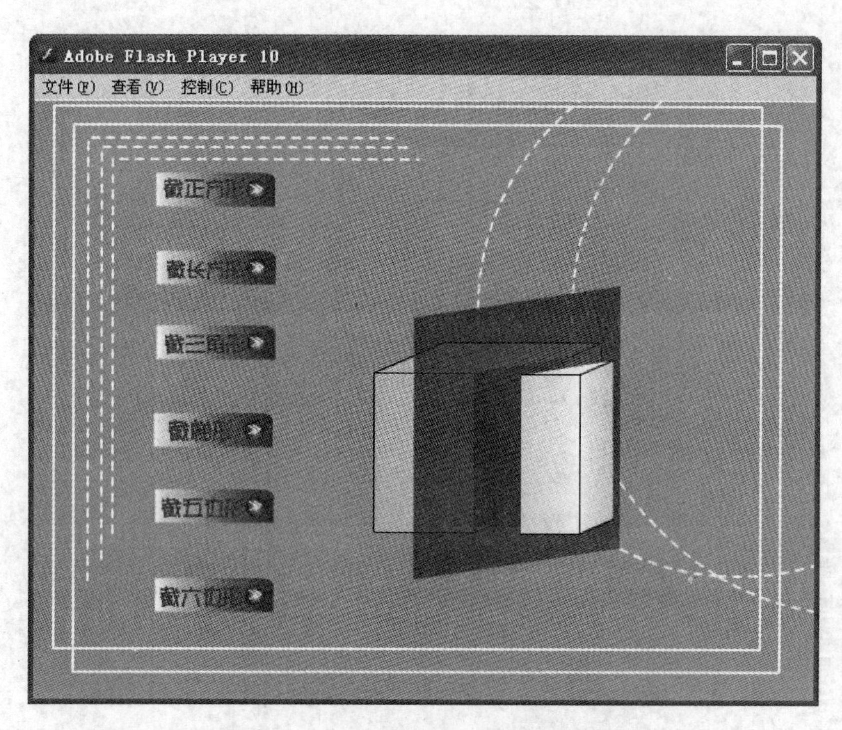

图 8-60 演示截面形成过程的一个画面

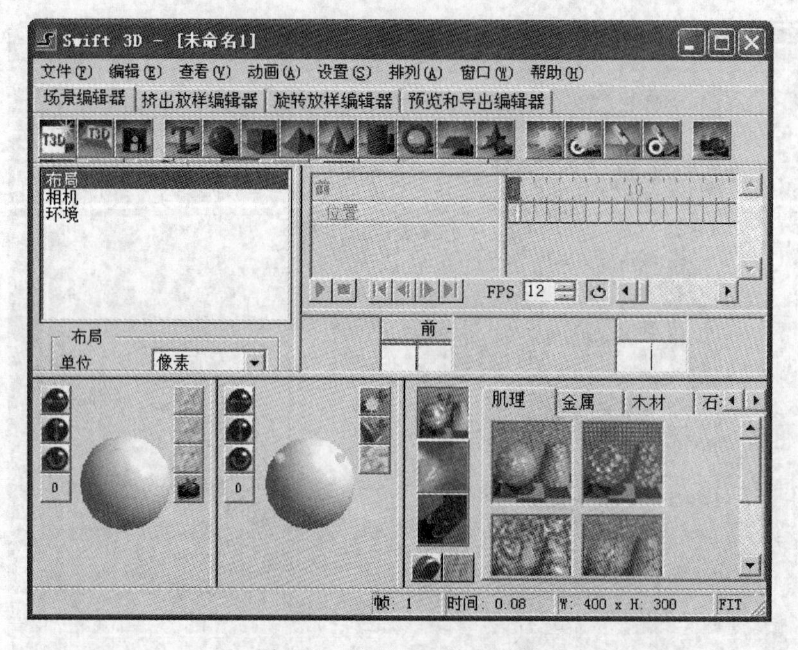

图 8-61 Swift 3D 的主界面

把制作完成的正方体旋转动画输出为 swft 格式的文件，将其导入到 Flash 中，图层结构如图 8-62 所示。这里将其导入到一个名字为“正方体旋转体”的影片剪辑元件中。

专家点拨：如果系统先安装了 Swift 3D，后安装了 Flash 软件，那么这种 swft 格式的文件 Flash 就能直接支持。如果安装顺序正好颠倒过来，那么需要将 Swift 3D 安装目录下的

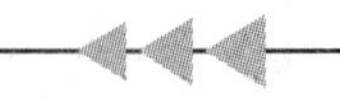

Flash Importer目录下的所有文件复制到Flash软件相应的Adobe Flash CS6\zh_CN\Configuration\Importers目录中,这样就可以在"文件类型"下拉菜单中看到swft类型了。

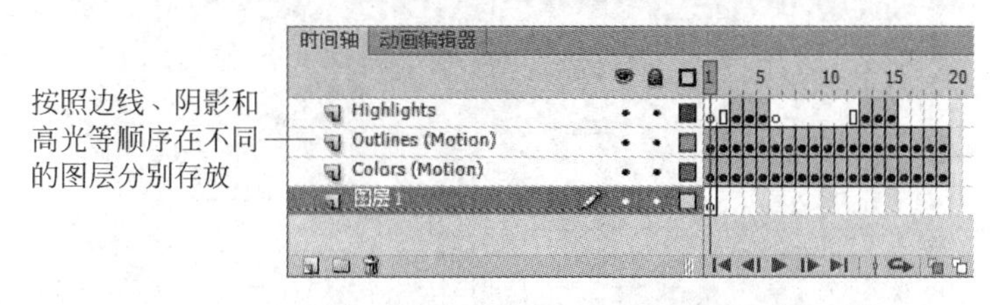

图 8-62 导入的正方体旋转动画图层结构

2) 制作动态按钮

在课件封面上,用鼠标指针指向正方体图形或者下边文字时,正方体图形将会旋转,单击图形就会转到另一个界面。之所以产生这种效果,是因为封面上的这个正方体图形是一个动态按钮对象。这种效果的导航按钮在课件制作中比较常见。制作时只要在按钮元件中加入影片剪辑元件,运用嵌套功能就可以使按钮具有动态效果。

"旋转体"按钮元件的图层结构如图8-63所示。

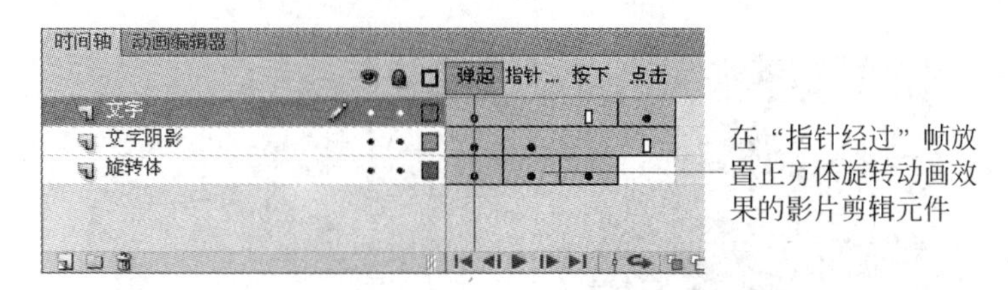

图 8-63 "旋转体"按钮元件的图层结构

3) 制作截面影片剪辑元件

从课件效果中可以看出,当用图形切割正方体时,不同的位置会产生不同类型的截面。这就需要针对每一种情况均制作一个相应的动画演示过程,这个动画过程比较相似,可以分别把它们制作成独立的影片剪辑元件,便于使用和管理。

几种截面影片剪辑元件的制作方法类似,下面分析一下"截五边形"影片剪辑元件的制作思路。

"截五边形"影片剪辑元件的动画效果是,当图形切割正方体时,正方体变成两个图形,一个静止不动,另一个将缓慢移开,以便观察截得的截面。在创建动画效果前,必须把这两个图形先分割出来,如图8-64所示。当正方体被分割后,还需对图形做进一步的构造,以体现图形的立体感和真实性,使被切割的五边形效果表现出来,如图8-65所示。

专家点拨:在元件的制作过程中,要先将完整的正方体图形按不同的截面分割,在分割过程中一定要仔细,以保证图形结合处不留痕迹。

在创建动画效果时,截面的形成过程包括三个动画片段:切片从场景右上角移动到正方体上、被切下的图形移动、显示截面。

将切片、被截后的正方体、截下的图形、形成的截面分别放在不同的图层,通过传统补间动画来实现整个动画效果。图层结构如图8-66所示。

专家点拨:最后一定要在动画完成后的时间轴最后一帧定义动作脚本stop(),这样在

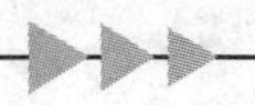

主场景中调用影片剪辑元件时只播放一次,而不会重复播放。

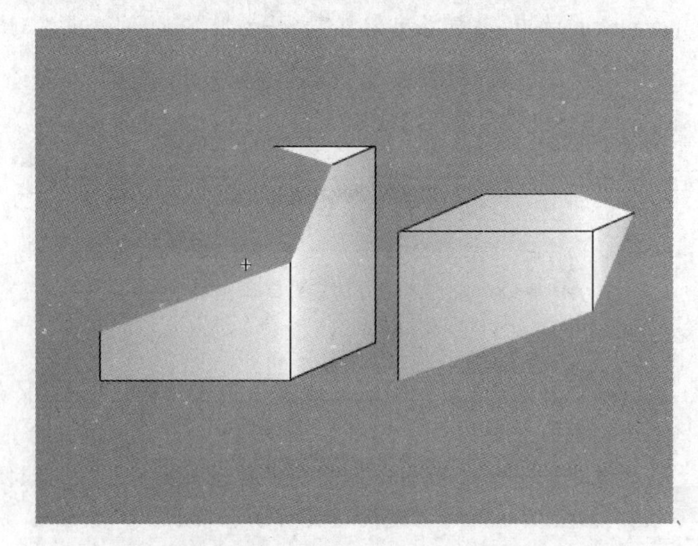

图 8-64　将正方体分割为两个图形

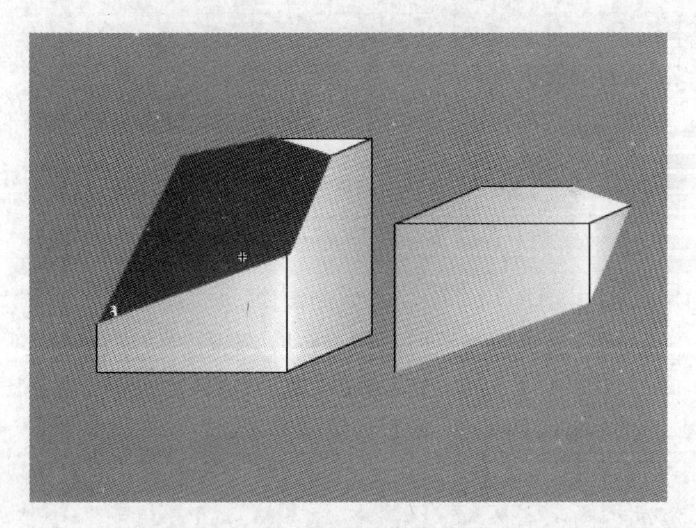

图 8-65　正方形被截后形成的截面

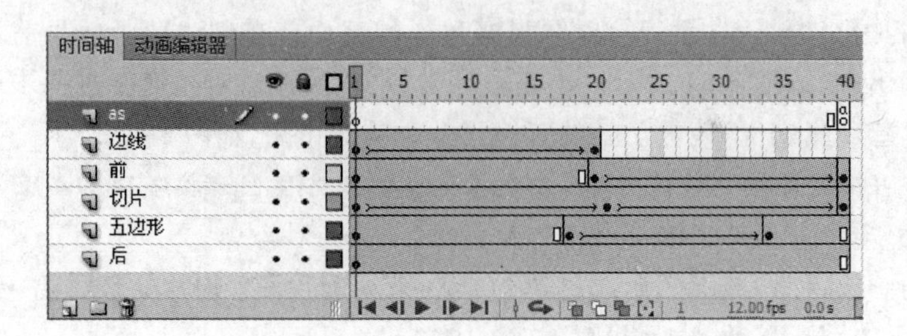

图 8-66　“截五边形”影片剪辑元件的图层结构

4）布局场景

在主场景中的“背景”图层上创建课件背景,对课件进行美化。在“背景”图层上插入新图层，并重新命名为“正方体”，在这个图层的第 1 帧上，将“库”面板中的“旋转体”按钮拖放到场景中。其他各帧上放置不同截面的影片剪辑元件，此时的图层结构如图 8-67 所示。

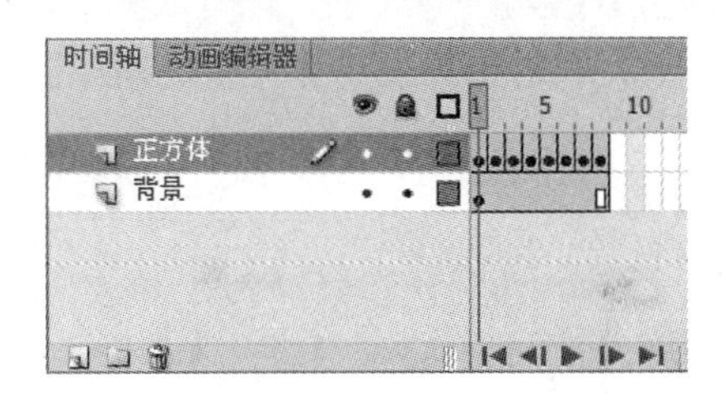

图 8-67　图层结构

在“正方体”图层上新插入两个图层，并将它们重新命名为“按钮”和“按钮文本”。在这两个图层的第 2 帧上创建导航按钮，效果如图 8-68 所示。

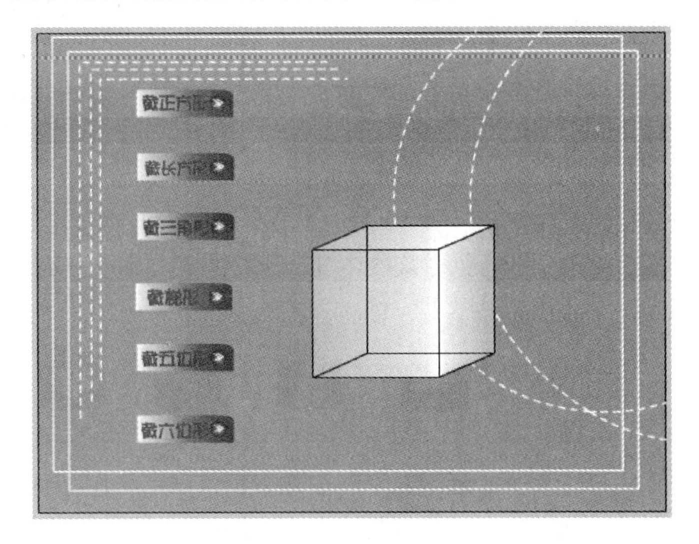

图 8-68　创建导航按钮

5）定义按钮的动作脚本

单击场景中的“截正方形”按钮，在“动作”面板中定义这个按钮的动作脚本为：

```
on(press){
  gotoAndStop(3);
}
```

这段动作脚本的功能是，当单击这个按钮时，动画转到第 3 帧开始播放，因为第 3 帧上放置的是“截正方形”影片剪辑元件，所以就开始播放这个影片剪辑元件的动画效果，也就是播放演示正方形截面形成过程的动画。

其他导航按钮的动作脚本也是类似的功能。

“截长方形”按钮的动作脚本为：

```
on(press){
  gotoAndStop(4);
}
```

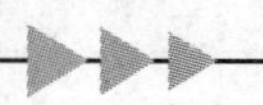

“截三角形”按钮的动作脚本为:

```
on(press){
  gotoAndStop(5);
}
```

“截梯形”按钮的动作脚本为:

```
on(press){
  gotoAndStop(6);
}
```

“截五边形”按钮的动作脚本为:

```
on(press){
  gotoAndStop(7);
}
```

“截六边形”按钮的动作脚本为:

```
on(press){
  gotoAndStop(8);
}
```

单击“正方体”图层的第1帧,选中“旋转体”按钮,在“动作”面板中定义动作为:

```
on(press) {//单击按钮,跳转到第2帧并停止
  gotoAndStop(2);
}
```

6) 定义帧动作

插入新图层并重新命名为as。选择这个图层的第1帧,在“动作”面板中定义第1帧的动作脚本为:

```
stop();
```

最终的图层结构如图8-69所示。

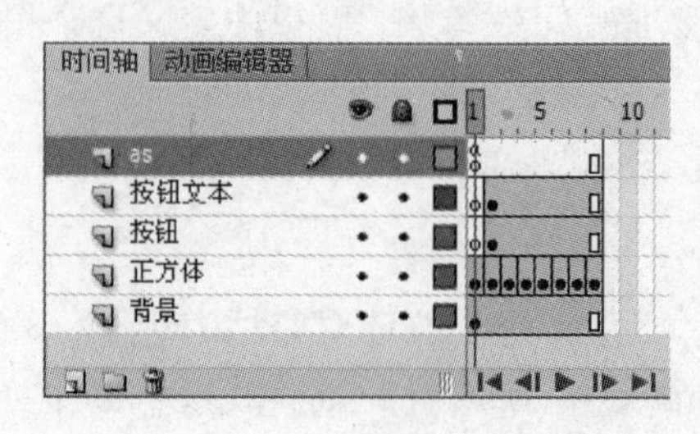

图8-69 图层结构

8.4.2 多场景导航课件——荷塘月色

1. 课件欣赏

荷塘月色是中学语文中的一篇课文,本课件通过“配乐朗诵”、“走近作者”、“整体感知”、“开阔视野”和“巩固练习”5个教学模块展示这篇课文。

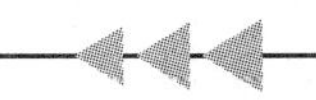

运行课件，首先出现主控导航界面，如图 8-70 所示。这是一个以荷花为背景的界面，表现一种朦胧的月色下荷花若隐若现的意境。一个弧状的图形横跨整个界面，它代表一个月亮的夸张造型，这也蕴涵课件内容本身和月亮有关系。沿着这个弧状图形，放置着课件的 5 个导航按钮，从平面构图上可以说十分巧妙。

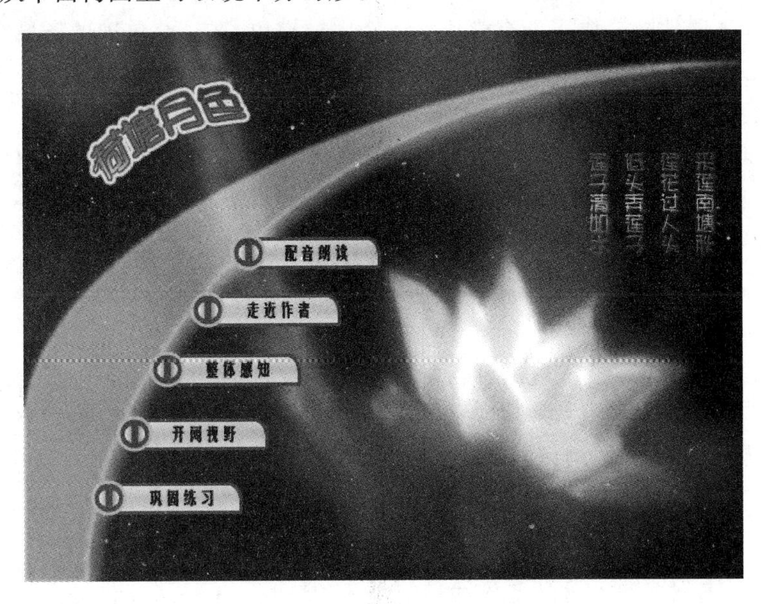

图 8-70 主控导航界面

单击任何一个导航按钮，即可跳转到相应的界面，展示对应的教学模块的内容。例如，单击“配乐朗诵”按钮，可以跳转到如图 8-71 所示的界面。“配乐朗诵”教学模块充分利用了 Flash 多媒体课件声形并茂的特点，动听的配音朗读和优美的动画，不仅使学生直观地感受到作者在课文中描写的情景，而且给学生带来美的享受。

图 8-71 “配乐朗诵”教学模块

2. 制作思路

1）规划教学模块和课件结构

在制作内容比较丰富、教学模块比较多的多媒体课件时，首先要通过对课件内容和表现形式的分析，做出课件结构的整体规划。在进行规划时，主要使用模块化的程序设计思想。

通过分析，本课件被分成了 6 个模块。一个主控模块，在一个单独的场景中实现它。另外还有 5 个功能模块，分别是“配乐朗诵”模块、“走近作者”模块、“整体感知”模块、“开阔视野”模块和“巩固练习”模块，它们也分别在不同的场景中实现。

课件的导航控制主要是通过主控模块场景中的按钮来实现。另外，在每个功能模块中也分别设计一个“返回”按钮，用来返回主控模块场景。这些按钮中的动作脚本的一般形式是：

```
on(press){
gotoAndPlay("场景名", 1);
}
```

动作脚本的含义是，当单击按钮时，课件转到某一个场景的第 1 帧并开始播放，脚本中的“场景名”参数决定了具体转到哪一个场景。

本课件的结构规划如图 8-72 所示。

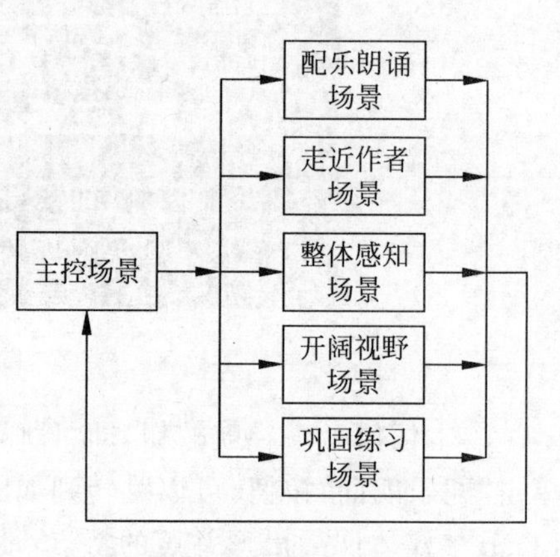

图 8-72　课件结构规划

2）设计主控界面

一个漂亮的主控界面，能为多媒体课件增色不少。另外，它也可以突出课件表现的主题，增强课件的感染力。利用图像素材在 Photoshop 中设计课件中的主控界面图像是最常用的方法，用这种方法设计出来的课件画面具有较强的感染力。

本课件以一张荷花图像为素材，利用 Photoshop 的滤镜、图层、图层样式、路径、选区和文字样式等技术，进行了主控界面的设计，如图 8-73 所示。

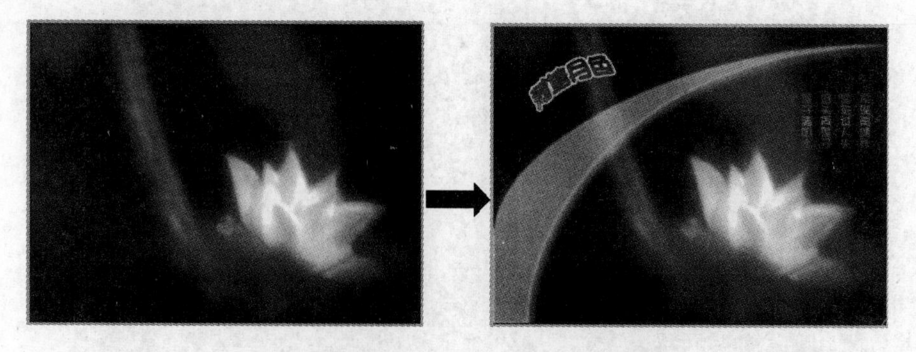

图 8-73　利用 Photoshop 设计主控界面

3）在 Flash 中创建和规划场景

本课件是一个多场景的影片文档。在“场景”面板中，单击右下角的“添加场景”按钮 + ，添加 5 个场景，并重新将它们命名为“主控导航场景”、“配乐朗诵场景”、“走近作者场景”、“整体感知场景”、“开阔视野场景”和“巩固练习场景”，如图 8-74 所示。

单击舞台右上角的“编辑场景”按钮 ，弹出一个下拉菜单，如图 8-75 所示。在其中选择某一个场景名称，就可以切换到这个场景中，舞台的左上角也显示出该场景的名称。

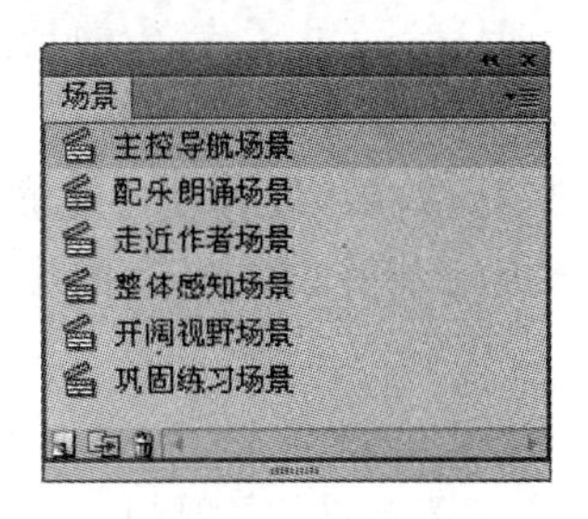

图 8-74　定义场景

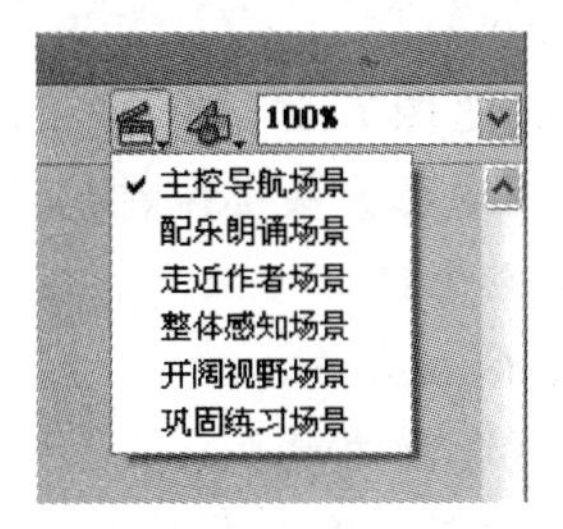

图 8-75　转换场景

4）制作主控导航场景

切换到“主控导航场景”，执行“文件”→“导入”命令，将在 Photoshop 中制作好的主控界面图像导入到“背景”图层上。

创建一个名为“导航控制按钮”的按钮元件。在按钮元件的编辑场景中画出一个按钮，效果如图 8-76 所示。

添加一个名为“导航控制”的图层。在“库”面板中拖动 5 个“导航控制按钮”到“导航控制”图层中，并把它们按照弧状图形的曲线走向进行放置，形成弧状的效果。用“文本工具”在 5 个按钮上输入相应的标题文字。

在设计主控导航界面时，制作了一颗旋转的星星绕着“荷塘月色”标题文字旋转的动画效果。这种在静态的界面上添加动态效果的设计方法，可以起到画龙点睛的效果。

5）制作其他场景

除了主控导航场景外，其他 5 个场景都是实现具体教学内容的功能模块场景。在制作时，如果教学内容比较多，需要多页或者多层次显示，可以采用 8.3.1 节的单场景课件结构进行设计。将教学内容设计成影片剪辑元件，利用帧跳转法实现课件的交互控制。例如，“整体感知场景”就是采用的这种课件结构，图层结构如图 8-77 所示。

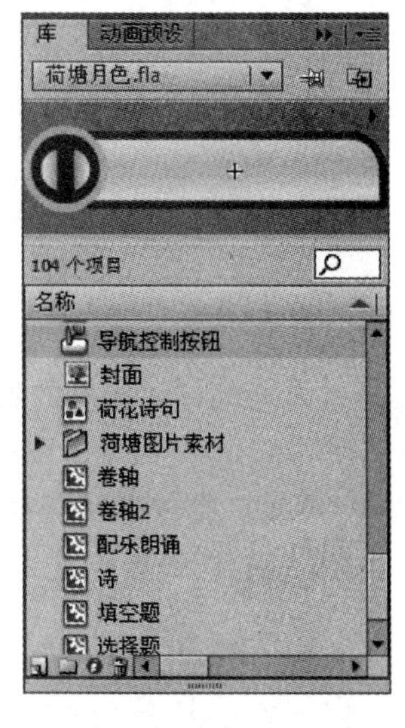

图 8-76　“库”中的导航控制按钮

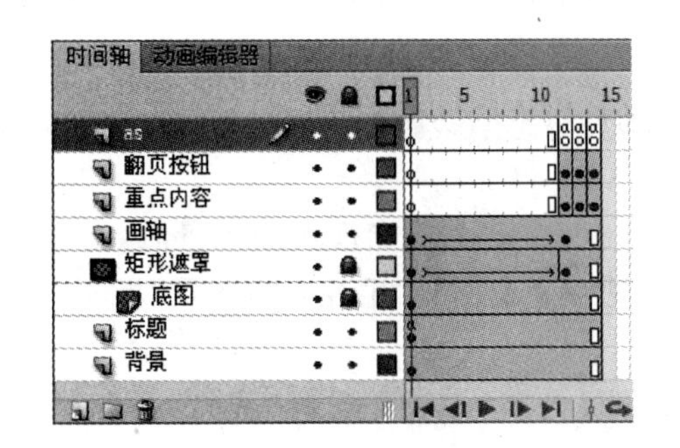

图 8-77　“整体感知场景”的图层结构

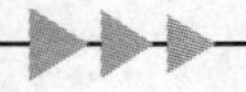

"配乐朗诵场景"对应的教学内容是本课件的一个重点功能模块,它的效果使这个课件极富感染力。Flash MTV 动画是目前最流行的一种多媒体作品形式,"配乐朗诵场景"的制作就采用了 Flash MTV 的设计方法。在制作时,大量采用了电影镜头的动画效果,动画主角是导入的外部图像素材。有的图像淡入淡出、有的图像由远到近、有的图像由近到远……,这样模拟电影镜头推拉、摇摆等技术实现的动画效果,具有较强的感染力。

专家点拨:电影镜头效果通常是使用遮罩动画来制作的。具体的制作方法,读者可以参看第 4.6.3 节的相关内容。

6)实现交互导航功能

整个课件的导航交互控制是按照 8.3.3 节的"场景跳转法"实现的。进入到"主控导航场景",分别选择主控导航界面上的 5 个控制按钮,在"动作"面板中定义它们的动作脚本。

"配乐朗读"按钮的动作脚本:

```
on(release){
  gotoAndPlay("配乐朗诵场景", 1);
}
```

"走近作者"按钮的动作脚本:

```
on(release){
  gotoAndPlay("走近作者场景", 1);
}
```

"整体感知"按钮的动作脚本:

```
on(release){
  gotoAndPlay("整体感知场景", 1);
}
```

"开阔视野"按钮的动作脚本:

```
on(release){
  gotoAndPlay("开阔视野场景", 1);
}
```

"巩固练习"按钮的动作脚本:

```
on(release){
  gotoAndPlay("巩固练习场景", 1);
}
```

以上动作脚本的功能类似,单击按钮时,按钮动作会控制动画跳转到相应的场景并进行播放。

另外,在制作 5 个功能模块的场景时,在每个功能模块界面上都放置了一个"返回"按钮,这个按钮用来返回到"主控导航场景"界面。这个"返回"按钮的动作脚本是:

```
on(release){
  gotoAndPlay("主控导航场景", 1);
}
```

8.4.3　网络型导航课件——金属的物理性质

1. 课件欣赏

本范例是高中化学“金属的物理性质”网络型导航课件。这个课件共包括 6 个模块，分别是 1 个课件片头、1 个主控导航模块、4 个功能模块。其中，4 个功能模块包括金属的内部结构、金属的导热性、金属的导电性和金属的延展性 4 个教学内容。

这个课件的特点是，动画十分精彩，通过动画直观模拟了金属物质微观世界的奥秘，这是传统的教学模式很难实现的。课件运行时，先播放一个课件片头，如图 8-78 所示。

图 8-78　课件片头

这个课件片头播完以后，影片将自动跳转到课件的主控导航界面，如图 8-79 所示。在主控导航界面下边有 4 个导航按钮，单击它们可以分别调用独立的影片文件，以打开相应的课件功能模块进行播放。如图 8-80 所示是其中“金属的导电性”功能模块播放时的一个画面。

2. 制作思路

1）规划教学模块和课件结构

在制作课件之前，先进行模块化课件设计。通过分析，本课件共划分为 6 个模块：1 个课件片头模块、1 个主控导航模块、4 个功能模块。课件片头模块和主控导航模块分别用一个独立的 swf 影片文件实现，另外的 4 个功能模块对应演示课件的具体内容，它们也分别用 4 个独立的 swf 影片文件实现，最后用 loadMovieNum 函数实现整个课件的导航控制功能。

这 6 个课件模块对应的 swf 影片文件名如下。

(1) 课件片头模块——片头. swf。

(2) 主控导航模块——主控界面. swf。

图 8-79　课件的主控导航界面

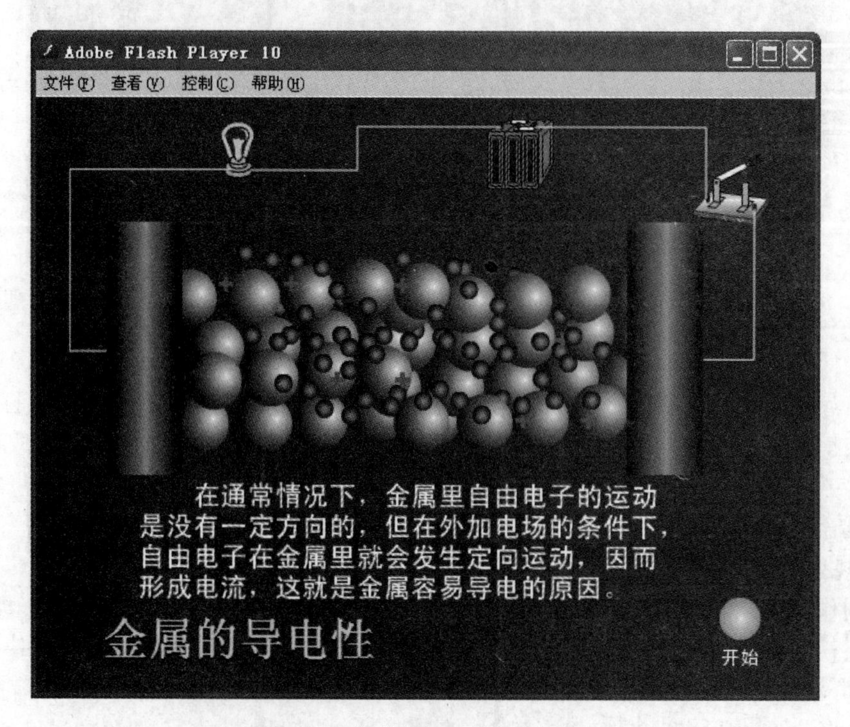

图 8-80　课件播放时的一个画面

(3) 功能模块 1(金属的内部结构)——内部结构.swf。

(4) 功能模块 2(金属的导热性)——导热性.swf。

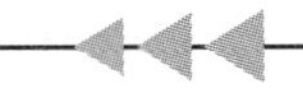

(5) 功能模块 3(金属的导电性)——导电性.swf。

(6) 功能模块 4(金属的延展性)——延展性.swf。

专家点拨：需要特别提醒注意的是，6 个 swf 影片文件需要存放在同一个文件夹下，以方便相互调用。

为了更清楚地表达上面规划的课件结构，绘制一个课件层次结构图，以方便在设计制作之前做到有的放矢，心中有数，如图 8-81 所示。

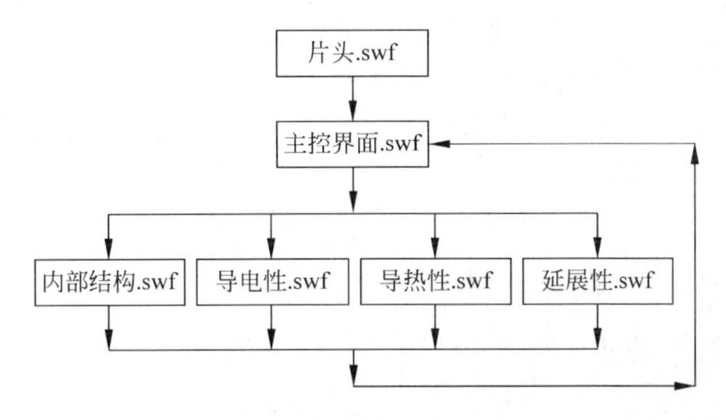

图 8-81　课件结构层次图

2) 制作课件片头影片

新建一个 ActionScript 2.0 影片文档。设置舞台尺寸为 600 像素×448 像素，舞台的背景色为蓝色(#000099)。在主场景中创建一个课件片头动画效果，如图 8-82 所示。课件片头形象地说就是一段开场白。本课件的片头播放时，滚动的小球、不断变换的字母条、颜色各异的金属符号加上音乐，极富感染力，为课件增加了效果。

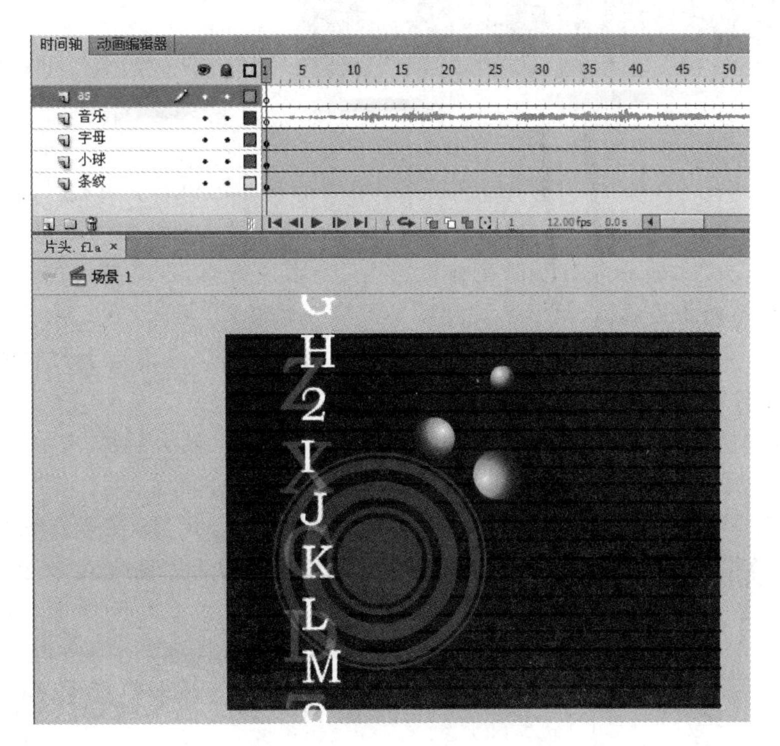

图 8-82　课件片头

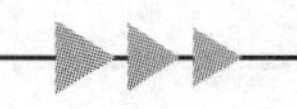

3) 制作主控导航影片

主控导航影片文档属性和片头影片一样。在舞台上绘制一个渐变色矩形,覆盖整个舞台。这样得到一个渐变色的背景效果。另外,导航条和课件标题都用影片剪辑元件,它们将整个界面动态地表现出来,增加了课件的感染力,如图 8-83 所示。

在主控界面的下边放置了 4 个导航按钮,它们是主控导航界面上最重要的对象,分别定义它们的动作脚本就可以实现对其他课件功能模块的调用。这 4 个导航按钮被制作成了一个独立的影片剪辑元件,名字叫"导航条"。这里之所以将 4 个导航按钮放置在一个影片剪辑元件中,就是为了让它们呈现一种飘动的效果。

4) 制作功能模块 1——内部结构. swf

本课件将金属的内部结构设计成一个功能模块,用独立的 Flash 影片(内部结构. swf)来实现这个功能模块的内容。打开影片源文件"内部结构. fla",图层结构如图 8-84 所示。

图 8-83 主控界面效果

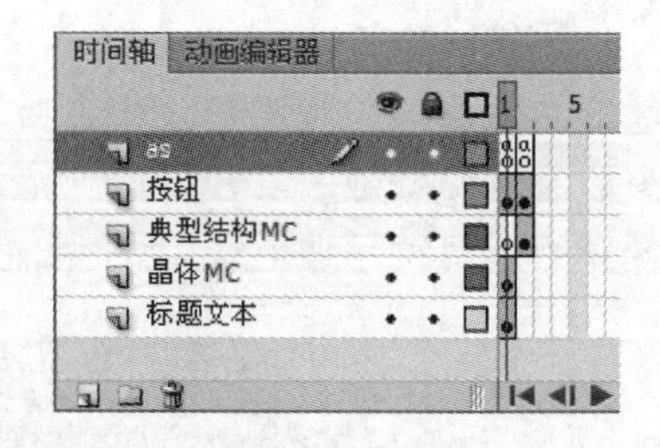

图 8-84 内部结构. swf 的图层结构

这个影片共有 5 个图层。"标题文本"图层放置的是标题和文字说明。"晶体 MC"图层放置的是"金属离子"、"自由电子"和"正电荷"影片剪辑。"典型结构 MC"图层的第 2 帧上放置了"体心立方"、"面心立方"和"密排六方"三个影片剪辑,这是课件的主要演示内容。"按钮"图层上有两个关键帧,第一个关键帧上是实现跳转到"典型结构 MC"图层第 2 帧进行播放的按钮,第二个关键帧上是实现返回主控界面的按钮。as 图层上的两个空白关键帧上分别定义了停止动作,用来配合按钮控制动画。

运行"内部结构. swf",先播放影片第 1 帧并停止,屏幕上显示标题、文字说明以及"金属离子"、"自由电子"、"正电荷"影片剪辑元件的组合动画效果。

单击屏幕右下角的"点击观看"按钮,跳转到"典型结构 MC"图层第 2 帧进行播放。由于"典型结构 MC"图层第 2 帧放置了"体心立方"、"面心立方"和"密排六方"三个影片剪辑,所以这时屏幕上显示这三个影片剪辑实例。

"体心立方"、"面心立方"和"密排六方"三个影片剪辑元件分别用动画展示三种典型金属晶体结构。每个影片剪辑元件中通过定义一些补间动画来模拟金属晶体的内容结构,十分直观。

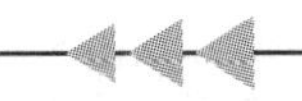

“密排六方”影片剪辑元件的图层结构如图 8-85 所示。“密排六方”影片剪辑元件的动画效果如图 8-86 所示。单击“密排六方”按钮就可以开始播放动画，从而模拟展示这种类型的金属晶体内部结构。

专家点拨：对于图层特别多的元件或场景，在制作中可分类合理设置图层文件夹，然后将相应的图层移动至图层文件夹中，这样可以给课件制作带来极大的便利。

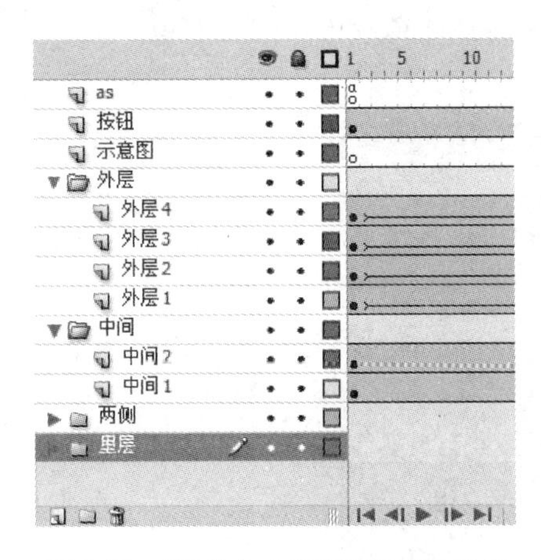

图 8-85　“密排六方”元件的图层结构

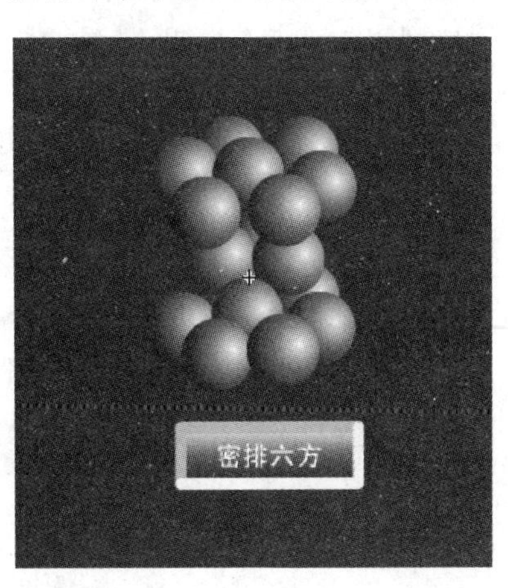

图 8-86　“密排六方”动画效果

5）制作功能模块 2——导热性.swf

播放“导热性.swf”影片，单击屏幕上的“开始”按钮后，动画演示点燃酒精灯给金属加热，可以看到金属晶体慢慢从右到左变红，最后整块金属达到同样的温度。整个动画过程只包含传统补间动画，它是利用色调的变化来实现这个动画过程的。

打开影片源文件“导热性.fla”，图层结构如图 8-87 所示。

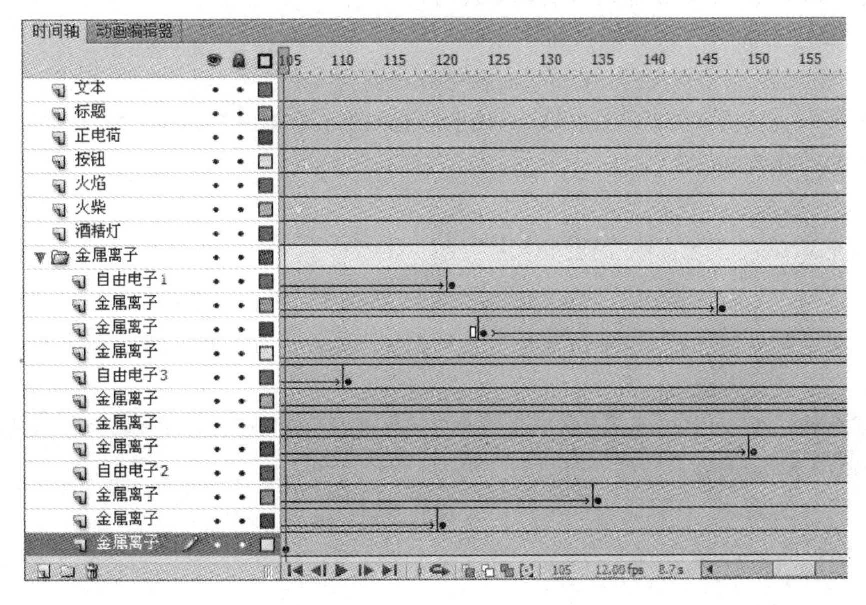

图 8-87　导热性.swf 的图层结构

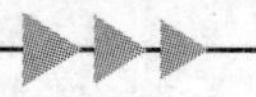

从图层结构可以看出,这个影片主要是由“金属离子”和“自由电子”的传统补间动画实现的。进一步研究可以发现,每个传统补间动画都是利用对象的色调变化制作完成的。

例如,最下边的“金属离子”图层是一个从第25帧到第105帧的传统补间动画。具体制作步骤是,在这个图层的第25帧放置一个金属离子影片剪辑,在第105帧插入关键帧,选择第25帧创建传统补间动画。单击第105帧上的实例,打开“属性”面板,在“色彩效果”栏的“样式”下拉列表中选择“色调”选项,将RGB值分别设置为255、90、0,“色调”为60%,如图8-88所示。

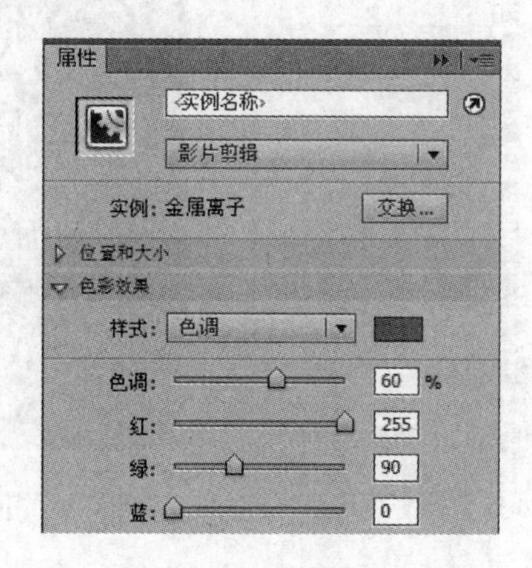

图8-88 设置色调

6) 制作另外两个功能模块

本课件用独立的Flash影片(导电性.swf)来实现金属的导电性这个功能模块的内容;用独立的Flash影片(延展性.swf)来实现金属的延展性这个功能模块的内容。制作方法和另外两个模块类似,主要是通过补间动画进行设计。

7) 定义主控界面上的导航按钮动作

打开“主控界面.fla”文件,在“库”面板中双击打开“导航条”影片剪辑元件,在这个元件的编辑场景中,在“内部结构”图层第11帧上选择“内部结构性”按钮。在“动作”面板,定义这个按钮的动作脚本为:

```
on(release){
  loadMovieNum("内部结构.swf", 0);
}
```

这段动作脚本的功能是,单击并释放按钮后,加载名字为“内部结构.swf”的影片文件,级别为0。

专家点拨:在“动作工具箱”中依次展开“全局函数”→“浏览器/网络函数”类别,可以看到loadMovieNum函数。

按照同样的方法,为其他三个按钮定义动作脚本。

“导热性”按钮的动作脚本为:

```
on(release){
  loadMovieNum ("导热性.swf", 0);
}
```

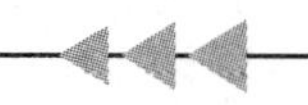

```
//单击并释放按钮后,加载名字为"导热性.swf"的影片文件,级别为 0
```

“导电性”按钮的动作脚本为：

```
on(release){
  loadMovieNum ("导电性.swf", 0);
}
//单击并释放按钮后,加载名字为"导电性.swf"的影片文件,级别为 0
```

“延展性”按钮的动作脚本为：

```
on(release){
  loadMovieNum ("延展性.swf", 0);
}
//单击并释放按钮后,加载名字为"延展性.swf"的影片文件,级别为 0
```

这 4 个按钮的动作脚本主要使用的就是 loadMovieNum 函数，功能是加载课件 4 个功能模块对应的 swf 影片文件。从脚本中可以看出，影片文档全部被设置加载在 0 级上，这样后面被加载的动画总会取代原来 0 级别上的动画文件，不会出现重叠的问题。

8) 定义返回主控界面的动作

从 4 个功能模块 swf 影片返回到主控界面 swf 影片是通过“返回”按钮来实现的，“返回”按钮的脚本为：

```
on(release){
  loadMovieNum ("主控界面.swf", 0);
}
//单击并释放按钮后,加载名字为"主控界面.swf"的影片文件,级别为 0
```

这个动作脚本的功能也是通过 loadMovieNum 函数调用主控界面 swf 影片文件，从而实现返回主控界面的目的。

9) 定义课件片头到主控导航界面的连接动作

“片头.swf”是一个独立的影片文件，它也是通过 loadMovieNum 函数调用“主控界面.swf”影片文件来实现自然连接至主控界面的，它的动作脚本是被定义在片头动画播放完的最后一帧上。

```
loadMovieNum("主控界面.swf", 0);
```

当片头动画播放完，就开始执行这段动作脚本，也就是立即调用“主控界面.swf”文件，进入主控导航界面进行播放。

习　　题

1. 选择题

(1) 在制作 Flash 多媒体课件时，往往需要让声音和动画同步播放，为了实现这个目的，在设置声音属性时，必须设置声音的“同步”属性为(　　)。

A. 事件　　B. 数据流　　C. 同步　　D. 开始

(2) 所谓帧跳转法，是将教学内容分解成若干模块，每个模块制作成一个影片剪辑元

件,将每个影片剪辑分别放在一个关键帧上,并用 stop 函数控制影片剪辑不自动播放。再通过在交互按钮上定义(　　)函数来控制影片的播放,从而实现课件内容的交互控制。

A. gotoAndStop　　B. stop　　C. play　　D. with

(3) Swift 3D 是一个(　　)软件。

A. 视频编辑　　B. 声音编辑　　C. 二维动画制作　　D. 三维动画制作

2. 填空题

(1) 设计多媒体课件导航系统是制作多媒体课件的一个关键环节。Flash 课件导航系统的设计有 4 种方法,分别是________、________、________和________。

(2) 通常在 Flash 的“场景”面板中添加场景。执行________菜单命令,可以打开“场景”面板。

(3) loadMovie 函数可以在一个 SWF 影片中加载外部的 SWF 影片。loadMovie 函数的一般形式如下:

```
on(release){
loadMovie("URL", level);
}
```

其中,URL 代表________。

上机练习

练习 1　利用单场景帧跳转技术制作课件

利用单场景帧跳转技术制作一个“认识几何图形”课件。课件以幻灯片的形式展示一些生活中的实物图片,让小学生从自己的身边实物认识几何图形。学生们在轻松自然的浏览图片过程中,学习了知识,激发了想象。课件播放时,先显示一个课件封面,如图 8-89 所示。

图 8-89　课件封面效果

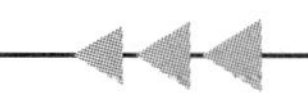

单击画面右下角的“播放”按钮，可以播放课件的下一个页面，如图 8-90 所示是其中的一个图形展示页面效果。在课件的图形展示页面上有两个按钮，左下角的按钮控制课件向前播放，右下角的按钮控制课件向后播放。这样可以任意控制课件的跳转播放。

图 8-90 运行中的一个画面

制作要点提示：

(1) 创建课件界面和导入图像素材。

(2) 制作按钮元件。

(3) 在主场景，布局图形和按钮元件。

(4) 定义帧动作和按钮动作实现课件的交互控制。

练习 2 利用多场景跳转技术制作课件

8.4.3 节介绍了一个“金属的物理性质”网络型导航课件的制作思路。请将这个课件改造成多场景导航课件，也就是利用多场景跳转技术重新制作这个课件。

制作要点提示：

(1) 新建影片文档，新添加 5 个场景，共得到 6 个场景。这 6 个场景分别对应“片头”、“主控界面”、“内部结构”、“导热性”、“导电性”和“延展性”这 6 个模块。

(2) 分别在每个场景中创建相应的内容。可以采用复制、粘贴的方法，直接利用“金属的物理性质”网络型导航课件源文件进行制作。

(3) 按照 8.3.3 节的“场景跳转法”进行交互导航的制作。也可以参考 8.4.2 节的多场景导航课件的制作思路。

练习 3 利用加载外部 swf 文件技术制作课件

8.4.2 节介绍了一个“荷塘月色”多场景导航课件的制作思路。请将这个课件改造成网

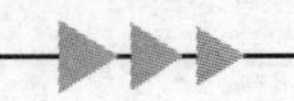

络型导航课件，也就是利用 loadMovie 函数(加载外部 swf 文件)重新制作这个课件。

制作要点提示：

(1) 本练习要创建 6 个影片文件，分别对应“主控导航界面”、“配乐朗诵”、“走近作者”、“整体感知”、“开阔视野”和“巩固练习”这 6 个模块。

(2) 分别在每个影片文件中创建相应的内容。可以采用复制、粘贴的方法，直接利用“荷塘月色”多场景导航课件源文件进行制作。

(3) 按照 8.3.4 节的“loadMovie 函数法”进行交互导航的制作。也可以参考 8.4.3 节的网络型导航课件的制作思路。

第9章 多媒体软件开发综合案例

多媒体光盘是一种常见的多媒体作品，其开发制作涉及视频、动画、声音以及程序设计等多个制作领域。同时，多媒体光盘也在视频教程、产品发布以及商业展示等各种应用领域得到了广泛应用。本章将以制作本书的配套多媒体教学光盘为例，来介绍使用 Authorware 制作多媒体软件的一般方法和技巧。

本章主要内容：

- 多媒体软件的开发流程；
- 利用 Cool 3D 和 Premiere Pro 制作片头视频的方法；
- 利用 Photoshop 制作多媒体软件界面的方法；
- 利用 Camtasia Studio 制作多媒体教程的方法；
- 利用 Authorware 制作播放控制器的方法；
- 利用 Authorware 进行多媒体整合的方法。

9.1 案例分析

制作多媒体软件的工具很多，如 Authorware、PowerPoint、Director 和 Flash 等，这些制作工具的作用主要是将各种媒体素材进行整合，并实现用户对软件的便捷操作。在多媒体软件制作工具中，Authorware 是一款操作简便且功能强大的软件，本章的案例就利用 Authorware 进行多媒体光盘程序的开发。

9.1.1 案例制作思路

本章案例是本书的配套光盘，光盘内容主要是各章节内容的视频教程。光盘在制作上采用模块化的设计方法，功能模块主要包括片头动画、导航界面、视频教程播放、操作说明和退出界面。多媒体程序的结构如图 9-1 所示。

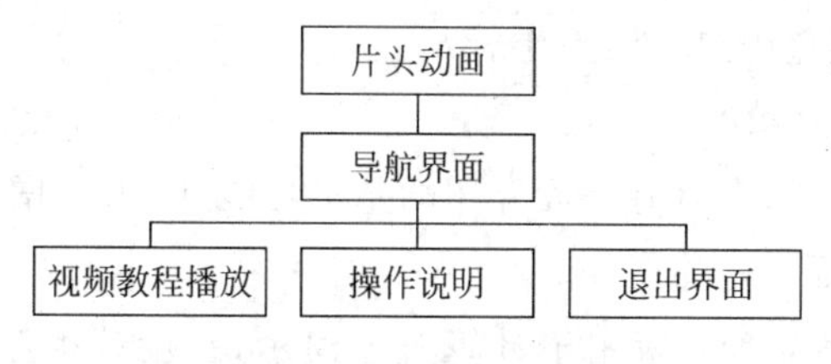

图 9-1 多媒体程序结构

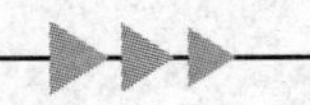

1. 片头动画

在多媒体光盘中,片头动画常常用于显示光盘制作者的版权信息。动画展示的信息包括制作单位的中文或英文名称、制作单位的logo等。随着技术的发展,开场动画的形式也逐渐增多,除了传统的avi格式的视频文件外,还可以使用Flash动画文件等。

本章的案例采用Cool 3D制作开场动画效果,输出为视频文件格式,然后采用Premiere Pro对视频文件进行编辑并且添加背景音乐。

2. 光盘导航

多媒体光盘往往包含大量的内容,例如本章介绍的随书光盘,主要包含各章节的视频教程,这需要通过方便的导航设计,让读者能够快捷方便地观看需要的教程。设计光盘的导航界面,一般包括导航界面背景图像的设计、导航界面中导航按钮的布局设计以及导航功能的实现这几个方面。

本章的案例采用Photoshop设计导航界面背景图像以及导航按钮图像;采用Authorware实现多媒体光盘的导航功能,主要实现视频教程的导航菜单、控制显示帮助内容以及光盘的退出操作等。

3. 视频教程

本章案例是一个配书多媒体教学光盘,因此视频教程是光盘的主要内容。在光盘中,使用视频教程主要涉及对视频教程的播放进行控制。不管视频教程使用何种文件格式,为了方便用户学习,都必须为视频教程的播放设计播放控制器,使用户能够根据需要控制播放进度。

本章的案例采用swf动画格式的视频教程文件,动画的播放使用ShockWave Flash控件进行。同时,通过对控件编程实现对视频教程播放的控制,用户能够实现播放的暂停、快进和快退以及使用滑块任意调整播放的进度。

配书多媒体教学光盘中的视频教程利用Camtasia Studio进行录制和后期编辑,最后发布为swf格式的文件。

4. 帮助和退出界面

作为一个大型的多媒体光盘软件,功能多,内容丰富,在设计时应该考虑到不同用户的操作能力,因此一个好的帮助文档是必需的。帮助文档主要用于介绍光盘的内容、光盘的操作方法。在帮助文档的设计中,应该便于用户在使用中随时查阅。

退出界面是多媒体光盘的一个不可或缺的元素。光盘的退出界面一般是展示光盘设计和制作者的信息,也就是所谓的版权信息。有时,也可以通过提示对话框的形式对退出操作进行确认,以避免用户的误操作。

5. 其他附属功能

多媒体光盘除了具有上面介绍的基本功能外,为了增强光盘演示效果、方便用户使用,有时还具有下面一些功能。

(1) 多媒体光盘一般用于计算机上演示,在设计程序时应该考虑用户计算机的配置。在使用Authorware制作光盘程序时,为了获得好的显示效果,应该考虑用户计算机显示分

辨率和程序的设计分辨率的不同。光盘程序应该具有检测用户计算机显示分辨率的能力，并能给用户提示，要求用户调整分辨率以达到最佳演示效果，或者程序本身具有自动调整计算机显示分辨率到最佳分辨率的能力。

(2) 为了获得好的演示效果，在进行演示时，可以设置优美的背景音乐。使用背景音乐，除了要使背景音乐循环播放外，还需要提供操作按钮，使用户能够根据需要方便地关闭背景音乐或重新开启背景音乐。另外，在播放视频教程时，为了适应不同用户的需要，教程中配乐的音量也需要能够调整。

9.1.2　案例制作流程

本案例采用结构化、模块化的程序设计方法，主要制作流程以及各个模块中需要实现的功能如图 9-2 所示。

下面详细介绍案例的制作过程。

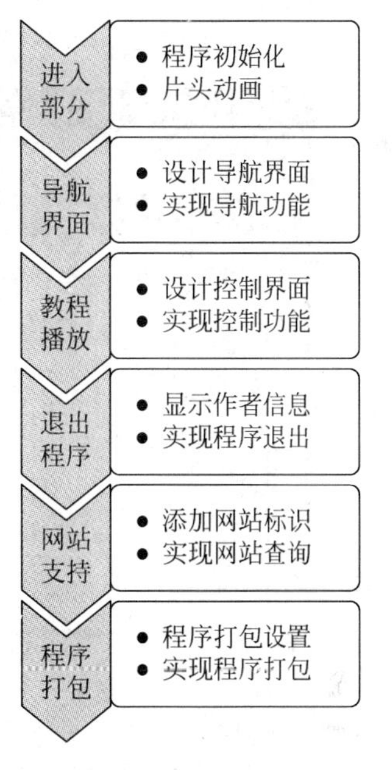

图 9-2　案例制作流程

9.2　程序进入部分的制作

光盘的进入部分实现两个功能，首先光盘程序启动后需要检测用户的屏幕分辨率，当前计算机的显示分辨率不是设计的最佳分辨率时，应该给出提示。同时，对于实际显示分辨率超过设计分辨率的计算机，可以采用遮盖演示窗口以外区域的方法，获得全屏显示的效果。进入部分要实现的第二个功能就是播放片头动画，显示光盘的版权信息。下面介绍具体的制作步骤。

9.2.1　检测用户分辨率

(1) 启动 Authorware，创建一个名为“光盘”的新文档。在流程线上放置一个“群组”图标，将其命名为“进入”。双击该“群组”图标，在流程线上放置一个“计算”图标，将其命名为“检测分辨率”，如图 9-3 所示。

(2) 在 Authorware 主界面的工具栏中单击“函数”按钮 打开“函数”面板。在“分类”下拉列表框中选择“光盘. a7p”选项，如图 9-4 所示。单击“载入”按钮打开“加载函数”对话框，在对话框中选择文件 COVER. U32，如图 9-5 所示。单击“确定”按钮，此时会打开“自定义函数在 COVER. U32”对话框。按住 Shift 键在对话框的“名称”列表框中选择需要载入的函数，如图 9-6 所示。单击“载入”按钮，函数载入到“函数”面板中，如图 9-7 所示。

专家点拨：COVER. U32 文件是 Authorware 外部 UCD 文件，该文件实际上是一种标准的 Windows 动态链接库。Authorware 可以访问这种动态链接库中的函数，使用这些函数来实现某些 Authorware 本身不具备的功能。COVER. U32 文件包含两个函数，其中的 Cover 函数能以黑色覆盖 Authorware 演示窗口以外的屏幕区域，而 Uncover 函数能取消这种覆盖。COVER. U32 文件非 Authorware 自带的插件文件，读者可以到网上下载，本书配套光盘也提供了该文件。

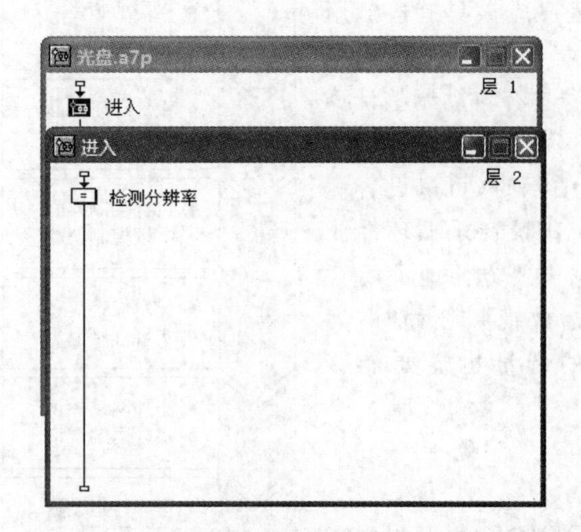

图 9-3 在“群组”图标中添加“计算”图标

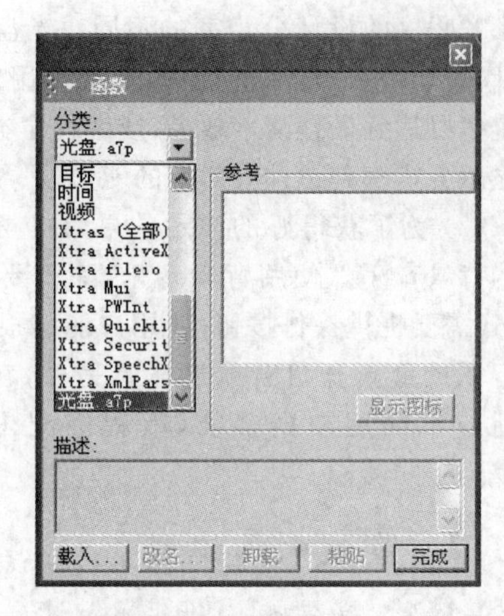

图 9-4 选择“光盘.a7p”

图 9-5 “加载函数”对话框

(3) 采用上面相同的步骤在“加载函数”对话框中找到 Tms tools. u32 文件,在“自定义函数在 Tms_tool. u32”对话框中找到 tMsmessageBox 函数,如图 9-8 所示。将该函数载入到“函数”面板中,如图 9-9 所示。

(4) 双击流程线上的“检测分辨率”计算图标,在打开的代码编辑器中输入如下的程序代码:

```
width: = ScreenWidth
height: = ScreenHeight
if width < 1024|height < 768 then
tish: = tMsMessageBox("光盘运行的最佳显示分辨率是 1024 × 768,您当前的显示分辨率低于这个值,程序将退出.", "提示")
Quit()
end if
```

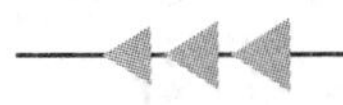

```
id: = Cover()
MoveWindow((height - WindowHeight)/2,(width - WindowWidth)/2)
```

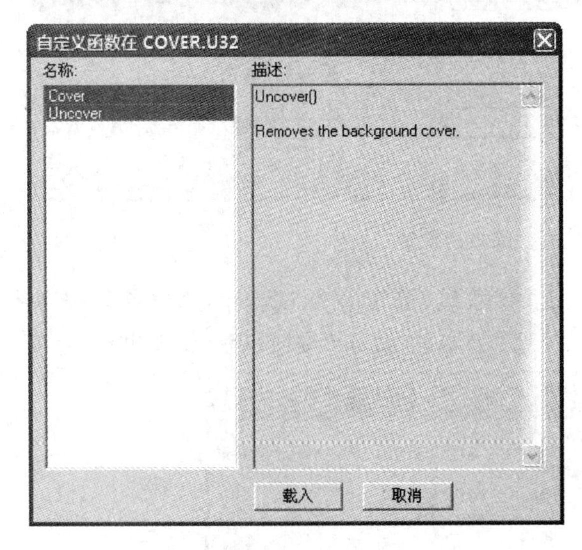

图 9-6　选择需要载入的函数

图 9-7　将函数载入"函数"面板

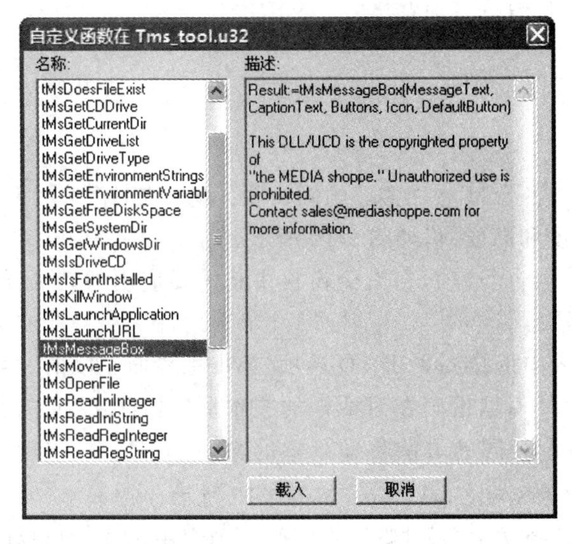

图 9-8　选择 tMsMessageBox 函数

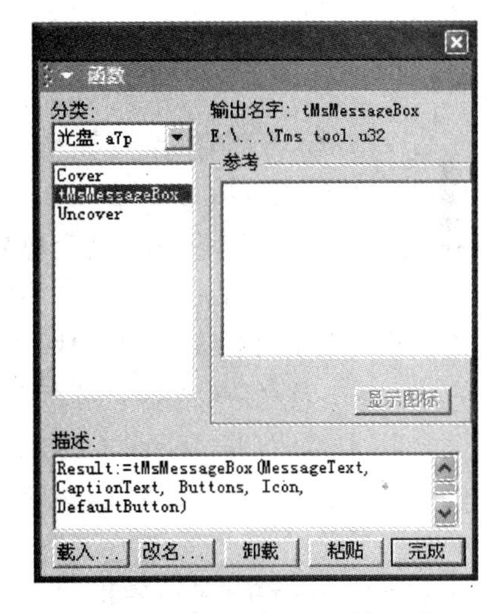

图 9-9　把函数载入"函数"面板

专家点拨：在程序中，ScreenWidth 和 ScreenHeight 是 Authorware 系统变量，存储当前计算机的屏幕宽度和高度。使用 If 语句判断当前屏幕的分辨率是否小于 1024×768 像素，如果小于指定的分辨率，则调用 tMsMessageBox 函数给出提示对话框并退出光盘程序；如果屏幕分辨率大于该分辨率，则调用 Cover 函数遮盖屏幕多余区域，同时使用 Authorware 内置的 MoveWindow 函数将演示窗口放置于屏幕中央。

(5) 关闭代码编辑器。选择"修改"→"文件"→"属性"命令打开"属性"面板，在"回放"选项卡的"大小"下拉列表中将演示窗口的大小设置为 1024×768。取消对"显示标题栏"和"显示菜单栏"复选框的选择，同时将"背景色"设置为黑色，如图 9-10 所示。

图 9-10　“属性”面板的设置

(6) 单击 Authorware 主界面中工具栏上的“播放”按钮测试程序，当屏幕分辨率小于 1024×768 时，程序将给出提示，如图 9-11 所示。单击“确定”按钮，程序将退出。

图 9-11　分辨率过低时的提示

9.2.2　制作片头视频

1. 用 Cool 3D 制作片头动画

(1) 启动 Ulead Cool 3D 3.5，创建一个名为“片头视频”的新文件。选择“图像”→“尺寸”命令打开“尺寸”对话框，设置视频的宽度和高度值，如图 9-12 所示。

(2) 在“样式”列表中选择“工作室”→“组合”选项，在右侧窗格中将需要应用的动画样式拖放到当前的文档窗口中，如图 9-13 所示。

(3) 在工具栏中的“对象列表”下拉列表中选择 COOL 3D 选项，单击主界面左侧的“编辑文字”按钮打开“Ulead COOL 3D 文字”对话框。在对话框的文本框中修改文字并设置文字的字体和字号，如图 9-14 所示。使用相同的方法将动画中的文字 ULEAD SYSTEMS 更改为 www.cai8.net，如图 9-15 所示。

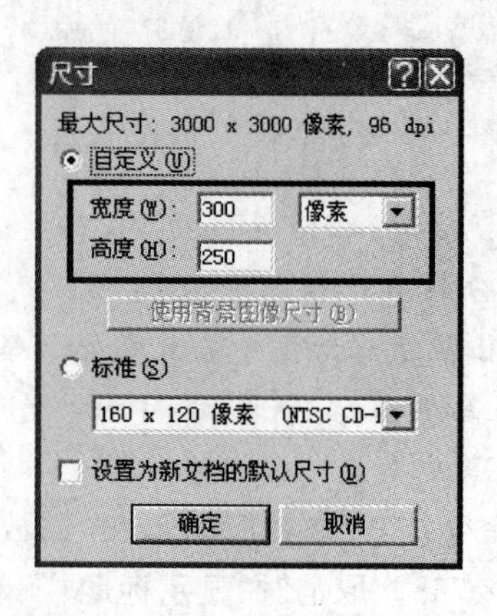

图 9-12　设置视频的宽度和高度

(4) 选择文字“课件吧”，在“样式”列表中选择“对象样式”→“斜角”选项，为文字添加斜角样式，如图 9-16 所示。为文字添加“光线和色彩”效果，如图 9-17 所示。为文字添加纹理效果，如图 9-18 所示。

(5) 在“样式”列表中选择“照明效果”→“烟花”选项，添加烟花动画，如图 9-19 所示。为动画添加“灯泡”效果，如图 9-20 所示。为动画添加“聚光灯”效果，如图 9-21 所示。最后，在动画中添加“火焰”效果，如图 9-22 所示。

(6) 在工具栏的“帧数目”增量框中输入总帧数增加动画帧数，如图 9-23 所示。

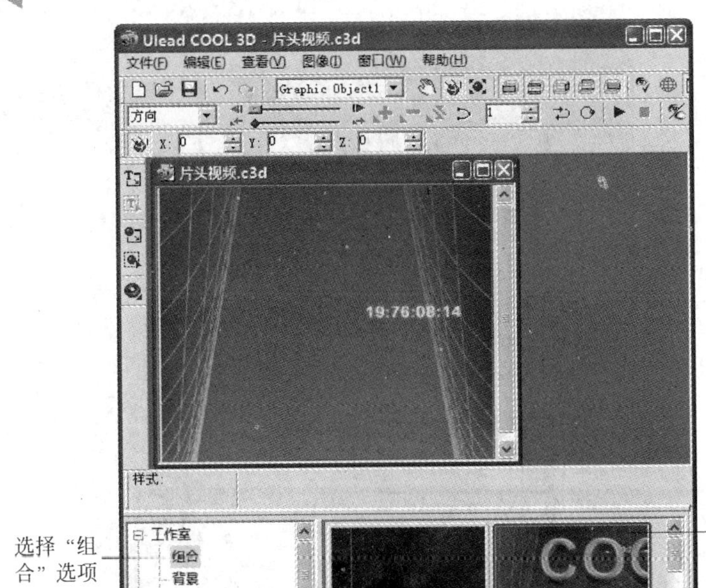

图 9-13　拖放动画样式

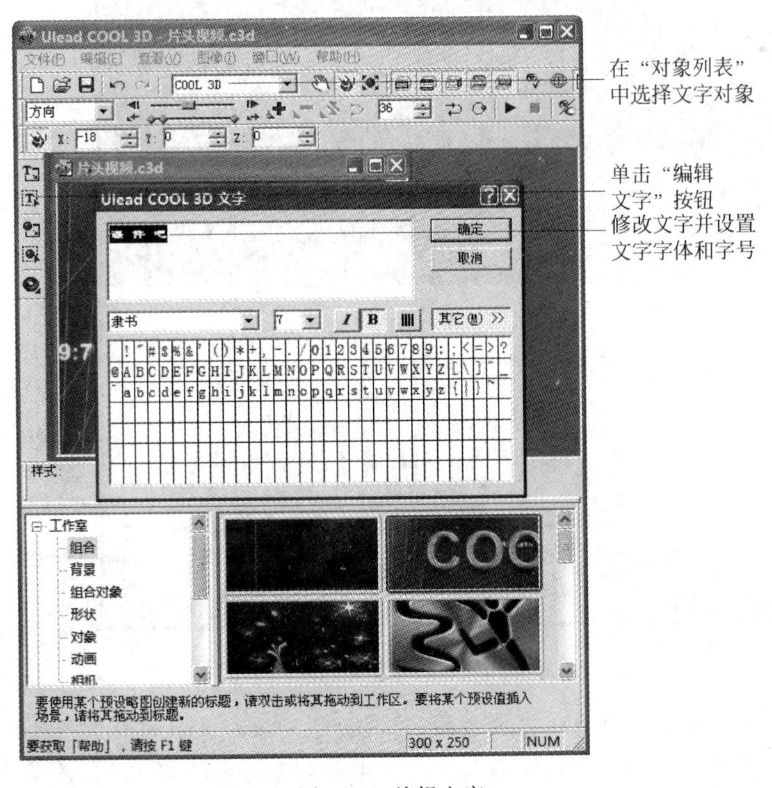

图 9-14　编辑文字

图 9-15　修改文字后的效果

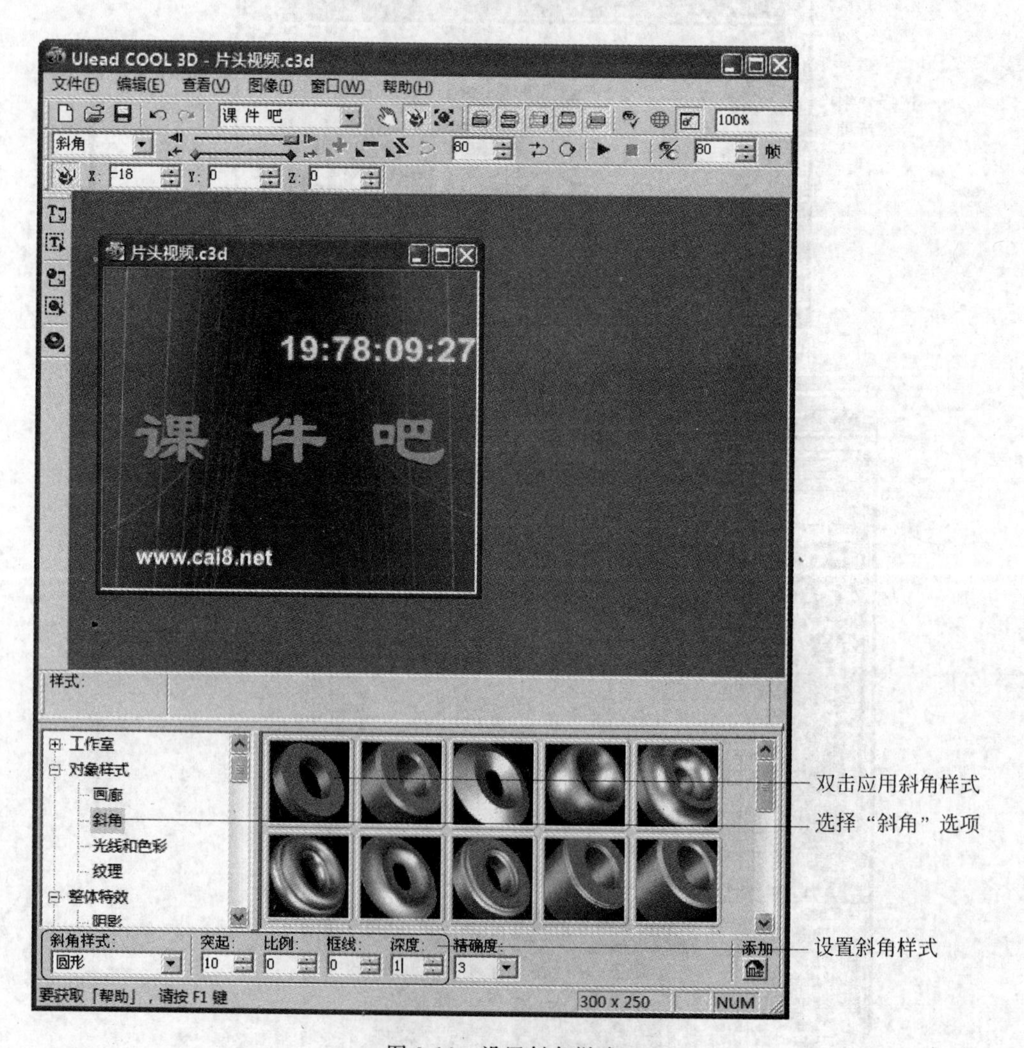

图 9-16　设置斜角样式

专家点拨：开场动画是要配以音乐的，动画长度应该和音乐的长度一致。本案例的音乐长度为 13s 左右。这里动画的帧频为 15fps，则总共需要大约 200 帧。为了使配乐完成后动画还能持续一段时间，这里将动画的总帧数设置为 215 帧。

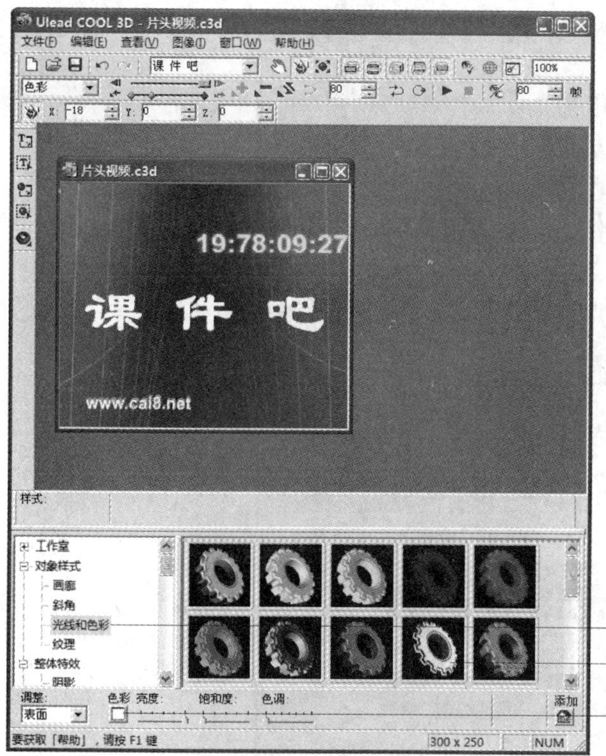

图 9-17　设置文字的“光线和色彩”效果

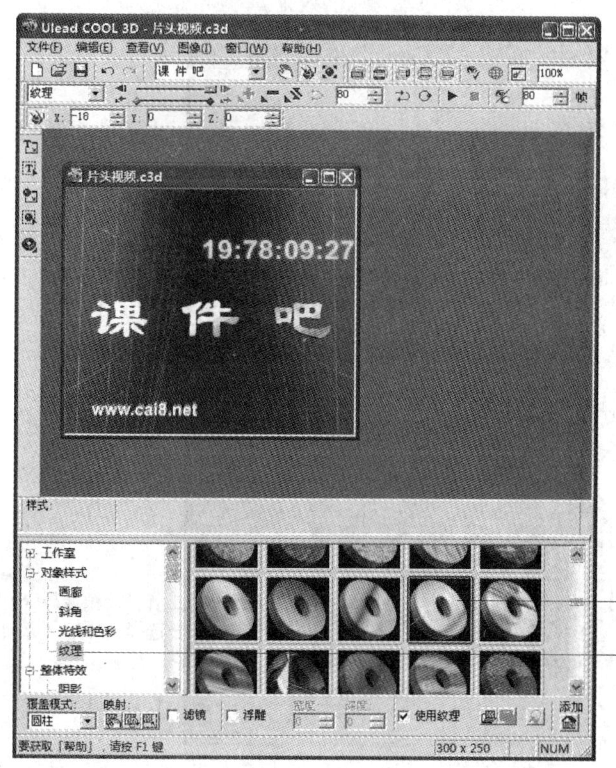

图 9-18　为文字添加纹理效果

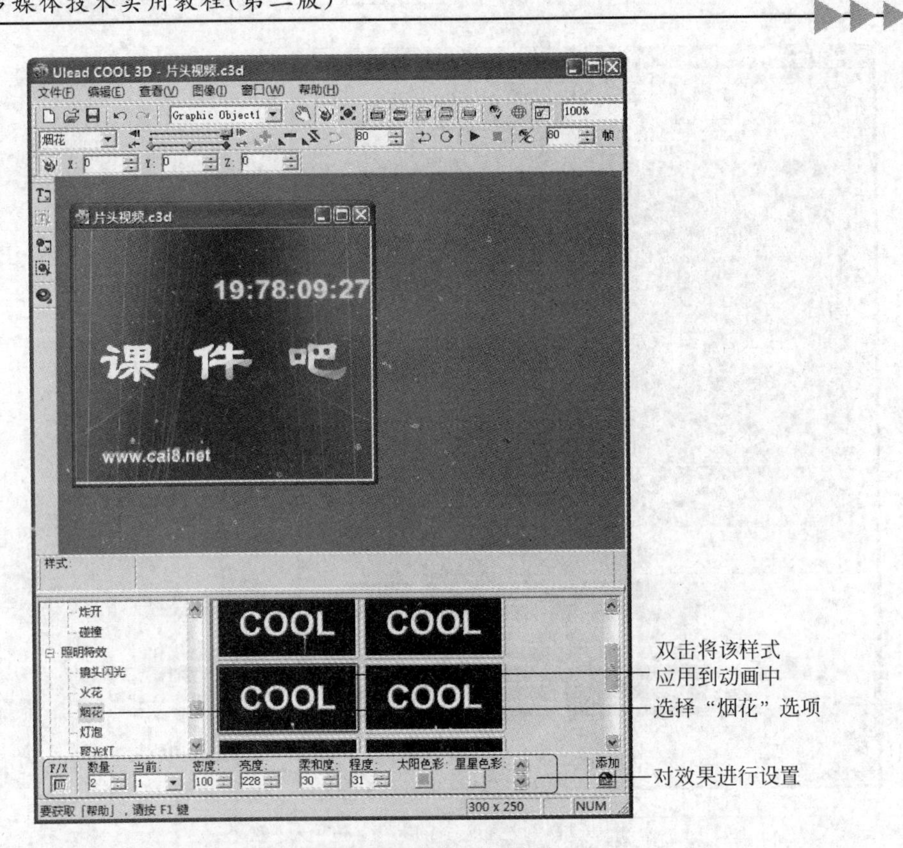

图 9-19 添加“烟花”效果

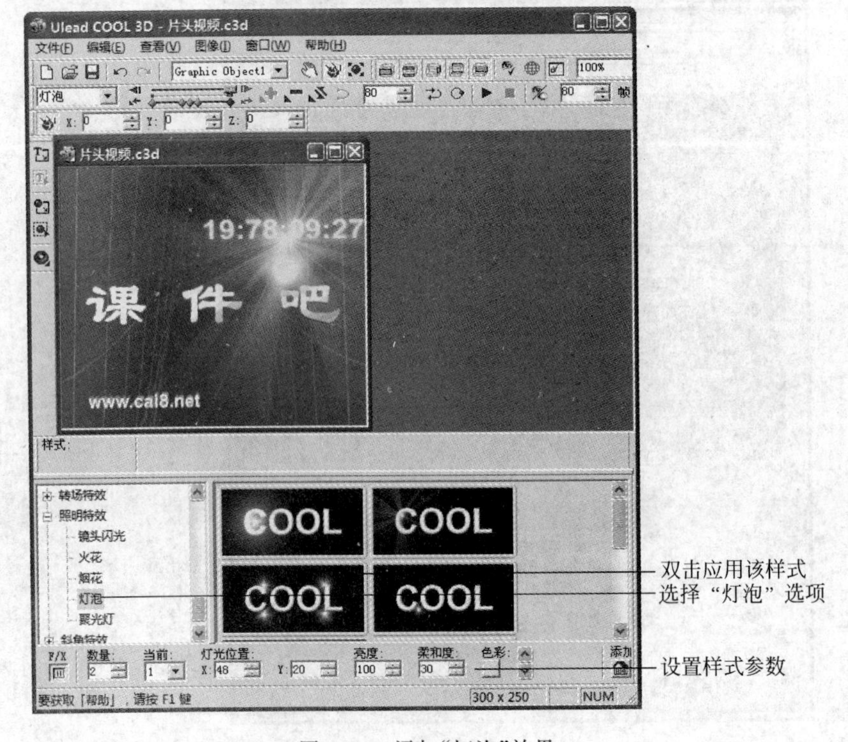

图 9-20 添加“灯泡”效果

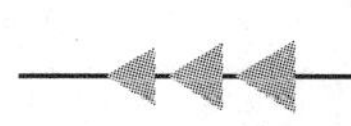

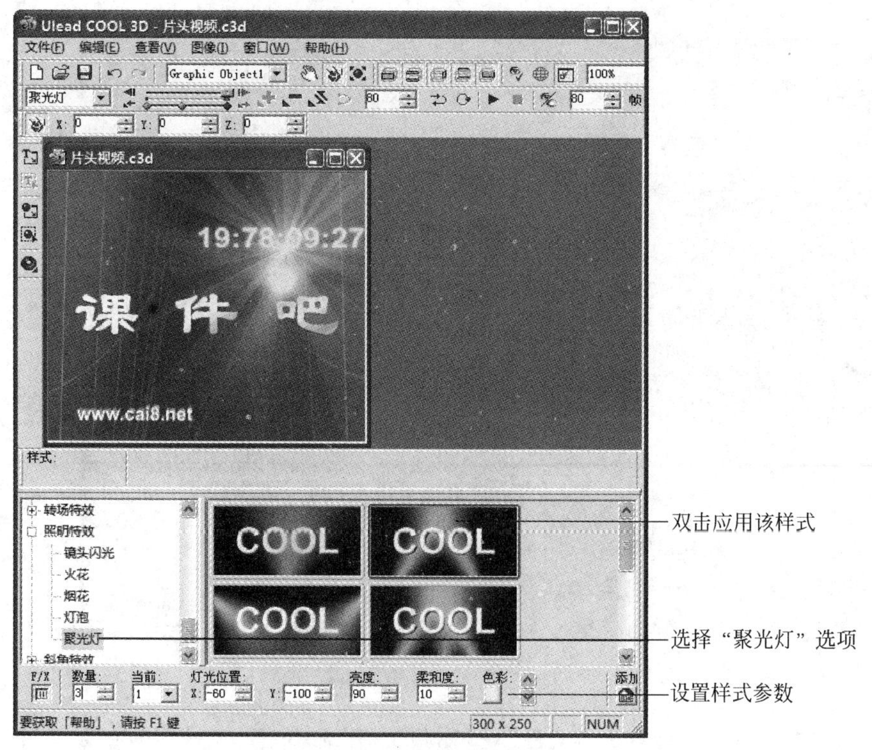

图 9-21 添加“聚光灯”效果

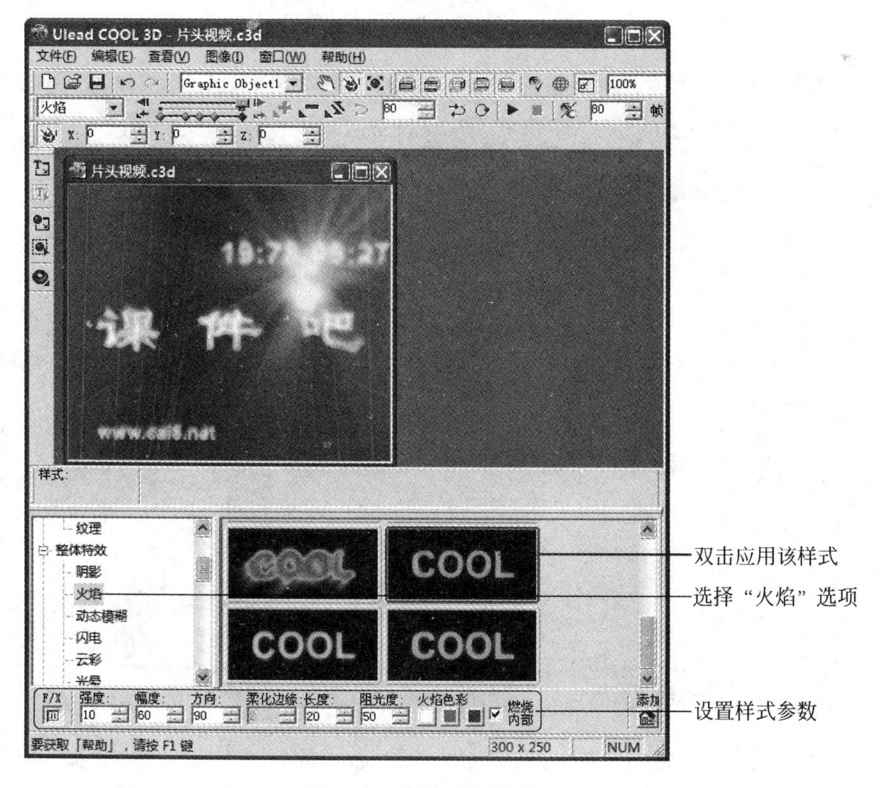

图 9-22 添加“火焰”效果

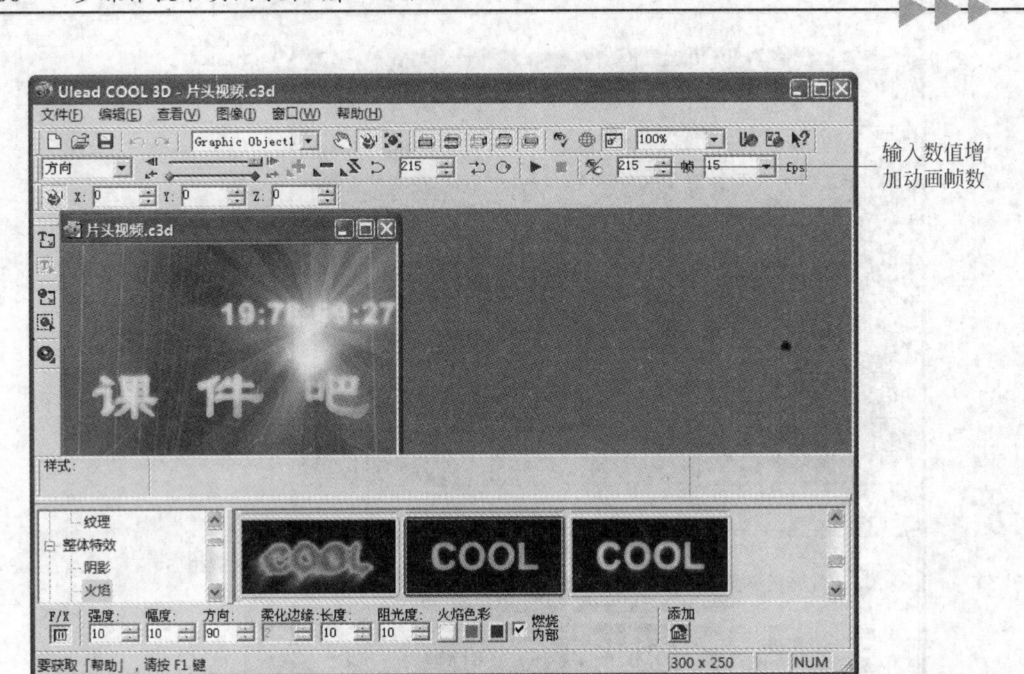

图 9-23　增加动画帧数

(7) 选择“文件”→“创建动画文件”→“视频文件”命令打开“另存为视频文件”对话框，在对话框中设置文件保存的位置和文件名，如图 9-24 所示。单击“保存”按钮，开始视频文件输出。此时，可以预览视频文件输出的情况，如图 9-25 所示。

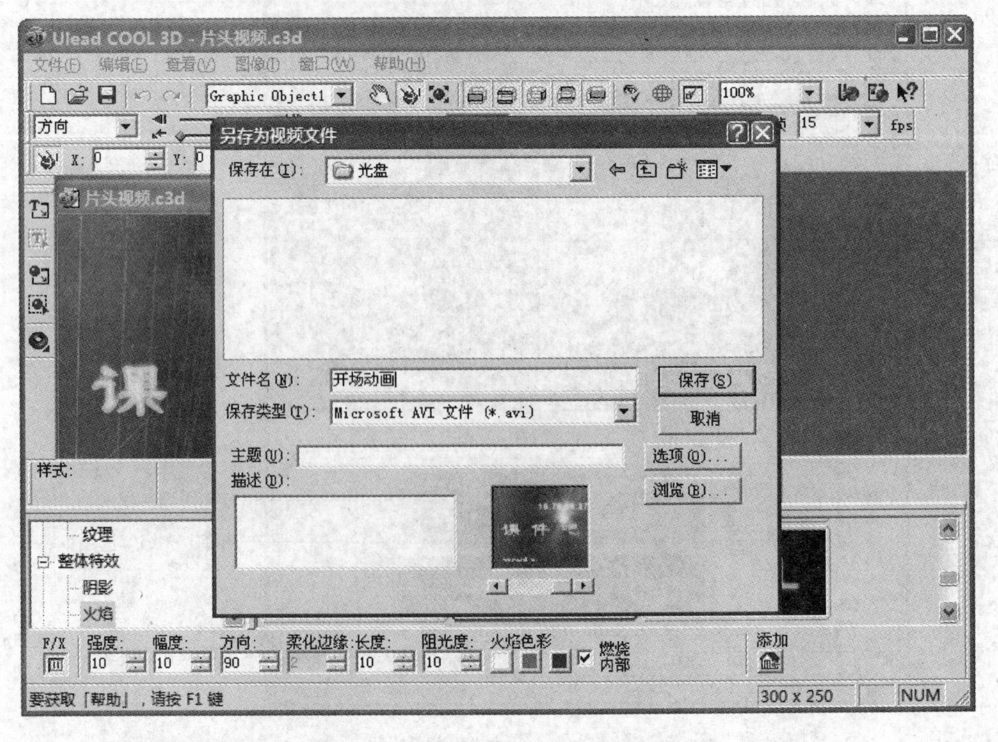

图 9-24　“另存为视频文件”对话框

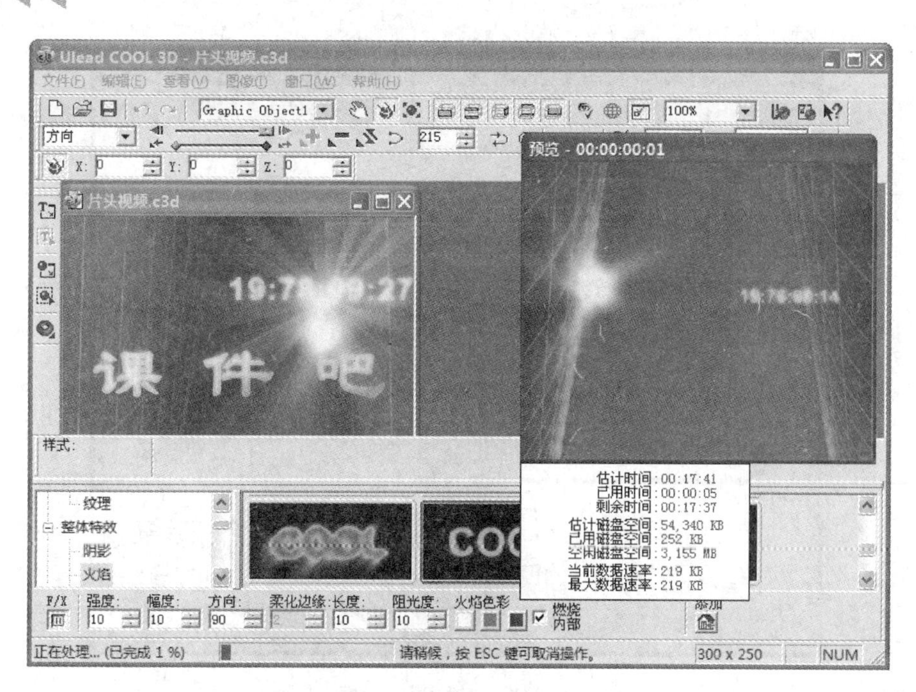

图 9-25　输出视频文件

2. 用 Premiere Pro 为开场动画添加配乐

(1) 启动 Premiere Pro 2.0,新建一个名为"开场视频"的项目,如图 9-26 所示。按 Ctrl+I 组合键打开"输入"对话框,选择刚才创建的视频动画,如图 9-27 所示。单击"打开"按钮将该动画输入到"项目:开场视频.prproj"调板中。采用相同的方法导入音乐素材,此时的"项目:开场视频.prproj"调板如图 9-28 所示。

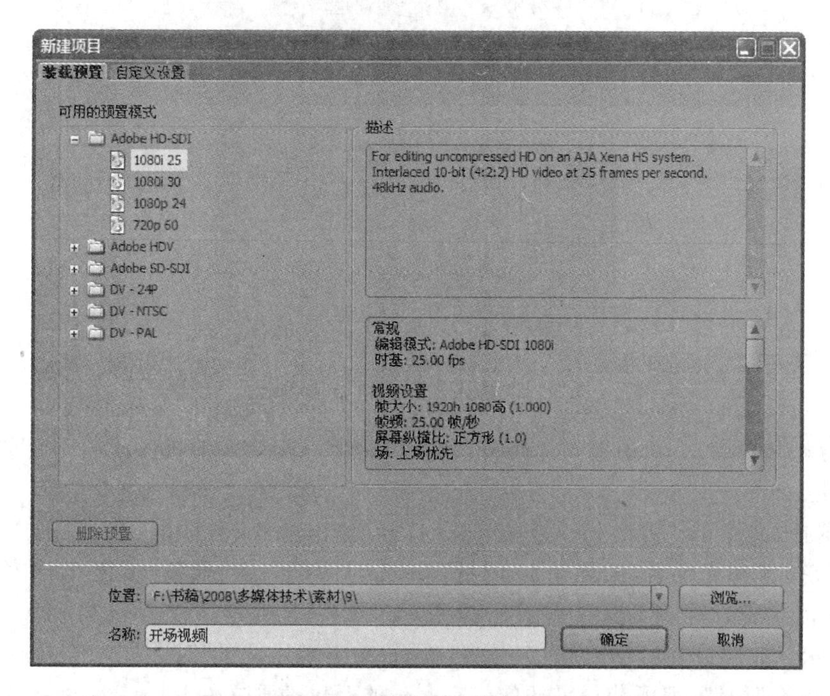

图 9-26　新建一个项目

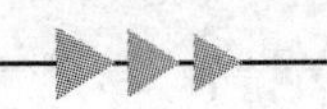

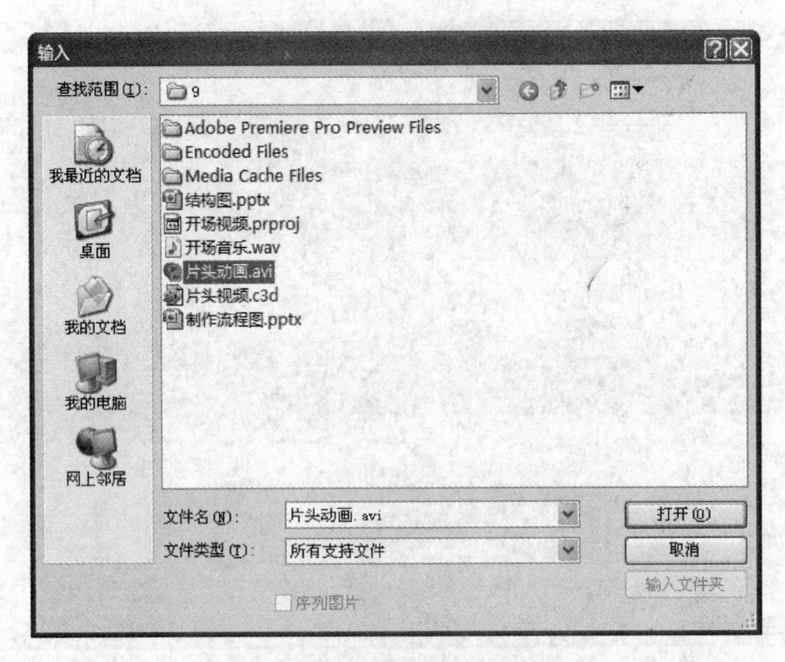

图 9-27　“输入”对话框

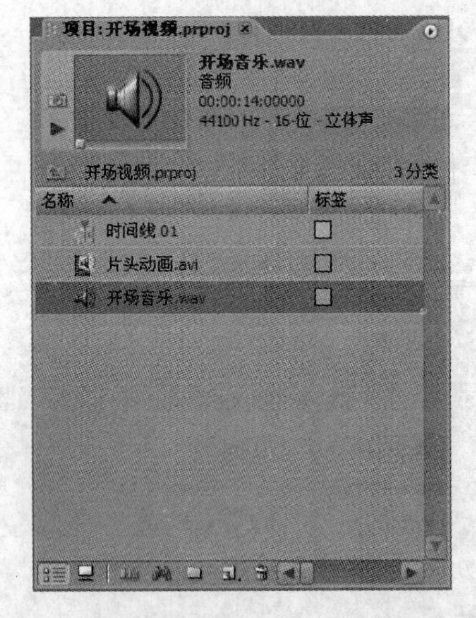

图 9-28　输入视频动画和背景音乐

(2) 分别从“项目：开场视频.prproj”调板中将上一步导入的视频素材和音频素材拖放到时间线上，如图 9-29 所示。

(3) 选择“文件”→“输出”→“影片”命令打开“输出影片”对话框，在对话框中设置输出文件的保存位置和文件名，如图 9-30 所示。单击对话框中的“设置”按钮打开“输出影片设置”对话框，首先对“常规”设置项进行设置，如图 9-31 所示。设置输出视频的大小，如图 9-32 所示。完成设置后单击“确定”按钮关闭“输出影片设置”对话框，单击“输出影片”对话框中的“保存”按钮，即可获得需要的带有配乐的开场动画文件。

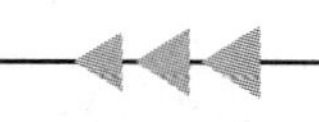

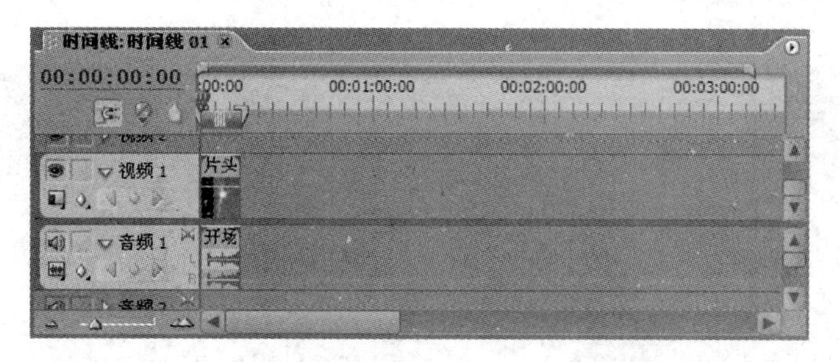

图 9-29　将视频和音频文件放置在时间线上

图 9-30　设置输出文件的保存位置和文件名

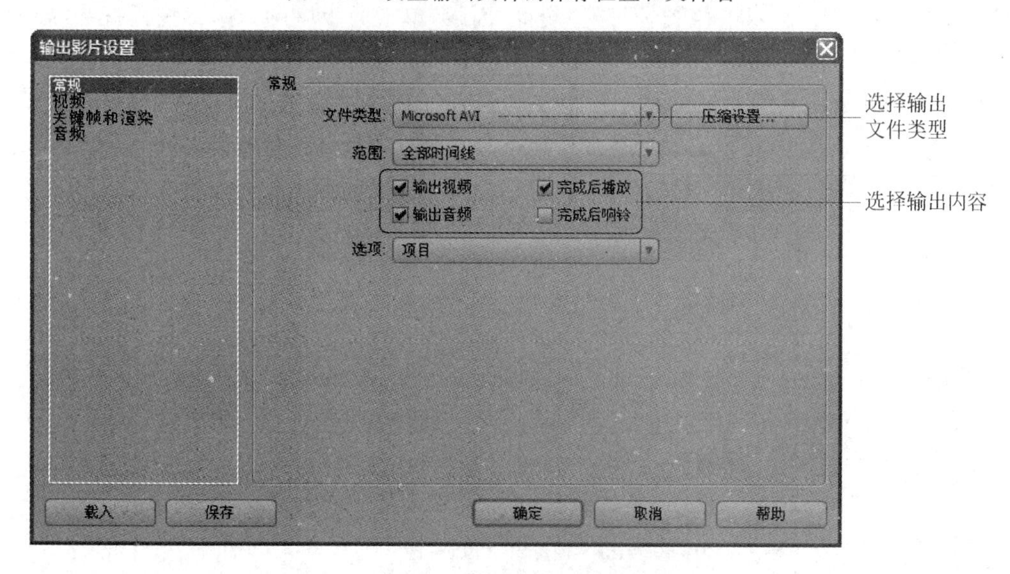

图 9-31　“常规”选项的设置

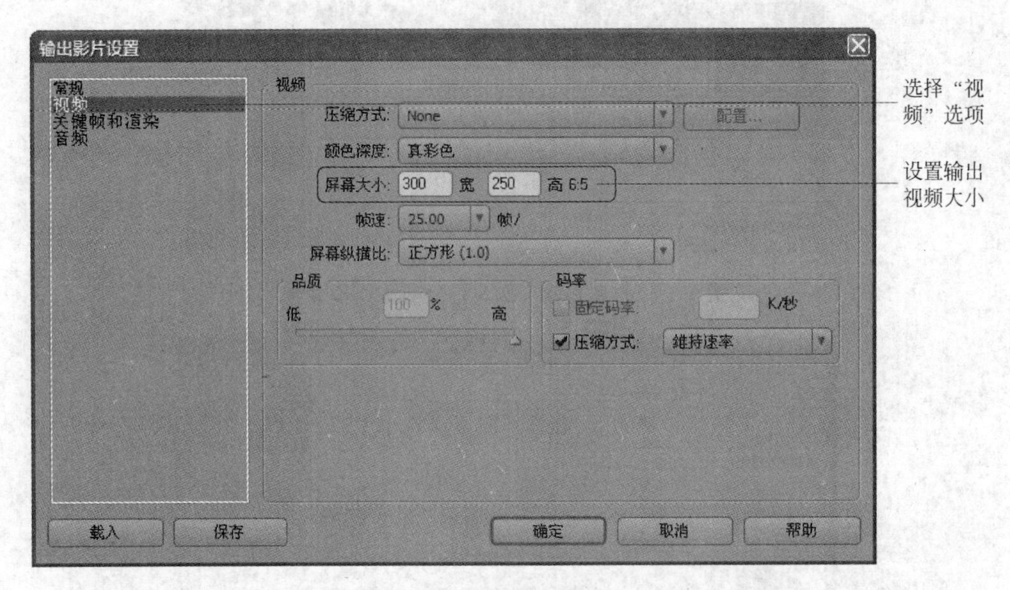

图 9-32　设置输出视频的大小

3. 转换视频文件格式

(1) 经过前面的步骤，得到一个“开场视频.avi”视频文件，这个文件体积比较大，为了减少用户系统资源的开销，提高多媒体程序的运行效率，可以对这个视频文件进行压缩。

(2) 利用视频格式转换工具——格式工厂，将“开场视频.avi”转换为 mpeg 文件格式，文件名为 1.mpg。具体转换方法请参考 5.3 节的相关内容。

9.2.3　将片头视频应用到 Authorware 文件

(1) 打开“光盘.a7p”文件，在“进入”群组图标的流程线上放置一个“数字电影”图标，将其命名为“开场动画”。双击该图标打开“属性”面板，单击面板中的“导入”按钮打开“导入哪个文件?”对话框。在对话框中选择创建的 1.mpg 文件，如图 9-33 所示。单击“导入”按钮将视频文件导入到演示窗口中。拖动演示窗口中的视频将其放置在演示窗口的中间，同时在“属性”面板的“计时”选项卡中设置视频播放的执行方式和视频播放重复次数，如图 9-34 所示。

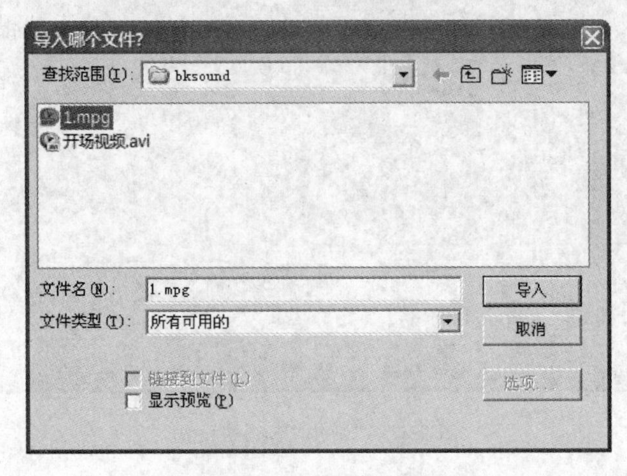

图 9-33　选择需要导入的视频文件

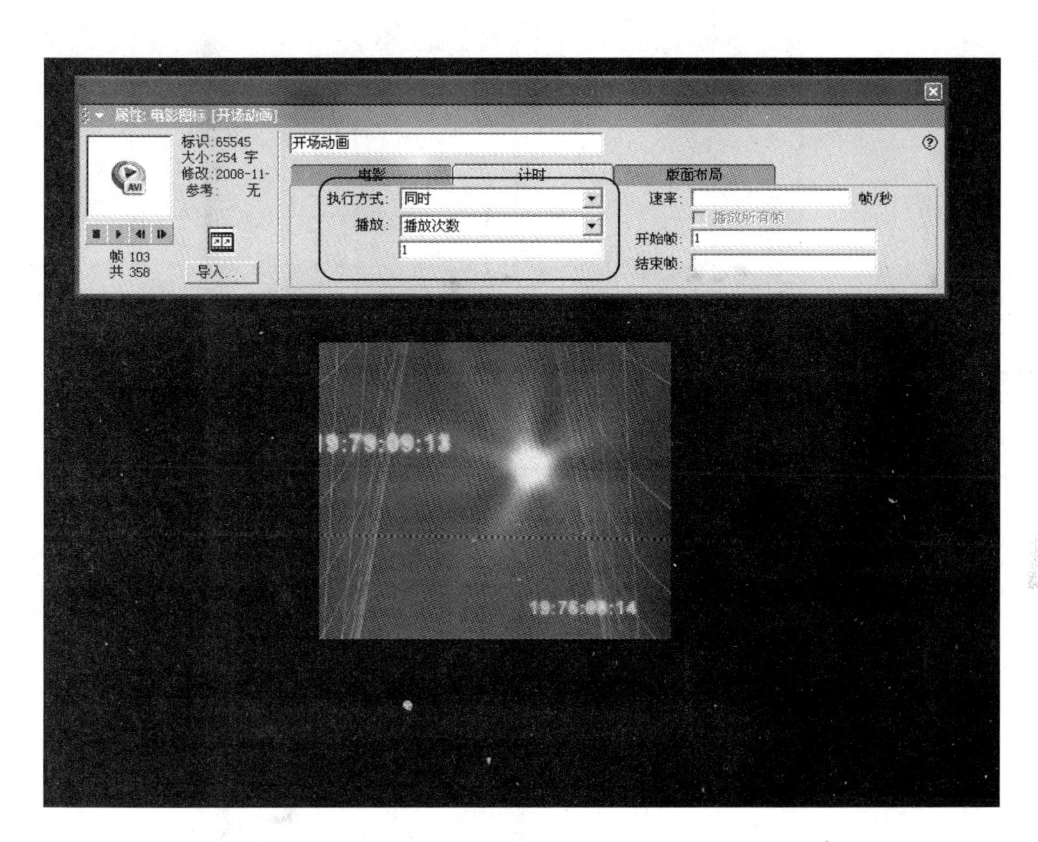

图 9-34　“计时”选项卡的设置

(2) 在流程线上放置一个“等待”图标，在“等待”图标的“属性”面板中设置“事件”选项和“时限”，如图 9-35 所示。

专家点拨：在播放开场视频时，用户可以通过单击鼠标或按键来退出视频播放，也可以等待视频播放完成后自动退出视频播放。要实现这一功能，最简单的办法就是使用“等待”图标。这里为了能够使视频播放完成后不会马上退出，以便于观众看清视频中的文字内容，将“等待”图标的“时限”设置得比视频的播放时间略长。

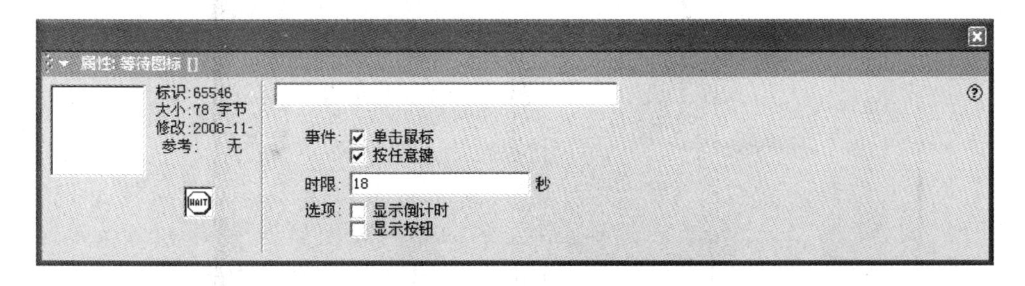

图 9-35　“等待”图标的“属性”面板的设置

(3) 在流程线上放置一个“擦除”图标，打开其“属性”面板，单击演示窗口中的视频将视频指定为擦除对象，如图 9-36 所示。至此，程序的进入部分制作完成。

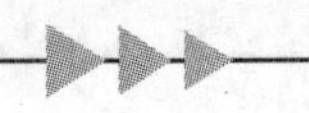

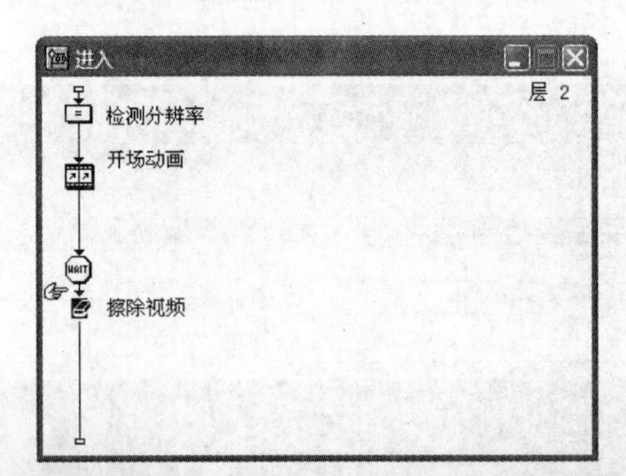

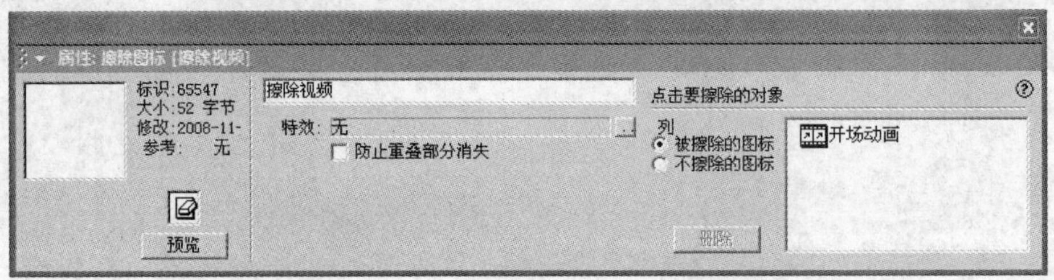

图 9-36 添加“擦除”图标并指定擦除对象

9.3 程序主界面的制作

本案例光盘的主界面放置着视频教程播放导航菜单,以及显示帮助、退出光盘和开关背景音乐等控制按钮。本节将主要介绍主界面的制作和视频教程播放导航功能的实现方法。主界面以及主界面中导航菜单文字均使用 Photoshop 制作,导航功能则使用 Authorware 的热区域交互类型来实现。

9.3.1 用 Photoshop 制作主界面背景

(1) 启动 Photoshop CS6,打开背景素材图片“背景图片.jpg”,将其保存为“背景图片.psd”文件。

(2) 选择“图像”→“图像大小”命令,打开“图像大小”对话框,在其中设置图像的尺寸为1024×768 像素,这样使背景图片与程序中演示窗口的大小相同。

(3) 在工具箱中选择“横排文字工具”T,设置文字的字体、字号和颜色后,在图像中创建标题文字,如图 9-37 所示。

(4) 在“图层”调板中双击文字图层打开“图层样式”对话框,为文字添加“投影”样式效果,样式效果的参数设置如图 9-38 所示。为文字添加“外发光”样式效果,样式效果的参数设置如图 9-39 所示。为文字添加“光泽”样式效果,样式效果的参数设置如图 9-40 所示。为文字添加“渐变叠加”样式效果,样式效果的参数设置如图 9-41 所示。完成设置后单击“确定”按钮关闭“图层样式”对话框应用图层样式,此时的标题文字效果如图 9-42 所示。

专家点拨:在进行“渐变叠加”样式效果的参数设置时,使用的渐变样式是可以自定义的。双击“渐变”色谱条可以打开“渐变编辑器”对话框,使用该对话框能够自定义渐变样式。如图 9-41 所示,这里在自定义渐变时,添加了大量的色标来获得精细的颜色渐变效果。

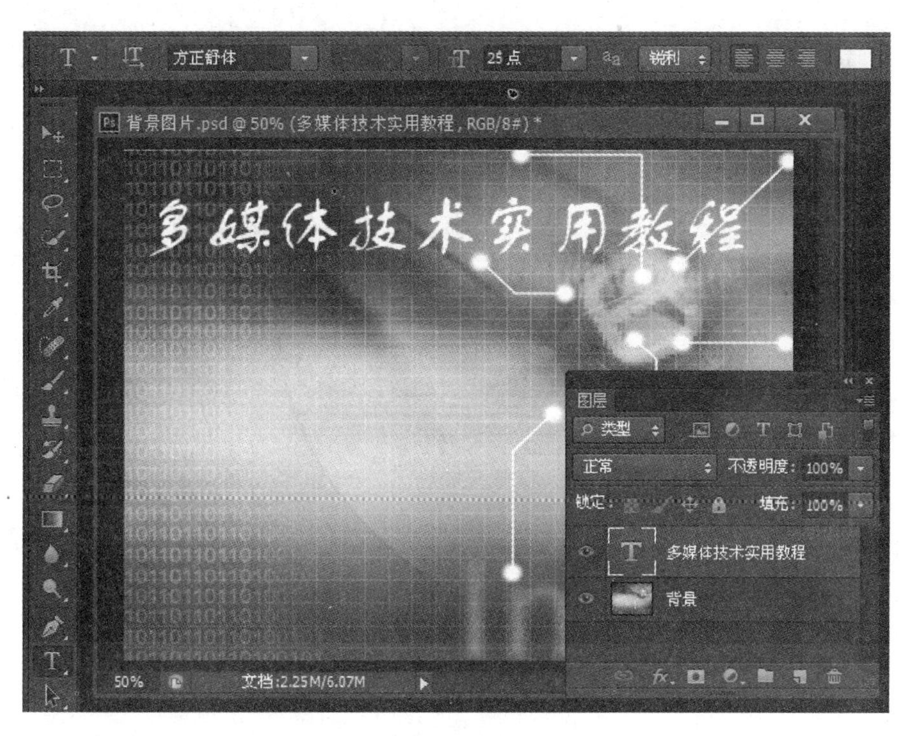

图 9-37　在图像中创建标题文字

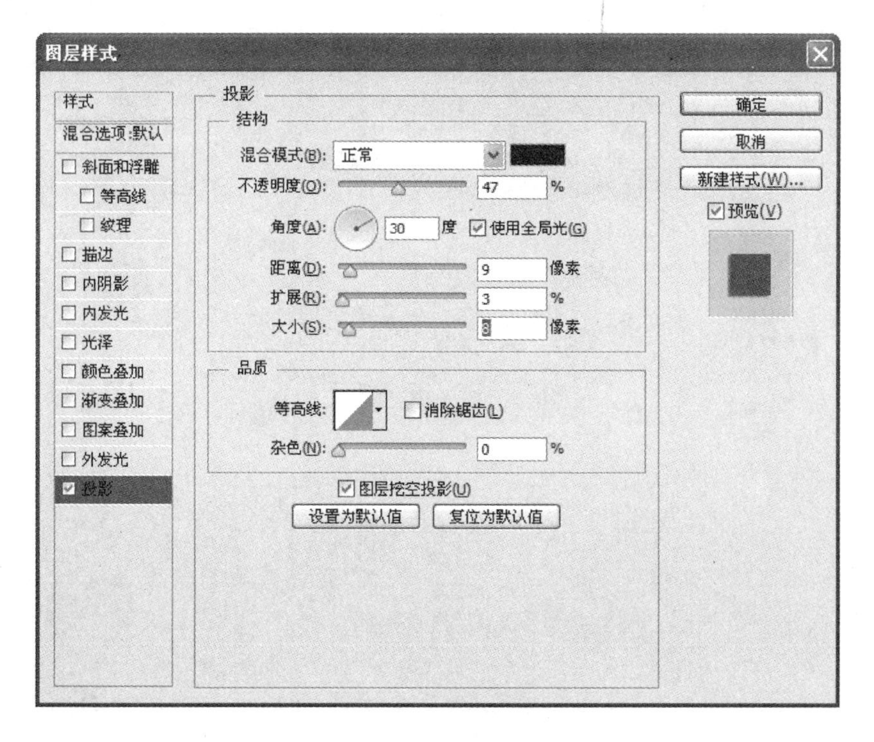

图 9-38　创建“投影”样式效果

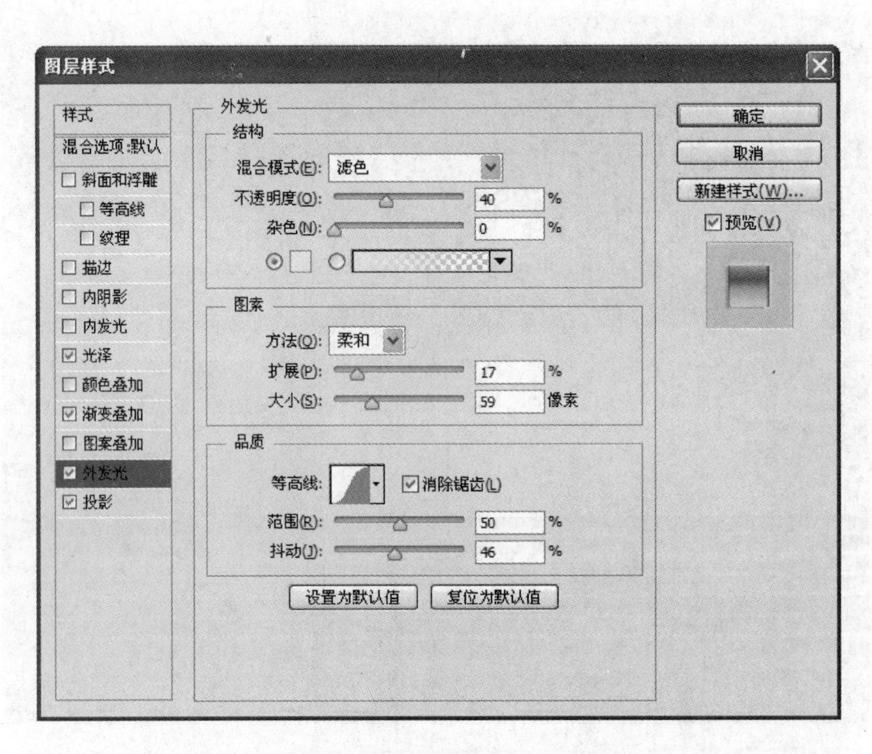

图 9-39 添加"外发光"样式效果

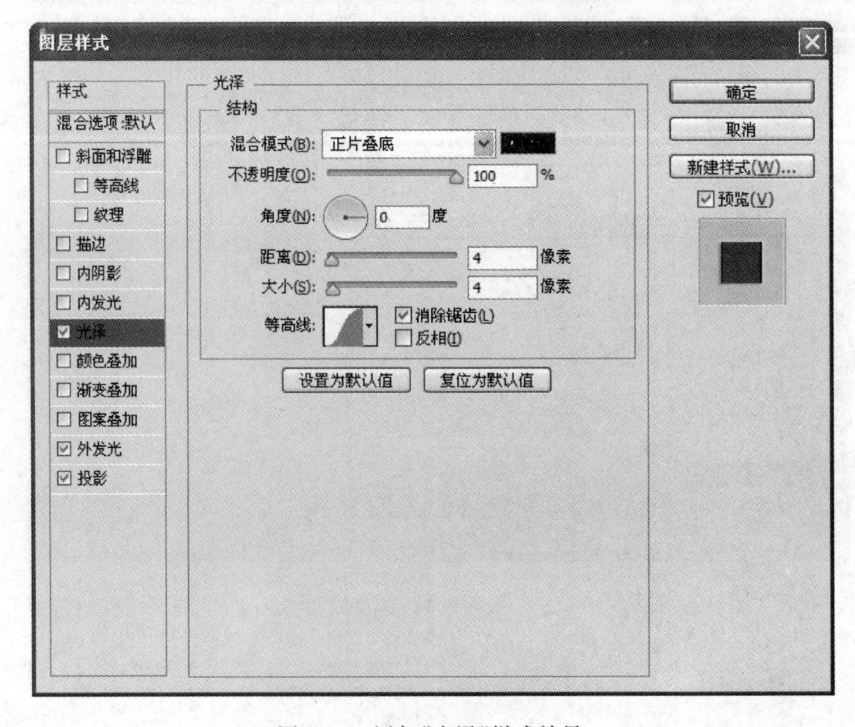

图 9-40 添加"光泽"样式效果

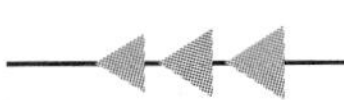

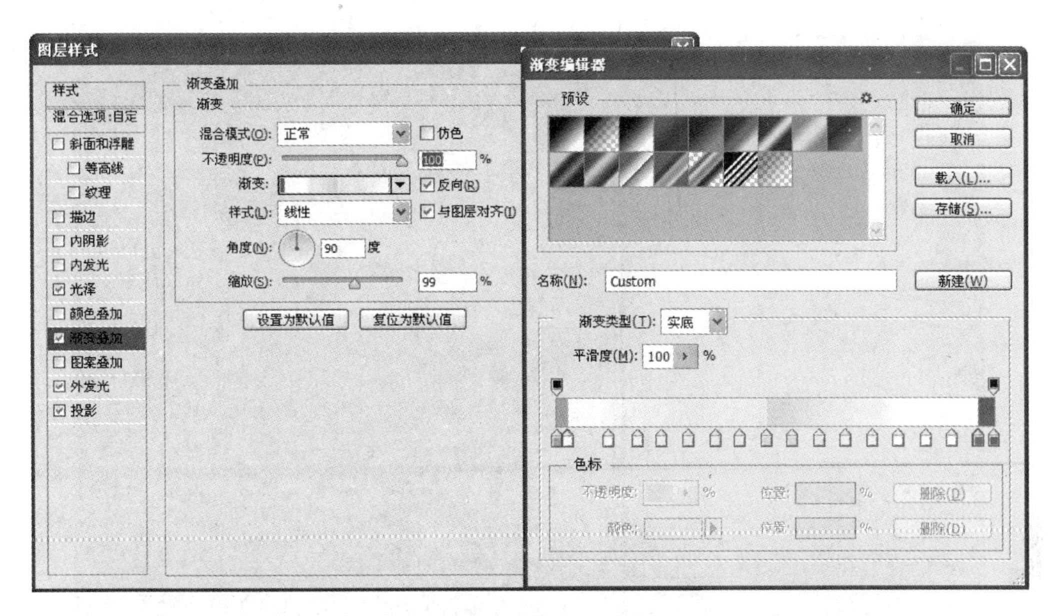

图 9-41　添加“渐变叠加”样式效果

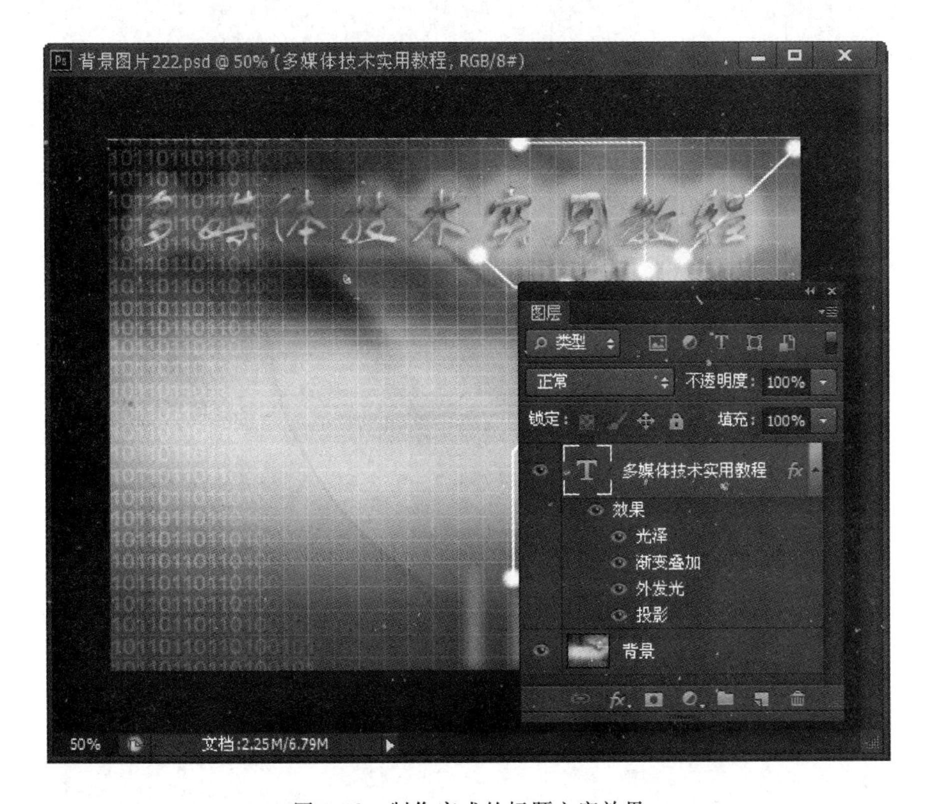

图 9-42　制作完成的标题文字效果

(5) 在“图层”调板中创建一个新图层，使用“圆角矩形工具”在图层中绘制一个圆角矩形，如图 9-43 所示。双击该图层打开“图层样式”对话框，为图层添加“斜面和浮雕”图层样式，其参数设置如图 9-44 所示。勾选“等高线”复选框，其参数设置如图 9-45 所示。

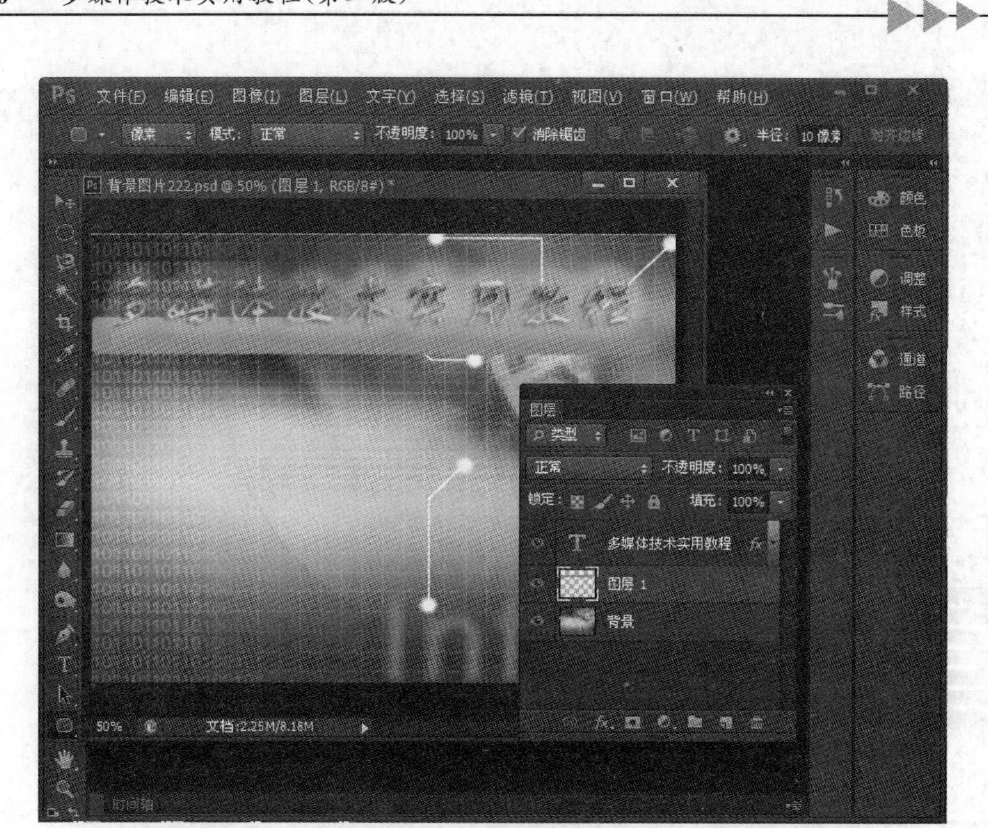

图 9-43 绘制圆角矩形

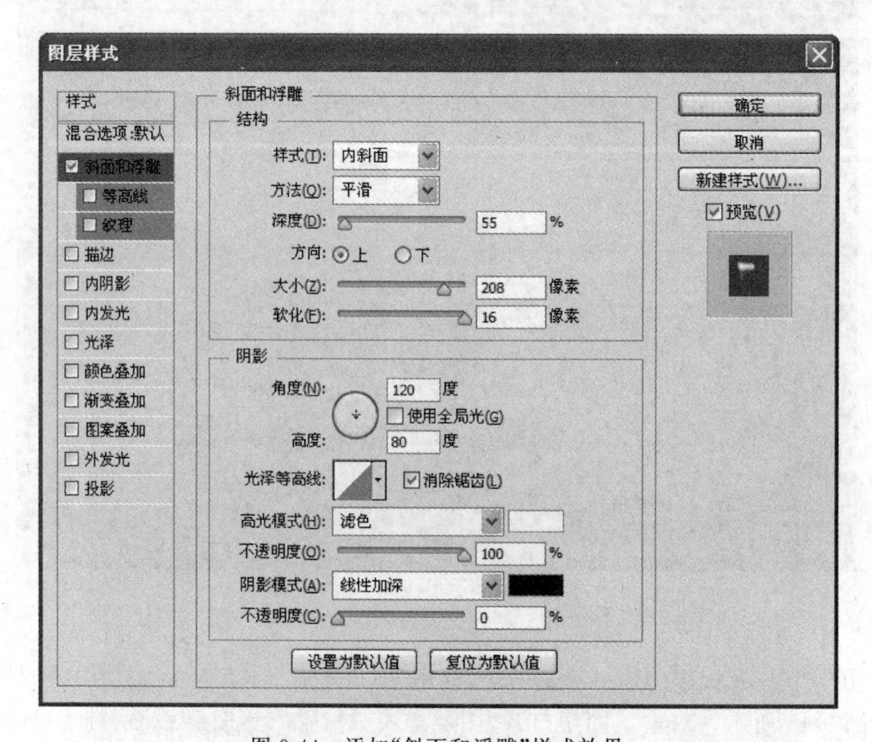

图 9-44 添加“斜面和浮雕”样式效果

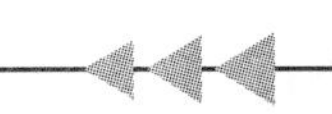

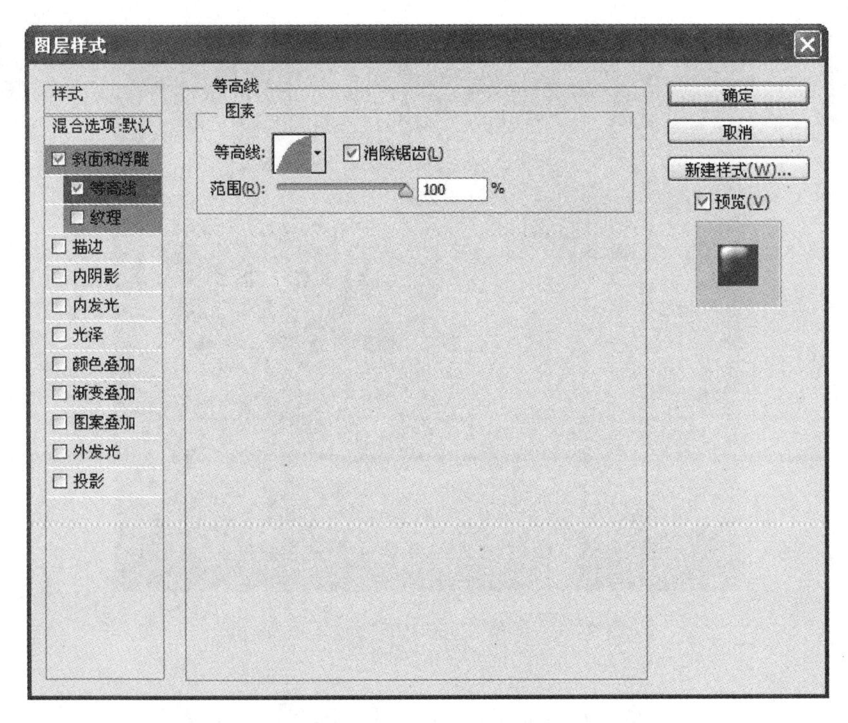

图 9-45　“等高线”的参数设置

(6) 完成设置后关闭“图层样式”对话框，此时的效果如图 9-46 所示。在“图层”调板中设置图层的“不透明度”和“填充”值获得半透明效果，如图 9-47 所示。保存该文件，将其存储为 png 格式的图像文件，完成背景图片的制作。

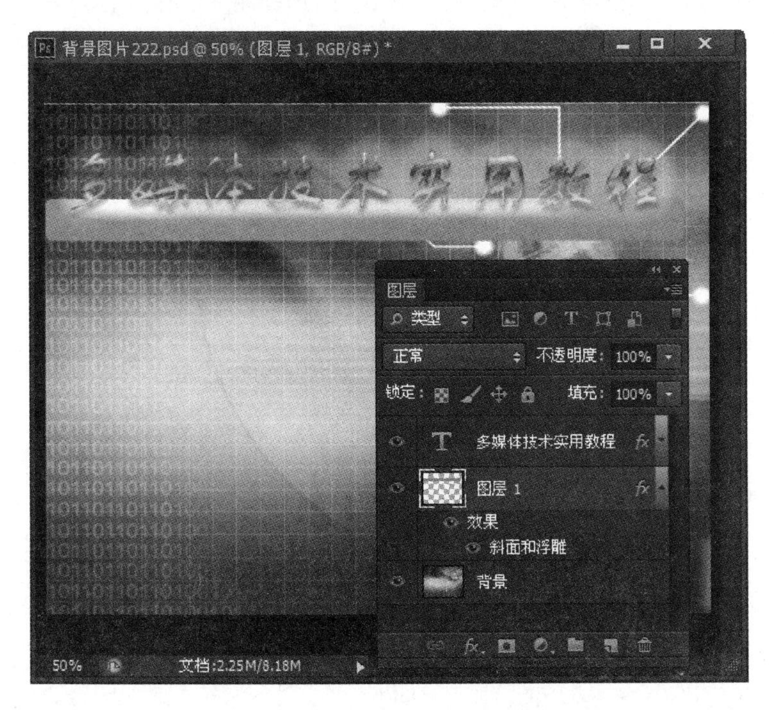

图 9-46　完成图层样式后的图像效果

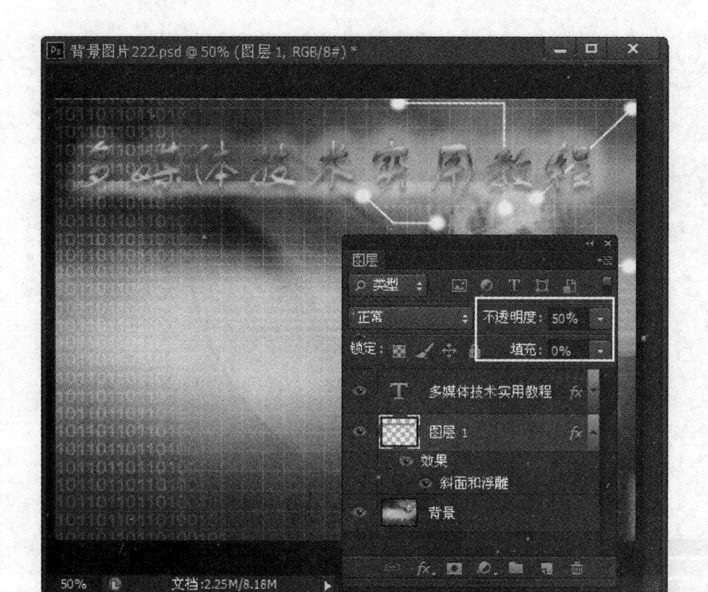

图 9-47 调整“不透明度”和“填充”的值

9.3.2 将背景图片应用到 Authorware 文件

(1) 切换到 Authorware 程序,在“光盘. a7p”文件的主流程线上放置一个名为“主界面”的“群组”图标。

(2) 在该“群组”图标中放置一个名为“背景”的“显示”图标,双击打开该图标,单击工具栏中的“导入”按钮打开“导入哪个文件?”对话框,选择刚才制作的背景图片,如图 9-48 所示。单击“导入”按钮将图片导入到“显示”图标中即完成程序主界面背景的添加,如图 9-49 所示。

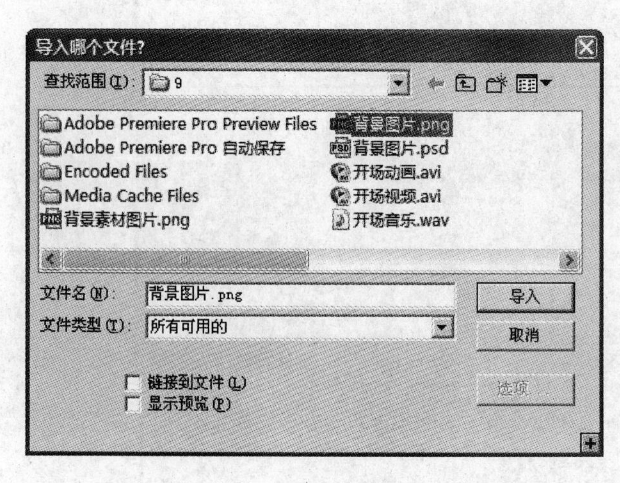

图 9-48 选择背景图片

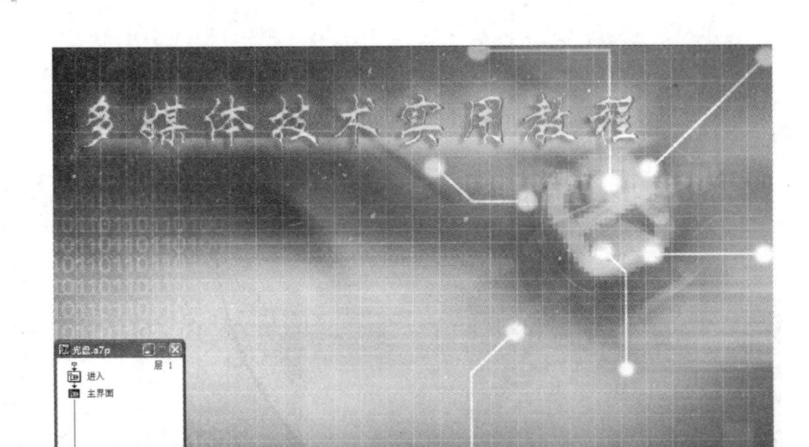

图 9-49　添加主界面背景

9.3.3　实现视频播放导航

(1) 启动 Photoshop CS6,创建一个图像大小为 50×50 像素的透明背景文件,在文件中使用图层样式效果创建一个圆形水晶按钮,如图 9-50 所示。使用图层样式效果创建导航菜单文字(字体使用华文行楷),如图 9-51 所示。使用图层样式创建鼠标移过时显示的菜单文字效果,如图 9-52 所示。

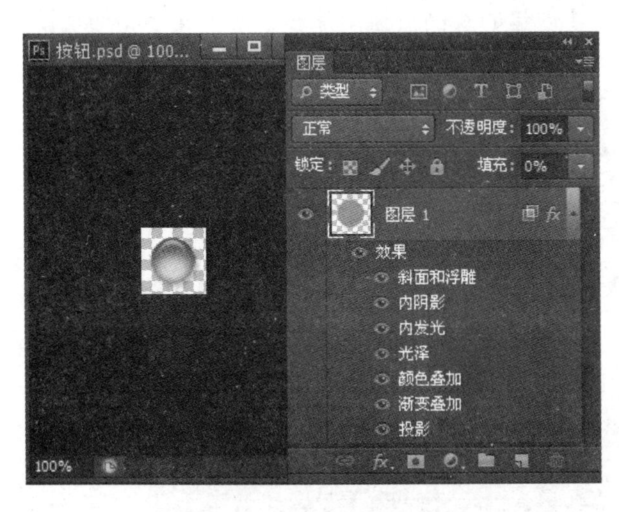

图 9-50　创建圆形水晶按钮

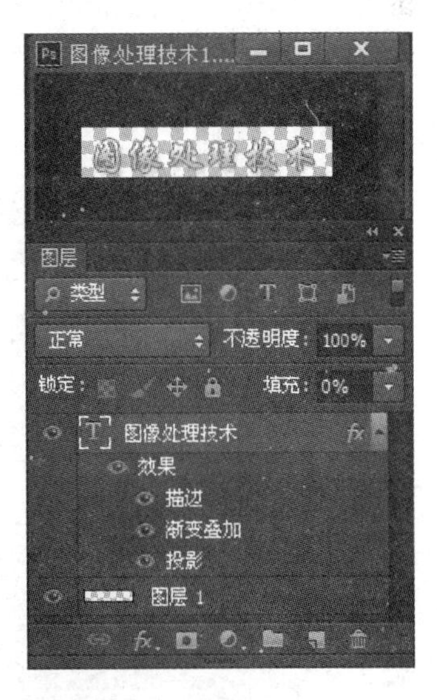

图 9-51　创建导航菜单

专家点拨:这里同一个菜单文字需要两个不同样式效果的文字,其中第一个用于正常情况下的显示效果,第二个样式效果的文字是当鼠标移过该菜单选项时的文字显示效果。由于程序中菜单项有 5 个,这里一共需要制作 5 对这样的特效文字。在制作时,完成第一对特效文字制作后,后面的特效文字只需要更改文字内容,然后保存即可。

(2) 创建一个大小为 600×600 像素的背景透明的新文件,制作一个上下两端透明的矩形框,如图 9-53 所示。

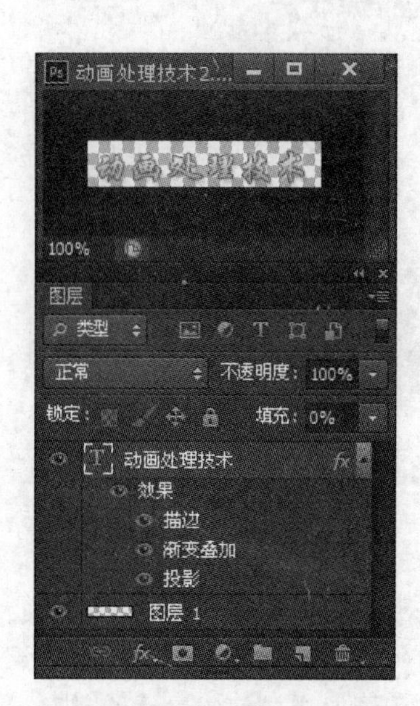

图 9-52　创建鼠标移过时的菜单文字效果

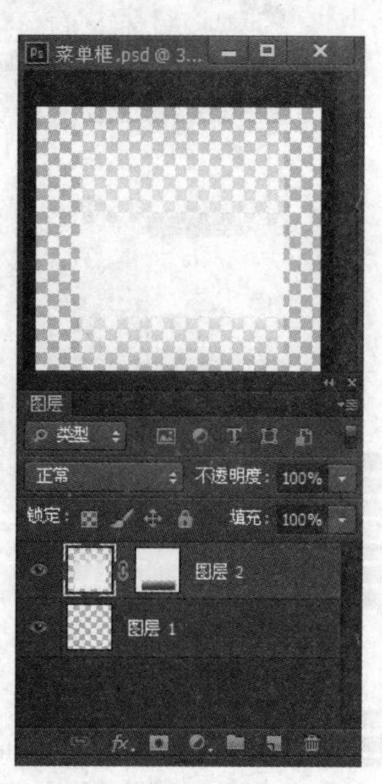

图 9-53　创建一个矩形框

(3) 切换到 Authorware,在流程线的“背景”显示图标下放置一个名为“主菜单选项”的“显示”图标,在该“显示”图标中导入刚才创建的水晶按钮图片和菜单项文字。调整图片的布局,如图 9-54 所示。

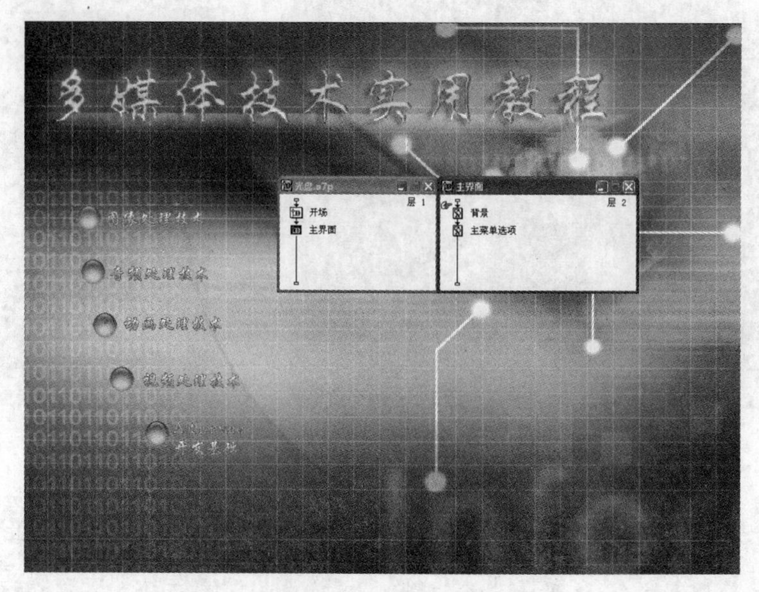

图 9-54　放置菜单项文字

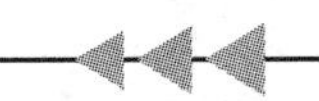

专家点拨：Authorware 提供了对使用 Photoshop 创建的透明背景的 PSD 文件的支持，这种文件可以直接导入到“显示”图标中。为了在程序运行时使图片的背景透明，可以在 Authorware 的工具箱中将插入 PSD 图片的“模式”设置为“阿尔法”。

(4) 在流程线上放置一个名为“光盘导航”的“交互”图标，在右侧挂接一个“群组”图标，在打开的“交互类型”对话框中将交互类型设置为“热区域”交互，如图 9-55 所示。在演示窗口中拖动热区域并调整其大小使其套住第一个选项，如图 9-56 所示。

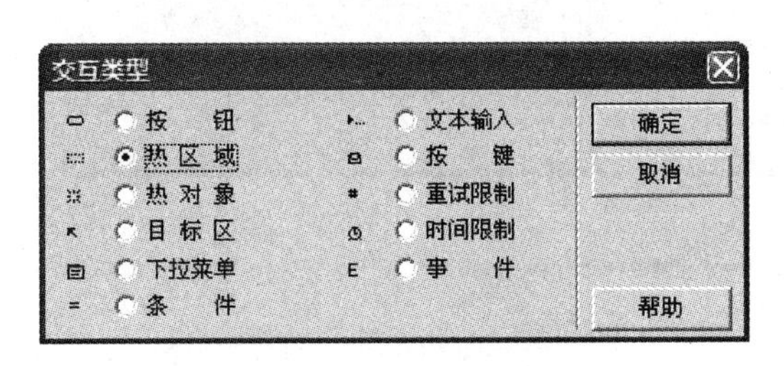

图 9-55 设置交互类型

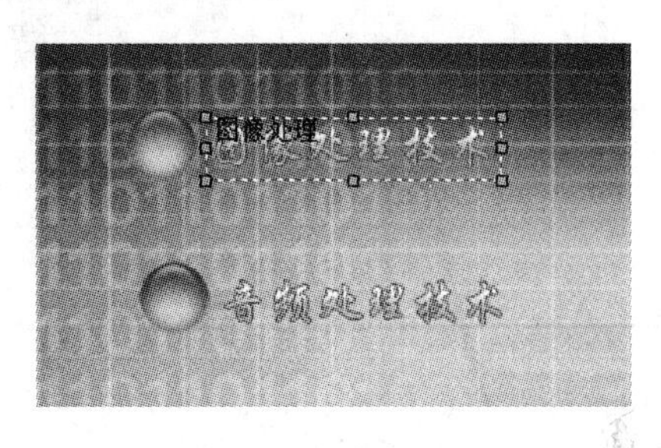

图 9-56 创建热区域

(5) 打开交互图标的“属性”面板，修改交互的名称，同时在“热区域”选项卡中设置鼠标指针和响应匹配方式，如图 9-57 所示。对“响应”选项卡中各设置项进行设置，如图 9-58 所示。

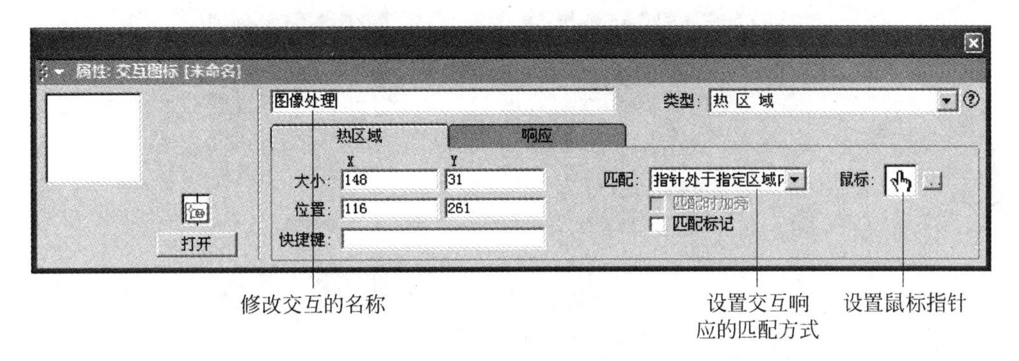

图 9-57 “热区域”选项卡的设置

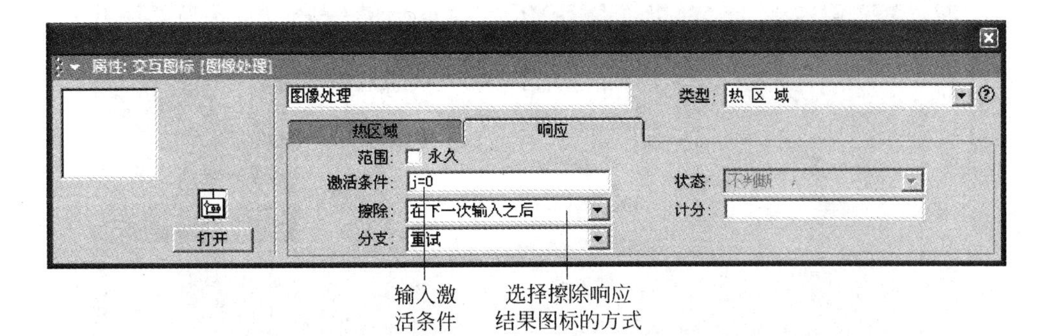

图 9-58 “响应”选项卡的设置

(6) 打开“交互”图标右侧挂接的“群组”图标。在流程线上放置一个“声音”图标，打开该图标的“属性”面板，导入一段声音。在“计时”选项卡中对声音播放方式进行设置，如

图 9-59 所示。

专家点拨：在程序运行时，当鼠标移过菜单项时，需要播放提示音以给出提示。这个提示音可以使用“声音”图标来播放，只需要播放一次即可。

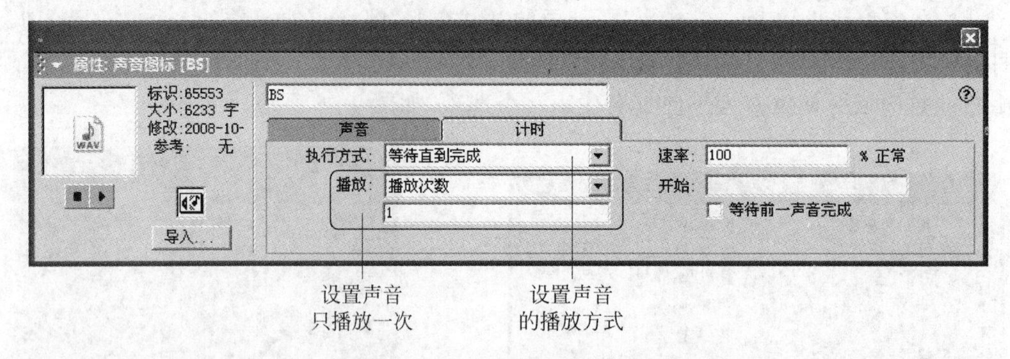

图 9-59 “计时”选项卡的设置

(7) 在流程线上放置一个名为“文字”的“显示”图标，在“显示”图标中放置该菜单选项文字在鼠标移过时需要显示的特效文字图片，如图 9-60 所示。在流程线上再放置一个名为“菜单”的“显示”图标，导入第(2)步中创建的边框图片，同时使用工具箱中的“文本”工具输入文字，文字作为菜单的选项。此时获得的分类菜单效果如图 9-61 所示。

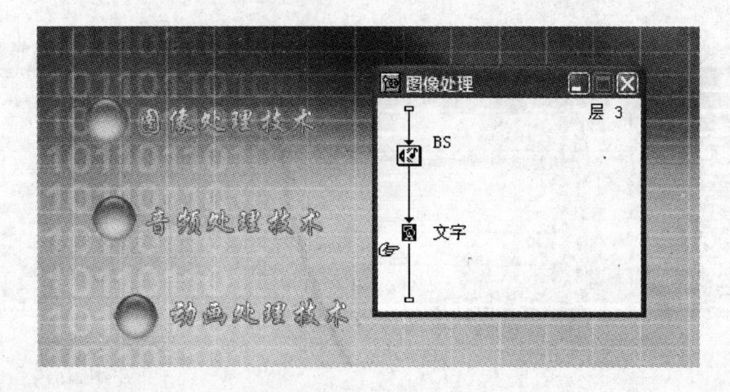

图 9-60 放置文字特效图片

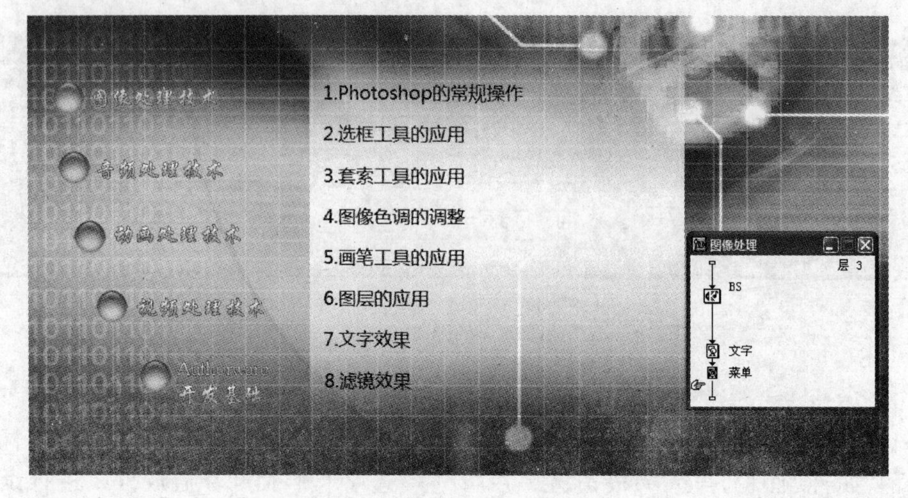

图 9-61 创建操作分类菜单

(8) 在流程线上放置一个"交互"图标,在其右侧挂接一个"群组"图标,将交互类型设置为"热区域"交互。设置热区域的大小和位置如图 9-62 所示。按照第(5)步的设置对这个热区域交互响应进行设置。

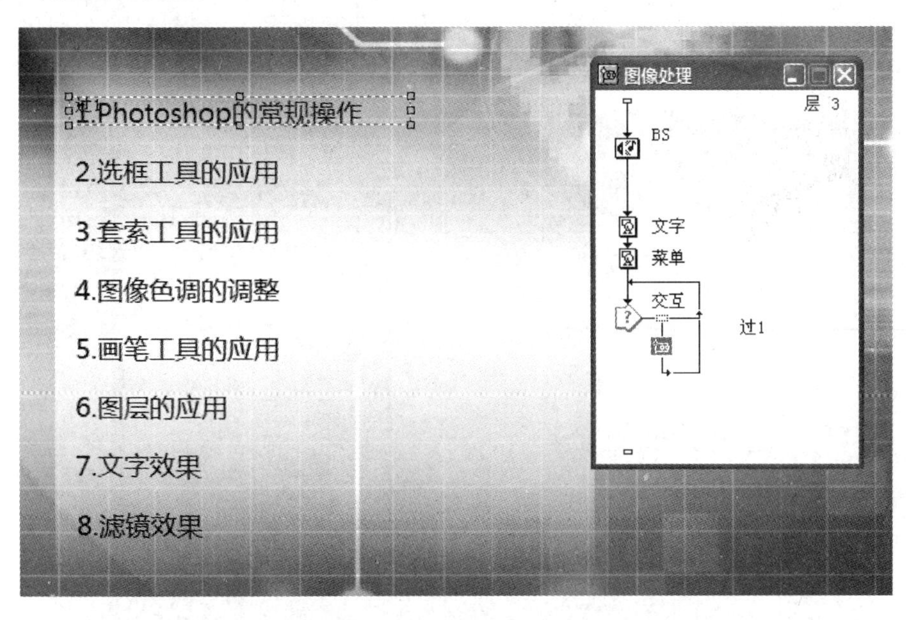

图 9-62　设置热区域的大小和位置

(9) 打开"热区域"交互下挂接的"群组"图标,将第(6)步中的"声音"图标复制到流程线上。添加一个"显示"图标,在该图标中绘制一个黑色的矩形框。该矩形框用于框选当前的选项,如图 9-63 所示。

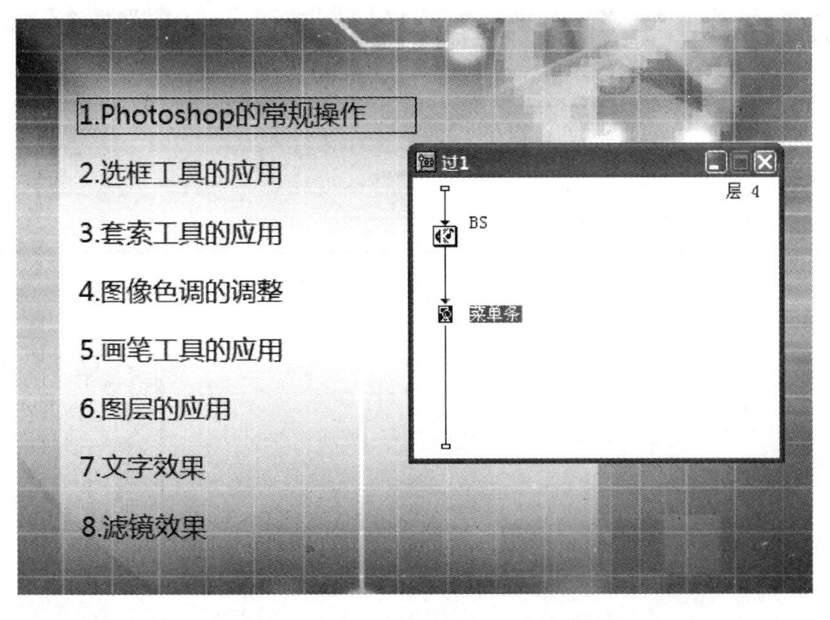

图 9-63　绘制标示菜单选项的黑色矩形框

(10) 回到"图像处理"群组图标窗口,在流程线"交互"图标右侧再挂接一个"群组"图标,将其命名为"单击1"。该交互的类型同样是"热区域"交互类型,热区域设置为菜单项的第一个选项,如图 9-64 所示。打开"属性"面板,在"热区域"选项卡中的"匹配"下拉列表中选择"单击"选项,其他设置项使用默认值即可,如图 9-65 所示。这样设置,在程序运行时,单击热区域能够执行交互响应程序。

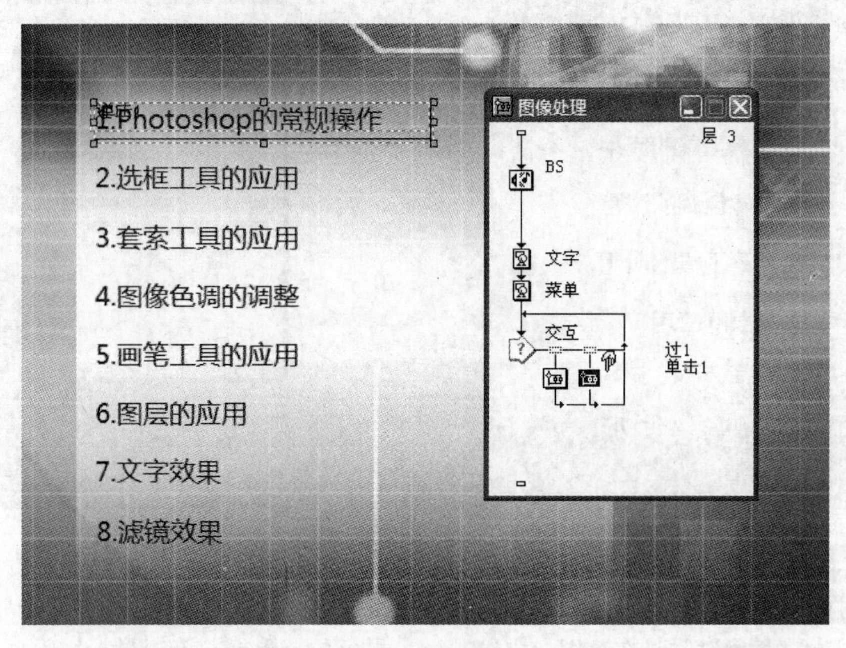

图 9-64　设置热区域

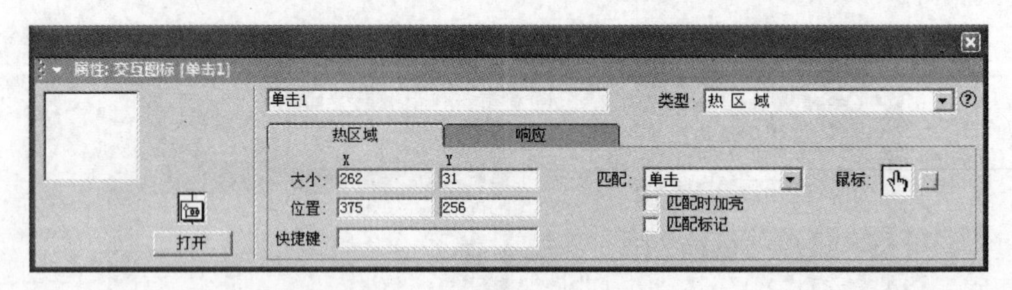

图 9-65　将"匹配"设置为"单击"

(11) 回到主流程线,在主流程线上放置一个名为 flashplayer 的"群组"图标,如图 9-66 所示。打开"单击 1"群组图标,在流程线上放置一个"计算"图标,在"计算"图标中输入如下程序代码:

```
pl: = FileLocation^"video\\1 - 1.swf"
h: = 0
GoTo(@"flashplayer")
```

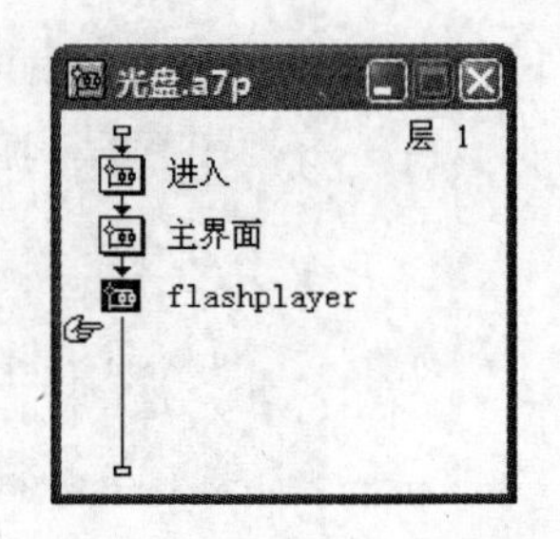

图 9-66　在主流程线上放置一个"群组"图标

专家点拨: 在程序中,FileLocation 是系统变量,存储当前程序在磁盘上的目录路径,这里视频教程放置于与程序相同文

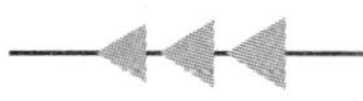

件夹下的 video 文件夹中。需要播放的视频文件的完整路径储存在变量 pl 中，在播放视频时，直接使用该变量来指定需要播放的视频文件。Flashplayer“群组”图标将用于制作 Flash 动画(swf 文件)播放器。

(12) 回到“图像处理”群组图标窗口，复制“过 1”和“单击 1”群组图标，将各个“群组”图标中“菜单条”显示图标中的黑色方框放置于相应的菜单项上，将各个交互的“热区域”放置于相应的菜单选项上，同时将名为“单击”的“群组”图标中“计算”图标的变量 pl 的值修改为对应的视频教程文件路径，如图 9-67 所示。

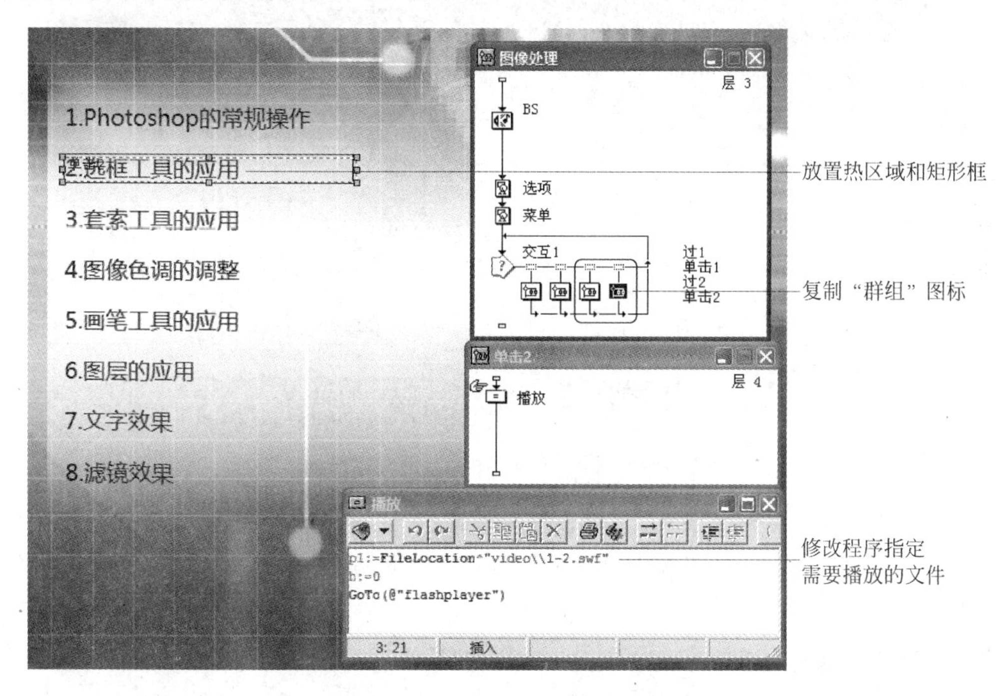

图 9-67　设置其他热区域交互

(13) 在“交互”图标的右侧再挂接 5 个“群组”图标，分别将热区域设置为演示窗口中“音频处理技术”、“动画处理技术”和“视频处理技术”等文字所在的区域。在“属性”面板中的“热区域”选项卡中将“匹配”选项设置为“指针处于指定区域内”，在“交互”选项卡中将“分支”设置为“退出交互”，“擦除”设置为“在下一次输入之后”，如图 9-68 所示。此时的交互结构如图 9-69 所示。

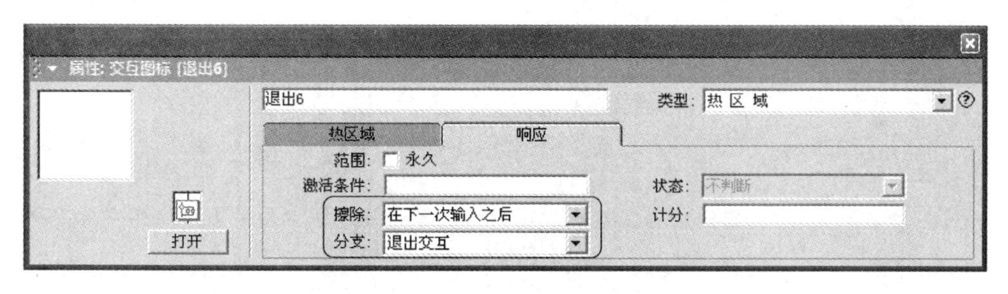

图 9-68　“属性”面板中的设置

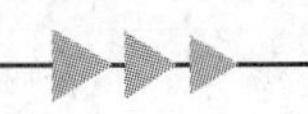

专家点拨：在程序运行时，鼠标移到文字“图像处理技术”上时，将能够打开上面制作的菜单。鼠标移过这个菜单的某个菜单项时，框选菜单选项的黑色矩形框将移到该菜单项上，单击该菜单项，将能够打开对应的视频教程文件(swf 文件)进行播放。此时，如果鼠标移到诸如“音频处理技术”等其他菜单选项上时，打开的“图像处理技术”菜单将消失。要实现这种效果，可以像上面那样添加热区域交互类型，交互响应不需要任何内容，交互只是实现鼠标移到其他项目时名为“交互 1”的交互的退出。

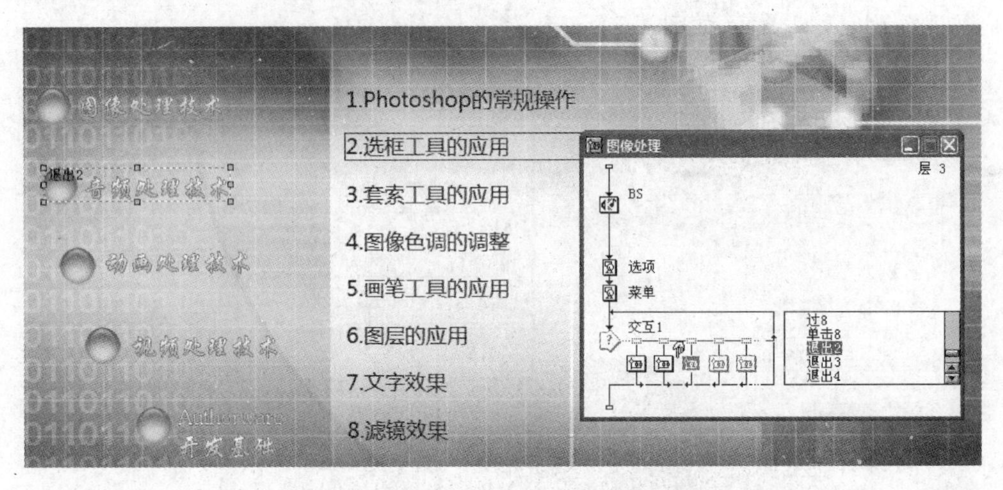

图 9-69　添加“群组”图标后的交互结构

(14) 至此，“图像处理技术”交互响应制作完成。“光盘导航”交互的其他交互响应的制作方法与“图像处理技术”交互响应的制作方法完全相同，这里不再赘述。制作完成后的主界面和各级流程线结构如图 9-70 所示。

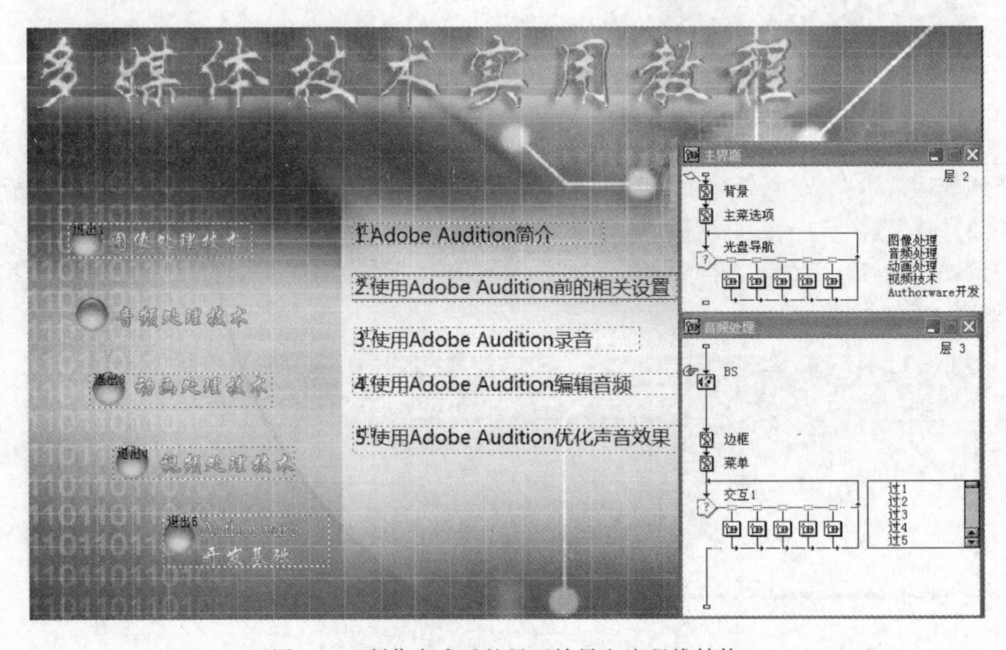

图 9-70　制作完成后的界面效果和流程线结构

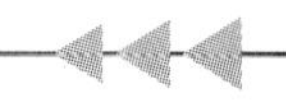

专家点拨：大型程序的结构复杂，功能繁多，在完成一个功能后，最好对该功能进行测试。测试时为了避免运行其他模块的程序影响，可以在流程线上放置标志旗 以指定程序运行的单元。

9.4　制作视频教程播放器

本案例使用的视频教程是 swf 格式的 Flash 动画文件，在播放视频教程时需要用户能够对教程的播放进行控制，包括播放的暂停和开始、快进和快退以及通过滚动条来显示和控制播放的进度等。swf 文件的播放使用 ShockWave Flash 控件来实现，通过编写代码设置控件属性和调用控件方法来实现对动画播放的控制。下面介绍详细的制作过程。

9.4.1　实现视频教程的播放

(1) 使用 Photoshop 制作播放控制器背景，如图 9-71 所示。同时使用 Photoshop 分别制作控制按钮，图 9-72 所示为制作完成的“播放”按钮的效果。

图 9-71　播放控制器背景

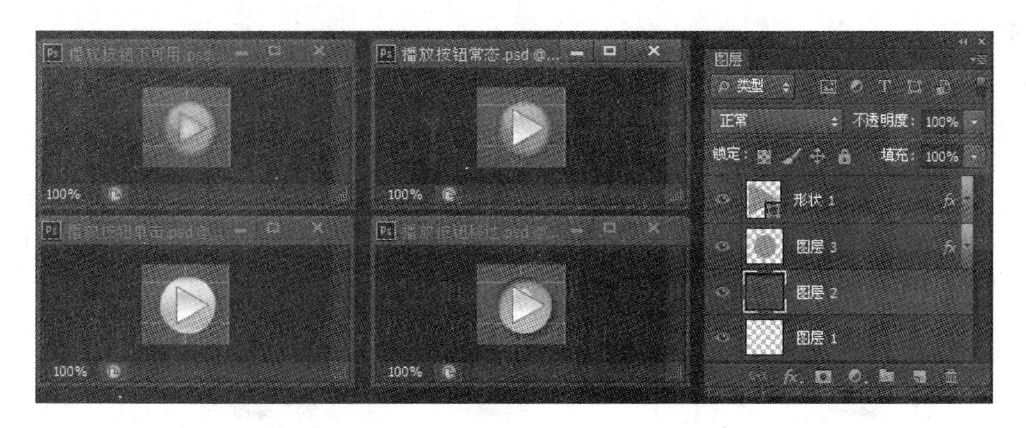

图 9-72　“播放”控制按钮

专家点拨：这里，播放器的背景可以直接在 Photoshop 中使用“裁剪工具” 从主界面背景图片上截取。按钮一般具有 4 种显示状态，即正常情况下的状态、鼠标移过按钮表面时的状态、鼠标单击按钮时的显示状态以及按钮不可用时的显示状态。在程序制作前，应该分别准备好这些按钮不同状态的素材图片。由于 Authorware 中按钮无法调整大小，且按钮无法实现背景透明效果，因此这里在 Photoshop 中制作按钮素材图片时，图片大小就是在 Authorware 中使用时按钮的原始大小，并且按钮素材图片的背景就是该按钮在程序中的背景，这样可以保证按钮能够融合在程序的背景图片中。

(2) 在 Authorware 中打开 flashplayer 群组图标。在流程线上放置一个名为“播放器背景”的“显示”图标，导入作为播放器背景的图片。选择“插入”→“控件”→ActiveX 命令打开 Select ActiveX Control 对话框，在其中选择插入 Flash 控件，如图 9-73 所示。单击 OK 按钮关闭对话框，将流程线上的控件名改为 flash，播放这段程序，按 Ctrl+P 组合键暂停程序，调整控件的播放窗口在演示窗口中的大小，如图 9-74 所示。

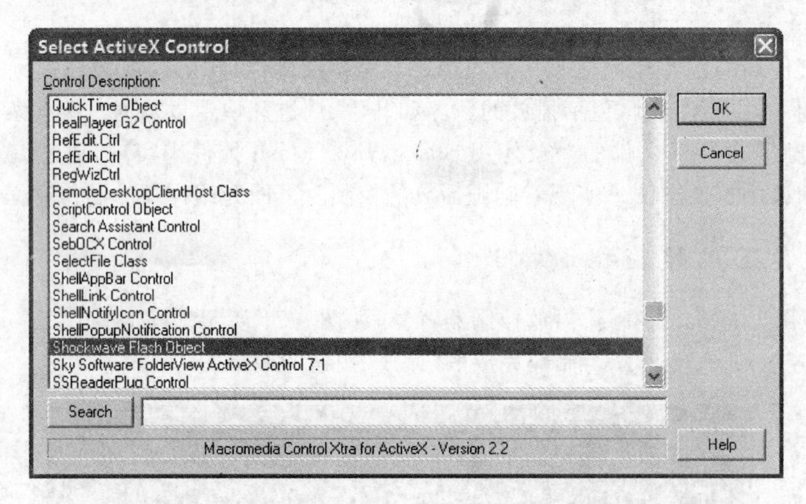

图 9-73 选择插入 Flash 控件

(3) 在流程线上再放置一个“计算”图标，在“计算”图标中输入代码实现教程的播放，代码如下所示：

```
bf: = 1
SetSpriteProperty(@"flash",#movie,pl)
```

9.4.2 视频教程播放的基本控制

(1) 在流程线上放置一个名为“播放控制”的“交互”图标，在其右侧挂接一个“群组”图标，将交互类型设置为“按钮”交互。分别打开这些“群组”图标，在流程线上放置一个“计算”图标。打开“属性”面板设置按钮样式，如图 9-75 所示。使用相同的方法在演示窗口中添加其他按钮交互，如图 9-76 所示。

专家点拨：“暂停”按钮放置的位置与“播放”按钮完全重合，其被“播放”按钮所覆盖。

(2) 在“属性”面板的“响应”选项卡中，将“退出播放”按钮的“分支”选项设置为“退出交互”。将“播放”按钮和“向前”按钮的“激活条件”设置为 bf=1。将“暂停”按钮的“激活条件”设置为 bf=0。将“向后”按钮的“激活条件”设置为 bf=1 & a<>GetSpriteProperty(@"flash",#totalframes)，如图 9-77 所示。

专家点拨：根据视频教程的不同播放状态确定按钮是否可用。程序运行时，当视频教程正常播放时，需要“暂停”按钮可见而“播放”按钮不可见，因此这里设置这两个按钮的激活条件为 bf=0 和 bf=1。“向后”按钮在视频没有播放时不可用，其激活条件设置为 bf=1。“向前”按钮在教程播放停止或教程播放完成后均应该处于不可用状态，因此将其激活条件设置为 bf = 1 & a <> GetSpriteProperty (@ " flash ", # totalframes), 其中

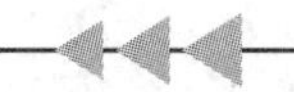

图 9-74　调整控件窗口大小

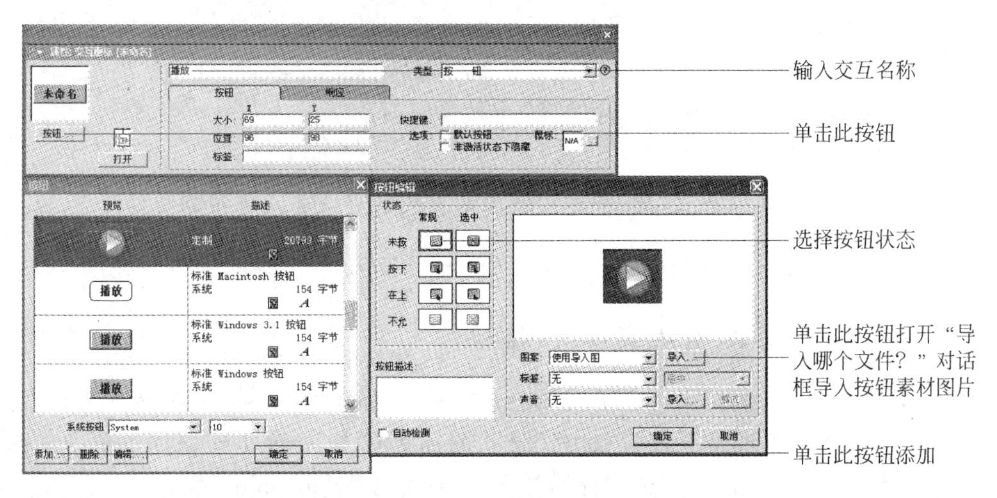

图 9-75　设置按钮形状

GetSpriteProperty(@"flash",#totalframes)获得 Flash 动画的总帧数，变量 a 在这里存储当前动画播放的帧数。

(3) 在“播放”群组图中的“计算”图标中输入如下代码实现控制 Flash 动画播放：

```
CallSprite(@"flash",#play)
bf:=1
```

图 9-76 在演示窗口中添加其他按钮交互

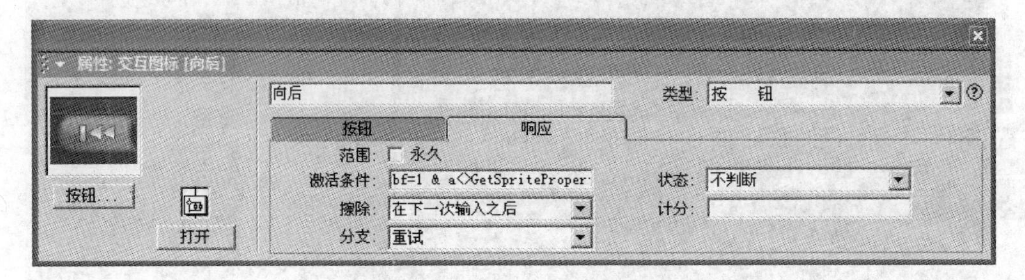

图 9-77 设置按钮的“激活条件”

在“暂停”群组图标中的“计算”图标中输入如下代码实现动画播放的暂停：

```
CallSprite(@"flash",#stop)
bf:=0
```

在“向后”群组图标中的“计算”图标中输入如下代码实现动画从头开始播放：

```
CallSprite(@"flash",#rewind)
CallSprite(@"flash",#play)
```

在“向前”群组图标中的“计算”图标中输入如下代码实现动画跳转到尾部：

```
CallSprite(@"flash",#gotoframe,GetSpriteProperty(@"flash",#totalframes))
```

9.4.3 使用滑块控制视频教程播放

(1) 在 flashplayer 群组图标的流程线上放置两个“显示”图标，分别放置作为进度条和滑块的图片，如图 9-78 所示。在“进度条”显示图标上右击，在弹出的快捷菜单中选择“计算”命令为其附加一个“计算”图标，“计算”图标中的代码为 Movable:=0。

专家点拨：在程序运行时，需要能够通过拖动滑块来调整播放进度，为了避免误操作造成进度条移动位置，这里通过代码将进度条设置为程序运行时不可移动。

(2) 打开“滑块”显示图标的“属性”面板，设置滑块图片的可移动路径，如图 9-79 所示。

(3) 在“播放控制器”交互图标右侧挂接一个“群组”图标，将交互类型设置为“时间限制”交互。在该交互的“群组”图标中放置一个“移动”图标，对“移动”图标的属性参数进行设置，如图 9-80 所示。对“时间限制”交互的属性进行设置，如图 9-81 所示。

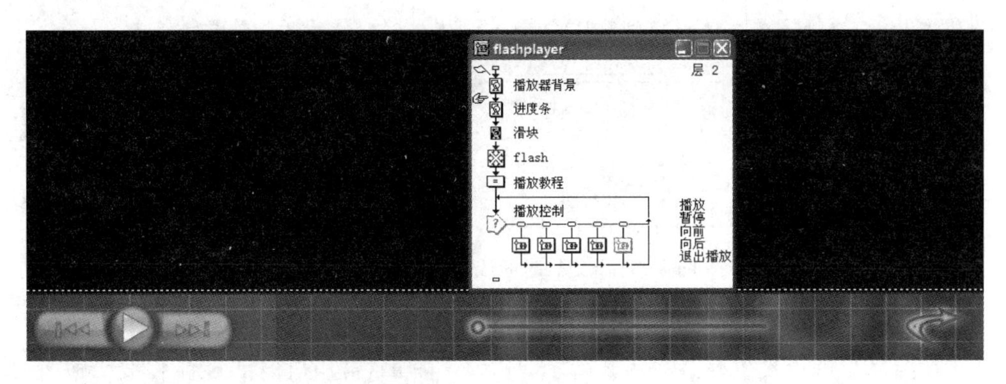

图 9-78　创建滑块和进度条

图 9-79　设置滑块图片的可移动路径

图 9-80　对“移动”图标的属性参数进行设置

专家点拨：使用“时间限制”交互方式，以 0.2s 的时间间隔执行交互响应程序，使用“移动”图标移动“滑块”的位置。“移动”图标在移动“滑块”的位置时，以动画当前的帧数作为移动到的目标位置值，从而实现滑块对播放进度的标示。

图 9-81　设置“时间限制”交互的属性

(4) 在“播放控制”交互图标右侧再挂接一个“群组”图标，将交互类型设置为“条件”交互，对交互的属性进行设置，如图 9-82 所示。打开下挂的“群组”图标，在流程线上放置一个“计算”图标，输入如下代码：

```
CallSprite(@"flash",#gotoframe,PathPosition@"滑块")
CallSprite(@"flash",#play)
```

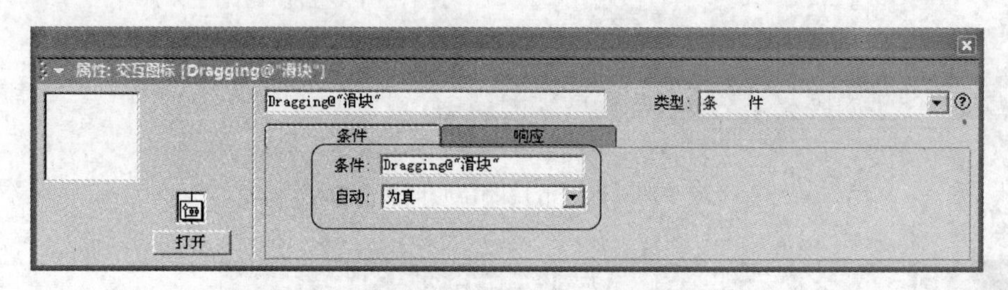

图 9-82　设置交互属性

专家点拨：Dragging 为系统变量，当用户拖动指定图标时，其值为真。程序中的 PathPosition 为系统变量，其存储指定图标在路径上的位置值。程序运行时，当有拖动滑块的动作时，Dragging@"滑块"的值为真，触发交互，执行“计算”图标中的程序代码，使 Flash 动画跳转到滑块位置值所指定帧处并进行播放。

9.4.4　实现播放的步进和步退功能

(1) 在“播放控制”交互图标右侧挂接名为“步进”和“步退”的“群组”图标，设置按钮的形状并调整按钮的位置，如图 9-83 所示。

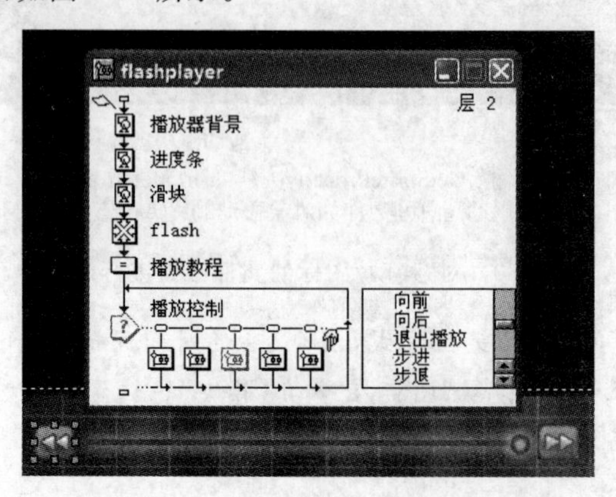

图 9-83　创建按钮交互并放置按钮

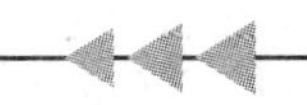

(2) 打开“步进”群组图标，在流程线上放置“计算”图标，在“计算”图标中输入如下代码：

```
a: = GetSpriteProperty(@"flash", #framenum)
CallSprite(@"flash", #gotoframe,a + 40)
CallSprite(@"flash", #play)
```

打开“步退”群组图标，在流程线上放置“计算”图标，在“计算”图标中输入如下代码：

```
a: = GetSpriteProperty(@"flash", #framenum)
CallSprite(@"flash", #gotoframe,a - 40)
CallSprite(@"flash", #play)
```

9.4.5 使用滑块控制解说音量

(1) 与使用滑块控制播放进度一样，首先在“显示”图标放置音量控制滑块和导轨图片，并对滑块的移动路径进行设置，如图 9-84 所示。并附加“计算”图标使滑轨在程序运行时不可移动。

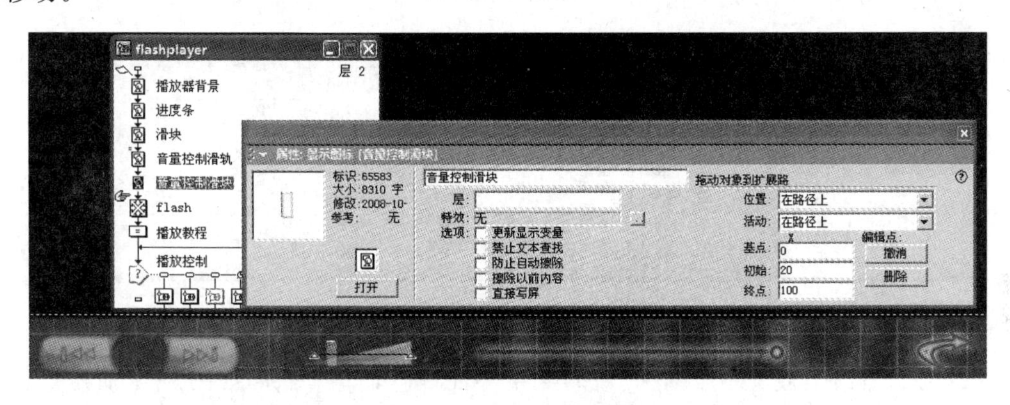

图 9-84　放置滑块和滑轨并设置滑块的移动路径

(2) 在“播放控制”交互图标右侧挂接一个“群组”图标，交互类型设置为“条件”交互，交互属性的设置如图 9-85 所示。

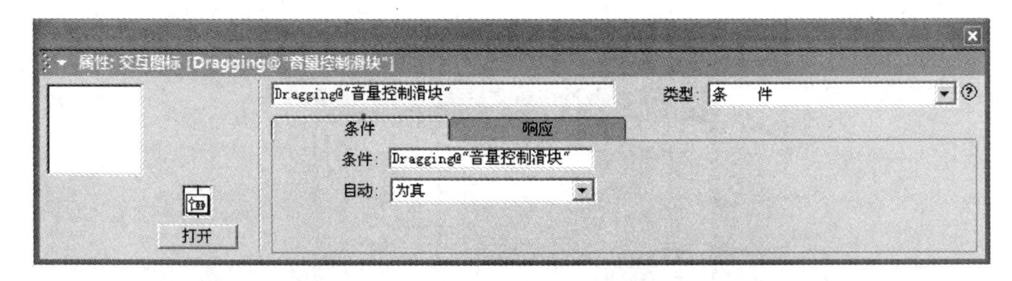

图 9-85　“条件”交互属性的设置

(3) 在 flashplayer 群组图标的流程线的最顶端放置一个“计算”图标，将其命名为“音量初始化”，在其中输入如下代码：

```
baSetVolume("wave",20)
```

```
q: = 1
j: = 1
EraseAll()
```

在“播放控制”交互图标右侧挂接的“Dragging@"音量控制滑块"”群组图标中放置一个“计算”图标，在其中输入如下代码：

```
baSetVolume("wave",PathPosition@"音量控制滑块")
```

专家点拨：baSetVolume 是外部 budapi.u32 文件中的一个函数，该函数可实现对声音播放音量的控制。该函数导入的方法可参照 9.2 节中 COVER 函数的导入方法，budapi.u32 文件可在本书配套光盘中找到。另外，在“音量初始化”计算图标中，使用 EraseAll 函数删除演示窗口中所有显示对象，为视频教程的播放做好准备。

9.4.6 退出播放控制器

(1) 选择“退出播放器”交互图标右侧的“退出播放器”按钮交互，在“属性”面板中将“响应”选项卡的“分支”设置为“退出交互”，如图 9-86 所示。

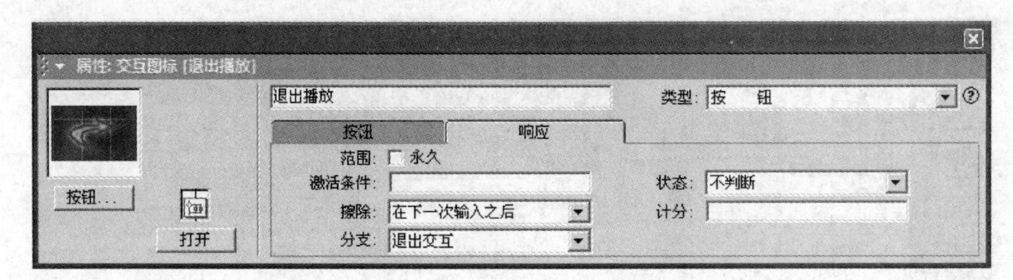

图 9-86 设置“分支”项

(2) 在流程线上放置一个名为“跳转到主界面”的“计算”图标，如图 9-87 所示。在该“计算”图标中输入如下代码：

```
j: = 0
h: = 1
EraseAll()
GoTo(@"背景")
```

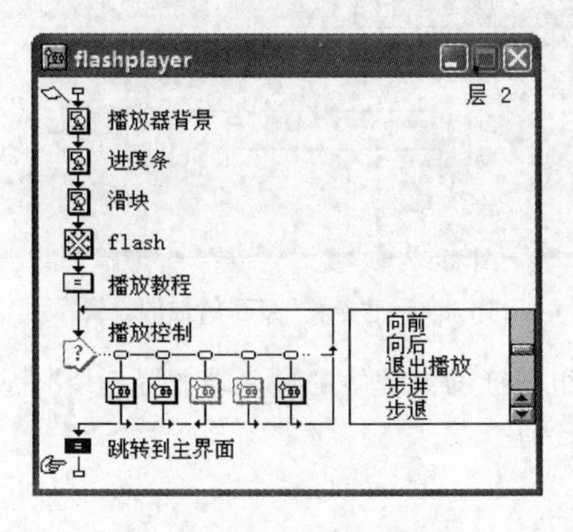

图 9-87 放置“计算”图标

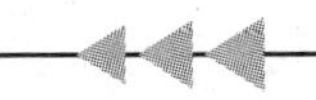

9.5　光盘背景音乐的播放控制

多媒体光盘软件往往需要背景音乐，程序运行时，背景音乐能够循环播放，同时用户能够对背景音乐的播放进行控制。本案例中，需要在主界面和播放视频教程时，均能够开启或关闭背景音乐的播放。

9.5.1　主界面背景音乐的控制

(1) 打开“主界面”群组图标，在流程线的最顶端放置一个名为“背景音乐”的“计算”图标，在其中输入如下代码：

```
LoopMidi(FileLocation^"bksound\\cry.mid")
p: = 0
s: = "关闭"
r: = " "
```

专家点拨：在本案例中，背景音乐使用 midi 音乐文件。这里，LoopMidi 是外部 UCD 文件 MidiLoop.u32 中的一个函数，该函数能够实现 midi 文件的循环播放。在 MidiLoop.u32 文件中，还包括一个 StopMidi 函数，该函数能够停止循环播放的 midi 文件的播放。

(2) 在流程线上放置一个“显示”图标，在该图标中导入图片并输入变量文字，如图 9-88 所示。接着，在流程线上再放置一个“交互”图标，与导航菜单的制作方式一样，制作鼠标移过“音乐”按钮图片和单击“音乐”按钮图片时的交互响应程序，流程线结构如图 9-89 所示。在“声音图标”显示图标的“属性”面板中，选中“更新显示变量”复选框，如图 9-90 所示。

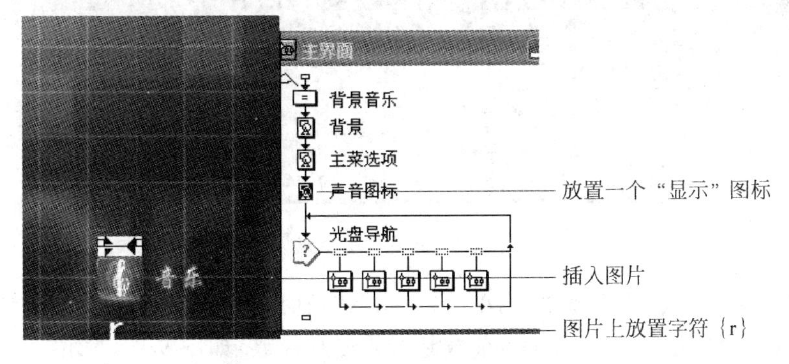

图 9-88　导入图片并输入变量文字

专家点拨：这里，在交互的“属性”面板的“响应”选项卡中，将“范围”设置为“永久”，使交互在任何时候都有效。“移除”交互的交互类型使用“热对象”交互，指定的热对象是主界面的背景图片，同时其“群组”图标中的“擦除”图标应擦除“移过声音”群组图标中的“音乐”显示图标的内容。这样，当鼠标放置到指定的热区域上时，文字会改变样式；当鼠标移出热区域时，文字将恢复到初始状态。

(3) 在“单击”群组图标中“计算”图标中输入如下程序代码：

```
if s = "关闭" then
    s: = "开启"
```

```
    r: = "×"
    p: = 1
    StopMidi()
else if s = "开启" then
    s: = "关闭"
    r: = " "
    LoopMidi(FileLocation^"bksound\\cry.mid")
    p: = 0
end if
```

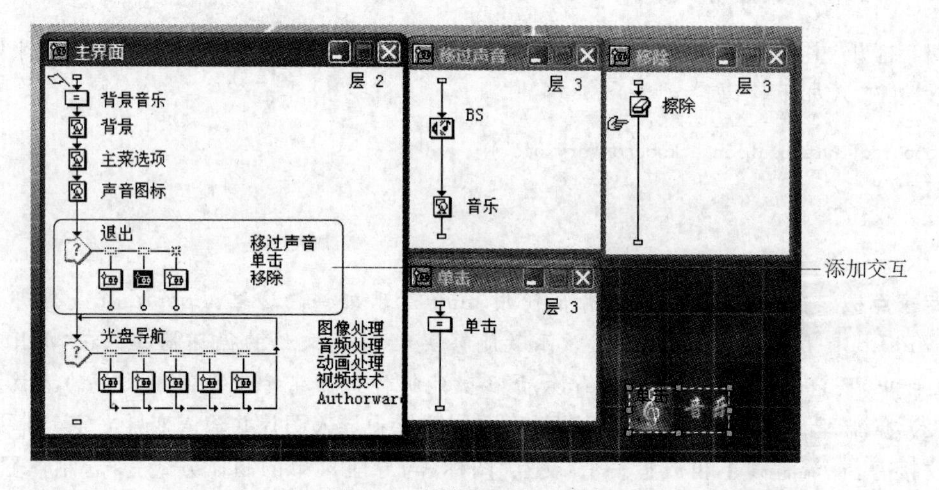

图 9-89　制作交互响应程序

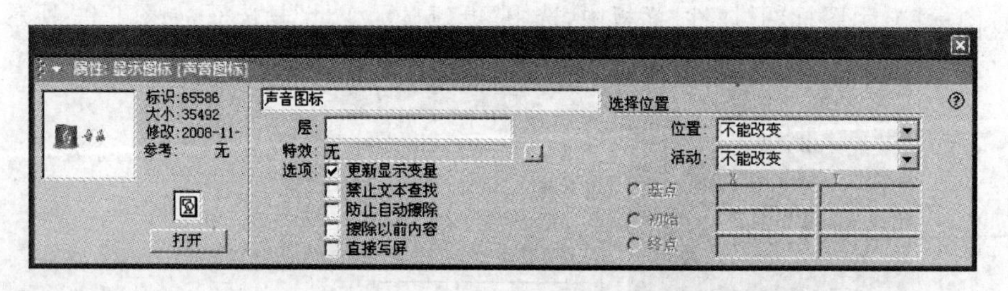

图 9-90　选中“更新显示变量”复选框

运行程序,背景音乐开始播放,当单击“音乐”按钮时,背景音乐播放停止,同时在“音乐”按钮上将出现一个白色的“×”表示当前背景音乐停止播放,如图 9-91 所示。当再次单击该按钮时,背景音乐播放将重新开始,按钮上的“×”将消失。

图 9-91　背景音乐停止播放

专家点拨:变量 s 值表示当前音乐播放状态,当其值为“关闭”时,表示音乐正在播放;当其值为“播放”时,表示音乐播放停止。变量 r 的值将在按钮上方显示,当背景音乐播放时,变量 r 的值为空,按钮上方没有显示。当背景音乐播放停止后,r 被赋予字符“×”,这个字符将在按钮上显示出来。

9.5.2　视频播放器中背景音乐的控制

(1) 打开 flashplayer 群组图标,在流程线创建“按钮”交互方式,该“按钮”交互用于控制

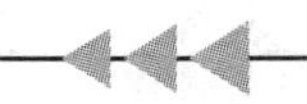

背景音乐播放的开启和关闭，其流程线结构如图 9-92 所示。将“关闭背景音乐”按钮交互的激活条件设置为 p=0，将“开启背景音乐”按钮交互的激活条件设置为 p=1。

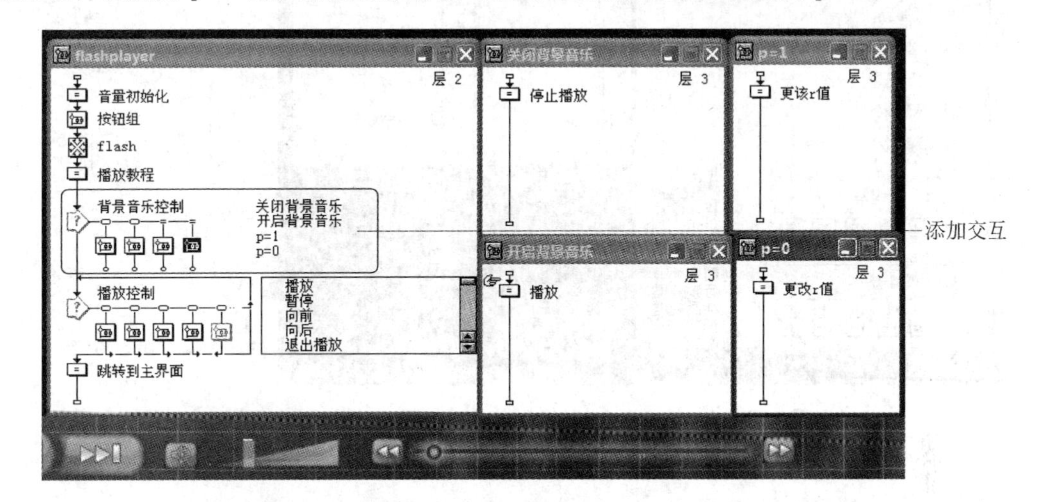

图 9-92　使用“按钮”交互方式控制背景音乐播放的开启和关闭

(2) 在“关闭背景音乐”群组图标中的“计算”图标中输入如下代码：

```
StopMidi()
p: = 1
```

在“开启背景音乐”群组图标的“计算”图标中输入如下代码：

```
LoopMidi(FileLocation^"bksound\\cry.mid")
p: = 0
```

分别在 p=1 和 p=0 群组图标中的“计算”图标中输入代码 r:="×"和 r:=""。

专家点拨：在进入播放器时，按钮显示的状态决定于背景音乐的播放状态，这里以变量 p 的值作为判断背景音乐是否处于播放状态的依据。如果在播放器中有关闭或开启背景音乐的操作，为了在返回主界面后，主界面的“音乐”按钮上能够显示或隐藏“×”来表示播放状态，这里需要对变量 r 进行赋值操作。

9.6　实现光盘退出和网站导航功能

主界面中放置“退出”按钮，单击这个按钮将跳转到退出程序。退出程序主要是显示光盘的制作者和制作单位信息，并实现多媒体程序的退出。

9.6.1　创建退出导航

(1) 在程序中添加作为按钮的图片并创建“热区域”交互，如图 9-93 所示。

(2) 在“退出”交互下方的流程线上放置一个名为“退出光盘”的“群组”图标，在“退出单击”群组图标中的“程序跳转”计算图标中输入如下代码：

```
GoTo(@"退出光盘")
```

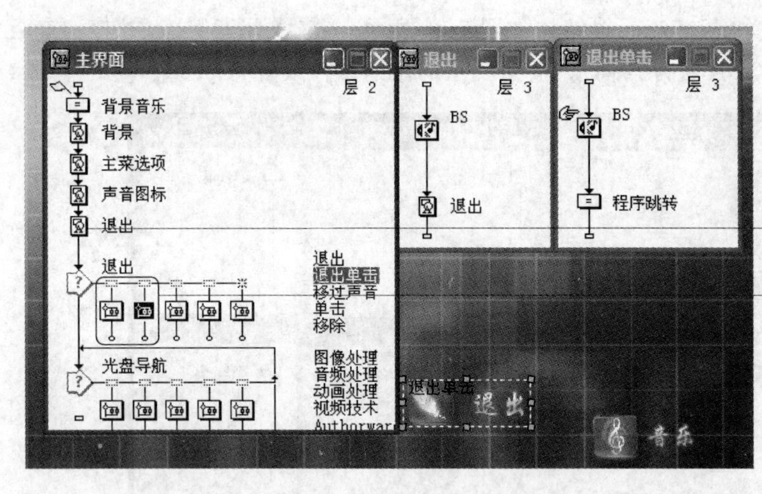

图 9-93　添加按钮图片和“热区域”交互方式

9.6.2　制作退出程序

(1) 打开“退出光盘”群组图标，在流程线上放置一个名为“擦除所有”的“计算”图标，在其中输入如下代码：

```
j: = 1
EraseAll()
StopMidi()
```

专家点拨：这段代码使用 EraseAll 函数擦除演示窗口中显示的所有对象，同时停止循环播放的背景音乐。变量 j 的值是主界面中热区的激活条件，退出时将其设置为 1，是为了在退出时使热区域失效。这样可以避免在退出程序中热区域同样有效造成误操作。

(2) 在流程线上放置一个“声音”图标，导入背景音乐。在流程线上添加“显示”图标，同时在“显示”图标中导入背景图片并输入有关内容，如图 9-94 所示。

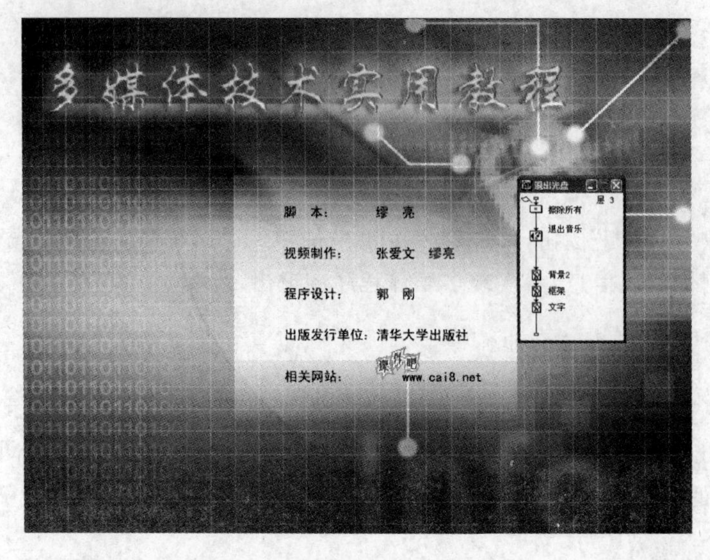

图 9-94　导入背景音乐并输入显示内容

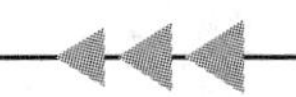

(3) 在流程线上放置一个“等待”图标，对该图标的属性进行设置，如图 9-95 所示。在流程线上接着放置一个“擦除”图标，将擦除对象指定为演示窗口中除背景图片外的所有对象，如图 9-96 所示。

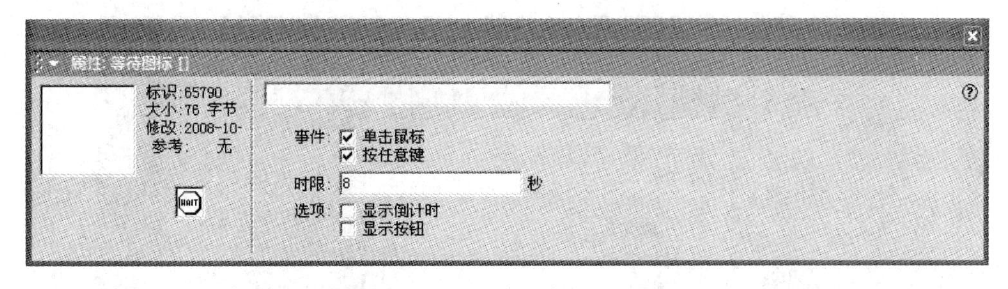

图 9-95　“等待”图标属性设置

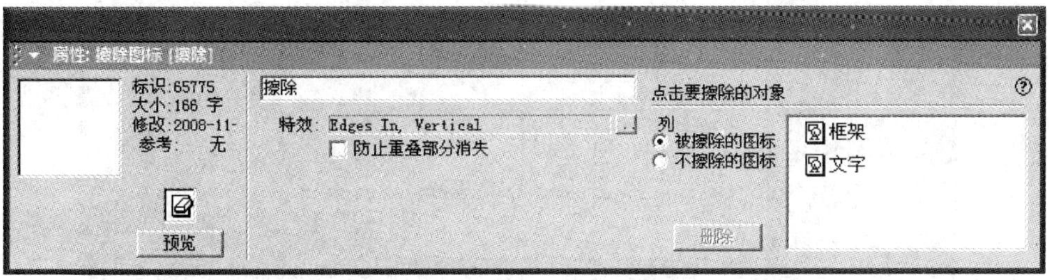

图 9-96　指定擦除对象

专家点拨：这里背景音乐的播放时间大约是 8s，因此将“等待”图标的“时限”设置为 8s，以保证在背景音乐播放完后如果没有按键或单击鼠标动作，程序也能执行下面的“擦除”图标。另外，为了增强效果，可以为文字信息的显示和擦除添加特效。

(4) 在流程线上放置一个“等待”图标，在“属性”面板中将“时限”设置为 1s。

(5) 在流程线上放置一个“计算”图标，输入如下代码：

```
Uncover()
Quit(1)
```

完成后的流程线结构如图 9-97 所示。

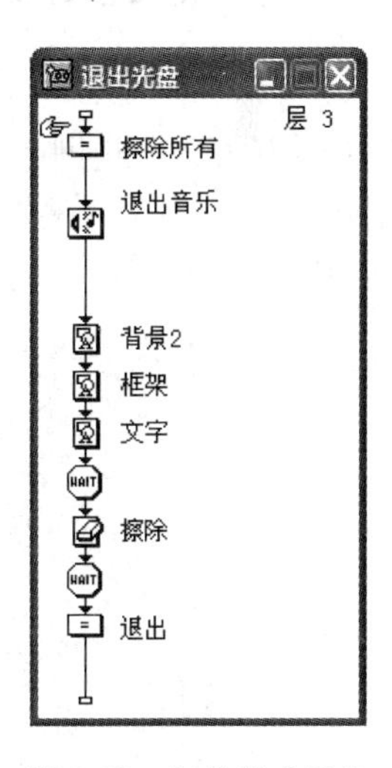

图 9-97　制作完成后的流程线

专家点拨：在程序开始运行时，程序对屏幕进行了修改，即添加了黑色的遮盖物；在程序退出时，必须将屏幕恢复为原状。这里使用 Uncover 函数取消程序开始运行时添加的黑色遮盖物。

9.6.3　实现网站导航

光盘的帮助说明信息直接在主界面中显示，其制作方法与导航菜单的制作方法相类似，这里不再赘述，本节主要介绍实现网站导航的方法。本案例中，在光盘程序的主界面左下角

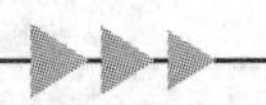

显示制作单位的标志,通过单击该标志能够打开浏览器浏览制作单位的网站。

(1) 在“主界面”群组图标的流程线上添加相关网站的标志图片,同时在“光盘导航”交互图标右侧添加一个“热对象”交互,设置热对象为添加的标志图片,如图 9-98 所示。

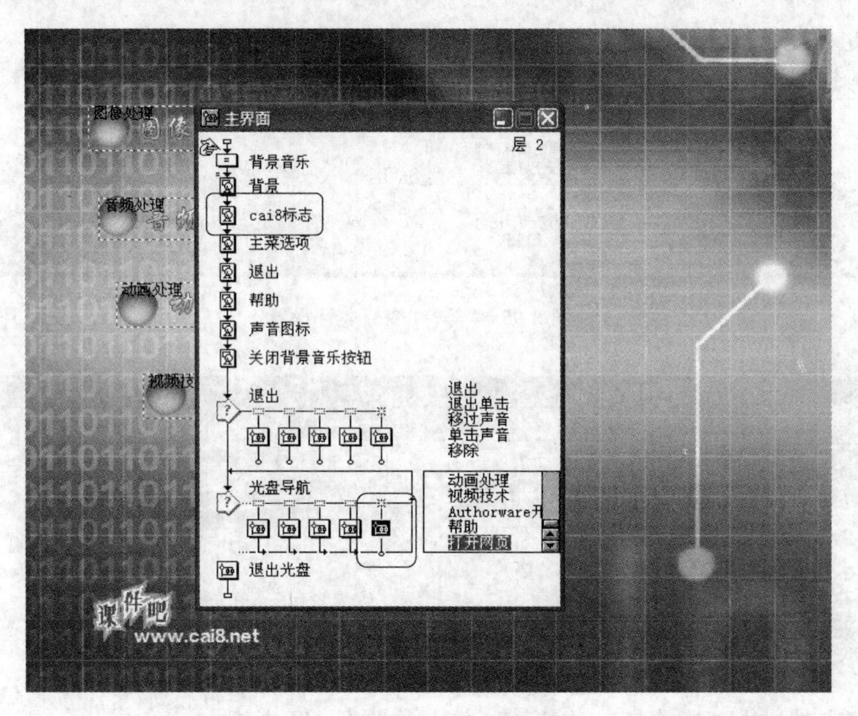

图 9-98　添加标志图片和交互

(2) 打开“打开网页”群组图标,选择“插入”→“控件”→ActiveX 命令打开 Select ActiveX Control 对话框,如图 9-99 所示。在对话框中选择 Microsoft Web Browser 选项将该控件插入到流程线上,并将控件命名为 homepage。

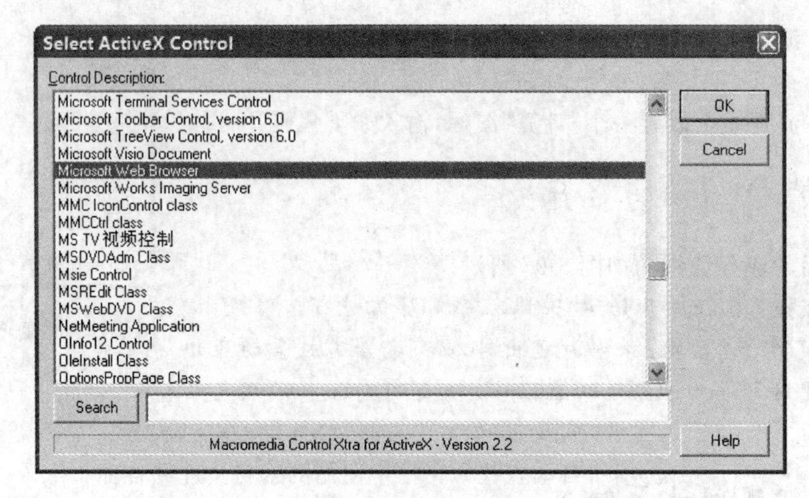

图 9-99　Select ActiveX Control 对话框

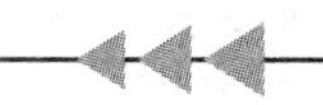

(3) 在流程线上放置一个名为“打开网页”的“计算”图标，如图 9-100 所示。在该“计算”图标中输入如下代码：

```
SetSpriteProperty(@"homepage",#visible,FALSE)
CallSprite(@"homepage",#navigate,"www.cai8.net",1,0,0,0)
```

图 9-100　放置“计算”图标

专家点拨： 在上述代码中，SetSpriteProperty (@"homepage",#visible,FALSE)语句将控件的 visible 属性设置为 False，使控件不可见。CallSprite(@"homepage",#navigate,"www.cai8.net",1,0,0,0)语句使用控件打开网站 www.cai8.net。

9.7　完善多媒体光盘的制作

经过前面的制作步骤，多媒体光盘的核心程序基本开发完成。下面还有两个任务需要完成，一个是利用 Camtasia Studio 制作多媒体教程，另一个是对多媒体程序进行打包，让它可以脱离 Authorware 独立运行。

9.7.1　用 Camtasia Studio 制作多媒体教程

1. 用 Camtasia Studio 录制视频教程

本案例中的视频教程是利用 Camtasia Studio 进行录制的，录制的视频教程尺寸是 1024×700 像素。之所以选用这个尺寸，是因为如果按照用户计算机的分辨率为 1024×768 像素计算，那么把多媒体程序的视频教程播放控制栏的尺寸设计为 1024×68 像素，这样加起来，正好可以在用户计算机上全屏幕播放。

2. 用 Camtasia Studio 对视频教程进行编辑

为了更方便读者学习，对视频教程进行必要的后期编辑是很重要的，例如，在视频教程中加上各级标题文字，添加必要的提示信息。还可以在录制时不录制旁白，而在后期编辑时，对视频教程进行配音等。

具体的录制和编辑方法，这里不再详述，读者可以参考 5.4 节的相关内容。最后将视频教程导出为 swf 格式的文件。

9.7.2　多媒体程序的打包

完成多媒体程序的制作后，需要对多媒体程序进行打包，让其变为可直接运行的可执行文件，能够脱离 Authorware 环境独立运行。

(1) 选择“文件”→“发布”→“发布设置”命令打开“一键发布”对话框。首先在“格式”选项卡中设置程序文件打包的位置，如图 9-101 所示。

(2) 打开“文件”选项卡，单击“查找文件”按钮打开“查找支持文件”对话框，如图 9-102 所示。单击“确定”按钮，程序自动查找源文件中使用的素材文件和各种支持文件，并将这些支持文件在“文件”选项卡的列表中列出来，如图 9-103 所示。

(3) 单击“发布”按钮发布程序，发布完成后，程序给出提示，如图 9-104 所示。单击“确定”按钮关闭提示对话框，完成光盘文件的发布。打开“资源管理器”，将视频教程文件所在

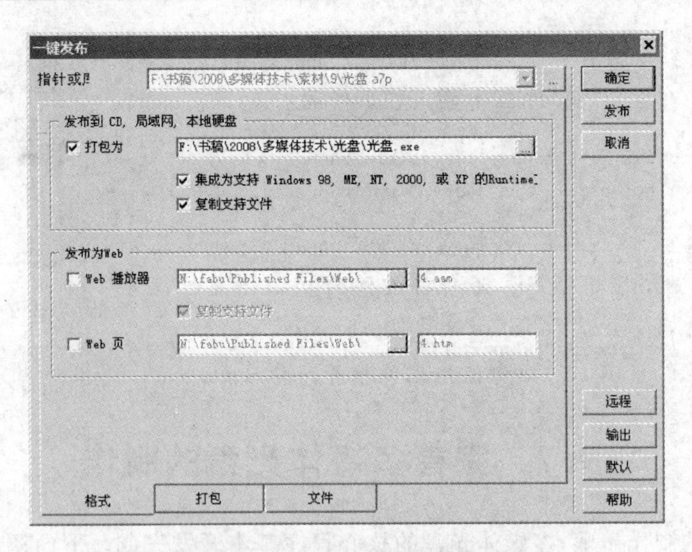

图 9-101 设置文件打包的位置

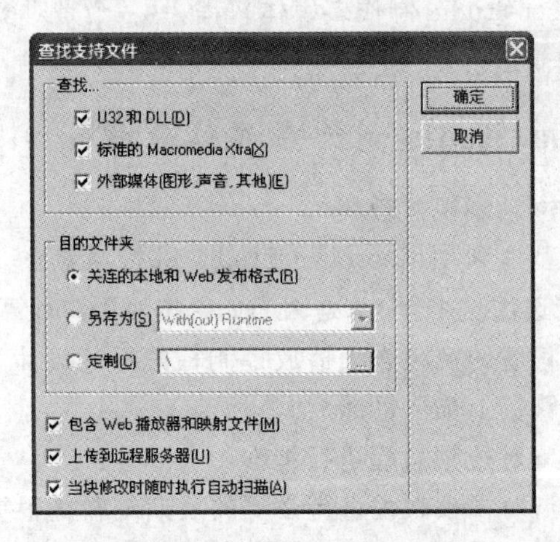

图 9-102 “查找支持文件”对话框

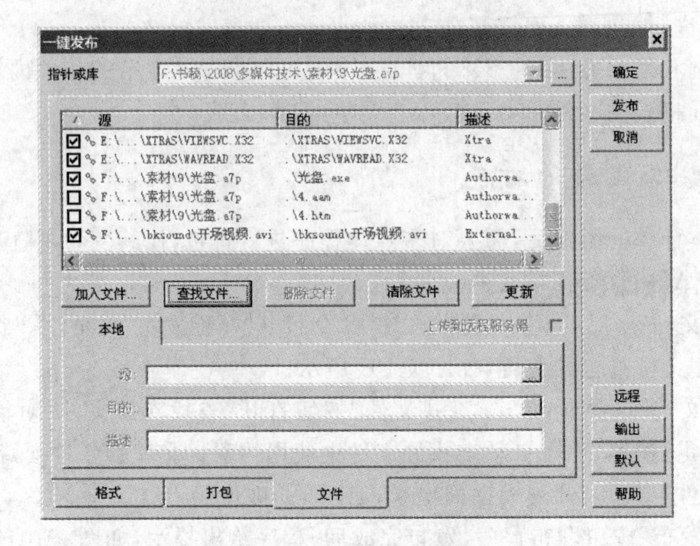

图 9-103 “文件”选项卡

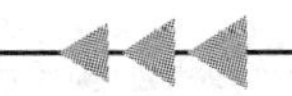

的 video 文件夹复制到打包文件所在的文件夹中，如图 9-105 所示。

图 9-104　发布完成后的提示

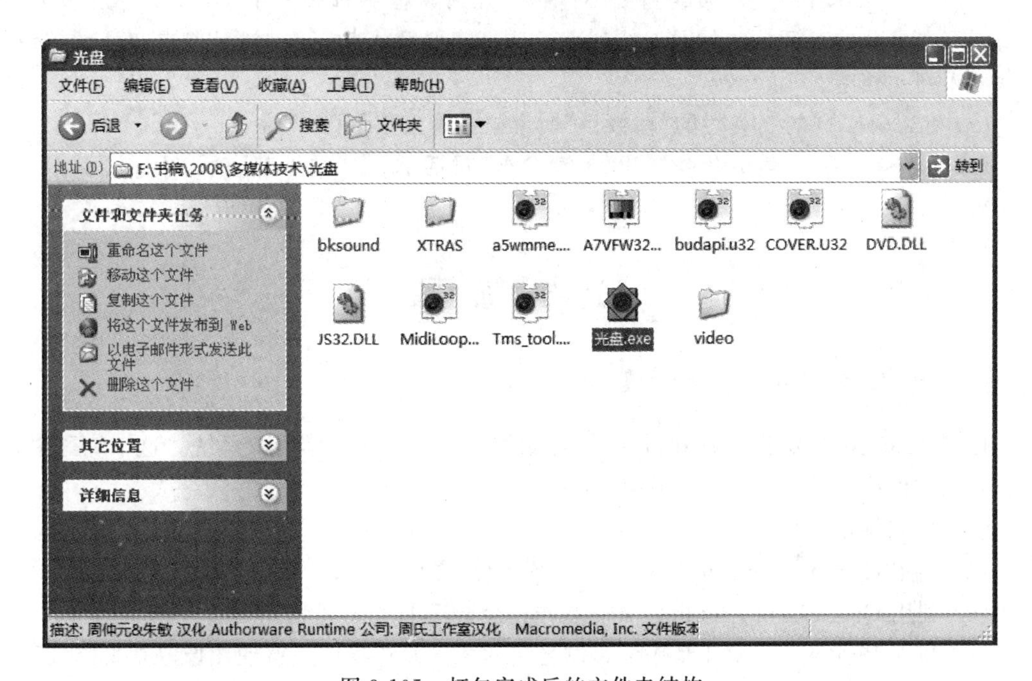

图 9-105　打包完成后的文件夹结构

专家点拨：多媒体软件开发完成后，可以将相关的数据文件、程序文件等刻录到光盘上，这样多媒体光盘就制作完成了。有关多媒体光盘制作方法的相关技术，读者可以参考第 10 章的内容。

至此，本案例制作完毕。通过本案例的制作，读者将能够进一步熟悉 Cool 3D、Premiere 和 Photoshop 等软件的使用方法，掌握使用 Authorware 整合多种媒体对象并且制作多媒体软件的方法和技巧。

习　　题

1. 选择题

(1) 下面的 UCD 文件(　　)包含 tMsmessageBox 函数。

A. COVER. U32　　B. tMDSN. u32　　C. WINAPI. U32　　D. Tmstools. u32

(2) 在 Cool 3D 中，下面的(　　)按钮能够实现文字的编辑功能。

A.　　B.　　C.　　D.

(3) 下面的语句(　　)能够使 Flash 控件从当前位置开始播放 Flash 动画。

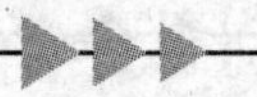

A. CallSprite(@"flash",#rewind)

B. CallSprite(@"flash",#play)

C. SetSpriteProperty(@"flash",#movie,pl)

D. CallSprite(@"flash",#gotoframe,40)

2. 填空题

(1) 在 Authorware 中打开"函数"面板,在________下拉列表中选择正在编辑的文件名,单击________按钮打开"加载函数"对话框,在对话框中选择外部 UCD 文件后单击"确定"按钮,在打开的对话框中的"名称"列表中选择需要载入的函数,然后单击"载入"按钮将函数载入到文档中。

(2) 在 Cool 3D 的工具栏的"帧数目"增量框中输入数值可以________。

(3) 选择________菜单命令打开"一键发布"对话框,在"文件"选项卡中单击________可获得文件需要的支持文件的列表。

上 机 练 习

练习　制作多媒体教学光盘

按照本章范例的制作流程和方法,设计制作一个多媒体教学光盘系统。这个练习中,视频教程的文件格式是 avi 格式的视频文件。

制作要点提示:

(1) 利用 Camtasia Studio 制作若干视频教程,文件格式导出为 avi 格式的视频文件。

(2) 利用 Cool 3D 和 Premiere Pro 制作一个合适的片头视频。

(3) 利用 Photoshop 设计制作多媒体光盘的主界面背景以及按钮图像等素材。

(4) 仿照本章范例的程序结构,用 Authorware 设计多媒体光盘的程序。因为本练习中的多媒体教程是 avi 格式的视频文件,所以要用"数字电影"图标进行视频教程的播放。利用一些相关的系统函数即可控制电影的播放。

控制视频开始播放的语句代码为:

```
MediaPause(IconID@"电影",TRUE)
```

控制视频暂停播放的语句代码为:

```
MediaPause(IconID@"电影",FALSE)
```

实现视频快进(每次前进 20 帧播放)的语句代码为:

```
MediaSeek(IconID@"电影",MediaPosition@"电影"+20)
```

实现视频快退(每次后退 20 帧播放)的语句代码为:

```
MediaSeek(IconID@"电影",MediaPosition@"电影"-20)
```

第10章

多媒体光盘制作技术

多媒体作品完成整体的设计和制作以后,一般会将其制作成多媒体光盘的形式。本章介绍多媒体光盘的制作技术。

本章主要内容:

- 多媒体数据处理;
- 图标的设计和制作技术;
- 光盘自动运行技术;
- 刻录多媒体光盘。

10.1 多媒体数据处理

在制作多媒体光盘前,要深入了解多媒体数据的类型和特点,并对开发完成的多媒体数据进行分类整理,为下一步制作多媒体光盘做准备。

10.1.1 多媒体数据的类型和特点

多媒体数据主要包括文字、图像、音频、动画、视频和程序等类型,它们各具特点,如表10-1所示。

表10-1 各种多媒体数据的特点

媒体形式	数据特点
文字	纯文本形式,文件格式通常是 txt
图像	位图形式,常用的文件格式有 bmp、jpg、gif 和 png 等。受存储空间限制,通常采用 256 色,分辨率为 96dpi
音频	数字音频形式,常采用 wav 格式的文件,这种格式数据量比较大。有时也采用 mid、mp3 格式的文件
动画	常采用 swf、gif89a 等文件格式。数据均为压缩格式,文件体积比较小
视频	常采用 avi 文件格式,这种格式数据量比较大。有时也采用 mpeg、flv 等格式的视频文件
程序	这是由多媒体设计软件平台确定的数据格式。例如,若用 Authorware 7 进行多媒体产品的设计,那么主要程序文件格式为 a7p,另外还包括一些其他格式的系统文件

在实际制作多媒体作品过程中,因为采用的工具软件存在差异,所以最终的数据格式也不尽相同。但是,在数据格式的选择上,应尽量采用各种多媒体设计软件平台都能支持的格式,这样可以更大程度地保证数据的

兼容性,给自己的设计工作带来更广泛的创作空间。

10.1.2 多媒体数据文件的整理

多媒体产品开发完成以后,会产生大量的数据文件,它们的类型又各不相同,如果把所有的文件全部存放在根目录下,会带来诸多不便。因此,有必要根据数据文件的类型、功能等,将它们存放在不同的文件夹中分类管理。如图 10-1 所示是一个多媒体光盘数据文件结构的示例。

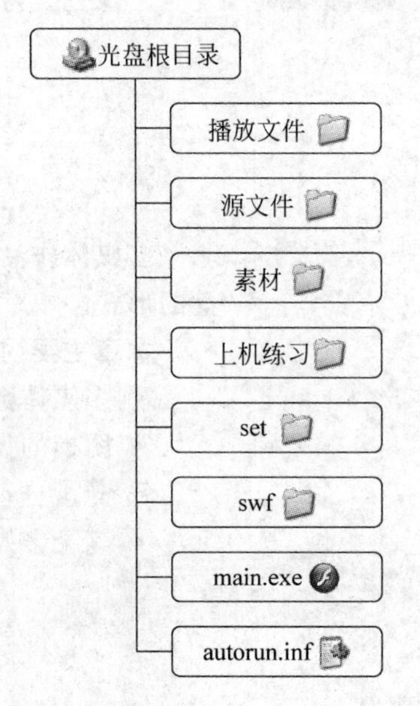

图 10-1 多媒体光盘数据文件结构

(1) 播放文件:包含本书全部实例的 swf 格式播放文件。

(2) 源文件:包含本书全部实例的 fla 格式源文件。

(3) 素材:包含本书使用的全部素材。

(4) 上机练习:包含本书全部上机练习的素材、源文件。

(5) set:包含多媒体程序的配置文件。

(6) swf:包含视频教程的播放文件,全部是 swf 格式。

(7) main.exe:播放视频教程的主程序文件。

(8) autorun.inf:设置光盘自动运行的配置文件。

10.2 图标的设计和制作技术

在开发多媒体产品时,程序图标一般是系统默认的外观。如果要使程序图标个性化,那么就要自制图标了。自制的个性化图标更符合多媒体光盘要表达的内容,也可以积累自己多媒体产品的品牌效应。本节介绍一个常用的图标制作工具软件 IconCool Editor。

10.2.1 IconCool Editor 简介

IconCool Editor 是一个功能强大的图标编辑工具。它能创建和编辑带有 Alpha 通道的 32 位色深的 Windows XP 图标,可以容易地创建精彩的、半透明的图标。

IconCool Editor 包括的主要功能如下。

(1) 可以创建、编辑标准和自定义大小的图标,色彩可以从 1 位到 24 位。

(2) 能从 EXE、DLL、ICL 和其他的文件中提取图标,并将提取的图标发送到编辑区,然后保存它们。

(3) 可以同时编辑 10 个图标,并且图标的尺寸可以根据需要进行设置,从标准的 16×16 像素、32×32 像素等,到最大可达 255×255 像素。

(4) 提供了多达 50 个图像滤镜,如模糊、锐化和浮雕等。

(5) 提供 15 个图像特效功能,如线性渐变、波形和 3D 阴影等。

(6) 支持线性渐变、矩形渐变和放射渐变等效果，支持 76 组取样色，也可以定制 24 组自己的颜色取样。

(7) 可嵌入多种格式的图像文件，如 BMP、GIF、JPG、PNG、ICO、ICL、PSD、TIF 和 WMF 等。

(8) 可存储成 ICO、CUR、ICL、BMP、GIF、JPG 和 PNG 等多种文件格式。

(9) 可撤销和重做的操作数多达 100 个。

10.2.2　IconCool Editor 的工作界面

从本节开始，将以 IconCool Editor 5.1 汉化版为例介绍图标的制作方法。首先介绍一下 IconCool Editor 的工作界面，如图 10-2 所示。

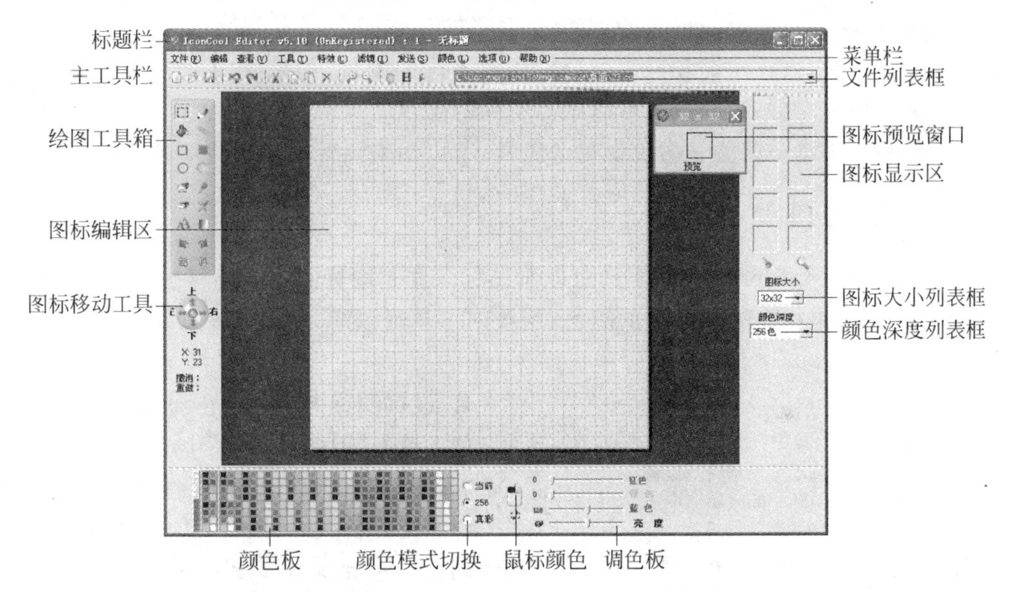

图 10-2　IconCool Editor 工作界面

下面介绍一下主要的界面元素。

1. 菜单栏和主工具栏

标题栏下边是菜单栏，紧接着下边是主工具栏。菜单栏包括软件操作的大部分命令，主控制栏包括的是一些常用命令的按钮形式。

2. 图标编辑区

软件工作界面中间是一个带有网格的区域，一个网格代表一个像素，这就是图标编辑区。图标的绘制、修改等操作都在这个区域进行。

3. 图标预览窗口

在图标编辑区旁边有一个可拖动的小窗口，这是图标预览窗口。在这个窗口中可以看到图标的实际大小和外观。

4. 图标显示区

软件工作界面右上侧是图标显示区，可以显示 10 个图标的缩略图。单击任何一个图标的缩略图，即可将这个图标调入到图标编辑区进行编辑。

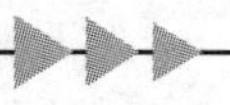

5. 图标大小和颜色深度列表框

在图标显示区下边是图标大小和颜色深度列表框。在图标大小列表框中可以选择图标的大小,包括一些标准的图标尺寸,如32×32、40×40、48×48和64×64。在颜色深度列表框中可以选择颜色深度模式,包括单色、16色、256色、真彩色和32位色(XP)。

6. 绘图工具箱

绘图工具箱在软件工作界面左侧,利用这个工具箱中的绘图工具和对象编辑工具可以绘制图标和编辑图标。

7. 图标移动工具

在绘图工具箱下边是一个图标移动工具,这个图标移动工具中包括上、下、左、右4个控制按钮,单击这些按钮可以移动图标编辑区中的图标位置。

8. 颜色设置

在绘制图标时,鼠标左键和右键可分别代表不同的颜色,如果使用绘图工具,那么在图标编辑区单击鼠标左键或者右键,可以画出不同的颜色。

软件界面下边是一些关于颜色设置的工具,可以用来预置鼠标左键和右键的颜色。

10.2.3 绘制图标

利用IconCool Editor的绘图工具可以画图标。绘制图标的一般流程是:设置图标大小和颜色深度、定义鼠标左键和右键的颜色、用绘图工具画图标、添加滤镜或者特效、保存图标文件。

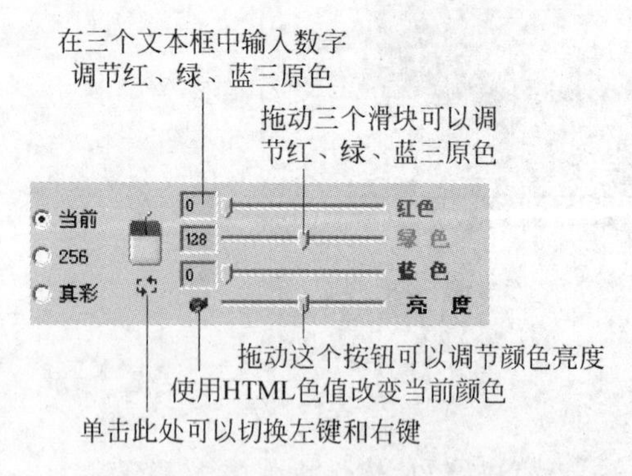

图10-3 使用调色板定义颜色

1. 设置图标大小和颜色深度

(1) 单击"图标显示区"中的空白框,进入到一个新图标的编辑状态。

(2) 在"图标显示区"下边的列表框中分别设置图标大小和颜色深度。

2. 定义鼠标左键和右键的颜色

定义鼠标左键和右键的颜色,主要通过软件界面下边的一些颜色工具来完成。可以使用调色板定义颜色,或者使用颜色板定义颜色。

(1) 使用调色板定义颜色,如图10-3所示。

(2) 使用颜色板定义颜色,如图10-4所示。

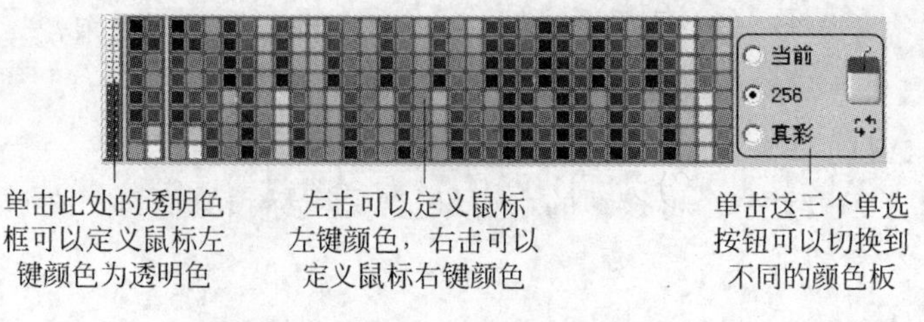

图10-4 使用颜色板定义颜色

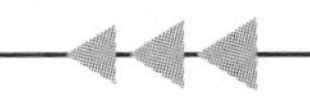

3. 用绘图工具画图标

画图标时主要使用绘图工具箱中的绘图工具，如图 10-5 所示。单击选择需要的绘图工具，在图标编辑区即可进行绘制操作。

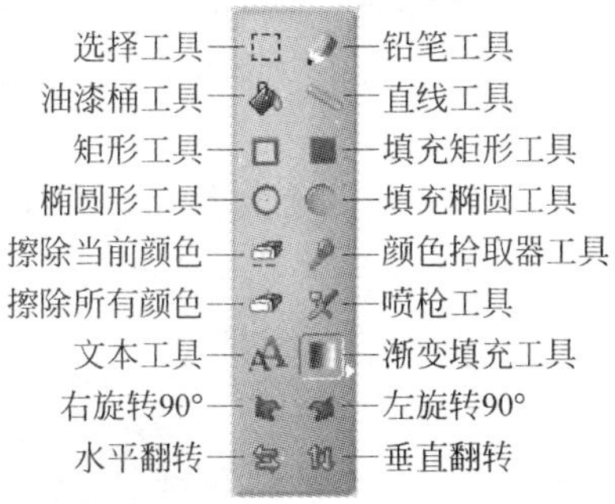

专家点拨：在绘图工具箱中选中某些绘图工具时，工具按钮的右下角会显示一个白色箭头按钮，单击这个按钮可以进行工具选项的设置。

选择工具　铅笔工具
油漆桶工具　直线工具
矩形工具　填充矩形工具
椭圆形工具　填充椭圆工具
擦除当前颜色　颜色拾取器工具
擦除所有颜色　喷枪工具
文本工具　渐变填充工具
右旋转90°　左旋转90°
水平翻转　垂直翻转

图 10-5　绘图工具箱

4. 添加滤镜或者特效

在图标编辑区绘制好图标后，还可以给图标添加滤镜和特效。这可以通过选择"滤镜"菜单或者"特效"菜单中的相关命令来完成。

5. 保存图标文件

(1) 保存当前编辑的图标。选择"文件"→"保存"命令，弹出"保存"对话框。在这个对话框中，指定要保存的目标文件夹，如果认为有必要，可以选择保存类型。默认的图标文件类型是 ico，一般取默认类型。然后在"文件名"文本框中输入文件名。最后单击"保存"按钮。这样，当前编辑区显示的图标就被保存到指定的文件夹中。

(2) 一次保存多个图标。如果一次性编辑了 10 个图标，逐一进行保存比较麻烦，可以选择"文件"→"全部保存"命令，一次性保存所有图标文件。

(3) 发送图标。可以选择"发送"→"发送到桌面"命令将当前编辑区显示的图标发送到桌面上。

专家点拨：用绘图工具自己画图标对设计者的要求比较高，需要一定的绘图技巧。比较简便的方法是通过图像素材制作图标。选择"文件"→"从文件输入"命令可以将外部的图像素材导入到图标编辑区进行编辑。

10.3　刻录多媒体光盘

光盘是 20 世纪 80 年代出现的一种存储介质，随着多媒体技术的发展，光盘成为多媒体作品首选的存储介质。本节介绍光盘存储技术以及如何使用 Nero 软件刻录光盘。

10.3.1　光盘存储技术

光盘只是一个统称，它分为两类，一类是只读光盘，其中包括 CD-Audio、CD-Video、CD-ROM、DVD-Audio、DVD-Video 和 DVD-ROM 等；另一类是可记录型光盘，包括 CD-R、CD-RW、DVD-R、DVD+R 和 DVD+RW 等各种类型。

根据光盘结构，光盘主要分为 CD、DVD 和蓝光光盘等几种类型，它们在结构上有所区别，但主要结构原理是一致的。

1. 光盘结构原理

CD 光盘一般只有 1.2mm 厚，但却包括很多内容。CD 光盘主要分为 5 层：表面印刷层、保护层、反射层、染料层和盘基，如图 10-6 所示。

(1) 表面印刷层：就是印有文字图案的一面。它不仅可以标明光盘信息，还可以起到

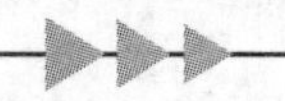

保护光盘的作用。

(2) 保护层：起到保护反射层和染料层的作用，防止信号被破坏。

(3) 反射层：喷镀的金属膜，读取数据时用来反射激光。

(4) 染料层：由不同的有机染料构成数据记录层，刻录时，激光就是在这一层进行烧蚀。

(5) 盘基：是透明聚碳酸酯材料。在整个光盘中，盘基是各种功能性结构(如沟槽等)的载体，也是整个光盘的物理外壳。

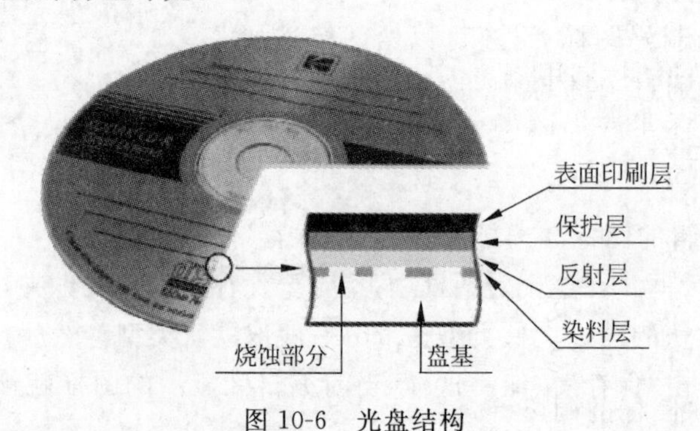

图 10-6　光盘结构

2. 光盘刻录原理

刻录盘片是由透明聚碳酸酯材料盘基和多层涂敷层构成，其中，染料层在激光的烧蚀作用下记录数据信息。二进制的 0 和 1 是计算机记录信息的根本，光盘记录信息也不例外。

和硬盘轨迹不同的是，光盘是一条由内圈向外圈的螺旋状轨迹而不是若干同心圆轨迹，在轨迹对应的染料层上有一些特定宽度和深度而长短不一的所谓“凹坑”，这些“凹坑”是在刻录过程中由刻录机的激光头将激光束聚焦并按照数据要求烧蚀出来的，这一层也就构成了数据记录层。刻录盘的螺旋状轨迹是在盘片制造中形成的，称为预刻沟槽，数据就是沿着沟槽进行刻录的。

10.3.2　光盘自动运行技术

用户将多媒体光盘插入光驱后，自动运行光盘上的 EXE 文件，这是在刻录多媒体光盘前要解决的一个技术问题。

制作光盘自动运行的关键就是如何编写自动运行信息文件 Autorun.inf，它是光盘自动运行所必需的一个文件。这个文件的主要作用就是告诉 Windows 自动运行哪个程序和它的启动路径，并为光盘设置在资源管理器及“我的电脑”中所显示的图标。

Autorun.inf 的编写格式是：

```
[AutoRun]
open = …
icon = …
```

[AutoRun]是针对 PC(机型为 386 或更高)的自动运行识别标志。除此之外，还有针对其他几种计算机系统的识别标志，例如，针对苹果公司 Power PC 的识别标志是[AutoRun.ppc]。不过，除非想制作通用的自动运行光盘，否则用不到这些标识。

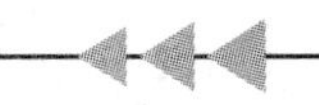

open 一行是告诉操作系统要自动运行的文件名和它的启动路径。例如，若想自动运行 Autorun 目录下的 Run. exe 文件，这一行就写成：

```
open = Autorun\Run.exe
```

专家点拨：在 Autorun 目录名的左边不能有反斜线，否则计算机将按“C:\”处理，也就无法启动指定的程序了。

icon 一行是告诉操作系统该光盘以什么样的图标表示，如果不想指定，这一行也可以不写。

有如下两种常用的图标调用方法。

(1) 直接指向图标文件(. ico)。例如，要想使用在 Autorun 目录下的一个图标文件 Run. ico，调用格式与 open 一行相同，即：

```
icon = Autorun\Run.ico
```

(2) 指向带有图标的 exe 文件。只要是 For Windows 的 exe 文件都带有图标。而且，如果该文件带有多个图标还可以用编号进行挑选。例如，所选的是 Run. exe，它带有 5 个图标，其第一个也是默认图标的调用格式为：

```
icon = Autorun\Run.exe
```

或

```
icon = Autorun\Run.exe,0
```

若想调用第三个图标，格式为：

```
icon = Autorun\Run.exe,2
```

因为第一个图标的编号是 0，所以第三个图标的编号就是 2 了。另外，在逗号的两边都不能有空格，否则就调用默认的图标。而且，若调用的编号大于其最大编号，那光盘的图标就为空，什么也没有。

专家点拨：怎么知道目标文件带有几个图标？可以按照以下所述步骤进行操作。用鼠标右击任意一个带有图标的 exe 文件的“快捷方式”，在弹出的快捷菜单中选择“属性”命令，在弹出的对话框中选择“快捷方式”选项卡，单击“更改图标”按钮，在弹出的“更改图标”对话框中就能看到该文件到底有多少个图标了。也可以用类似的操作步骤给某一个 exe 文件添加多个图标。

至此，一个完整的 Autorun. inf 文件就编辑完成了，结合需要刻录光盘的内容，在确认调用路径无误后，就可以开始刻录光盘了。此时，唯一要注意的就是 Autorun. inf 文件必须放在光盘的根目录下，否则 Windows 无法找到它，也就不能自动运行了。

10.3.3 使用 Nero 刻录光盘

德国 Ahead Software 公司出品的光盘刻录软件 Nero 不仅性能优异，而且功能强大。该软件是目前支持光盘格式最丰富的刻录工具之一，它支持数据光盘、音频光盘、视频光盘、启动光盘、硬盘备份以及混合模式光盘刻录。

1. Nero 工作界面

Nero 操作简便并提供多种可以定义的刻录选项，能刻录 CD 或 DVD 光盘，同时拥有经典的 Nero Burning ROM 界面（如图 10-7 所示）和易用界面 Nero StartSmart（如图 10-8 所示）。

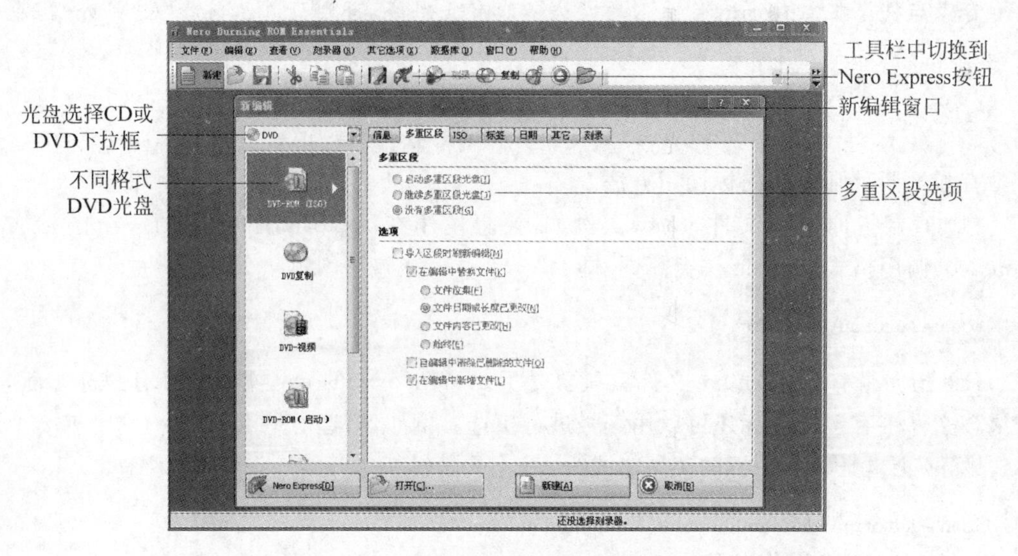

图 10-7 Nero Burning ROM 经典界面

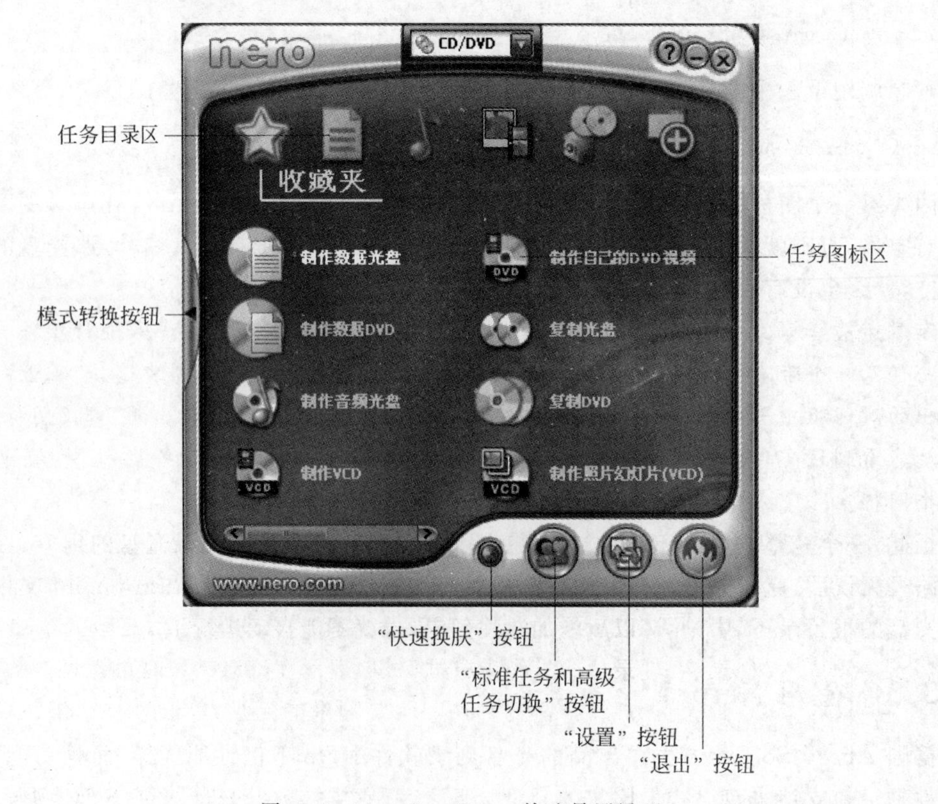

图 10-8 Nero StartSmart 快速易用界面

Nero StartSmart 是各种刻录任务的中心起始点。从不同的类别中选择任务，启动 Nero 应用程序并且自定义某些设置来完成刻录光盘的任务。下面分别说明 Nero StartSmart 各选项的使用方法。

(1) 任务目录区：如果将鼠标移至各个功能图标的上方，即可显示该功能选项中可以执行的任务，如收藏夹、数据、音频、照片和视频、备份和其他，单击选择它们可以切换到编辑和处理项目的界面。

(2) 任务图标区：标准模式中仅显示最常用的任务，高级模式中显示所有任务。最常用的主要包括格式选项(如数据光盘、音乐、视频/图片和"映像、项目、复制")和编辑方法(如打印标签)等。

(3) 模式转换按钮：用于转换 Nero StartSmart 的标准模式和高级模式。在高级模式下，任务图标区会显示"高级模式"4 个字。高级模式状态下会显示所有任务图标。

(4) 应用程序启动区：单击模式转换按钮，切换到高级模式，该扩展区域显示 Nero 产品系列中所有已安装的应用程序、工具和手册等。在希望使用的应用程序上单击一次即可访问它。

(5) 快速换肤按钮：单击此按钮可更改 Nero StartSmart 界面的颜色。

(6) 设置按钮：单击此按钮可打开配置窗口。用户可以设置在各个任务中启动 Nero 系列的哪个程序。

2. 制作 DVD 多媒体光盘

利用 DVD 光盘作为多媒体产品的存储介质，是越来越普遍的选择。DVD 刻录机越来越普及，并且容量高达 4.7GB 的单面单层 DVD 刻录盘，也着实让广大用户在大容量数据被传递或保存时，感受到了前所未有的便捷和安全。

使用 Nero 7 软件制作数据 DVD 光盘具体操作步骤如下所述。

(1) 运行 Nero StartSmart，在其开始屏幕中单击选择"收藏夹"或"数据"中的"制作数据光盘"任务项目即可运行 Nero Express，弹出相应的向导窗口。

(2) 在左边窗格中有数据光盘、音乐和视频/图片等 4 种数据格式选项，单击选择"数据光盘"，在对应的右边窗口中包含两个功能选项：制作标准数据光盘(默认)和数据 DVD，这里单击选择"数据 DVD"选项，如图 10-9 所示。

(3) 在"光盘内容"窗口单击"添加"按钮，在"添加文件和文件夹"对话框中选择所要添加的文件或文件夹，注意添加的文件容量最大不能超过窗口下边刻度上的黄色虚线标记。在最大容量范围内用绿色标记，超过最大容量用红色标记，其中黄色标记表示在此范围内光盘可超容量刻录，如图 10-10 所示。单击"下一步"按钮。

(4) 在"最终刻录设置"窗口单击"当前刻录机"列表框中的下拉按钮，在弹出的下拉菜单中选择刻录机，这里选择"G：PHILIPS SPD2415P[DVD]"。在"光盘名称"文本框中输入所刻录光盘的名称。选中"允许以后添加文件(多区段光盘)"复选框，表示在该光盘容量范围内还允许多次进行刻录。"刻录后检验光盘数据"选项表示在刻录结束时对光盘上的数据内容进行检验，如图 10-11 所示。在刻录机中放入所要刻录的光盘，单击"刻录"按钮，开始刻录进程。

(5) 刻录过程画面如图 10-12 所示。刻录结束，弹出光盘，并且弹出提示对话框，显示"以 4×(5540KB/s)的速度刻录完毕"信息，如图 10-13 所示。单击"确定"按钮。刻录过程

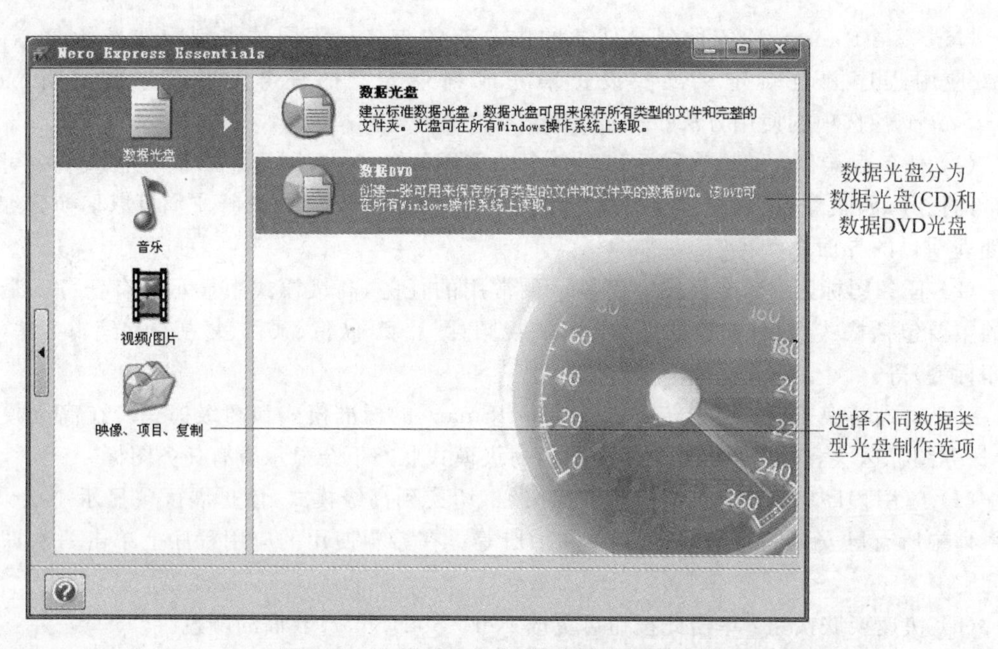

图 10-9 选择制作 DVD 数据光盘格式选项

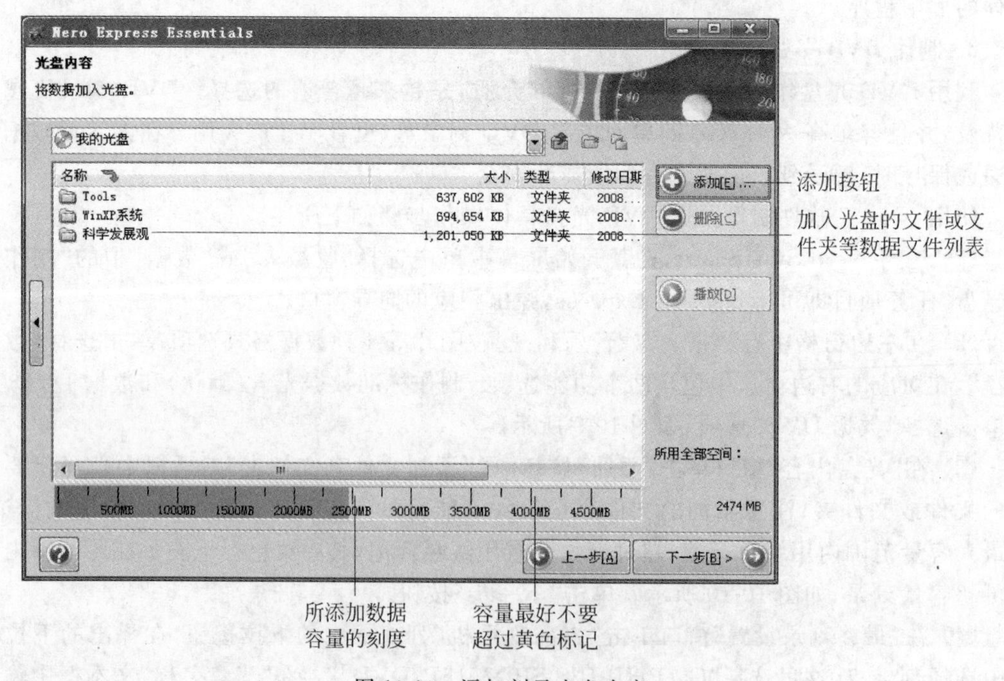

图 10-10 添加刻录光盘内容

成功完成，用户可以打印或保存详细报告。单击“下一步”按钮。

专家点拨：在刻录过程中不能中途停止，否则光盘会刻录失败。最好也不要运行其他程序，以免影响刻录效果。

(6) 在新建项目、封面设计程序、保存项目窗口中，用户可以给刻录光盘设计封面，也可以新建项目或保存当前项目。这里单击“保存项目”，弹出“另存为”对话框，程序默认项目文

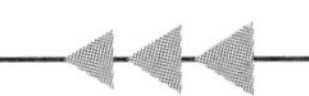

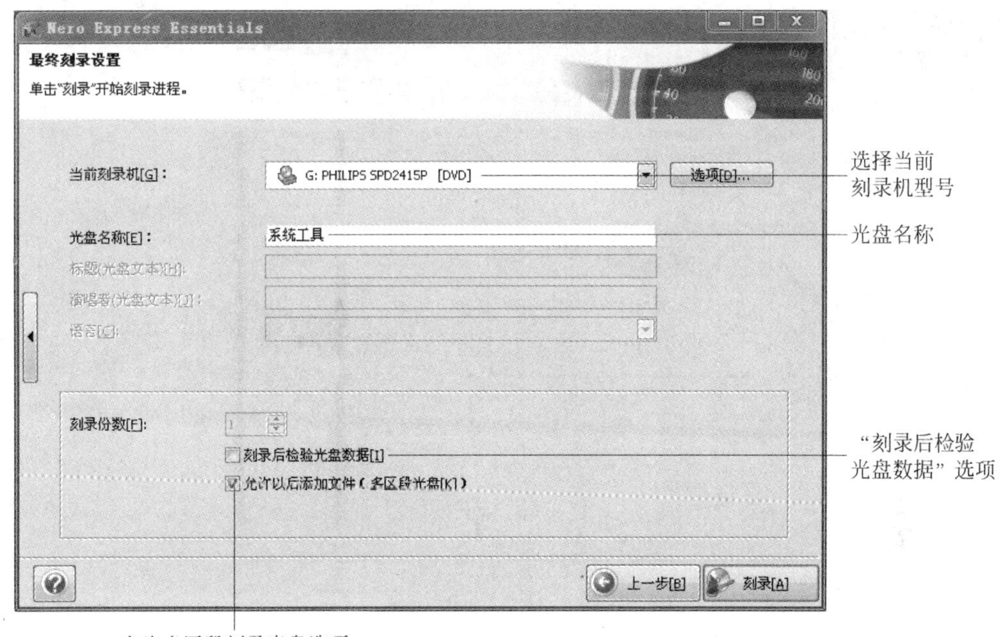

图 10-11　最终刻录设置

图 10-12　光盘刻录进程

件名为 ISO1. DVD，用户可以使用所保存的镜像文件重新刻录 DVD 数据光盘。关闭窗口结束刻录。

专家点拨：运行 Nero 7 的组件 Nero Burning ROM 也可以制作数据 CD 光盘，制作数据 CD 光盘使用的空刻录光盘是 CD-R 或 CD-RW，容量也有较大区别，数据 CD 光盘容量为 650～700MB 左右。

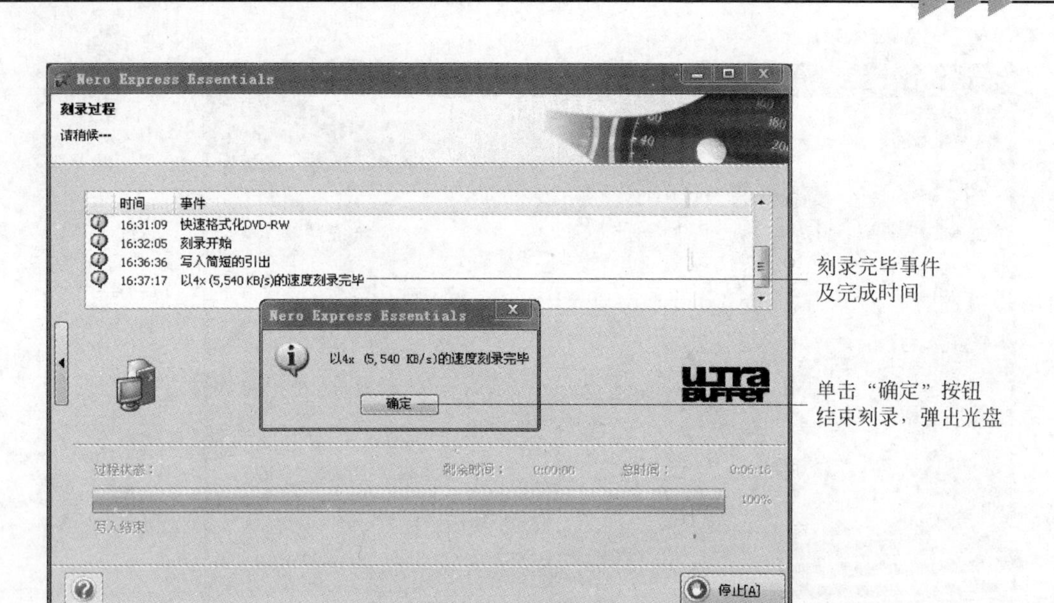

图 10-13　光盘刻录完毕

习　　题

1. 选择题

(1) IconCool Editor 软件最多可以同时编辑(　　)个图标。

A. 20　　B. 10　　C. 5　　D. 2

(2) 用 IconCool Editor 软件制作图标,保存图标时默认的图标文件类型是(　　)。

A. .bmp　　B. .gif　　C. .ico　　D. .png

(3) 刻录软件 Nero 提供了经典和易用两种界面,其中易用界面用户最常使用,下面(　　)是易用界面的英文标识。

A. Nero Burning ROM　　B. Nero Press

C. Nero ROM　　D. Nero StartSmart

2. 填空题

(1) 多媒体数据主要包括文字、图像、音频、动画、________和________等类型,它们各具特点。在开发好多媒体产品后,要把它们分类整理。

(2) IconCool Editor 软件可以根据需要进行图标尺寸的设置,从标准的 16×16 像素、32×32 像素等,到最大可达________像素。

(3) CD 光盘的物理结构主要分为 5 层: ________、________、________、________和________。

(4) 制作光盘自动运行的关键就是如何编写自动运行信息文件________,它是光盘自动运行所必需的一个文件。要注意的是,这个文件必须放在光盘的________下,否则 Windows 无法找到它,也就不能自动运行了。

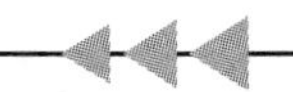

上 机 练 习

练习 1　用 IconCool Editor 制作图标

利用 IconCool Editor 软件制作一个图标。图标尺寸为 32×32 像素，内容自定。要求利用外部图像素材结合 IconCool Editor 的绘图工具进行制作。

制作要点提示：

(1) 搜集一个合适的图像素材，并在 Photoshop 中进行剪裁，得到尺寸合适的图像素材。

(2) 将外部图像素材导入到 IconCool Editor 中。

(3) 利用 IconCool Editor 的绘图工具和编辑工具对图标进行设计。

练习 2　编写光盘自动运行文件 Autorun. inf

假设要制作一个多媒体光盘，光盘根目录中有一个 main 文件夹，其中存储了多媒体光盘运行的主程序 main. exe 文件和对应的图标文件 main. ico。现在要求编写一个 Autorun. inf 文件，让这个光盘能自动运行。

制作要点提示：

(1) 打开"记事本"程序，在其中进行文件内容的编写。

(2) 按照 10. 3. 2 节讲解的内容进行编辑。

(3) 将文件保存为 Autorun. inf。

附录

参考答案

第 1 章

1. 选择题

(1) B　(2) D　(3) A　(4) C　(5) D　(6) B

2. 填空题

(1) 媒质　存储信息　传递信息的载体

(2) 交互式　多种媒体　集成　交互性

(3) 集成性　实时性　数字化　交互性

(4) 音频　视频　多媒体　带宽

(5) 幻灯模式　层次模式　书页模式　窗口模式　时基模式　网络模式　图标模式　语言模式

(6) 需求分析　初步设计(系统结构设计)　详细设计　多媒体素材采集和整理　编码与调试(原型制作)　系统集成与测试

(7) 版权　原创性　经济权利　精神权利

(8) 综合性　互动性　人机相互交流

第 2 章

1. 选择题

(1) B　(2) A　(3) C　(4) B

2. 填空题

(1) RGB　CMYK

(2) 位数　24

(3) 2 359 296B(或者 2.25MB)

(4) 内置滤镜　外挂滤镜

第 3 章

1. 选择题

(1) C　(2) B　(3) D　(4) B

2. 填空题

(1) 音调　音色　音强

(2) 采样　量化　编码

(3) 51 600KB(或者约 50.39MB)

(4) 索引信息 44

第 4 章

1. 选择题

(1) B (2) C (3) D (4) B (5) C

2. 填空题

(1) 由多个画面组成 画面的内容存在差异 画面必须是连续的

(2) F5 F6 F7

(3) 文本

(4) 图形元件 影片剪辑元件 按钮元件

(5) 贴紧至对象

第 5 章

1. 选择题

(1) B (2) A (3) D B (4) A (5) C

2. 填空题

(1) 影视后期编辑 特效制作

(2) NTSC PAL ESCAM

(3) MPEG-1 MPEG-2 MPEG-4 MPEG-7

(4) 语音旁白 摄像头

第 6 章

1. 选择题

(1) A (2) A (3) B (4) D (5) D (6) D

2. 填空题

(1) Delete

(2) 大

(3) 运动

(4) 交互图标 交互分支

(5) 显示图标 等待图标 计算图标

(6) 双击

第 7 章

1. 选择题

(1) C (2) B (3) A (4) D (5) C (6) A

2. 填空题

(1) 呈现 交互 屏幕设计 人机交互

(2) 多媒体技术 面向对象 菜单结构 按钮功能

(3) 对比与统一 平衡与对称 韵律与节奏

(4) 一致性 权衡性 灵活性 简洁性 可理解性 自然性

(5) 制作 蒙太奇 空间 时间

(6) 软件生产 被提出 全过程 阶段 生命周期

(7) 进化 风险

(8) 对象 类 继承 通信

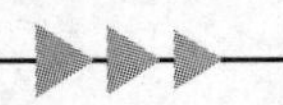

第8章

1. 选择题

(1) B (2) A (3) D

2. 填空题

(1) 帧跳转法 attachMovie 函数法 场景跳转法 loadMovie 函数法

(2)“窗口”→“其他面板”→“场景”

(3) 加载的 SWF 文件的绝对路径或相对路径

第9章

1. 选择题

(1) D (2) B (3) B

2. 填空题

(1)“分类” “载入”

(2) 更改动画的帧数

(3)“文件”→“发布”→“发布设置” 查找文件

第10章

1. 选择题

(1) B (2) C (3) D

2. 填空题

(1) 视频 程序

(2) 255×255

(3) 表面印刷层 保护层 反射层 染料层 盘基

(4) Autorun.inf 根目录

参 考 文 献

[1] 郑人杰. 实用软件工程. 2版. 北京：清华大学出版社，1997.
[2] 王志军. 多媒体教学软件设计与开发. 北京：高等教育出版社，2006.
[3] 游泽清. 多媒体画面艺术基础. 北京：高等教育出版社，2003.
[4] 赵子江. 多媒体技术应用教程. 4版. 北京：人民邮电出版社，2005.
[5] 缪亮. Flash多媒体课件制作实用教程. 2版. 北京：清华大学出版社，2011.
[6] 缪亮. Authorware多媒体课件制作实用教程. 3版. 北京：清华大学出版社，2011.
[7] 薛为民. 多媒体技术及应用. 北京：清华大学出版社，2006.